쉽고 빠르게
소방설비기사
합격!

new 쉽빠소

쉽고 빠르게 합격하는
소방설비(산업)기사

| 필기공통 | 소방원론+소방관계법규

이종오 편저

PREFACE

"쉽고 빠르게 합격하는 소방설비(산업)기사" 시리즈의 저자 이종오 입니다.

2010년 이후 건물이 고층화되고 안전관리분야가 강화되면서, 매년 소방설비기사 기계분야 및 전기분야 응시생들이 증가하고 있는 추세입니다. 안전관리 분야의 강화에 맞춰 새로운 취업의 기회를 제공할 것이며, 관련 인력 또한 많이 필요해질 겁니다.

"쉽고 빠르게 합격하는 소방설비(산업)기사" 시리즈는 시험 합격을 최우선으로 두고, 관련 이론의 이해와 기출 중심의 문제풀이를 중심으로 단권화했습니다. 단권화를 통해 꼭 강의를 듣지 않더라고 자연스럽게 이해할 수 있게 체계적으로 구성, 빠른 학습이 가능하도록 했습니다. 부족한 부분은 관련 동영상 강의를 참조하시면 좀 더 확실한 이해가 가능하실 겁니다.

시리즈 첫 단계로 기계 및 전기 분야의 공통과목인 소방원론과 소방관계법규를 한권으로 통합해 필기시험에 만전을 기하도록 구성했으며, 전공과목 및 실기시험이 순차적으로 출간될 예정입니다.

교재를 보시는 소방설비기사 및 산업기사 응시생 여러분들의 합격을 빌겠습니다. 감사합니다.

원론 및 법규 학습방법

1. 소방원론

단원별 공부방법	기출 비중
1. 연소이론 이해와 암기가 같이 이루어져야 하며 기본적인 연소에 대한 내용 학습이 필요하다.	30%
2. 화재이론 이해보다는 암기위주로 학습을 해야하며 화재 및 건축물에 대한 내용 학습이 필요하다.	20%
3. 위험물이론 이해보다는 암기위주로 학습을 해야하며 위험물법에 나와있는 1~6류 지정수량과 성상에 대한 학습이 필요하다.	20%
4. 소화론 이해보다는 암기위주로 학습을 해야하며 소화 방법 및 소화약제의 특징에 대한 학습이 필요하다.	30%

2. 소방법규

단원별 공부방법	기출 비중
1. 소방기본법 　소방장비 및 소방용수시설, 화재의 예방과 경계, 소방활동 등, 화재의 조사, 한국소방안전원에 대해 암기한다.	25%
2. 소방시설법 + 화재예방법 　소방특별조사, 소방시설의 설치 및 유지 및 관리, 소방대상물의 안전관리, 소방시설관리사 및 소방시설관리업에 대해 암기한다.	40%
3. 소방시설공사업법 　소방시설업, 소방기술자, 소방시설공사등에 대해 암기한다.	10%
4. 위험물안전관리법 　위험물 시설의 설치 및 변경, 위험물시설의 안전관리, 위험물의 운반 등, 시행규칙 별표에 대해 암기한다.	20%
5. 벌칙 : 벌금 및 과태료 기준	5%

시 험 정 보

① 시 행 처 : 한국산업인력공단
② 시험과목
　- 기계필기 : 1. 소방원론　2. 소방유체역학　3. 소방관계법규　4. 소방기계시설의 구조 및 원리
　- 전기필기 : 1. 소방원론　2. 소방전기일반　3. 소방관계법규　4. 소방전기시설의 구조 및 원리
　- 기계실기 : 소방기계시설 설계 및 시공실무
　- 전기실기 : 소방전기시설 설계 및 시공실무
③ 검정방법
　- 필기 : 객관식 4지 택일형 과목당 20문항(과목당 30분)
　- 실기 : 필답형(3시간, 100점)
④ 합격기준
　- 필기 : 100점을 만점으로 하여 과목당 40점 이상, 전과목 평균 60점 이상
　- 실기 : 100점을 만점으로 하여 60점 이상

CONTENTS

Ⅰ 소방원론

PART 01 연소 이론
- CHAPTER 01 연소 기본이론 ········ 33
- CHAPTER 02 연소의 정의 ········ 41
- CHAPTER 03 연소의 조건 ········ 54
- CHAPTER 04 연소의 분류 ········ 63
- CHAPTER 05 연소 생성물 ········ 69
- CHAPTER 06 폭발 ········ 86

PART 02 화재 이론
- CHAPTER 01 화재의 정의 및 분류 ········ 98
- CHAPTER 02 건축물의 화재 성상 ········ 107
- CHAPTER 03 건축방화계획 ········ 120
- CHAPTER 04 건축물의 피난계획 ········ 130

PART 03 위험물 이론
- CHAPTER 01 1류 위험물(산화성 고체) ········ 138
- CHAPTER 02 2류 위험물(가연성 고체) ········ 140
- CHAPTER 03 3류 위험물(자연발화성 및 금수성 물질) ········ 142
- CHAPTER 04 4류 위험물(인화성 액체) ········ 144
- CHAPTER 05 5류 위험물(자기반응성물질) ········ 147
- CHAPTER 06 6류 위험물(산화성 액체) ········ 149

PART 04 소화론
- CHAPTER 01 소화원리 ········ 164
- CHAPTER 02 물소화약제 ········ 171
- CHAPTER 03 포소화약제 ········ 178
- CHAPTER 04 이산화탄소 소화약제 ········ 183
- CHAPTER 05 할론 소화약제 ········ 189
- CHAPTER 06 할로겐화합물 및 불활성기체 소화약제 ········ 194
- CHAPTER 07 분말소화약제 ········ 198

PART 05 소방시설론
- CHAPTER 01 소방시설 ········ 206

Ⅱ 소방법규

PART 01 소방기본법

CHAPTER 01 총칙 ··· 214
CHAPTER 02 소방장비 및 소방용수시설 등 ····································· 222
CHAPTER 03 소방활동 등 ··· 232
CHAPTER 04 한국소방안전원 ··· 244
CHAPTER 05 보칙 ··· 246

PART 02 소방시설법

CHAPTER 01 총칙 ··· 248
CHAPTER 02 소방시설의 설치·관리 및 방염 ································· 258
CHAPTER 03 소방시설등의 자체점검 ··· 289
CHAPTER 04 소방시설관리사 및 소방시설관리업 ··························· 294
CHAPTER 05 소방용품의 품질관리 ·· 299
CHAPTER 06 보칙 ··· 301

PART 03 화재예방법

CHAPTER 01 총칙 ··· 304
CHAPTER 02 화재의 예방 및 안전관리 기본계획 등의 수립·시행 ····· 305
CHAPTER 03 화재안전조사 ·· 307
CHAPTER 04 화재의 예방조치 등 ·· 313
CHAPTER 05 소방대상물의 소방안전관리 ······································· 327
CHAPTER 06 특별관리시설물의 소방안전관리 ································ 340
CHAPTER 07 보칙 ··· 343

PART 04 소방시설공사업법

CHAPTER 01 총칙 ··· 346
CHAPTER 02 소방시설업 ··· 348
CHAPTER 03 소방시설공사등 ··· 356
CHAPTER 04 소방기술자 ··· 370
CHAPTER 05 소방시설업자협회 ··· 375
CHAPTER 06 보칙 ··· 376

PART 05 위험물안전관리법

CHAPTER 01 총칙 ··· 378
CHAPTER 02 위험물시설의 설치 및 변경 ······································· 388
CHAPTER 03 위험물시설의 안전관리 ·· 394
CHAPTER 04 위험물의 운반 등 ··· 404
CHAPTER 05 감독 및 조치명령 ··· 406
CHAPTER 06 보칙 ··· 408
CHAPTER 07 위험물안전관리법 시행규칙 별표 ······························ 410

PART 06 소방법 벌칙정리 ··· 434

출제기준

소방설비기사(기계분야) 출제기준 (2023.1.1 _ 2025.12.31)
출제기준-(필기)

직무분야	안전관리	중직무분야	안전관리	자격종목	소방설비기사(기계분야)	적용기간	2023.1.1. ~ 2025.12.31.
○ 직무내용 : 소방시설(기계)의 설계, 공사, 감리 및 점검업체 등에서 설계 도서류를 작성하거나, 소방설비 도서류를 바탕으로 공사 관련 업무를 수행하고, 완공된 소방설비의 점검 및 유지관리업무와 소방계획수립을 통해 소화, 화재통보 및 피난 등의 훈련을 실시하는 소방안전관리자로서의 주요사항을 수행하는 직무이다.							
필기검정방법	객관식		문제수	80		시험시간	2시간

필기과목명	문제수	주요항목	세부항목	세세항목
소방원론	20	1. 연소이론	1. 연소 및 연소현상	1. 연소의 원리와 성상 2. 연소생성물과 특성 3. 열 및 연기의 유동의 특성 4. 열에너지원과 특성 5. 연소물질의 성상 6. LPG, LNG의 성상과 특성
		2. 화재현상	1. 화재 및 화재현상	1. 화재의 정의, 화재의 원인과 영향 2. 화재의 종류, 유형 및 특성 3. 화재 진행의 제요소와 과정
			2. 건축물의 화재현상	1. 건축물의 종류 및 화재현상 2. 건축물의 내화성상 3. 건축구조와 건축내장재의 연소 특성 4. 방화구획 5. 피난공간 및 동선계획 6. 연기확산과 대책
		3. 위험물	1. 위험물 안전관리	1. 위험물의 종류 및 성상 2. 위험물의 연소특성 3. 위험물의 방호계획
		4. 소방안전	1. 소방안전관리	1. 가연물위험물의 안전관리 2. 화재시 소방 및 피난계획 3. 소방시설물의 관리유지 4. 소방안전관리계획 5. 소방시설물 관리
			2. 소화론	1. 소화원리 및 방식 2. 소화부산물의 특성과 영향 3. 소화설비의 작동원리 및 점검
			3. 소화약제	1. 소화약제이론 2. 소화약제 종류와 특성 및 적응성 3. 약제유지관리

필기과목명	문제수	주요항목	세부항목	세세항목
소방유체역학	20	1. 소방유체역학	1. 유체의 기본적 성질	1. 유체의 정의 및 성질 2. 차원 및 단위 3. 밀도, 비중, 비중량, 음속, 압축률 4. 체적탄성계수, 표면장력, 모세관현상 등 5. 유체의 점성 및 점성측정
			2. 유체정역학	1. 정지 및 강체유동(등가속도)유체의 압력 변화, 부력 2. 마노미터(액주계), 압력측정 3. 평면 및 곡면에 작용하는 유체력
			3. 유체유동의 해석	1. 유체운동학의 기초, 연속방정식과 응용 2. 베르누이 방정식의 기초 및 기본응용 3. 에너지 방정식과 응용 4. 수력기울기선, 에너지선 5. 유량측정(속도계수, 유량계수, 수축계수), 피토관, 속도 및 압력측정 6. 운동량 이론과 응용
			4. 관내의 유동	1. 유체의 유동형태(층류, 난류), 완전발달유동 2. 무차원수, 레이놀즈수, 관내 유량측정 3. 관내 유동에서의 마찰손실 4. 부차적 손실, 등가길이, 비원형관손실
			5. 펌프 및 송풍기의 성능 특성	1. 기본개념, 상사법칙, 비속도, 펌프의 동작(직렬, 병렬) 및 특성곡선, 펌프 및 송풍기 종류 2. 펌프 및 송풍기의 동력 계산 3. 수격, 서징, 캐비테이션, NPSH, 방수압과 방수량
		2. 소방 관련 열역학	1. 열역학 기초 및 열역학 법칙	1. 기본개념(비열, 일, 열, 온도, 에너지, 엔트로피 등) 2. 물질의 상태량(수증기 포함) 3. 열역학 1법칙(밀폐계, 교축과정 및 노즐) 4. 열역학 2법칙
			2. 상태변화	1. 상태변화(폴리트로픽 과정 등)에 따른 일, 열, 에너지 등 상태량의 변화량
			3. 이상기체 및 카르노사이클	1. 이상기체의 상태방정식 2. 카르노사이클 3. 가역 사이클 효율 4. 혼합가스의 성분
			4. 열전달 기초	1. 전도, 대류, 복사의 기초

출제기준

필기과목명	문제수	주요항목	세부항목	세세항목
소방관계 법규	20	1. 소방기본법	1. 소방기본법, 시행령, 시행규칙	1. 소방기본법 2. 소방기본법 시행령 3. 소방기본법 시행규칙
		2. 화재의 예방 및 안전관리에 관한 법	1. 화재의 예방 및 안전관리에 관한 법, 시행령, 시행규칙	1. 화재의 예방 및 안전관리에 관한 법률 2. 화재의 예방 및 안전관리에 관한 시행령 3. 화재의 예방 및 안전관리에 관한 시행규칙
		3. 소방시설 설치 및 관리에 관한 법	1. 소방시설 설치 및 관리에 관한법, 시행령, 시행규칙	1. 소방시설 설치 및 관리에 관한 법률 2. 소방시설 설치 및 관리에 관한 시행령 3. 소방시설 설치 및 관리에 관한 시행규칙
		4. 소방시설공사업법	1. 소방시설공사업법, 시행령, 시행규칙	1. 소방시설공사업법 2. 소방시설공사업법 시행령 3. 소방시설공사업법 시행규칙
		5. 위험물안전관리법	1. 위험물안전관리법, 시행령, 시행규칙	1. 위험물안전관리법 2. 위험물안전관리법 시행령 3. 위험물안전관리법 시행규칙

필기과목명	문제수	주요항목	세부항목	세세항목
소방기계시설의 구조 및 원리	20	1. 소방기계 시설 및 화재안전성능기준·화재안전기술기준	1. 소화기구	1. 소화기구의 화재안전성능기준·화재안전기술기준 2. 설치대상과 기준, 종류, 특징, 동작원리 및 기타 관련사항
			2. 옥내외 소화전설비	1. 옥내소화전설비의 화재안전성능기준·화재안전기술기준 및 기타 관련사항 2. 옥외소화전설비의 화재안전성능기준·화재안전기술기준 및 기타 관련사항 3. 설치대상과 기준, 종류, 특징, 동작원리 및 기타 관련사항
			3. 스프링클러 설비	1. 스프링클러설비의 화재안전성능기준·화재안전기술기준 및 기타 관련사항 2. 간이스프링클러소화설비의 화재안전성능기준·화재안전기술기준 및 기타 관련사항 3. 화재조기진압용 스프링클러설비의 화재안전성능기준·화재안전기술기준 기타 관련사항 4. 설치대상과 기준, 종류, 특징, 동작원리 및 기타 관련사항
			4. 포 소화설비	1. 포 소화설비의 화재안전성능기준·화재안전기술기준 2. 설치대상과 기준, 종류, 특징, 동작원리 및 기타 관련사항
			5. 이산화탄소, 할론, 할로겐화합물 및 불활성기체 소화설비	1. 이산화탄소 소화설비의 화재안전성능기준·화재안전기술기준 및 기타 관련사항 2. 할론 소화설비의 화재안전성능기준·화재안전기술기준 기타 관련사항 3. 할로겐화합물 및 불활성기체소화설비 화재안전성능기준·화재안전기술기준 기타 관련사항 4. 불활성기체 소화설비 화재안전성능기준·화재안전기술기준 기타 관련사항 5. 설치대상과 기준, 종류, 특징, 동작원리 및 기타 관련사항
			6. 분말 소화설비	1. 분말소화설비의 화재안전성능기준·화재안전기술기준 2. 설치대상과 기준, 종류, 특징, 동작원리 및 기타 관련사항
			7. 물분무 및 미분무 소화설비	1. 물분무 및 미분무 소화설비의 화재안전성능기준·화재안전기술기준 2. 설치대상과 기준, 종류, 특징, 동작원리 및 기타 관련사항
			8. 피난구조설비	1. 피난기구의 화재안전성능기준·화재안전기술기준 2. 인명구조기구의 화재안전성능기준·화재안전기술기준 및 기타 관련사항
			9. 소화 용수 설비	1. 상수도소화용수설비 2. 소화수조 및 저수조화재안전성능기준·화재안전기술기준 및 기타관련사항
			10. 소화 활동 설비	1. 제연설비의 화재안전성능기준·화재안전기술기준 및 기타 관련사항 2. 특별피난계단 및 비상용승강기 승강장제연설비 3. 연결송수관설비의 화재안전성능기준·화재안전기술기준 4. 연결살수설비의 화재안전성능기준·화재안전기술기준 및 기타 관련사항 5. 연소방지시설의 화재안전성능기준·화재안전기술기준
			11. 기타 소방기계설비	1. 기타 소방기계설비의 화재안전성능기준·화재안전기술기준

출제기준-(실기)

직무분야	안전관리	중직무분야	안전관리	자격종목	소방설비기사(기계분야)	적용기간	2023.1.1. ~ 2025.12.31.

○ **직무내용**: 소방시설(기계)의 설계, 공사, 감리 및 점검업체 등에서 설계 도서류를 작성하거나, 소방설비 도서류를 바탕으로 공사 관련 업무를 수행하고, 완공된 소방설비의 점검 및 유지관리업무와 소방계획수립을 통해 소화, 화재통보 및 피난 등의 훈련을 실시하는 소방안전관리자로서의 주요사항을 수행하는 직무이다.

○ **수행준거**:
    1. 소방기계시설의 구성요소에 대한 조작과 특성을 설명할 수 있다.
    2. 소방시설의 시스템을 설계 할 수 있다.
    3. 소방시설의 배치계획 및 설계서류 작성 및 적산을 수행할 수 있다.
    4. 소방시설의 작동 및 유지관리 업무를 수행할 수 있다.
    5. 소방시설 시공 실무를 수행할 수 있다.

실기검정방법	필답형	시험시간	3시간

실기과목명	주요항목	세부항목	세세항목
소방기계시설 설계 및 시공 실무	1. 소방기계시설 설계	1. 작업분석하기	1. 현장 여건, 요구사항 분석을 할 수 있다. 2. 기본계획 수립, 기본설계서, 실시설계서를 작성할 수 있다. 3. 공사시방서, 공사내역서, 운영관리지침서를 작성할 수 있다.
		2. 소방기계시설 구성하기	1. 재료의 상호 연관성에 대해 설명할 수 있다. 2. 소방기계시설의 기기 및 부품을 조작할 수 있다. 3. 소방기계시설의 기능 및 특성을 설명할 수 있다.
		3. 소방시설의 시스템 설계하기	1. 소방기계시설을 구성하는 재료의 규격 및 크기를 산정할 수 있다. 2. 소방기계시설의 물량을 결정하기 위한 계산을 수행할 수 있다. 3. 소방기계시설 자료의 활용을 할 수 있다. 4. 도면작성 및 판독을 할 수 있다. 5. 시방서의 작성 등을 할 수 있다.
		4. 소방시설의 배치계획 및 설계서류 작성하기	1. 계통도를 작성할 수 있다. 2. 평면도를 작성할 수 있다. 3. 상세도를 작성할 수 있다. 4. 소방기계시설의 설계 및 시공 관련 업무를 수행할 수 있다. 5. 소방기계설비의 적산 등을 할 수 있다.
	2. 소방기계시설 시공	1. 설계도서 검토하기	1. 설계도서상의 누락, 오류, 문제점을 검토하여 설계도서 검토서를 작성할 수 있다. 2. 설계도면, 시공 상세도, 계산서를 검토하여 시공상의 문제점을 파악하고 조치할 수 있다.
		2. 소방기계시설 시공하기	1. 소화기구를 설치할 수 있다. 2. 옥내외소화전설비를 설치할 수 있다. 3. 스프링클러(간이스프링클러)설비를 설치할 수 있다. 4. 물분무소화설비를 설치할 수 있다. 5. 포소화설비를 설치할 수 있다. 6. 이산화탄소소화설비를 설치할 수 있다.

실기과목명	주요항목	세부항목	세세항목
			7. 할로겐화합물소화설비를 설치할 수 있다.
			8. 분말소화설비를 설치할 수 있다.
			9. 청정소화약제소화설비를 설치할 수 있다.
			10. 피난기구 및 인명구조기구를 설치할 수 있다.
			11. 소화용수설비를 설치할 수 있다.
			12. 거실제연 및 특별피난계단 및 비상용 승강기 승강장의 제연설비를 설치할 수 있다.
			13. 연결송수관설비, 연결살수설비, 연소방지설비를 설치할 수 있다.
			14. 기타 소방기계시설 관련 설비를 설치할 수 있다
		3. 공사 서류 작성하기	1. 시공된 시설을 검사하여 설계도서와 일치여부를 판단할 수 있다.
			2. 시공된 시설을 검사하여 관련 서류를 작성할 수 있다.
			3. 공정관리 일정을 계획하여 공사일지를 작성 할 수 있다.
	3. 소방기계시설 유지관리	1. 소방시설의 작동 및 유지관리 하기	1. 소방시설의 기술공무 관리 및 실무 작업을 할 수 있다.
			2. 기계시설의 점검 및 조작을 할 수 있다.
			3. 계측 및 사고요인을 파악할 수 있다.
			4. 재해방지 및 안전관리 업무를 수행할 수 있다.
			5. 자재관리 업무를 수행할 수 있다.
		2. 소방기계 시설의 유지보수 및 시험점검하기	1. 유지보수 관리 및 계획을 수립할 수 있다.
			2. 시험 및 검사를 할 수 있다.
			3. 기계기구 점검 및 보수작업을 할 수 있다.
			4. 설치된 소방시설을 정상 가동하고, 작동기능 점검 사항을 기록할 수 있다.
			5. 종합정밀 점검 사항을 기록할 수 있다.
			6. 소방시설 운영에 관한 업무 일지를 작성할 수 있다.
			7. 기록 사항을 분석하여 보수정비를 할 수 있다.
			8. 보수에 필요한 부품 및 장비를 확보하고, 점검 기록부를 작성 보존할 수 있다.

출제기준

소방설비산업기사(기계분야) 출제기준 (2023.1.1 _ 2025.12.31)
출제기준-(필기)

직무분야	안전관리	중직무분야	안전관리	자격종목	소방설비산업기사(기계분야)	적용기간	2023.1.1. ~ 2025.12.31.

○ 직무내용 : 소방시설(기계)의 설계, 공사, 감리 및 점검업체 등에서 소방설비 도서류를 바탕으로 공사업무를 수행하고 완공된 소방설비의 점검 및 유지관리업무와 소방계획수립을 통해 소화, 화재통보 및 피난 등의 훈련을 실시하는 소방안전관리자로서의 소방안전관련 일반사항을 수행하는 직무이다.

필기검정방법	객관식	문제수	80	시험시간	2시간

필기과목명	문제수	주요항목	세부항목	세세항목
소방원론	20	1. 연소이론	1. 연소 및 연소현상	1. 연소의 원리와 성상 2. 연소생성물과 특성 3. 열 및 연기의 유동의 특성 4. 열에너지원과 특성 5. 연소물질의 성상
		2. 화재현상	1. 화재 및 화재현상	1. 화재의 정의, 화재의 원인과 영향 2. 화재의 종류, 유형 및 특성 3. 화재 진행의 제요소와 과정
			2. 건축물의 화재현상	1. 건축물의 종류 및 화재현상 2. 건축물의 내화성상 3. 건축구조와 건축내장재의 연소 특성 4. 방화구획 5. 피난공간 및 동선계획 6. 연기확산과 대책
		3. 위험물	1. 위험물 안전관리	1. 위험물의 종류 및 성상 2. 위험물의 연소특성 3. 위험물의 방호계획
		4. 소방안전	1. 소방안전관리	1. 가연물위험물의 안전관리 2. 화재시 소방 및 피난계획 3. 소방시설물의 관리유지 4. 소방안전관리계획 5. 소방시설물 관리
			2. 소화론	1. 소화원리 및 방식 2. 소화부산물의 특성과 영향 3. 소화설비의 작동원리 및 점검
			3. 소화약제	1. 소화약제이론 2. 소화약제 종류와 특성 및 적응성 3. 약제유지관리

필기과목명	문제수	주요항목	세부항목	세세항목
소방유체역학	20	1. 소방유체역학	1. 유체의 기본적 성질	1. 유체의 정의 및 성질 2. 차원 및 단위 3. 밀도, 비중, 비중량, 음속, 압축률 4. 체적탄성계수, 표면장력, 모세관현상 등 5. 유체의 점성 및 점성측정
			2. 유체정역학	1. 정지 및 강체유동(등가속도)유체의 압력 변화, 부력 2. 마노미터(액주계), 압력측정 3. 평면 및 곡면에 작용하는 유체력
			3. 유체유동의 해석	1. 유체운동학의 기초, 연속방정식과 응용 2. 베르누이 방정식의 기초 및 기본응용 3. 에너지 방정식과 응용 4. 수력기울기선, 에너지선 5. 유량측정(속도계수, 유량계수, 수축계수), 피토관, 속도 및 압력측정 6. 운동량 이론과 응용
			4. 관내의 유동	1. 유체의 유동형태(층류, 난류), 완전발달유동 2. 무차원수, 레이놀즈수, 관내 유량측정 3. 관내 유동에서의 마찰손실 4. 부차적 손실, 등가길이, 비원형관손실
			5. 펌프 및 송풍기의 성능 특성	1. 기본개념, 상사법칙, 비속도, 펌프의 동작(직렬, 병렬) 및 특성곡선, 펌프 및 송풍기 종류 2. 펌프 및 송풍기의 동력 계산 3. 수격, 서징, 캐비테이션, NPSH, 방수압과 방수량
		2. 소방 관련 열역학	1. 열역학 기초 및 열역학 법칙	1. 기본개념(비열, 일, 열, 온도, 에너지, 엔트로피 등) 2. 물질의 상태량(수증기 포함) 3. 열역학 1법칙(밀폐계, 교축과정 및 노즐) 4. 열역학 2법칙
			2. 상태변화	1. 상태변화(폴리트로픽 과정 등)에 따른 일, 열, 에너지 등 상태량의 변화량
			3. 이상기체 및 카르노사이클	1. 이상기체의 상태방정식 2. 카르노사이클 3. 가역 사이클 효율 4. 혼합가스의 성분
			4. 열전달 기초	1. 전도, 대류, 복사의 기초

출제기준

필기과목명	문제수	주요항목	세부항목	세세항목
소방관계 법규	20	1. 소방기본법	1. 소방기본법, 시행령, 시행규칙	1. 소방기본법 2. 소방기본법 시행령 3. 소방기본법 시행규칙
		2. 화재의 예방 및 안전관리에 관한 법	1. 화재의 예방 및 안전관리에 관한 법, 시행령, 시행규칙	1. 화재의 예방 및 안전관리에 관한 법률 2. 화재의 예방 및 안전관리에 관한 시행령 3. 화재의 예방 및 안전관리에 관한 시행규칙
		3. 소방시설 설치 및 관리에 관한 법	1. 소방시설 설치 및 관리에 관한법, 시행령, 시행규칙	1. 소방시설 설치 및 관리에 관한 법률 2. 소방시설 설치 및 관리에 관한 시행령 3 소방시설 설치 및 관리에 관한 시행규칙
		4. 소방시설공사업법	1. 소방시설공사업법, 시행령, 시행규칙	1. 소방시설공사업법 2. 소방시설공사업법 시행령 3. 소방시설공사업법 시행규칙
		5. 위험물안전관리법	1. 위험물안전관리법, 시행령, 시행규칙	1. 위험물안전관리법 2. 위험물안전관리법 시행령 3. 위험물안전관리법 시행규칙

필기과목명	문제수	주요항목	세부항목	세세항목
소방기계시설의구조 및 원리	20	1. 소방기계 시설 및 화재안전성능기준 · 화재안전기술기준	1. 소화기구	1. 소화기구의 화재안전성능기준 · 화재안전기술기준 2. 설치대상과 기준, 종류, 특징 동작원리 및 기타 관련사항
			2. 옥내외 소화전설비	1. 옥내소화전설비의 화재안전성능기준 · 화재안전기술기준 및 기타 관련사항 2. 옥외소화전설비의 화재안전성능기준 · 화재안전기술기준 및 기타 관련사항 3. 설치대상과 기준, 종류, 특징 동작원리 및 기타 관련사항
			3. 스프링클러 설비	1. 스프링클러설비의 화재안전성능기준 · 화재안전기술기준 및 기타 관련사항 2. 간이스프링클러소화설비의 화재안전성능기준 · 화재안전기술기준 및 기타 관련사항 3. 화재조기진압용 스프링클러설비의 화재안전성능기준 · 화재안전기술기준 기타 관련사항 4. 설치대상과 기준, 종류, 특징 동작원리 및 기타 관련사항
			4. 포 소화설비	1. 포 소화설비의 화재안전성능기준 · 화재안전기술기준 2. 설치대상과 기준, 종류, 특징 동작원리 및 기타 관련사항
			5. 이산화탄소, 할론, 할로겐화합물 및 불활성기체 소화설비	1. 이산화탄소 소화설비의 화재안전성능기준 · 화재안전기술기준 및 기타 관련사항 2. 할론 소화설비의 화재안전성능기준 · 화재안전기술기준 기타 관련사항 3. 할로겐화합물 및 불활성기체소화설비 화재안전성능기준 · 화재안전기술기준 기타 관련사항 4. 불활성기체 소화설비 화재안전성능기준 · 화재안전기술기준 기타 관련사항 5. 설치대상과 기준, 종류, 특징 동작원리 및 기타 관련사항
			6. 분말 소화설비	1. 분말소화설비의 화재안전성능기준 · 화재안전기술기준 2. 설치대상과 기준, 종류, 특징 동작원리 및 기타 관련사항
			7. 물분무 및 미분무 소화설비	1. 물분무 및 미분무 소화설비의 화재안전성능기준 · 화재안전기술기준 2. 설치대상과 기준, 종류, 특징 동작원리 및 기타 관련사항
			8. 피난구조설비	1. 피난구의 화재안전성능기준 · 화재안전기술기준 2. 인명구조기구의 화재안전성능기준 · 화재안전기술기준 및 기타 관련사항
			9. 소화 용수 설비	1. 상수도소화용수설비 2. 소화수조 및 저수조화재안전성능기준 · 화재안전기술기준 및 기타관련사항
			10. 소화 활동 설비	1. 제연설비의 화재안전성능기준 · 화재안전기술기준 및 기타 관련사항 2. 특별피난계단 및 비상용승강기 승강장제연설비 3. 연결송수관설비의 화재안전성능기준 · 화재안전기술기준 4. 연결살수설비의 화재안전성능기준 · 화재안전기술기준 및 기타 관련사항 5. 연소방지시설의 화재안전성능기준 · 화재안전기술기준
			11. 기타 소방기계설비	1. 기타 소방기계설비의 화재안전성능기준 · 화재안전기술기준

출제기준-(실기)

직무분야	안전관리	중직무분야	안전관리	자격종목	소방설비산업기사(기계분야)	적용기간	2023.1.1. ~ 2025.12.31.

○ **직무내용**: 소방시설(기계)의 설계, 공사, 감리 및 점검업체 등에서 소방설비 도서류를 바탕으로 공사업무를 수행하고 완공된 소방설비의 점검 및 유지관리업무와 소방계획수립을 통해 소화, 화재통보 및 피난 등의 훈련을 실시하는 소방안전관리자로서의 소방안전관련 일반사항을 수행하는 직무이다.

○ **수행준거**:
1. 소방기계시설의 구성요소에 대한 조작과 특성을 설명 할 수 있다.
2. 소방시설의 시스템을 설계 할 수 있다.
3. 소방시설의 배치계획 및 설계서류 작성 및 적산을 수행할 수 있다.
4. 소방시설의 작동 및 유지관리 업무를 수행할 수 있다.
5. 소방시설 시공 실무를 수행할 수 있다.

실기검정방법	필답형	시험시간	2시간 30분

실기과목명	주요항목	세부항목	세세항목
소방기계시설 설계 및 시공 실무	1. 소방기계시설 설계	1. 작업분석하기	1. 현장 여건, 요구사항 분석을 할 수 있다. 2. 기본계획 수립, 기본설계서, 실시설계서를 작성할 수 있다. 3. 공사시방서, 공사내역서, 운영관리지침서를 작성할 수 있다.
		2. 소방기계시설 구성하기	1. 재료의 상호 연관성에 대해 설명할 수 있다. 2. 소방기계시설의 기기 및 부품을 조작할 수 있다. 3. 소방기계시설의 기능 및 특성을 설명할 수 있다.
		3. 소방시설의 시스템 설계하기	1. 소방기계시설을 구성하는 재료의 규격 및 크기를 산정할 수 있다. 2. 소방기계시설의 물량을 결정하기 위한 계산을 수행할 수 있다. 3. 소방기계시설 자료의 활용을 할 수 있다. 4. 도면작성 및 판독을 할 수 있다. 5. 시방서의 작성 등을 할 수 있다.
		4. 소방시설의 배치계획 및 설계서류 작성하기	1. 계통도를 작성할 수 있다. 2. 평면도를 작성할 수 있다. 3. 상세도를 작성할 수 있다. 4. 소방기계시설의 시공 및 감리의 계획수립 및 실무 작업을 수행할 수 있다. 5. 소방기계설비의 적산 등을 할 수 있다.
	2. 소방기계시설시공	1. 소방기계시설 시공하기	1. 소화기구를 설치할 수 있다. 2. 옥내외소화전설비를 설치할 수 있다. 3. 스프링클러(간이스프링클러)설비를 설치할 수 있다. 4. 물분무소화설비를 설치할 수 있다. 5. 포소화설비를 설치할 수 있다. 6. 이산화탄소소화설비를 설치할 수 있다. 7. 할로겐화합물소화설비를 설치할 수 있다. 8. 분말소화설비를 설치할 수 있다. 9. 청정소화약제소화설비를 설치할 수 있다. 10. 피난기구 및 인명구조기구를 설치할 수 있다. 11. 소화용수설비를 설치할 수 있다. 12. 거실제연 및 특별피난계단 및 비상용 승강기 승강장의 제연설비를 설치할 수 있다. 13. 연결송수관설비, 연결살수설비, 연소방지설비를 설치할 수 있다. 14. 기타 소방기계시설 관련 설비를 설치할 수 있다.

실기과목명	주요항목	세부항목	세세항목
		2. 공사 서류 작성하기	1. 시공된 시설을 검사하여 설계도서와 일치여부를 판단할 수 있다. 2. 시공된 시설을 검사하여 관련 서류를 작성할 수 있다. 3. 공정관리 일정을 계획하여 공사일지를 작성 할 수 있다.
	3. 소방기계시설 유지관리	1. 소방시설의 작동 및 유지관리 하기	1. 소방시설의 기술공무 관리 및 실무 작업을 할 수 있다. 2. 기계시설의 점검 및 조작을 할 수 있다. 3. 계측 및 사고요인을 파악할 수 있다. 4. 재해방지 및 안전관리 업무를 수행할 수 있다. 5. 자재관리 업무를 수행할 수 있다.
		2. 소방기계 시설의 유지보수 및 시험점검 하기	1. 유지보수 관리 및 계획을 수립할 수 있다. 2. 시험 및 검사를 할 수 있다. 3. 기계기구 점검 및 보수작업을 할 수 있다. 4. 설치된 소방시설을 정상 가동하고, 작동기능 점검 사항을 기록할 수 있다. 5. 종합정밀 점검 사항을 기록할 수 있다. 6. 소방시설 운영에 관한 업무 일지를 작성할 수 있다. 7. 기록 사항을 분석하여 보수·정비를 할 수 있다. 8. 보수에 필요한 부품 및 장비를 확보하고, 점검 기록부를 작성 보존할 수 있다.

소방설비기사(전기분야) 출제기준 개정 (2023.1.1 ~ 2025.12.31)

출제기준-(필기)

직무분야	안전관리	중직무분야	안전관리	자격종목	소방설비기사(전기분야)	적용기간	2023.1.1. ~ 2025.12.31.

○ 직무내용 : 소방시설(전기)의 설계, 공사, 감리 및 점검업체 등에서 설계 도서류를 작성하거나, 소방설비 도서류를 바탕으로 공사 관련 업무를 수행하고, 완공된 소방설비의 점검 및 유지관리업무와 소방계획수립을 통해 소화, 화재통보 및 피난 등의 훈련을 실시하는 소방안전관리자로서의 주요사항을 수행하는 직무이다.

필기검정방법	객관식	문제수	80	시험시간	2시간

필기과목명	문제수	주요항목	세부항목	세세항목
소방원론	20	1. 연소이론	1. 연소 및 연소현상	1. 연소의 원리와 성상 2. 연소생성물과 특성 3. 열 및 연기의 유동의 특성 4. 열에너지원과 특성 5. 연소물질의 성상 6. LPG, LNG의 성상과 특성
		2. 화재현상	1. 화재 및 화재현상	1. 화재의 정의, 화재의 원인과 영향 2. 화재의 종류, 유형 및 특성 3. 화재 진행의 제요소와 과정
			2. 건축물의 화재현상	1. 건축물의 종류 및 화재현상 2. 건축물의 내화성상 3. 건축구조와 건축내장재의 연소 특성 4. 방화구획 5. 피난공간 및 동선계획 6. 연기확산과 대책
		3. 위험물	1. 위험물 안전관리	1. 위험물의 종류 및 성상 2. 위험물의 연소특성 3. 위험물의 방호계획
		4. 소방안전	1. 소방안전관리	1. 가연물·위험물의 안전관리 2. 화재시 소방 및 피난계획 3. 소방시설물의 관리유지 4. 소방안전관리계획 5. 소방시설물 관리
			2. 소화론	1. 소화원리 및 방식 2. 소화부산물의 특성과 영향 3. 소화설비의 작동원리 및 점검
			3. 소화약제	1. 소화약제이론 2. 소화약제 종류와 특성 및 적응성 3. 약제유지관리

필기과목명	문제수	주요항목	세부항목	세세항목
소방전기일반	20	1. 전기회로	1. 직류회로	1. 전압과 전류 2. 전력과 열량 3. 전기저항 4. 전류의 열작용과 화학작용
			2. 정전용량과 자기회로	1. 콘덴서와 정전용량 2. 전계와 자계 3. 자기회로 4. 전자력과 전자유도 5. 전자파
			3. 교류회로	1. 단상 교류회로 2. 3상 교류회로
		2. 전기기기	1. 전기기기	1. 직류기 2. 변압기 3. 유도기 4. 동기기 5. 소형교류전동기, 교류정류기 6. 전력용 반도체에 의한 전기기기제어
			2. 전기계측	1. 전기계측기기의 구조 및 원리 2. 전기요소의 측정
		3. 제어회로	1. 자동제어의 기초	1. 자동제어의 개요 2. 제어계의 요소 및 구성 3. 블록선도 4. 전달함수
			2. 시퀀스 제어회로	1. 불대수의 기본정리 및 응용 2. 무 접점논리회로 3. 유 접점회로
			3. 제어기기 및 응용	1. 제어기기의 구성요소 2. 제어의 종류 및 특성
		4. 전자회로	1. 전자회로	1. 전자현상 및 전자소자 2. 정전압 전원회로 및 정류회로 3. 증폭회로 및 발진회로 4. 전자회로의 응용

출제기준

필기과목명	문제수	주요항목	세부항목	세세항목
소방관계법규	20	1. 소방기본법	1. 소방기본법, 시행령, 시행규칙	1. 소방기본법 2. 소방기본법 시행령 3. 소방기본법 시행규칙
		2. 화재의 예방 및 안전관리에 관한 법	1. 화재의 예방 및 안전관리에 관한 법, 시행령, 시행규칙	1. 화재의 예방 및 안전관리에 관한 법률 2. 화재의 예방 및 안전관리에 관한 시행령 3. 화재의 예방 및 안전관리에 관한 시행규칙
		3. 소방시설 설치 및 관리에 관한 법	1. 소방시설 설치 및 관리에 관한 법, 시행령, 시행규칙	1. 소방시설 설치 및 관리에 관한 법률 2. 소방시설 설치 및 관리에 관한 시행령 3 소방시설 설치 및 관리에 관한 시행규칙
		4. 소방시설 공사업법	1. 소방시설공사업법, 시행령, 시행규칙	1. 소방시설공사업법 2. 소방시설공사업법 시행령 3. 소방시설공사업법 시행규칙
		5. 위험물안전관리법	1. 위험물안전관리법, 시행령, 시행규칙	1. 위험물안전관리법 2. 위험물안전관리법 시행령 3. 위험물안전관리법 시행규칙

필기과목명	문제수	주요항목	세부항목	세세항목
소방전기시설의 구조 및 원리	20	1. 소방전기시설 및 화재안전성능기준·화재안전기술기준	1. 비상경보설비 및 단독경보형감지기	1. 설치대상과 기준, 종류, 특징, 동작원리, 배선 2. 화재안전성능기준·화재안전기술기준 등 기타 관련사항
			2. 비상방송설비	1. 설치대상과 기준, 구성, 기능, 동작원리, 배선 2. 화재안전성능기준·화재안전기술기준 등 기타 관련사항
			3. 자동화재탐지설비 및 시각경보장치	1. 설치대상 경계구역 비화재보 원인과 대책, 화재안전성능기준·화재안전기술기준 2. 각 구성기기의 종류 및 특징, 화재안전성능기준·화재안전기술기준 등 기타 관련사항
			4. 자동화재속보설비	1. 설치대상과 기준, 구성과 종류 2. 화재안전성능기준·화재안전기술기준 등 기타 관련사항
			5. 누전경보기	1. 설치대상과 기준, 종류, 구성, 특징, 동작원리, 변류기 설치와 결선 2. 화재안전성능기준·화재안전기술기준 등 기타 관련사항
			6. 유도등 및 유도표지	1. 설치대상과 기준, 구성, 기능, 동작원리, 전원, 배선, 시험 2. 화재안전성능기준·화재안전기술기준 등 기타 관련사항
			7. 비상조명등	1. 설치대상과 기준, 구성, 전원, 배선, 시험 2. 화재안전성능기준·화재안전기술기준 등 기타 관련사항
			8. 비상콘센트	1. 설치대상과 기준, 구조, 기능, 비상콘센트설비의 전원 및 보호함, 배선 2. 화재안전성능기준·화재안전기술기준 등 기타 관련사항
			9. 무선통신보조설비	1. 설치대상과 기준, 구조, 기능, 사용방법, 누설동축케이블 2. 화재안전성능기준·화재안전기술기준 등 기타 관련사항
			10. 기타 소방전기시설	1. 화재안전성능기준·화재안전기술기준 등 기타 관련사항

출제기준-(실기)

직무분야	안전관리	중직무분야	안전관리	자격종목	소방설비기사(전기분야)	적용기간	2023.1.1. ~ 2025.12.31.

○ **직무내용**: 소방시설(전기)의 설계, 공사, 감리 및 점검업체 등에서 설계 도서류를 작성하거나, 소방설비 도서류를 바탕으로 공사 관련 업무를 수행하고, 완공된 소방설비의 점검 및 유지관리업무와 소방계획수립을 통해 소화, 화재통보 및 피난 등의 훈련을 실시하는 소방안전관리자로서의 주요사항을 수행하는 직무이다.

○ **수행준거**: 1. 소방전기 설비 시공을 위하여 작업분석을 할 수 있다.
　　　　　　2. 건물의 화재예방을 위하여 경보설비 등을 설치 할 수 있다.
　　　　　　3. 소방전기 설비를 설계, 시공할 수 있다.
　　　　　　4. 소방전기시설의 조작, 유지 보수 및 시험점검 등을 할 수 있다.

실기검정방법	필답형	시험시간	3시간

실기과목명	주요항목	세부항목	세세항목
소방전기시설 설계 및 시공 실무	1. 소방전기시설 설계	1. 작업분석하기	1. 현장 여건 요구사항 분석을 할 수 있다. 2. 기본계획 수립, 기본설계서, 실시설계서를 작성할 수 있다. 3. 공사시방서, 공사내역서를 작성할 수 있다.
		2. 소방전기시설 구성하기	1. 자재의 상호 연관성에 대해 설명할 수 있다. 2. 소방전기시설의 기기 및 부품을 조작할 수 있다. 3. 소방전기시설의 기능 및 특성을 설명할 수 있다.
		3. 소방전기시설 설계하기	1. 물량 및 공량을 산출할 수 있다. 2. 전기기구의 용량을 산정할 수 있다. 3. 회로방식 설정 및 회로용량을 산정할 수 있다. 4. 도면작성 및 판독을 할 수 있다. 5. 시방서의 작성 등을 할 수 있다.
		4. 소방시설의 배치계획 및 설계서류 작성하기	1. 계통도를 작성할 수 있다. 2. 평면도를 작성할 수 있다. 3. 상세도를 작성할 수 있다. 4. 소방전기시설의 시공 계획수립 및 실무 작업을 수행할 수 있다.
	2. 소방전기시설 시공	1. 설계도서 검토하기	1. 설계도서상의 누락 오류, 문제점을 검토하여 설계도서 검토서를 작성할 수 있다. 2. 설계도면 시공 상세도, 계산서를 검토하여 시공상의 문제점을 파악하고 조치할 수 있다.

실기과목명	주요항목	세부항목	세세항목
		2. 소방전기시설 시공하기	1. 자동화재탐지설비를 할 수 있다. 2. 자동화재속보설비를 할 수 있다. 3. 누전경보기설비를 할 수 있다. 4. 비상경보설비 및 비상방송설비를 할 수 있다. 5. 제연설비의 부대 전기설비를 할 수 있다. 6. 비상콘센트설비를 할 수 있다. 7. 무선통신보조설비를 할 수 있다. 8. 가스누설경보기설비를 할 수 있다. 9. 유도등 및 비상조명등설비를 할 수 있다. 10. 상용 및 비상전원설비를 할 수 있다. 11. 종합방재센터설비를 할 수 있다. 12. 소화설비의 부대 전기설비를 할 수 있다. 13. 기타 소방전기시설 관련설비를 할 수 있다.
		3. 공사 서류 작성하기	1. 시공된 시설을 검사하여 설계도서와 일치여부를 판단할 수 있다. 2. 시공된 시설을 검사하여 관련 서류를 작성할 수 있다. 3. 공정관리 일정을 계획하여 공사일지를 작성 할 수 있다.
	3. 소방전기시설 유지관리	1. 소방전기시설 운용관리 하기	1. 전기기기 점검 및 조작을 할 수 있다. 2. 회로점검 및 조작을 할 수 있다. 3. 재해방지 및 안전관리를 할 수 있다. 4. 자재관리를 할 수 있다. 5. 기술 공무관리를 할 수 있다.
		2. 소방전기시설의 유지 보수 및 시험 점검하기	1. 전기기기 보수 및 점검을 할 수 있다. 2. 시험 및 검사를 할 수 있다. 3. 계측 및 고장요인 파악을 할 수 있다. 4. 유지보수관리 및 계획수립을 할 수 있다. 5. 설치된 소방시설을 정상 가동하고, 자체 점검 사항을 기록할 수 있다. 6. 기록 사항을 분석하여 보수정비를 할 수 있다.

소방설비산업기사(전기분야) 출제기준개정 (2023.1.1 _ 2025.12.31)

출제기준-(필기)

직무분야	안전관리	중직무분야	안전관리	자격종목	소방설비산업기사(전기분야)	적용기간	2023.1.1. ~ 2025.12.31.

○ 직무내용 : 소방시설(전기)의 설계, 공사, 감리 및 점검업체 등에서 소방설비 도서류를 바탕으로 공사업무를 수행하고 완공된 소방설비의 점검 및 유지관리업무와 소방계획수립을 통해 소화, 화재통보 및 피난 등의 훈련을 실시하는 소방안전관리자로서의 소방안전관련 일반사항을 수행하는 직무이다.

필기검정방법	객관식	문제수	80	시험시간	2시간

필기과목명	문제수	주요항목	세부항목	세세항목
소방원론	20	1. 연소이론	1. 연소 및 연소현상	1. 연소의 원리와 성상 2. 연소생성물과 특성 3. 열 및 연기의 유동의 특성 4. 열에너지원과 특성 5. 연소물질의 성상
		2. 화재현상	1. 화재 및 화재현상	1. 화재의 정의, 화재의 원인과 영향 2. 화재의 종류, 유형 및 특성 3. 화재 진행의 제요소와 과정
			2. 건축물의 화재현상	1. 건축물의 종류 및 화재현상 2. 건축물의 내화성상 3. 건축구조와 건축내장재의 연소 특성 4. 방화구획 5. 피난공간 및 동선계획 6. 연기확산과 대책
		3. 위험물	1. 위험물 안전관리	1. 위험물의 종류 및 성상 2. 위험물의 연소특성 3. 위험물의 방호계획
		4. 소방안전	1. 소방안전관리	1. 가연물·위험물의 안전관리 2. 화재시 소방 및 피난계획 3. 소방시설물의 관리유지 4. 소방안전관리계획 5. 소방시설물 관리
			2. 소화론	1. 소화원리 및 방식 2. 소화부산물의 특성과 영향 3. 소화설비의 작동원리 및 점검
			3. 소화약제	1. 소화약제이론 2. 소화약제 종류와 특성 및 적응성 3. 약제유지관리

필기과목명	문제수	주요항목	세부항목	세세항목
소방전기일반	20	1. 전기회로	1. 직류회로	1. 전압과 전류 2. 전력과 열량 3. 전기저항 4. 전류의 열작용과 화학작용
			2. 정전용량과 자기회로	1. 콘덴서와 정전용량 2. 전계와 자계 3. 자기회로 4. 전자력과 전자유도 5. 전자파
			3. 교류회로	1. 단상 교류회로 2. 3상 교류회로
		2. 전기기기	1. 전기기기	1. 직류기 2. 변압기 3. 유도기 4. 동기기 5. 소형교류전동기, 교류정류기 6. 전력용 반도체에 의한 전기기기제어
			2. 전기계측	1. 전기계측기기의 구조 및 원리 2. 전기요소의 측정
		3. 제어회로	1. 자동제어의 기초	1. 자동제어의 개요 2. 제어계의 요소 및 구성 3. 블록선도 4. 전달함수
			2. 시퀀스 제어회로	1. 불대수의 기본정리 및 응용 2. 무 접점논리회로 3. 유 접점회로
			3. 제어기기 및 응용	1. 제어기기의 구성요소 2. 제어의 종류 및 특성
		4. 전자회로	1. 전자회로	1. 전자현상 및 전자소자 2. 정전압 전원회로 및 정류회로 3. 증폭회로 및 발진회로 4. 전자회로의 응용

출제기준

필기과목명	문제수	주요항목	세부항목	세세항목
소방관계법규	20	1. 소방기본법	1. 소방기본법, 시행령, 시행규칙	1. 소방기본법 2. 소방기본법 시행령 3. 소방기본법 시행규칙
		2. 화재의 예방 및 안전관리에 관한 법	1. 화재의 예방 및 안전관리에 관한 법, 시행령, 시행규칙	1. 화재의 예방 및 안전관리에 관한 법률 2. 화재의 예방 및 안전관리에 관한 시행령 3. 화재의 예방 및 안전관리에 관한 시행규칙
		3. 소방시설 설치 및 관리에 관한 법	1. 소방시설 설치 및 관리에 관한법, 시행령, 시행규칙	1. 소방시설 설치 및 관리에 관한 법률 2. 소방시설 설치 및 관리에 관한 시행령 3 소방시설 설치 및 관리에 관한 시행규칙
		4. 소방시설 공사업법	1. 소방시설공사업법, 시행령, 시행규칙	1. 소방시설공사업법 2. 소방시설공사업법 시행령 3. 소방시설공사업법 시행규칙
		5. 위험물안전관리법	1. 위험물안전관리법, 시행령, 시행규칙	1. 위험물안전관리법 2. 위험물안전관리법 시행령 3. 위험물안전관리법 시행규칙

필기과목명	문제수	주요항목	세부항목	세세항목
소방전기시설의 구조 및 원리	20	1. 소방전기시설 및 화재안전성능기준·화재안전기술기준	1. 비상경보설비 및 단독경보형감지기	1. 설치대상과 기준, 종류, 특징, 동작원리, 배선 2. 화재안전성능기준·화재안전기술기준 등 기타 관련사항
			2. 비상방송설비	1. 설치대상과 기준, 구성, 기능, 동작원리, 배선 2. 화재안전성능기준·화재안전기술기준 등 기타 관련사항
			3. 자동화재탐지설비 및 시각경보장치	1. 설치대상 경계구역, 비화재보 원인과 대책, 화재안전성능기준·화재안전기술기준 2. 각 구성기기의 종류 및 특징, 화재안전성능기준·화재안전기술기준 등 기타 관련사항
			4. 자동화재속보설비	1. 설치대상과 기준, 구성과 종류 2. 화재안전성능기준·화재안전기술기준 등 기타 관련사항
			5. 누전경보기	1. 설치대상과 기준, 종류, 구성, 특징, 동작원리, 변류기 설치와 결선 2. 화재안전성능기준·화재안전기술기준 등 기타 관련사항
			6. 유도등 및 유도표지	1. 설치대상과 기준, 구성, 기능, 동작원리, 전원, 배선, 시험 2. 화재안전성능기준·화재안전기술기준 등 기타 관련사항
			7. 비상조명등	1. 설치대상과 기준, 구성, 전원, 배선, 시험 2. 화재안전성능기준·화재안전기술기준 등 기타 관련사항
			8. 비상콘센트	1. 설치대상과 기준, 구조, 기능, 비상콘센트설비의 전원 및 보호함, 배선 2. 화재안전성능기준·화재안전기술기준 등 기타 관련사항
			9. 무선통신보조설비	1. 설치대상과 기준, 구조, 기능, 사용방법, 누설동축케이블 2. 화재안전성능기준·화재안전기술기준 등 기타 관련사항
			10. 기타 소방전기시설	1. 화재안전성능기준·화재안전기술기준 등 기타 관련사항

출제기준-(실기)

직무분야	안전관리	중직무분야	안전관리	자격종목	소방설비산업기사(전기분야)	적용기간	2023.1.1. ~ 2025.12.31.

○ 직무내용 : 소방설비(전기)의 설계, 공사, 감리 및 점검업체 등에서 소방설비 도서류를 바탕으로 공사 및 감리업무를 수행하고 완공된 소방설비의 점검 및 유지관리업무와 소방계획수립을 통해 소화, 화재통보 및 피난 등의 훈련을 실시하는 소방안전관리자로서의 소방안전관련 일반사항을 수행하는 직무이다.

○ 수행준거 : 1. 소방전기 설비 시공을 위하여 작업분석을 할 수 있다.
           2. 건물의 화재예방을 위하여 자동화재탐지장치, 화재경보기 등을 설치할 수 있다.
           3. 소방전기 설비를 설계, 시공할 수 있다.
           4. 소방전기시설의 조작, 유지 보수 및 시험점검 등을 할 수 있다.

실기검정방법	필답형	시험시간	3시간

실기과목명	주요항목	세부항목	세세항목
소방전기시설 설계 및 시공실무	1. 소방전기시설 설계	1. 작업분석하기	1. 현장 여건, 요구사항 분석을 할 수 있다. 2. 기본계획 수립, 기본설계서, 실시설계서를 작성할 수 있다. 3. 공사시방서, 공사내역서, 운영관리지침서를 작성할 수 있다.
		2. 소방전기시설 구성하기	1. 재료의 상호 연관성에 대해 설명할 수 있다. 2. 소방전기시설의 기기 및 부품을 조작할 수 있다. 3. 소방전기시설의 기능 및 특성을 설명할 수 있다.
		3. 소방전기 시설 설계하기	1. 물량 및 공량을 산출할 수 있다. 2. 기계기구의 용량을 산정할 수 있다. 3. 회로방식 설정 및 회로용량을 산정할 수 있다. 4. 도면작성 및 판독을 할 수 있다. 5. 시방서의 작성 등을 할 수 있다.
		4. 소방시설의 배치계획 및 설계서류 작성하기	1. 계통도를 작성할 수 있다. 2. 평면도를 작성할 수 있다. 3. 상세도를 작성할 수 있다. 4. 소방전기시설의 시공 계획수립 및 실무 작업을 수행할 수 있다.
	2. 소방전기시설 시공	1. 설계도서 검토하기	1. 설계도서상의 누락, 오류, 문제점을 검토하여 설계도서 검토서를 작성할 수 있다. 2. 설계도면, 시공 상세도, 계산서를 검토하여 시공상의 문제점을 파악하고 조치할 수 있다.

실기과목명	주요항목	세부항목	세세항목
		2. 소방전기시설 시공하기	1. 자동화재탐지설비를 할 수 있다. 2. 자동화재속보설비를 할 수 있다. 3. 누전경보기설비를 할 수 있다. 4. 비상경보설비 및 비상방송설비를 할 수 있다. 5. 제연설비부대 전기설비를 할 수 있다. 6. 비상콘센트설비를 할 수 있다. 7. 무선통신보조설비를 할 수 있다. 8. 가스누설경보기설비를 할 수 있다. 9. 유도등 및 비상조명등설비를 할 수 있다. 10. 상용 및 비상전원설비를 할 수 있다. 11. 종합방재센터설비를 할 수 있다. 12. 소화설비의 부대 전기설비를 할 수 있다. 13. 기타 소방전기시설 관련설비를 할 수 있다.
		3. 공사 서류 작성하기	1. 시공된 시설을 검사하여 설계도서와 일치여부를 판단할 수 있다. 2. 시공된 시설을 검사하여 관련 서류를 작성할 수 있다. 3. 공정관리 일정을 계획하여 공사일지를 작성 할 수 있다.
	3. 소방전기시설 유지관리	1. 소방전기시설 운용관리하기	1. 전기기기 점검 및 조작을 할 수 있다. 2. 회로점검 및 조작을 할 수 있다. 3. 재해방지 및 안전관리를 할 수 있다. 4. 자재관리를 할 수 있다. 5. 기술공무관리를 할 수 있다.
		2. 소방전기시설의 유지 보수 및 시험 점검하기	1. 전기기기 보수 및 점검을 할 수 있다. 2. 시험 및 검사를 할 수 있다. 3. 계측 및 고장요인 파악을 할 수 있다. 4. 유지보수관리 및 계획수립을 할 수 있다. 5. 설치된 소방시설을 정상 가동하고, 자체 점검 사항을 기록할 수 있다. 6. 기록 사항을 분석하여 보수정비를 할 수 있다.

# 소방원론
쉽고 빠르게 합격하는 소방설비(산업)기사 필기시험 대비

PART 01 연소 이론

CHAPTER 01 기초이론
CHAPTER 02 연소의 정의
CHAPTER 03 연소의 조건
CHAPTER 04 연소의 분류
CHAPTER 05 연소생성물
CHAPTER 06 폭발

원소 주기율표

※ 질량수 홀수×2+1
　　　　짝수×2 예외 : H, Be, N, Cl, Ar

← 금속　　비금속 →

원자가 족	+1	+2	+3	±4	-3	-2	-1	0
주기	1	2	3	4	5	6	7	8
1	1 H 1 수소							4 He 2 헬륨
2	7 Li 3 리튬	9 Be 4 베릴륨	11 B 5 붕소	12 C 6 탄소	14 N 7 질소	16 O 8 산소	19 F 9 불소	20 Ne 10 네온
3	23 Na 11 나트륨	24 Mg 12 마그네슘	27 Al 13 알루미늄	28 Si 14 규소	31 P 15 인	32 S 16 황	35.5 Cl 17 염소	40 Ar 18 아르곤
4	39 K 19 칼륨	40 Ca 20 칼슘	(21~30)	32 Ge 게르마늄	33 As 비소	34 Se 셀레늄	80 Br 35 브롬	Kr 36 크립톤
5	Rb 37 루비듐	Sr 38 스트론튬	(39~48)	50 Sn 주석	51 Sb 안티몬	52 Te 텔루륨	127 I 53 요오드	Xe 54 크세논
6	Cs 55 세슘	Ba 56 바륨	(57~80)	82 Pb 납	83 Bi 비스무트	84 Po 폴로늄	210 At 85 아스타틴	Rn 86 라돈
7	Fr 87 프랑슘	Ra 88 라듐	전이원소					
	알칼리금속	알칼리토금속	알루미늄족	탄소족	질소족	산소족	할로겐족	불활성기체족

(주기 4, 5족의 In 49 인듐, Ga 31 갈륨, Tl 81 탈륨 포함)

CHAPTER 01 연소 기본이론

01 원자와 분자

(1) **원자** : 화학반응을 통해 더 이상 쪼갤 수 없는 단위이다.

(2) **원자량** : 원자량이란 해당 원소 1 몰의 평균 질량값(g/mol)을 의미한다.
   (탄소원자량 12를 기준으로한 원자의 상대질량)

> 참고 **중요원자량**

원자	C	N	O	F	Cl	Br	H	Ar	Na	I
원자량	12	14	16	19	35.5	79.9	1	40	23	127

(3) **분자** : 원자의 조합으로 물질을 구성하는 최소단위이다.

(4) **분자량** : 한 분자 안에 있는 모든 원자 들의 원자량의 총합이며 원자량의 단위로 표현이 된다. (g/mol)

(5) **화학 반응식** : 물질의 성질이 변하는 화학반응의 반응물을 왼쪽에 생성물을 오른쪽에 나타낸 식을 말한다.

> 참고 $2H_2 + O_2 \rightarrow 2H_2O$(수소 분자2개 + 산소 분자1개 → 물분자2개)

02 비중 및 증기비중

(1) **비중(specific gravity)** : s

$$s = \frac{\rho}{\rho_w} = \frac{\gamma}{\gamma_w} = \frac{어떤물질의밀도(비중량)}{물의밀도(비중량)} (무차원수)$$

① 물의 비중은 1이다.
② 비중이 1보다 큰 물질은 물보다 무겁고 1보다 작으면 물보다 가볍다.

(2) **증기비중**

$$증기비중 = \frac{물질의 분자량}{표준상태 공기분자량}$$

① 표준상태란 0℃, 1atm의 공기를 말한다.
② 공기의 분자량은 29로 한다.
③ 증기비중이 1보다 크면 공기보다 무겁고 1보다 작으면 공기보다 가볍다.

03 물리적 변화 : 물질이 성질이 변하지 않고 모양만 변하는 것을 이야기 한다.

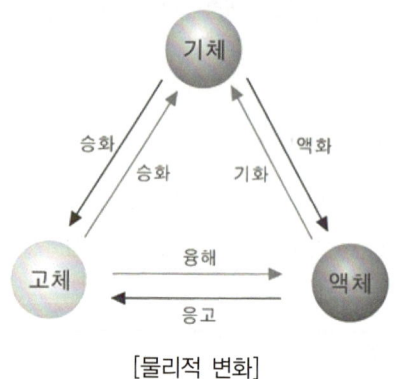

[물리적 변화]

04 화학적 변화 : 물질의 성질이 변하는 것을 이야기 한다.

(1) **발열 반응** : 반응물이 에너지를 외부로 방출하는 반응
  ① 반응열 Q > 0
  ② 반응계의 에너지 > 생성계의 에너지 (예 연소반응)
  ③ 발열 반응은 에너지를 방출하여 에너지가 낮아지는 반응이다.

(2) **흡열 반응** : 반응물이 외부로부터 열을 흡수하는 반응
  ① 반응열 Q < 0
  ② 반응계의 에너지 < 생성계의 에너지 (예 아이스팩, 냉찜질팩반응)
  ③ 흡열 반응은 열을 흡수하여 에너지가 높아지는 반응이다.

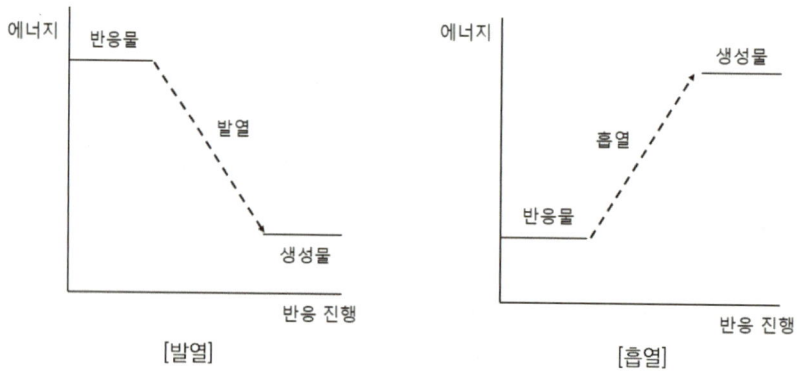

[발열]   [흡열]

05 온도

(1) 열의 정의
일상생활에서 물체의 온도가 상승되거나 냉각되는 현상을 항상 접하게 되는데, 이것은 온도차와 더불어 이동되는 어떠한 에너지(energy)가 있다는 것을 의미하는 것으로 이 에너지를 우리는 열(heat)이라고 한다.

(2) 온도의 정의
온도란 물체를 구성하는 분자가 운동함으로써 생기는 운동 에너지의 활동의 정도를 수치적으로 표시하는 물리량으로 그 분자의 활동의 정도에 따라 뜨겁고 차게 느껴지는 것이다. 이렇게 물체가 뜨겁다, 또는 차다고 하는 정도를 온도라 한다.

① 섭씨 온도

1atm(표준 대기압)에서의 얼음의 빙점을 0℃, 물의 비등점을 100℃로 하고 이를 100등분한 것을 1℃로 정한 것이다.

② 화씨 온도

1atm(표준 대기압)에서의 얼음의 빙점을 32°F, 물의 비등점을 212°F로 하고 이를 180등분한 것을 1°F로 정한 것이다.

③ 절대 온도
- 캘빈의 절대 온도 : $T = (섭씨[℃] + 273)K$
- 랭킨의 절대 온도 : $T_R = (화씨[°F] + 460)°R$

■ [공식정리]

섭씨온도	$t_c = \dfrac{5}{9}(t_f - 32)$
화씨온도	$t_f = \dfrac{9}{5}t_c + 32$
캘빈온도	$T = (섭씨[℃] + 273)K$
랭킨온도	$T_R = (화씨[°F] + 460)°R$

06 기체의 법칙

보일(Boyle)의 법칙, 샤를(Charles)의 법칙, 주울(Joule)의 법칙 즉 완전 가스의 특성식이 엄격히 적용되는 기체를 말한다. 실제로 존재하지 않는 기체로 이상 기체(ideal gas)라고도 한다.

P : 절대압력 $[Pa]$, V : 체적 $[m^3]$, T : 절대온도 $[K]$

(1) **보일(Boyle)의 법칙** : 온도가 일정하면 이상 기체의 압력은 체적에 반비례한다.

$$T = 일정, \quad PV = 일정, \quad P \propto \frac{1}{V}$$

$$P_1 V_1 = P_2 V_2, \quad \frac{P_1}{V_2} = \frac{P_2}{V_1}$$

(2) **샤를(Charles)의 법칙**

① 압력이 일정하면 이상 기체의 체적은 절대 온도에 비례한다.

$$P = 일정, \quad \frac{V}{T} = 일정, \quad V \propto T$$

$$\therefore \frac{V_1}{T_1} = \frac{V_2}{T_2}, \quad \frac{V_1}{V_2} = \frac{T_1}{T_2}$$

② 체적이 일정하면 이상 기체의 압력은 절대 온도에 비례한다.

$$V = 일정, \quad \frac{P}{T} = 일정, \quad P \propto T$$

$$\therefore \frac{P_1}{T_1} = \frac{P_2}{T_2}, \quad \frac{P_1}{P_2} = \frac{T_1}{T_2}$$

(3) **보일-샤를의 법칙** : 일정량의 기체의 체적은 압력에 반비례하고 절대온도에 비례한다.

$$\therefore \frac{P_1 V_1}{T_1} = \frac{P_2 V_2}{T_2}$$

(4) **이상기체 상태방정식**

$$PV = nRT = \frac{W}{m} RT$$

- P : 대기압 [atm]
- m : 분자량 [kg/kmol]
- W : 기체의 질량 [kg]
- T [K] : 절대온도 (273+℃)
- V : 부피 [m³]
- n : 분자수 (몰수) [kmol]
- R : 기체상수 (0.082) [atm·m³/kg·K]

> **참고 그레이엄의 확산속도법칙**
>
> 일정한 온도에서 기체의 확산속도는 그 기체 밀도(분자량)의 제곱근에 반비례한다.
>
> $\frac{v_2}{v_1} = \sqrt{\frac{M_1}{M_2}} = \sqrt{\frac{d_1}{d_2}}$ (v : 속도, M : 분자량)

CHAPTER 01 연소 기본이론

01 증기비중의 정의로 옳은 것은? (단, 분자, 분모의 단위는 모두 g/mol 이다.)
① 분자량 / 22.4
② 분자량 / 29
③ 분자량 / 44.8
④ 분자량 / 100

정답 ②

해설 증기비중 = $\dfrac{증기분자량}{공기평균분자량}$ = $\dfrac{분자량}{29}$

02 섭씨 30도는 랭킨(Rankine)온도로 나타내면 몇 도 인가?
① 546도
② 515도
③ 498도
④ 463도

정답 ①

해설 $°F = \dfrac{9}{5}(°C) + 32 = (\dfrac{9}{5} \times 30) + 32 = 86[°F]$ 이므로 R = 86 + 460 = 546R

03 IG-541 이 15℃에서 내용적 50리터 압력용기에 155 $[kg_f/cm^2]$으로 충전되어 있다. 온도가 30℃가 되었다면 IG-541 압력은 약 몇 $[kg_f/cm^2]$가 되겠는가? (단, 용기의 팽창은 없다고 가정한다.)
① 78
② 155
③ 163
④ 310

정답 ③

해설 • **샤를의 법칙**: 체적이 일정하면 이상 기체의 압력은 절대 온도에 비례한다.

$V =$ 일정, $\dfrac{P}{T} =$ 일정, $P \propto T$

$\therefore \dfrac{P_1}{T_1} = \dfrac{P_2}{T_2}, \quad \dfrac{P_1}{P_2} = \dfrac{T_1}{T_2}$

$T_1 : 15 + 273[K] = 288[K], \quad P_1 : 155[kg_f/cm^2]$
$T_2 : 30 + 273 = 303[K], \quad P_2 : ?[kg_f/cm^2]$

$P_2 = \dfrac{T_2}{T_1} \times P_1 = \dfrac{303}{288} \times 155 = 163[kg_f/cm^2]$

04 공기와 할론 1301의 혼합기체에서 할론 1301에 비해 공기의 확산속도는 약 몇 배인가? (단, 공기의 평균분자량은 29, 할론 1301의분자량은 149 이다.)

① 2.27배　　② 3.85배
③ 5.17배　　④ 6.46배

정답 ①

해설 ● 그레이엄의 확산속도법칙
일정한 온도에서 기체의 확산속도는 그 기체 밀도(분자량)의 제곱근에 반비례한다.

$$\frac{v_2}{v_1} = \sqrt{\frac{M_1}{M_2}} = \sqrt{\frac{d_1}{d_2}} \text{ (v:속도, M:분자량)}$$

$$\frac{v_{공기}}{v_{할론}} = \sqrt{\frac{m_{할론}}{m_{공기}}} = \sqrt{\frac{149}{29}} = 2.2667 = 2.27배$$

05 0℃, 1기압에서 44.8m³의 용적을 가진 이산화탄소를 액화하여 얻을 수 있는 액화탄산 가스의 무게는 약 몇 kg인가?

① 88　　② 44
③ 22　　④ 11

정답 ①

해설 ● $PV = nRT = \frac{W}{m}RT$

- P : 대기압 [atm]
- m : 분자량 [kg/kmol]
- W : 기체의 질량 [kg]
- T [K] : 절대온도 (273+℃)
- V : 부피 [m³]
- n : 분자수 (몰수) [kmol]
- R : 기체상수 (0.082) [atm·m³/kg·K]

$$W = \frac{PVm}{RT} = \frac{1 \times 44.8 \times 44}{0.082 \times (0 + 273)} = 88.05 [kg]$$

06 공기의 부피 비율이 질소 79[%], 산소 21[%]인 전기실에 화재가 발생하여 이산화탄소 소화약제를 방출하여 소화하였다. 이 때 산소의 부피농도가 14[%]이었다면 이 혼합 공기의 분자량은 약 얼마인가? (단, 화재시 발생한 연소가스는 무시한다.)

① 28.9　　② 30.9
③ 33.9　　④ 35.9

정답 ③

해설
- 산소 : 14[%]
- CO_2 이론소화농도 = $\frac{21-O_2}{21} \times 100 = \frac{21-14}{21} \times 100 = 33.33 ≒ 33[\%]$
- 질소 : $100 - 14 - 33 = 53[\%]$
→ 산소의 분자량 32, 이산화탄소 분자량은 44, 질소의 분자량은 28 이다.
$(32 \times 0.14) + (44 \times 0.33) + (28 \times 0.53) = 33.84$

07 어떤 유기화합물을 원소 분석한 결과 중량백분율이 C : 39.9%, H : 6.7%, O : 53.4% 인 경우 이 화합물의 분자식은? (단, 원자량은 C = 12, O = 16, H = 1 이다.)

① $C_3H_8O_2$
② $C_2H_4O_2$
③ C_2H_4O
④ $C_2H_6O_2$

정답 ②

해설
- 실험식 : $\frac{39.9}{12} : \frac{6.7}{1} : \frac{53.4}{16} = 3.325 : 6.7 : 3.33 = 1 : 2 : 1 = CH_2O$
- 분자식 : 실험식 × n = $CH_2O \times 2 = C_2H_4O_2$

08 어떤 기체가 0℃, 1기압에서 부피가 11.2L, 기체질량이 22g 이었다면 이 기체의 분자량은? (단, 이상기체로 가정한다.)

① 22
② 35
③ 44
④ 56

정답 ③

해설 $PV = \frac{W}{M}RT$ (이상기체상태방정식), $M = \frac{22 \times 0.082 \times 273}{1 \times 11.2} = 44$

09 질소 79.2 [%], 산소 20.8 [%]로 이루어진 공기의 평균분자량은? (단, 질소 및 산소의 원자량은 각각 14 및 16이다.)

① 15.44
② 20.21
③ 28.83
④ 36.00

정답 ③

해설 질소의 분자량은 28 이고 산소의 분자량은 32 이다.
$(28 \times 0.792) + (32 \times 0.208) = 28.83$

10 이산화탄소 20g은 몇 mol인가?

① 0.23
② 0.45
③ 2.2
④ 4.4

정답 ②

해설 몰수 = $\dfrac{20}{44} = 0.45[g]$

11 할론 가스 45kg과 함께 기동가스로 질소 2kg을 충전하였다. 이 때 질소가스의 몰분율은? (단, 할론 가스의 분자량은 149이다.)

① 0.19
② 0.24
③ 0.31
④ 0.39

정답 ①

해설 몰분율 = $\dfrac{\dfrac{2}{28}}{\dfrac{45}{149} + \dfrac{2}{28}} = 0.19$

CHAPTER 02 연소의 정의

01 연소의 정의

(1) **연소** : 빛과 열을 수반하는 급격한 산화반응을 말한다.

① 연소의 메커니즘

$$가연물(가연성가스, 기체) + 산소 \xrightarrow{} 가연성혼합기 \xrightarrow{점화원} 빛 + 열$$

(2) **빛과 열이 없는 산화반응은 연소현상이 아니다.**

① 철이 녹스는 것

② 질소 : $N_2 + O_2 \rightarrow 2NO - 43.4[kcal]$ (흡열)

(3) **산화 · 환원반응**

① 산화는 산소를 얻거나 수소 또는 전자를 잃는 것을 말한다.
② 환원은 산소를 잃거나 수소 또는 전자를 얻는 것을 말한다.

구 분	산 화	환 원
산소	얻음	잃음
수소	잃음	얻음
전자	잃음	얻음

- 산화제 : 자신은 환원되면서 다른 물질을 산화시키는 물질을 말한다.
  (분자 내에 다량의 산소를 보유하고 있는 물질)
- 환원제 : 자신은 산화되면서 다른 물질을 환원시키는 물질을 말한다.

(4) **활성화 에너지(=점화 에너지)**

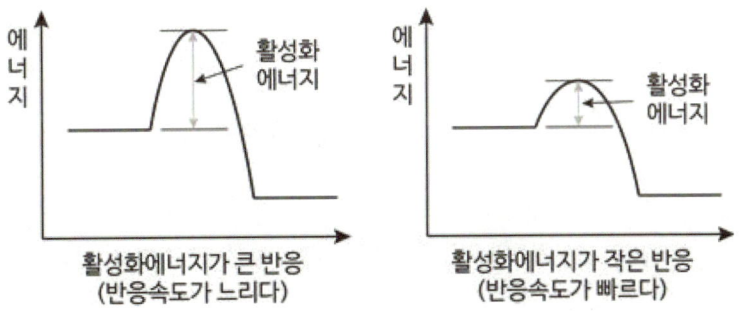

① 활성화 에너지는 반응에 필요한 에너지를 말한다.
② 활성화 에너지가 작은 반응은 반응속도가 빠르다.(정촉매)
③ 활성화 에너지가 큰 반응은 반응속도가 느리다.(부촉매)

(5) 완전연소 및 불완전연소

구분	완전연소	불완전연소
정의	산소공급 충분한 상태	산소 공급이 불충분한 상태
생성물	이산화탄소, 수증기 등	일산화탄소, 그을음, 흑연 등
연소온도	높다.	완전연소보다는 낮다.

(6) 탄화수소계 완전연소반응식

① 메탄 CH_4 : $CH_4 + 2O_2 \rightarrow CO_2 + 2H_2O$

② 에탄 C_2H_6 : $C_2H_6 + 3.5O_2 \rightarrow 2CO_2 + 3H_2O$

③ 프로판 C_3H_8 : $C_3H_8 + 5O_2 \rightarrow 3CO_2 + 4H_2O$

④ 부탄 C_4H_{10} : $C_4H_{10} + 6.5O_2 \rightarrow 4CO_2 + 5H_2O$

(7) 불꽃의 색상과 온도

색상	담암적색	암적색	적색	휘적색	황적색	백적색	휘백색
온도[℃]	520	700	850	950	1100	1300	1500 이상

02 연소의 3요소 및 4요소

(1) 연소의 3요소(심부화재,표면연소,무염연소,작열연소) : 가연물, 산소공급원, 점화원

(2) 연소의 4요소(표면화재, 불꽃연소, 발염연소,유염연소) : 가연물, 산소공급원, 점화원+연쇄반응

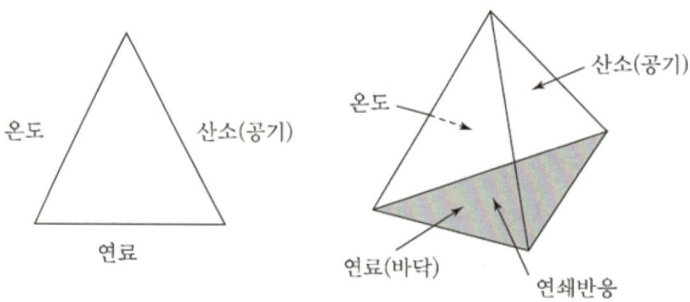

[연소의 3요소 및 4요소]

03 가연물

(1) **정의** : 연소가 가능한 물질(환원제)로 쉽게 산화되어 다량의 열을 발산하는 물질

(2) **가연물의 구비조건(쉽게 발화하는 조건)**
① 연소발열량(=열량)이 클 것, 발열량이 클 것
② 연쇄반응을 일으키는 물질일 것
③ 표면적이 넓을 것(=산소와 접촉하는 면적이 클 것) [물질 표면적 : 기체>액체>고체]
④ 산소와의 친화력이 좋을 것
⑤ 활성화 에너지가 작을 것(=연소시 필요한 에너지가 적을 것)
⑥ 열전도율이 적을 것(=열축적 용이할 것)

(3) **가연물이 될 수 없는 것들**
① 원소주기율표상의 0족 원소(비활성기체)
   He, Ne, Ar, Kr, Xe, Rn(헬륨, 네온, 아르곤, 크립톤, 크세논, 라돈)
② 완전산화물(산소와 더 이상 반응하지 않는 물질)
   CO_2, H_2O, Al_2O_3 등…(이산화탄소, 수증기, 산화알루미늄 등)
③ 산화반응이 흡열반응 인 것 : N_2(질소)

04 산소공급원

(1) 연소에 필요한 주공급원으로 공기 중 21% 포함이 되어 있으며 공기 중(15%)이하로 억제하면 연소 반응이 발생하지 않음

(2) **조연성(지연성) 가스** : 가연물이 잘 탈 수 있도록 도와주는 가스
오존(O_3), 공기, 산화제, 염소, 불소 등

(3) **조연성 또는 지연성물질**
① 제1류 위험물(산화성고체)
   자체로는 불연성이지만 다량의 산소를 함유하고 있으며 가열,마찰, 충격 및 다른 화학물질과 접촉시 쉽게 분해되어 남의 연소를 돕는다.
② 제6류 위험물(산화성액체)
   불연성이지만, 가연성 물질 및 물과 접촉하여 발화 시킬 수 있으며, 유해가스의 배출 위험성이 높은 물질을 말한다.
③ 제5류 위험물(자기반응성물질)
   물질 자신이 가연물이면서 조연성 물질인(가연물+산화제 형태)위험물 이다.
   물질자체가 산소를 함유하고 있어서 이러한 연소를 자기연소, 내부연소라 한다.

05 점화원(= 열원, 착화원)

(1) 점화원의 정의
① 어떤 물질의 발화에 필요한 (최소)에너지 이다.
② 점화원이란 가연성가스나 물질 등이 체류하고 있는 분위기에 불을 붙일 수 있는 근원이다.

(2) 점화원의 종류
① 화학적 점화원 : 용해열, 연소열, 분해열, 자연발열, 자연발화 등
② 전기적 점화원 : 저항열, 유도열, 유전열, 아크열, 정전기열, 낙뢰열 등
③ 기계적 점화원 : 마찰열, 마찰스파크열, 압축열, 충격열 등
④ 열적 점화원 : 고온표면, 적외선, 복사열 등
⑤ 원자력 열에너지 : 원자의 핵으로부터 나오는 에너지

(3) 화학적 점화원(에너지)
① 용해열 : 어떤 물질이 액체에 용해될 때는 열을 방출한다. 이때 발생하는 열을 용해열이 라고 하나 모든 물질의 용해열이 화재를 발생시킬 만큼 위험한 것은 아니다.
② 연소열 : 어떤 물질이 완전연소 및 산화할 때 방출하는 열량 이다.
③ 분해열 : 화합물이 분해할 때 발생하는 열을 분해열이라 한다. 화합물이 생성될 때는 대 체로 발열반응에 의하므로 분해열을 내는 경우는 흔하지 않다.
④ 자연발화 : 공기 중에 놓여 있는 물질이 상온에서 저절로 발열하여 발화·연소되는 현상이다. 산화·분해 또는 흡착 등에 의한 반응열이 축적하여 일어난다.

> **참고** 기화열(기화잠열)과 융해열(융해잠열)
> ● 기화열(기화잠열)과 융해열(융해잠열)은 상변화를 일으킬 때 흡수하는 열량으로서 점화원 이될 수 없다.

(4) 전기적 점화원(에너지)
① 저항열 : 도체 내부에서 전류의 흐름을 방해하는 에너지가 열로 변환되며, 백열전구에서 열이 발생하는 것은 전구내의 필라멘트의 저항에 기인한다.
② 유도열 : 도체주위에 자장이 생기면 전위차가 발생하고 이때 과다 전류가 흐르게 되면 저항에 의한 열이 발생하는 현상이다. (전자유도현상)
③ 유전열 : 절연 물질로 사용되는 물질로 완전한 절연 능력을 갖지 않으므로 절연물질에 누설 전류가 흘러 저항에 의해 열이 발생하는 현상이다.
④ 아크열 : 전류가 흐르는 회로가 나이프스위치에 의하여 또는 우발적인 접촉 또는 접점이 느슨하여 전류가 끊길 때 발생한다. 아크의 온도는 매우 높기 때문에 거기서 방출된 열이 주위의 가연성 혹은 인화성 물질을 점화시킬 수 있다.
⑤ 정전기열 : 두 물질이 접촉하였다가 떨어질때 그 물질 표면에 축적되는 전하를 말한다. 만약 접지되지 않으면 그 물체에는 충분한 양의 전하량이 축적되어 스파크방전이 일어난다.

⑥ 낙뢰열 : 번개는 구름에 축적된 전하가 다른 구름이나 지상과 같은 반대전하에 대한 방전현상이다. 번개는 구름이나 지상을 통과할 때 나무나 돌같은 저항이 큰 물질에서 대량의 열이 발생한다.

(5) 기계적 점화원(에너지)
① 마찰 : 두 물질을 마주대고 마찰시키면 발생되는 열을 이야기 한다.
② 마찰스파크열 : 금속 물체와 다른 고체물체가 충돌하여 스파크로 인한 열을 이야기 한다.
③ 압축 : 기체를 급히 압축하면 열을 발생하는데 이것은 기체분자간의 충돌횟수가 증가 되어 내부에너지의 증가를 가져오며 결국 주위온도를 증가시켜 점화원의 역할을 한다

06 자연발화

공기 중에 놓여 있는 물질이 상온에서 저절로 발열하여 발화·연소되는 현상이다. 산화·분해 또는 흡착 등에 의한 반응열이 축적하여 일어난다.

(1) 자연발화 종류

	내용
산화열	공기 중 자연 산화, 축적되어 발화하는 물질 [대표물질] 기름걸레, 황린, 원면, 석탄, 황철광, 금속분, 고무조각, 건성유(해바라기기름, 정어리기름, 아마인유, 들기름, 동유 등), 반건성유(채종유, 면실유, 옥수수기름, 대두유등)가 적셔진 다공성 가연물 등
분해열	자연분해 때 발생하는 열이 축적되어 발화하는 물질 [대표물질] 니트로셀룰로오스, 셀룰로이드류, 니트로글리세린 등의 질산에스테르류
흡착열	물질이 주위의 기체를 흡착, 축적되어 발화하는 물질 [대표물질] 탄소분말류(유연탄, 활성탄, 목탄분말), 가연성 물질+촉매
중합열	물질제조과정에서 발열반응에 의해 발화하는 물질 [대표물질] 아크릴로니트릴, 스티렌, 메틸아크리레이트, 비닐아세틸렌, 시안화수소, 산화에틸렌 등
발효열	미생물의 활동으로 발열하여 발화하는 물질 [대표물질] 퇴비, 비료, 먼지 등

(2) 자연발화가 쉽게되는 조건(가연물의 구비조건과 유사)
① 열전도율이 작을 것
② 활성화에너지가 작을 것
③ 표면적이나 공기와의 접촉면이 클수록
④ 온도나 습도가 높을수록
⑤ 가연물의 농도나 압력이 클수록

(3) 자연발화의 방지책(자연발화 쉽게되는 법을 반대로 생각)
① 통풍, 환기, 저장방법 등을 개선하여 열의 축적을 방지
② 저장실의 온도를 낮출 것
③ 저장실의 습도를 낮출 것
④ 가연성 물질을 제거
⑤ 황린의 자연발화 방지책 : 물속에 저장
⑥ 칼륨, 나트륨, 등 알카리 금속 : 석유속에 저장

07 정전기

(1) 정의

정전기는 물체 위에 정지하고 있는 전기를 말한다. 물체끼리의 마찰에 의하여 생긴 마찰 전기도 여기에 속한다.

(2) 발생 메커니즘 : 전하의 발생 → 전하의 축적 → 방전 → 발화

(3) 정전기 발생요인
① 물체의 특성 : 불순물이 많거나 대전서열이 멀수록 대전량이 커져 발생하기 쉽다.
② 물체의 표면상황 : 물체 표면이 오염되거나 거칠수록 발생하기 쉽다.
③ 물체의 이력 : 물체를 처음 접촉 또는 분리시에 정전기가 발생하기 쉽다.
④ 접촉면적 및 압력 : 접촉면적 및 압력이 클수록 정전기 발생량이 크다.

(4) 정전기 방지대책
① 접지와 본딩을 한다.
② 공기를 이온화시킨다.
③ 대전방지제를 사용한다.
④ 전기 도체의 물질을 사용한다.
⑤ 정전기 차폐장치, 제전기 사용 한다.
⑥ 상대습도를 70% 이상으로 한다.

08 연쇄반응

(1) 가연물의 형태를 연소가 용이한 자유라디칼(수소기 H^*, 수산기*)을 형성하여 연소를 촉진시키는 반응이다.(촉매반응)

(2) 연쇄반응이 존재한다는 것은 불꽃이 존재하는 연소이다.

(3) 연쇄반응의 유무에 따라 불꽃연소와 작열연소로 구분한다.
- 작열연소 = 심부화재 = 표면연소 = 무염연소

● 불꽃연소 = 표면화재 = 발염연소 = 유염연소

연소의 구분	불꽃연소	작열연소
불꽃의 유무	불꽃이 존재	불꽃이 존재하지 않음
연쇄반응 유무	연쇄반응 ○	연쇄반응 ×
소화방법	물리적 소화 + 화학적 소화	물리적 소화

CHAPTER 02 연소의 정의

01 다음 중 연소와 가장 관련 있는 화학반응은?
① 중화반응　　　　② 치환반응
③ 환원반응　　　　④ 산화반응

> **정답** ④
> **해설** 연소란 빛과 열을 내는 산화반응을 이야기한다.

02 가연물질의 구비조건으로 옳지 <u>않은</u> 것은?
① 화학적 활성이 클 것
② 열의 축적이 용이할 것
③ 활성화 에너지가 작을 것
④ 산소와 결합할 때 발열량이 작을 것

> **정답** ④
> **해설** (보기④) 산소와 결합할 때 발열량이 작을 것→ 발열량이 커야 한다.
> - **가연물의 구비조건(쉽게 발화하는 조건)**
>   ① 연소발열량이 클 것(열량이 클 것), 발열량이 클 것
>   ② 연쇄반응을 일으키는 물질일 것
>   ③ 표면적이 넓을 것(산소와 접촉하는 표면적이 클 것, 표면적 : 기체 〉 액체 〉 고체)
>   ④ 산소와의 친화력이 좋을 것(화학적 활성도가 클 것)
>   ⑤ 활성화 에너지가 작을 것(필요한 에너지가 적을 것)
>   ⑥ 열전도율이 적을 것(열의 축적이 용이, 열전도도 : 기체〈 액체〈 고체)

03 다음 중 가연성 가스가 <u>아닌</u> 것은?
① 일산화탄소　　　② 프로판
③ 아르곤　　　　　④ 메탄

> **정답** ③
> **해설** 비활성기체는 가연성 가스가 아니다.
> - **원소주기율표상의 0족 원소(비활성기체)**
>   He, Ne, Ar, Kr, Xe, Rn(헬륨, 네온, 아르곤, 크립톤, 크세논, 라돈)

04 조연성가스로만 나열되어 있는 것은?
① 질소, 불소, 수증기
② 산소, 불소, 염소
③ 산소, 이산화탄소, 오존
④ 질소, 이산화탄소, 염소

> **정답** ②
> **해설** • 조연성(지연성) 가스 : 가연물이 잘 탈 수 있도록 도와주는 가스
> [대표물질 : 오존(O_3), 공기, 산화제, 염소, 불소, 조연성물질 등]

05 일반적으로 공기 중 산소농도를 몇 vol% 이하로 감소시키면 연소속도의 감소 및 질식소화가 가능한가?
① 15
② 21
③ 25
④ 31

> **정답** ①
> **해설** 연소에 필요한 주공급원으로 공기 중 21% 포함이 되어 있으며 공기 중(15%)이하로 억제하면 연소 반응이 발생하지 않는다.

06 공기 중의 산소의 농도는 약 몇 vol% 인가?
① 10
② 13
③ 17
④ 21

> **정답** ④
> **해설** 평상시 공기중의 산소 농도는 21%를 차지하고 있다.

07 다음 가연성 기체 1몰이 완전 연소하는데 필요한 이론 공기량으로 틀린 것은? (단, 체적비로 계산하며 공기 중 산소의 농도를 21 [vol.%]로 한다.)
① 수소-약 2.38몰
② 메탄-약 9.52몰
③ 아세틸렌-약 16.97몰
④ 프로판-약 23.81몰

정답 ③

해설 ① 수소
$$2H_2 + O_2 \rightarrow 2H_2O$$
$$H_2 + \frac{1}{2}O_2 \rightarrow H_2O$$
• $\frac{1}{2}/0.21 = 2.38 mol$

② 메탄
$$CH_4 + 2O_2 \rightarrow CO_2 + 2H_2O$$
• $2/0.21 = 9.52 mol$

③ 아세틸렌
$$C_2H_2 + 2.5O_2 \rightarrow 2CO_2 + H_2O$$
• $\frac{5}{2}/0.21 = 11.9 mol$

④ 프로판
$$C_3H_8 + 5O_2 \rightarrow 3CO_2 + 4H_2O$$
• $5/0.21 = 23.81 mol$

---

08 0℃, 1atm 상태에서 부탄(C_4H_{10}) 1mol을 완전 연소 시키기 위해 필요한 산소의 mol 수는?

① 2　　　　　　　　　　② 4
③ 5.5　　　　　　　　　④ 6.5

정답 ④

해설 C_4H_{10}(1몰) + $6.5O_2$(6.5몰) → $4CO_2 + 5H_2O$

---

09 전기화재의 원인으로 거리가 먼 것은?

① 단락　　　　　　　　② 과전류
③ 누전　　　　　　　　④ 절연 과다

정답 ④

해설 보기 ④처럼 절연이 과다하면 오히려 화재 예방이 된다.
• **전기적 점화원** : 저항열, 유도열, 유전열, 아크열, 정전기열, 낙뢰열 등이 있다.

---

10 백열전구가 발열하는 원인이 되는 열은?

① 아크열　　　　　　　② 유도열
③ 저항열　　　　　　　④ 정전기열

정답 ③

해설 • 백열전구의 발열원인은 저항열이다.

11 물질의 취급 또는 위험성에 대한 설명 중 <u>틀린</u> 것은?
① 융해열은 점화원이다.
② 질산은 물과 반응시 발열 반응하므로 주의를 해야한다.
③ 네온, 이산화탄소, 질소는 불연성 물질로 취급한다.
④ 암모니아를 충전하는 공업용 용기의 색상은 백색이다.

> **정답** ①
> **해설** 기화열(기화잠열)과 융해열(융해잠열)은 상변화를 일으킬 때 흡수하는 열량으로서 점화원이 될 수 없다.

12 물에 황산을 넣어 묽은 황산을 만들 때 발생되는 열은?
① 연소열
② 분해열
③ 용해열
④ 자연발열

> **정답** ③
> **해설** 용해열에 대한 설명이다.

13 대두유가 침적된 기름 걸레를 쓰레기통에 장시간 방치한 결과 자연발화에 의하여 화재가 발생한 경우 그 이유로 옳은 것은?
① 융해열 축적
② 산화열 축적
③ 증발열 축적
④ 발효열 축적

> **정답** ②
> **해설**
>
> | | 내용 |
> |---|---|
> | 산화열 | 공기 중 자연 산화, 축적되어 발화하는 물질
[대표물질]
기름걸레, 황린, 원면, 석탄, 황철광, 금속분, 고무조각, 건성유(해바라기기름, 정어리기름, 아마인유, 들기름, 동유 등), 반건성유(채종유, 면실유, 옥수수기름, 대두유등)가 적셔진 다공성 가연물 등 |

14 불포화 섬유지나 석탄에 자연발화를 일으키는 원인은?
① 분해열
② 산화열
③ 발효열
④ 중합열

> **정답** ②
> **해설** 산화열에 대한 설명이다.

15 자연발화의 방지 방법이 아닌 것은?
① 통풍이 잘되도록 한다.
② 퇴적 및 수납 시 열이 쌓이지 않게 한다.
③ 높은 습도를 유지한다.
④ 저장실의 온도를 낮게 한다.

> **정답** ③
> **해설** (보기③) 습도가 높으면 자연발화가 잘 일어난다.
> ● 자연발화의 방지책(자연발화 쉽게되는 법을 반대로 생각)
>   ① 통풍, 환기, 저장방법 등을 개선하여 열의 축적을 방지
>   ② 저장실의 온도를 낮출 것
>   ③ 저장실의 습도를 낮출 것
>   ④ 가연성 물질을 제거

16 정전기에 의한 발화과정으로 옳은 것은?
① 방전 → 전하의 축적 → 전하의 발생 → 발화
② 전하의 발생 → 전하의 축적 → 방전 → 발화
③ 전하의 발생 → 방전 → 전하의 축적 → 발화
④ 전하의 축적 → 방전 → 전하의 발생 → 발화

> **정답** ②
> **해설** 정전기 발생의 메커니즘은 전하의 발생 → 전하의 축적 → 방전 → 발화 이다.

17 정전기로 인한 화재를 줄이고 방지하기 위한 대책 중 틀린 것은?
① 공기 중 습도를 일정값 이상으로 유지한다.
② 기기의 전기 절연성을 높이기 위하여 부도체로 차단공사를 한다.
③ 공기 이온화 장치를 설치하여 가동시킨다.
④ 정전기 축적을 막기 위해 접지선을 이용하여 대지로 연결 작업을 한다.

> **정답** ②
> **해설** 부도체를 사용하면 전기의 축적이 쉬워 정전기 발생 우려가 크다.

18 연소의 4요소 중 자유활성기(free radical)의 생성을 저하시켜 연쇄반응을 중지시키는 소화방법은?
① 제거소화
② 냉각소화
③ 질식소화
④ 억제소화

> **정답** ④
> **해설** 억제소화에 대한 설명이다.

CHAPTER 03 연소의 조건

01 인화점, 연소점, 발화점

(1) **인화점** : 점화원에 의해 발화 가능한 혼합기가 생성되는 최저의 온도

① 점화원 접촉시 연소를 시작할 수 있는 온도로서 순간적으로 외부의 직접적인 점화원에 의하여 불꽃이 일어 날 수 있는 최저온도

② 가연성 증기가 연소범위의 하한계에 이르러 점화되는 최저 온도

[액체가연물의 인화점]

가연물	인화점(℃)	가연물	인화점(℃)
산화프로필렌	-37	톨루엔	4.4
이황화탄소	-30	메틸알코올	11
아세트알데히드	-38	에틸알코올	13
가솔린(휘발유)	-43 ~ -20	등유	40 ~ 70
아세톤	-18	경유	50 ~ 70
벤젠	-11	클레오소트유	74

(2) **연소점** : 점화원에 의해 지속적인 연소를 일으킬 수 있는 최저온도

① 어떤 인화성 액체가 공기 중에서 열을 받아 점화원이 있을 때 또는 점화원을 제거한 후에도 물질 자체가 스스로 계속 탈 수 있는 온도

② 액체의 경우는 보통 인화점보다 5 ~ 10℃이상 높음

(3) **발화점(착화점)** : 점화원이 존재하지 않는 조건에서 발화할 수 있는 최저의 온도

① 가연물을 공기 중에 가열했을 경우 그 물질에서 나오는 혼합가스의 일부가 활성화되면서 외부의 어떤 물질로부터 점화되지 않더라도 그 스스로 발화하여 연소를 일으키는 최저 온도

② 자동발화점 또는 자연발화점(Auto Ignition Temperature)이라고 표현하기도 함

③ 발화점이 낮아지는 조건(가연물 구비조건, 자연 발화 조건 유사)

㉠ 분자구조가 복잡할수록, 발열량이 클수록
㉡ 탄화수소계열의 분자량이 클수록 또는 탄소수소의 길이가 길수록
㉢ 산소의 농도, 친화력이 클수록(화학적 활성도가 클수록)
㉣ 점화에너지(=활성화에너지)가 적을수록
㉤ 열전도율이 적을수록(열축척이 용이할수록)

> **참고** 탄화 수소 계열 : 탄화 수소는 탄소(C)와 수소(H) 만으로 이뤄진 유기 화합물을 말한다. 대표적인 탄화 수소로 석유와 천연 가스가 있고, 가솔린, 파라핀, 항공유, 윤활유, 파라핀왁스 등도 모두 탄화 수소 혼합물이다.

④ 가연성 물질의 발화점

[고체의 발화온도]

가연물	발화점(℃)	가연물	발화점(℃)	가연물	발화점(℃)
황린	34	폴리에틸렌	340~350	무연탄	490~500
셀룰로이드	180	목재	420~470	무명	495
적린	260	염화비닐	435~557	셀룰로오스	510
숯	300~340	천연고무	440~450	모	565
석탄	330~400	코크스	450~550	명주	650

[액체의 발화온도]

가연물	발화점(℃)	가연물	발화점(℃)
에테르	180	아세톤	539
아세트알데히드	185	등유(케로신)	220
이황화탄소	100	경유(디젤유)	200
벤젠	562	의산(포름산)	601
휘발유(가솔린)	300~320	초산(아세트산)	427

> 참고 온도의 관계는 인화점 < 연소점 < 발화점 이다.

02 연소범위(연소한계 = 폭발범위 = 폭발한계 = 가연범위 = 가연한계)

(1) 정의
① 공기 중에서 가연성가스가 연소하기에 필요한 농도 조건
② 가연물이 기체 상태에서 공기와 혼합하여 연소를 일으킬 수 있는 범위
③ 연소범위를 자력으로 화염을 전파하는 공간
④ 연소 상한계와 연소 하한계 사이의 범위

(2) 연소한계곡선

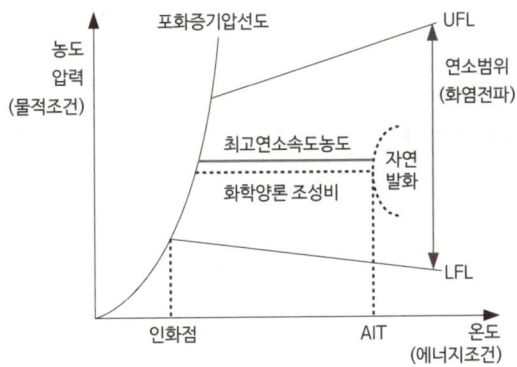

(3) 연소하한계와 연소상한계

① 연소 하한계(Lower Flammable Limit : LFL) – 연소하기 위한 최소농도
② 연소 상한계(Upper Flammable Limit : UFL) – 연소하기 위한 최고농도

[순수물질의 연소범위]

가연물	연소범위(%)	위험도	가연물	연소범위(%)	위험도
이황화탄소	1.2~44	35.7	일산화탄소	12.5~74	4.9
아세틸렌	2.5~81(100)	31.4	휘발유	1.4~7.6	4.4
산화에틸렌	3~80(100)	25.6	부탄	1.8~8.4	3.7
에테르	1.9~48	24.3	프로판	2.1~9.5	3.5
수소	4~75	17.6	에탄	3~12.4	3.1
산화프로필렌	2.1~38.5	17.3	메탄	5~15	2.0
에틸렌	3.1~36	10.6	암모니아	15~28	0.87

(4) 위험도

① 어떤 가연성 가스가 화재를 일으킬 위험성을 나타내는 척도
② 위험도 : $H = \dfrac{UFL(\%) - LFL(\%)}{LFL(\%)} = \dfrac{연소범위}{연소하한계}$

(5) 연소범위 영향요소

① 온도가 상승할수록 연소범위는 넓어진다.
② 압력이 상승할수록 연소범위는 넓어진다.(일산화탄소는 좁아진다.)
③ 산소농도가 증가하면 연소범위는 넓어진다.
④ 난류 형성시 충돌빈도가 증가하여 연소범위는 넓어진다.
⑤ 연소범위가 좁아지는 경우 : 불활성가스를 투입(산소의 농도가 감소)

(6) 혼합물질의 연소한계 : 르샤틀리에(Le Chatelier)식을 사용하여 계산

$$\dfrac{100}{L} = \dfrac{V_1}{L_1} + \dfrac{V_2}{L_2} + \dfrac{V_3}{L_3} + \cdots\cdots, \quad L = \dfrac{100}{\dfrac{V_1}{L_1} + \dfrac{V_2}{L_2} + \dfrac{V_3}{L_3}\cdots\cdots}$$ (100:가연성 가스 농도)

- L : 혼합가스의 연소한계(%)
- $L_1, L_2, L_3 \cdots L_N$: 각 가연성 가스의 폭발한계(%)
- $V_1, V_2, V_3 \cdots V_n$: 각 가연성 가스의 용량(%)

03 최소산소농도(MOC : Minium Oxygen Concentration)

$$MOC = 산소몰수 \times LFL(연소하한계)$$

(1) 최소산소농도는 화염전파를 위한 최소한의 산소농도이다.
(2) 산소농도를 MOC 보다 낮게 낮추면 연료농도에 관계없이 연소 및 폭발 방지가 가능하다.
(3) 연소할 때 화염이 전파되는 데 필요한 임계산소농도를 말한다.
(4) 완전연소반응식의 산소 몰수에 의해 최소산소농도가 결정된다.
(5) 가연성 혼합기에 불활성물질(N_2, CO_2 등)을 첨가하여 연소범위를 좁혀 연소를 한다.
(6) 메탄의 MOC 계산
   ① 메탄의 연소범위 : 5 ~ 15%
   ② 완전연소 반응식 $CH_4 + 2O_2 \rightarrow CO_2 + 2H_2O$
   ③ MOC = 2(산소몰수) × 5 [%] = 10 [%]

04 화학양론조성비(CST)

$$Cst = \frac{연료몰수}{연료몰수 + 공기몰수} \times 100$$

화학양론조성비란 가연성의 기체와 공기 중의 산소가 과부족 없이 연소반응을 완결시킬 수 있는 농도를 말한다.

05 최소발화에너지(MIE)

(1) 가연성 가스 및 공기와의 혼합가스의 착화원으로 점화시에 발화하기 위하여 필요한 최저에너지를 말한다.
(2) 최소발화에너지(MIE)의 영향 요소
   ① 최소발화에너지는 물질의 종류, 혼합기의 온도, 압력, 농도 등에 따라 변화한다.
   ② 온도가 상승하면 분자가 운동이 활발해져 MIE는 작아진다.
   ③ 압력이 상승하면 분자 간 거리가 가까워져 MIE는 작아진다.
   ④ 농도가 높으면 분자 간 충돌횟수가 많아져 MIE는 작아진다.
   ⑤ 열전도율이 낮으면 MIE는 작아진다.
   ⑥ 가연성 가스 조성이 화학양론조성비(CST)일 때 MIE는 최저가 된다.
   ⑦ 연소속도가 클수록 MIE값은 작다.

CHAPTER 03 연소의 조건

01 인화점이 낮은 것부터 높은 순서로 옳게 나열된 것은?

① 에틸알코올 < 이황화탄소 < 아세톤
② 이황화탄소 < 에틸알코올 < 아세톤
③ 에틸알코올 < 아세톤 < 이황화탄소
④ 이황화탄소 < 아세톤 < 에틸알코올

정답 ④

해설 (보기④) 이황화탄소 [−30℃] < 아세톤 [−18℃] < 에틸알코올 [13℃]

[액체가연물의 인화점]

가연물	인화점(℃)	가연물	인화점(℃)
산화프로필렌	−37	톨루엔	4.4
이황화탄소	−30	메틸알코올	11
아세트알데히드	−38	에틸알코올	13
가솔린(휘발유)	−43 ~ −20	등유	40 ~ 70
아세톤	−18	경유	50 ~ 70
벤젠	−11	클레오소트유	74

02 인화점이 20℃인 액체위험물을 보관하는 창고의 인화 위험성에 대한 설명 중 옳은 것은?

① 여름철에 창고 안이 더워질수록 인화의 위험성이 커진다.
② 겨울철에 창고 안이 추워질수록 인화의 위험성이 커진다.
③ 20℃에서 가장 안전하고 20℃ 보다 높아지거나 낮아질수록 인화의 위험성이 커진다.
④ 인화의 위험성은 계절의 온도와는 상관없다.

정답 ①

해설 인화점이란 연소가 시작할 수 있는 최저 온도로서 인화점이 20℃인 위험물은 여름철 창고 온도가 올라갈수록 위험성은 증가한다.

03 다음 중 인화점이 가장 낮은 물질은?

① 산화프로필렌
② 이황화탄소
③ 메틸알코올
④ 등유

정답 ①

해설 (보기①) 산화프로필렌 : −37℃ (보기②) 이황화탄소 : −30℃
(보기③) 메틸알코올 : 11℃ (보기④) 등유 : 40 ~ 70

04 인화성 액체의 연소점, 인화점, 발화점을 온도가 높은 것부터 옳게 나열한 것은?

① 발화점 〉 연소점 〉 인화점
② 연소점 〉 인화점 〉 발화점
③ 인화점 〉 발화점 〉 연소점
④ 인화점 〉 연소점 〉 발화점

정답 ①
해설 발화점 〉 연소점 〉 인화점순으로 나타난다.

05 다음 중 착화온도가 가장 낮은 것은?

① 아세톤
② 휘발유
③ 이황화탄소
④ 벤젠

정답 ③
해설 (보기①) 아세톤 : 539 ℃ (보기②) 휘발유 : 300∼320℃
(보기③) 이황화탄소 : 100℃ (보기④) 벤젠 : 562℃

[액체의 발화온도]

가연물	발화점(℃)	가연물	발화점(℃)
에테르	180	아세톤	539
아세트알데히드	185	등유(케로신)	220
이황화탄소	100	경유(디젤유)	200
벤젠	562	의산(포름산)	601
휘발유(가솔린)	300∼320	초산(아세트산)	427

06 다음 중 발화점이 가장 낮은 물질은?

① 휘발유
② 이황화탄소
③ 적린
④ 황린

정답 ④
해설 (보기①) 휘발유 : 300∼320℃ (보기②) 이황화탄소 : 100℃
(보기③) 적린 : 260℃ (보기④) 황린 : 34℃

[고체의 발화온도]

가연물	발화점(℃)	가연물	발화점(℃)	가연물	발화점(℃)
황린	34	폴리에틸렌	340∼350	무연탄	490∼500
셀룰로이드	180	목재	420∼470	무명	495
적린	260	염화비닐	435∼557	셀룰로오스	510
숯	300∼340	천연고무	440∼450	모	565
석탄	330∼400	코크스	450∼550	면주	650

07 다음 중 착화온도가 가장 낮은 것은?

① 에틸알코올   ② 톨루엔
③ 등유   ④ 가솔린

> **정답** ③
> **해설** (보기①) 에틸알코올 : 423℃   (보기②) 톨루엔 : 552℃
> (보기③) 등유 : 220℃   (보기④) 가솔린 : 300 ~ 320℃

08 다음 중 공기에서의 연소범위를 기준으로 했을 때 위험도(H) 값이 가장 큰 것은?

① 디에틸에테르   ② 수소
③ 에틸렌   ④ 부탄

> **정답** ①
> **해설** (보기①) 디에틸에테르 : 24.3   (보기②) 수소 : 4 ~ 75
> (보기③) 에틸렌 : 3.1 ~ 36   (보기④) 부탄 : 1.8 ~ 8.4
>
> [순수물질의 연소범위]
>
> | 가연물 | 연소범위(%) | 위험도 | 가연물 | 연소범위(%) | 위험도 |
> |---|---|---|---|---|---|
> | 이황화탄소 | 1.2 ~ 44 | 35.7 | 일산화탄소 | 12.5 ~ 74 | 4.9 |
> | 아세틸렌 | 2.5 ~ 81(100) | 31.4 | 휘발유 | 1.4 ~ 7.6 | 4.4 |
> | 산화에틸렌 | 3 ~ 80(100) | 25.6 | 부탄 | 1.8 ~ 8.4 | 3.7 |
> | (디에틸)에테르 | 1.9 ~ 48 | 24.3 | 프로판 | 2.1 ~ 9.5 | 3.5 |
> | 수소 | 4 ~ 75 | 17.6 | 에탄 | 3 ~ 12.4 | 3.1 |
> | 산화프로필렌 | 2.1 ~ 38.5 | 17.3 | 메탄 | 5 ~ 15 | 2.0 |
> | 에틸렌 | 3.1 ~ 36 | 10.6 | 암모니아 | 15 ~ 28 | 0.87 |

09 공기 중에서 수소의 연소범위로 옳은 것은?

① 0.4 ~ 4 vol%   ② 1 ~ 12.5 vol%
③ 4 ~ 75 vol%   ④ 67 ~ 92 vol%

> **정답** ③
> **해설** 수소의 연소범위는 4 ~ 75 이다.

10 다음 중 연소범위를 근거로 계산한 위험도 값이 가장 큰 물질은?
① 이황화탄소
② 메탄
③ 수소
④ 일산화탄소

> **정답** ①
> **해설** (보기①) 이황화탄소 : 35.7 (보기②) 메탄 : 2
>   (보기③) 수소 : 17.6 (보기④) 일산화탄소 : 4.9

11 공기와 접촉되었을 때 위험도(H)가 가장 큰 것은?
① 에테르
② 수소
③ 에틸렌
④ 프로판

> **정답** ①
> **해설** • 위험도 공식 = $\dfrac{U-L}{L}$ = $\dfrac{\text{폭발상한계}-\text{폭발하한계}}{\text{폭발하한계}}$
> • 에테르 = $\dfrac{48-1.9}{1.9}$ = 24.25
> • 수소 = $\dfrac{75-4}{4}$ = 17.75
> • 에틸렌 = $\dfrac{36-3.1}{3.1}$ = 10.6
> • 프로판 = $\dfrac{9.5-2.1}{2.1}$ = 3.52

12 공기 중에서 연소범위가 가장 넓은 물질은?
① 수소
② 이황화탄소
③ 아세틸렌
④ 에테르

> **정답** ③
> **해설** 연소범위가 가장 넓은 물질은 아세틸렌이다. (두번째로 넓은 물질 : 이황화탄소)

13 프로판 50vol%, 부탄 40vol%, 프로필렌 10vol%로 된 혼합가스의 폭발하한계는 약 몇 vol% 인가? (단, 각 가스의 폭발하한계는 프로판은 2.2vol%, 부탄은 1.9vol%, 프로필렌은 2.4vol%이다.)
① 0.83
② 2.09
③ 5.05
④ 9.44

정답 ②

해설 $\dfrac{100}{L} = \dfrac{V_1}{L_1} + \dfrac{V_2}{L_2} + \dfrac{V_3}{L_3} + \cdots\cdots$, $L = \dfrac{100}{\dfrac{V_1}{L_1} + \dfrac{V_2}{L_2} + \dfrac{V_3}{L_3}\cdots\cdots}$ (100:가연성 가스 농도)

- 하한계 = $\dfrac{100}{\dfrac{50}{2.2} + \dfrac{40}{1.9} + \dfrac{10}{2.4}} = 2.09\%$

14 물질의 연소범위와 화재 위험도에 대한 설명으로 틀린 것은?
① 연소범위의 폭이 클수록 화재 위험이 높다.
② 연소범위의 하한계가 낮을수록 화재 위험이 높다.
③ 연소범위의 상한계가 높을수록 화재 위험이 높다.
④ 연소범위의 하한계가 높을수록 화재 위험이 높다.

정답 ④

해설 • 연소범위 특징
ⓐ 연소범위가 넓을수록 위험이 높다.
ⓑ 연소하한값이 낮을수록 위험하다.
ⓒ 연소상한값이 높을수록 위험하다.

15 MOC(Minimum Oxygen Concentration : 최소 산소 농도)가 가장 작은 물질은?
① 메탄 ② 에탄
③ 프로판 ④ 부탄

정답 ①

해설 • MOC : 연소하한계 × 산소몰수
(보기①) 메탄 5 × 2 = 10   (보기②) 에탄 3 × 3.5 = 10.5
(보기③) 프로판 2.1 × 5 = 10.5   (보기④) 부탄 1.8 × 6.5 = 11.7

16 프로판가스의 최소점화에너지는 일반적으로 약 몇 mJ 정도 되는가?
① 0.25 ② 2.5
③ 25 ④ 250

정답 ①

해설 프로판 가스에 반응을 일으키기 위한 최소점화에너지는 0.25[mJ] 이 필요하다.

CHAPTER 04 연소의 분류

01 연소의 분류

(1) 연소 형태(상황)에 따른 분류 : 정상연소, 비정상연소

(2) 물질 상태에 따른 분류 : 기체연소, 액체연소, 고체연소

(3) 불꽃의 유무에 따른 분류 : 불꽃연소, 작열연소

02 연소 형태(상황)에 따른 분류

(1) 정상 연소
- ① 연소가 일어나는 곳의 열의 발생속도와 방출속도가 서로 균형을 이룰때 연소
- ② 발생조건 : 연소시 충분한 공기공급, 연소시 기상조건이 양호

(2) 비정상 연소
- ① 연소가 일어나는 곳의 열의 발생속도와 방출속도가 균형을 이루지 못하는 연소
- ② 발생조건 : 연소시 불충분한 공기공급, 연소시 기상조건이 불량

(3) 비정상 연소의 종류
- ① 불완전연소
    - ㉠ 공기와의 접촉 및 혼합이 불충분 할 때 발생
    - ㉡ 불꽃의 온도가 저하되는 경우 발생
    - ㉢ 환기지배형 연소에서 나타나며, 연소가스의 배출과 공기유입이 불충분하여 발생
- ② 역화(Back Fire) [연료분출속도 < 연소속도]

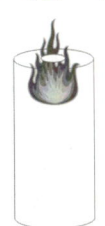

- ㉠ 불꽃이 염공을 따라 들어가 혼합관 내에서 연소되는 현상
- ㉡ 연료분출속도에 비해 연소속도가 빠르면 발생
- ㉢ 역화의 원인
    - ⓐ 염공이 부식 등으로 인해 넓어진 경우(토출가스 구멍이 클 때)
    - ⓑ 1차 공기량이 적은 경우
    - ⓒ 버너과열로 가스온도가 상승된 경우

③ 선화(Lifting) [연료분출속도 > 연소속도]

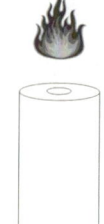

- ㉠ 역화와 반대로 불꽃이 버너에서 부상하여 일정간격을 두고 연소되는 현상
- ㉡ 연료분출속도에 비해 연소속도가 늦으면 발생
- ㉢ 선화의 원인
    - ⓐ 염공이 축소되어 연료분출속도가 증가한 경우
    - ⓑ 1차 공기량이 많은 경우
    - ⓒ 버너의 가스압력이 높은 경우

④ 블로우오프(Blow off) [연료분출속도 >> 연소속도]
- ㉠ 가스의 방출속도가 크거나 공기의 유동이 너무 강하여 불꽃이 노즐서 정착하지 않고 떨어지게 되어 꺼져 버리는 현상
- ㉡ 리프트현상을 계속 유지하다 혼합가스의 방출속도가 크거나 공기유동이 너무 강하면 불꽃이 노즐에서 정착하지 않고 떨어져서 꺼지는 현상

⑤ 옐로우팁(Yellow Tip)
- ㉠ 불꽃의 끝이 적황색이 되어 연소하는 현상
- ㉡ 탄화수소가 열분해되어 탄소입자가 생기고 미연인 채로 적열되어 적황색을 띤다.
- ㉢ 1차 공기 부족 할 때 발생

03 물질 상태에 따른 분류

(1) 액체연료의 연소

① 증발연소(= 액면연소)
- ㉠ 가열 등으로 인해 액 표면에서 가연성가스가 증발하여 연소되는 현상이다.
- ㉡ 용기 내에 담겨진 액체연료의 표면에서 증발된 가연성 증기가 공기와 혼합하여 연소 범위 내에 있을 때 열원에 의하여 타는 것이다.
- ㉢ 대부분의 액체 가연물(유류)의 연소형태(예 휘발유, 아세톤, 알코올류 등)

② 분해연소
- ㉠ 휘발성이 적은 액체 가연물이 열분해에 의해 발생된 가스와 공기가 혼합하여 연소하는 현상이다.
- ㉡ 휘발성, 고점도, 고비중의 액체가연물이 열분해하여 증기를 발생시키면서 연소되는 형태이다.(예 중유, 타르 아스팔트 등의 연소)

③ 분무연소(= 액적연소)
   ① 액체연료를 미세하게 액적화(미립화)하여 연소 한다.(공기와의 혼합을 좋게)
   ② 점도가 높고 휘발성이 낮은 액체를 가열 등의 방법으로 점도를 낮추어 연소 한다.
   ③ 공업적으로 가장 많이 이용한다.

(2) **기체연료의 연소**
   ① 확산연소
      ㉠ 연소에 필요한 산소가 불꽃 외부에서 공급되는 연소이다.
      ㉡ 가스와 공기를 미리혼합하지 않고 산소의 공급을 가스의 확산에 의하여 주위의 공기와 혼합 연소하는 형태이다.
      ㉢ 화염의 역화 위험성도 없으며 화염의 강도는 가연성 기체와 산화제의 확산속도에 영향을 받는다.(예 가스렌지)
   ② 예혼합연소
      ㉠ 가연성가스와 산소가 미리 혼합되어 있는 상태에서의 연소이다.
      ㉡ 버너 앞부분에서 혼합기로의 역화의 위험성 → 밀폐된 곳에서 역화가 일어나면 폭발할 위험성이 존재 한다.(예 분젠버너)
   ③ 폭발 연소(폭발을 수반하는 기체의 연소)

(3) **고체연료의 연소**
   ① 표면연소(= 심부화재 = 작열연소 = 무염연소)
      ㉠ 고체 가연물의 표면에서 산소와 반응하여 연소하는 현상으로 휘발성분이 없어 가연성 증기 증발도 없고 열분해반응도 없기 때문에 불꽃이 없는 것이 특징이다.
      ㉡ 연소속도가 느리며 시간당 방출열량의 적고 연쇄반응이 일어나지 않는다.
         (예 숯, 코크스, 목탄 및 금속분)
   ② 분해연소(= 불꽃연소 = 유염연소 = 발염연소 = 표면화재)
      ㉠ 고체 가연물에 열을 가했을 때 열분해 반응을 일으켜 생성된 가연성 증기와 공기가 혼합하여 연소하는 형태이다.
      ㉡ 연소 속도가 매우 빠르며 시간당 방출열량이 많고 연쇄반응이 일어난다.
         (예 열가소성 합성수지류, 목재, 석탄, 종이, 고무류 등 대부분의 고체가연물)
      ✱ 분해연소 메커니즘 : 용융 → 열분해 → 가연성 가스(기체)발생 → 연소 → 불꽃발생
   ③ 증발연소
      ㉠ 고체가연물에 열을 가했을 때 가연성 증기를 방생하여 발생한 증기와 공기의 혼합상태에서 연소하는 형태이다.
      ㉡ 유황이나 나프탈렌은 열분해 없이 가해지는 열에 의해 상변화(고체>액체>기체)를 일으켜, 증기와 공기가 혼합하여 연소하는 형태를 보인다.
      ㉢ 파라핀(양초), 유지 등은 가열하면 융해되어 액체로 변하게 되고 지속적인 가열로 기화되면서 증기가 되어 공기와 혼합하여 연소하는 형태를 보인다.
         (예 양초(파라핀),유지, 유황, 나프탈렌...)

④ 자기연소(= 내부연소)
  ㉠ 가연성 물질이 분자 내에 산소를 갖고 있어서 외부 산소공급 없이도 자기내부의 연소형태를 갖는 현상이다.
  ㉡ 열분해에 의해 가연성 가스와 산소를 동시에 발생시키므로 공기 중의 산소를 필요로 하지 않고, 자신의 분자 속에 포함된 산소에 의해 연소한다.
  예 질산에스테르류, 니트로화합물 등 (제5류 위험물 같은 물질))

04 불꽃 유무에 따른 연소 분류

(1) **불꽃연소** : 불꽃이 존재하는 연소 형태를 말한다.

(2) **작열연소(표면연소 및 훈소)** : 불꽃이 존재하지 않는 연소 형태를 말한다.

(3) **훈소(연소속도 : 0.001~0.01cm/s)**
  ① 작열연소의 한 종류로 유염착화에 이르기에는 온도가 낮거나 산소가 부족한 상황 때문에 화염이 없이 가연 물의 표면에서 작열하며 소극적으로 연소되는 현상을 말한다.(낮은 산소 분압에서 화재가 발생하였을 때 화염없이 일어나는 연소)
  ② 불완전연소로 인해 불완전연소 생성물인 일산화탄소와 그을음 등이 다량 발생한다.
  ③ 표면연소와 달리 공기유입이 충족될 경우 불꽃연소로 전이가 가능하다.
  ④ 표면연소(숯, 목탄, 코크스, 금속분)는 공기유입과 상관없이 불꽃연소로 전이가 불가능하다.

05 기타 연소(플라스틱 연소)

(1) **열가소성수지** : 열을 가하여 성형한 뒤에도 다시 열을 가하면 형태를 변형시킬 수 있는 수지
  ① 폴리에틸렌(PE)
  ② 폴리프로필렌(PP)
  ③ 폴리스틸렌(PS)
  ④ 폴리염화비닐(PVC)
  ⑤ 아크릴수지
  ⑥ 비닐 아세테이트 수지
  ⑦ 폴리에틸렌 수지

(2) **열경화성수지** : 열을 가하여 경화 성형하면 다시 열을 가해도 형태가 변화지 않는 수지
  ① 페놀 수지
  ② 요소 수지
  ③ 멜라민 수지
  ④ 폴리에스터 수지
  ⑤ 에폭시 수지

CHAPTER 04 연소의 분류

01 다음 중 고체 가연물이 덩어리보다 가루일 때 연소되기 쉬운 이유로 가장 적합한 것은?
① 발열량이 작아지기 때문이다.
② 공기와 접촉면이 커지기 때문이다.
③ 열전도율이 커지기 때문이다.
④ 활성에너지가 커지기 때문이다.

> **정답** ②
> **해설** 고체가 가루로 되었을때에는 공기와의 접촉면이 커져서 연소되기 쉬워 진다.

02 물질의 화재 위험성에 대한 설명으로 틀린 것은?
① 인화점 및 착화점이 낮을수록 위험
② 착화에너지가 작을수록 위험
③ 비점 및 융점이 높을수록 위험
④ 연소범위가 넓을수록 위험

> **정답** ③
> **해설** 비점 이나 융점이 높으면 상태변화가 느리게 되는 것이므로 위험성이 적다.

03 고분자 재료와 열적 특성의 연결이 옳은 것은?
① 폴리염화비닐 수지 – 열가소성
② 페놀 수지 – 열가소성
③ 폴리에틸렌 수지 – 열경화성
④ 멜라민 수지 – 열가소성

> **정답** ①
> **해설** • 열가소성 수지 : 열에 의하여 변형되는 수지로 폴리에틸렌, PVC, 폴리스틸렌 수지 등
> • 열경화성 수지 : 열에 의하여 굳어지는 수지로 페놀 수지, 요소 수지, 멜라민 수지 등

04 일반적인 플라스틱 분류 상 열경화성 플라스틱에 해당하는 것은?
① 폴리에틸렌　　　　　　　② 폴리염화비닐
③ 페놀수지　　　　　　　　④ 폴리스티렌

> **정답** ③
> **해설** • 열경화성 수지 : 열에 의하여 굳어지는 수지로 페놀 수지, 요소 수지, 멜라민 수지 등

CHAPTER 05 연소 생성물

01 연소생성물

(1) 연소가스(Fire gas), 연기(Smoke), 열(Heat), 불꽃(Flame)등
(2) 시각적 유해성, 심리적 유해성, 생리적 유해성으로 사람에게 유해

02 연소가스

(1) 연소가스 독성

기존에는 TLV-TWA 값이 200ppm 이하(1ppm 미만은 맹독성)를 독성가스로 분류 했는데 2008년 7월 이후에는 LC50 값이 5000ppm(200ppm 이하는 맹독성) 이하를 독성가스로 분류하고 있다.

① 최소허용노출농도(TLV-TWA) : 정상인이 1일 8시간 또는 주 40시간 통상적인 작업을 수행함에 있어 건강상 나쁜 영향을 미치지 아니하는 정도의 공기중 가스농도
② 반수치사농도(LC50) : 성숙한 흰쥐의 집단에 대해 대기중에서 1시간 동안의 흡입실험에 의하여 14일 이내에 실험동물의 50%를 사망시킬 수 있는 가스의 농도
③ ppm : part per million(백만분의 1)

(2) 연소가스의 종류 및 특성

① 일산화탄소(CO)
  ㉠ 허용농도 : 50ppm
  ㉡ 가연물의 불완전연소시 산소부족으로 발생
  ㉢ 공기보다 가벼운 무색, 무취, 유독성 기체
  ㉣ 독성은 큰편이 아니지만 화재시 다량 발생하고 거의 모든 화재에서 발생한다.
  ㉤ 인체 내의 헤모글로빈(Hb)과 결합하여 COHb로 되어 혈액의 산소운반을 저해
  ㉥ 뇌의 중추신경이 산소결핍으로 질식사망

② 이산화탄소(CO_2)
  ㉠ 허용농도 : 5,000ppm
  ㉡ 공기보다 무거운 무색, 무취인 가스
  ㉢ 불연성 물질(완전 연소 시 발생)
  ㉣ 독성은 거의 없으나 호흡속도를 증가시켜 유해가스 흡입을 증가
  ㉤ 다량 존재 시 산소부족을 유발하여 질식효과

③ 이산화황(SO_2) : 아황산가스
  ㉠ 허용농도 : 5ppm

　　　　ⓒ 유황이 함유된 물질이 탈 때의 완전연소시 발생
　　　　ⓓ 석탄이나 석유 등의 화석연료가 연소할 때 발생(산업분야에서 많이 발생)
　　　　ⓔ 동물의 털, 고무, 일부 나무가 탈 때 미량으로 발생 가능
　　　　ⓕ 무색 가스로서 눈이나 호흡기 계통에 자극성, 점막을 상하게 함
　　　　ⓖ 수분과 접촉 시 황산을 형성 : 산성비 원인(런던형스모그)
　　④ 황화수소(H_2S)
　　　　㉠ 허용농도 : 10ppm
　　　　㉡ 유황이 함유된 물질이 탈 때나 불완전연소 시 발생
　　　　㉢ 무색 가스로서 달걀 썩는 냄새가 남
　　　　㉣ 낮은 농도에서 쉽게 감지할 수 있으나 0.02%이상의 농도에서는 후각 마비
　　⑤ 시안화수소(HCN) : 청산가스
　　　　㉠ 허용농도 : 10ppm
　　　　㉡ 질소성분 가지고 있는 섬유, 목재, 종이 특히 폴리우레탄 등이 불완전연소시 극미량 발생
　　　　㉢ 시안화합물(CN^- : 시안이온)이 물 또는 산과 반응하여 발생
　　　　㉣ 인체에 대량흡입시 헤모글로빈과 결합되지 않고도 질식을 유발
　　⑥ 암모니아(NH_3)
　　　　㉠ 허용농도 : 25ppm
　　　　㉡ 질소함유물인 수지류, 나무 등이 탈 때 발생하는 질소와 수소의 화합물
　　　　㉢ 악취가 나는 무색기체로서 발생 시 눈, 코, 인후, 폐를 자극
　　　　㉣ 산업용 냉동시설의 냉매로 사용
　　⑦ 아크릴로레인(CH_2CHCHO) : Acrylolein(아크릴알데히드)
　　　　㉠ 독성허용농도 : 0.1ppm, 치사량 : 10ppm (1ppm : 점막을 침해)
　　　　㉡ 석유제품 및 유지류 등이 탈 때 발생되는 맹독성 가스
　　　　㉢ 산화하기 쉬우며 공기와 접촉시 아크릴산이 된다.
　　⑧ 염화수소(HCl)
　　　　㉠ 독성허용농도 : 5ppm
　　　　㉡ PVC와 같이 염소가 함유된 수지류가 탈 때 발생
　　　　㉢ 건축물 내 전선의 절연재 및 배관재료 등이 탈 때 생성
　　　　㉣ 눈 및 호흡기로 흡입되면 감각을 마비시킴
　　　　㉤ 무색 기체, 금속을 부식시키며 호흡기도 부식시킴
　　　　㉥ 점막을 손상 (염산의 작용으로 인한 격렬한 통증호소)
　　⑨ 포스겐($COCl_2$)
　　　　㉠ 허용농도 : 0.1ppm
　　　　㉡ 소화약제인 사염화탄소(CCl_4) 사용 시 발생
　　　　㉢ 폴리염화비닐(PVC)와 같이 염소가 함유된 수지류가 탈 때 미량으로 발생

ⓔ 2차 세계대전당시 독일군이 유태인 대량학살에 사용된 가스로 유명
⑩ 질소산화물(NOx) : 이산화질소
  ㉠ 허용농도 : 1ppm
  ㉡ 질산셀룰로오스, 폴리우레탄 등의 불완전연소시 발생
  ㉢ 질산염 계통의 무기물질이 포함된 화재에서 발생(수송 분야에서 많이 발생)
  ㉣ 인체에 많은 문제가 되는 질소화합물중 NO_2와 NO를 NOx라고 한다.
  ㉤ 수분과 접촉시 질산을 형성 : 산성비 원인(광화학스모그)
  ㉥ 눈, 코, 목을 강하게 자극하여 기침발생
⑪ 불화수소(HF) : 허용농도 3ppm, 유리를 부식, 사람의 시력을 상실시킴
⑫ 브롬화수소(취화수소)(HBr) : 허용농도 5ppm, 방염수지류 등 연소시 발생

03 연기 및 가시거리

연소 시 연소물질로부터 발생되는 고체(탄소화합물) 또는 액체(담배연기/훈소연기) 미립자를 포함하는 연소 기체 혼합물이고 눈에 보이는 것을 연기라 한다.(눈에 보이지 않는 것은 연소가스)

(1) 연기입자크기 : 0.01 ~ 10 [㎛] 정도의 미립자

(2) 연기의 유동속도 : 수평방향 (0.5 ~ 1 m/s) 〈 수직방향 (2 ~ 3m/s) 〈 계단 실내 (3 ~ 5m/s)

(3) 연기의 영향

① 연기의 유해성
  ㉠ 피난 계획상 인간의 판단 능력 저하
  ㉡ 산소결핍, 호흡곤란, CO의 중독으로 인한 생명에 심한 타격
  ㉢ 연기를 봄으로써 정신적 패닉 현상 유발
  ㉣ 연기 자체에 대한 공포의 대상
  ㉤ 혼합 연소가스(유독가스) 공존 시 인체에 대한 더욱 악영향
② 화재시의 연기로 인한 장애
  ㉠ 시각적 유해성 : 가시거리 차단, 진압과 피난의 방해
  ㉡ 심리적 유해성 : 패닉현상, 행동 판단 능력 저하
  ㉢ 생리적 유해성 : 산소결핍, 호흡곤란, CO중독, 유독가스, 열, 입자자극

(4) 연기의 농도 측정법

① 중량농도 측정법 [mg/m³] : 연기입자의 무게를 측정한다.
② 입자농도 측정법 [개/cm³] : 단위체적의 연기를 모아 그 내부 연기 입자수를 측정한다.
③ 투과율법 : 연기속에서의 투과되는 빛의 양을 광학적 농도(감광계수)로 표시

(5) 감광계수(m^{-1})

연기의 농도를 나타내는 척도로, 빛이 공기를 통과하면서 오염 물질 따위에 의해 흡수, 산란되어 손실되는 광속의 감소비

① Lambert-Beer 법칙

$$감광계수\ C_S = \frac{1}{L}\ln\left(\frac{I_o}{I}\right)$$

- L : 투과거리 [m]
- I : 연기가 있을 때의 빛의 세기 [lx]
- I_o : 연기가 없을 때의 빛의 세기 [lx]

② 감광계수 및 가시거리

감광계수	가시거리(m)	상 황
0.1	20 ~ 30	• 화재초기 발생 단계의 연기농도 • 연기감지기의 작동 농도 • 건물 내 미숙지자 피난 한계농도
0.3	5	• 건물 내 숙지자 피난한계 농도
0.5	3	• 어두운 것을 느낄정도의 농도
1.0	1 ~ 2	• 거의 앞이 보이지 않을 정도의 농도
10	0.2 ~ 0.5	• 최성기의 화재층의 연기농도, 암흑 상태에서 거의 아무것도 보이지 않는다. • 유도등 식별이 용이 하지 않다.
30	–	• 출화실에서 연기가 배출될 때의 연기 농도

04 연기의 유동

(1) 연기 이동 특성

① 저층건물 : 열, 대류이동, 화재압력

② 고층건물 : 온도에 의한 가스의 팽창(온도↑,부피↑, 밀도↓), 굴뚝효과(Stack Effect), 외부풍압의 영향(Wind Effect), 건물에서의 강제적인 공기유통(공·조설비), 피스톤효과 등

(2) 굴뚝효과(= 연돌효과 Stack Effect)

① 건축물 내부와 외부의 온도차에 의한 압력차로 인한 건물 수직방향의 공기유동현상을 말한다.

② 건축물 내부의 온도가 바깥보다 높고 밀도가 낮을 때 건물 내의 공기가 부력을 받아 이동하는 현상을 말한다.

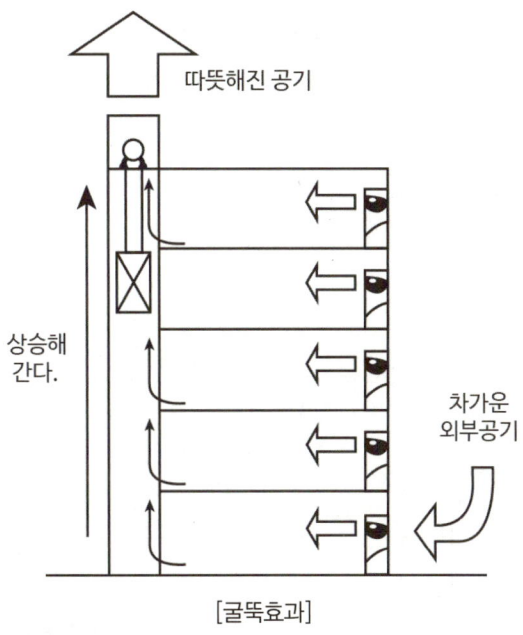

[굴뚝효과]

$$\triangle P = 3460 \times H \left(\frac{1}{T_0} - \frac{1}{T_i} \right)$$

- $\triangle P$: stack effect에 의한 압력차(pa)
- H : 중성대로 부터의 높이(m)
- T_o : 외부공기의 절대온도(K)
- T_i : 내부공기의 절대온도(K)

③ 굴뚝효과에 영향을 주는 인자
  ㉠ 건물의 높이
  ㉡ 외벽의 기밀도
  ㉢ 건축물 내부 외부 온도차
  ㉣ 건물의 층간 공기 누설

④ 굴뚝효과로 인한 문제점
  ㉠ 각종 출입문과 엘리베이터 문제점
    외부 출입문 개폐 어려움, 엘리베이터 흔들림, 엘리베이터 문 오작동 등
  ㉡ 화재 발생시의 문제점
    유독성 연기와 화염이 각종 수직개구부인 계단, E/V 샤프트, 공조덕트 등을 통해 전층으로 확대, 제연설비 시스템 효과 어려움, 방화구획의 파괴

(3) 역굴뚝효과

건축물 내부의 온도가 외부 온도 보다 낮고 밀도가 높을 때 압력차로 인하여 건물내부로 들어온 공기는 위쪽에서 아래쪽으로 이동하게 되는데 이러한 하향 공기 흐름을 역 굴뚝 효과라고 한다.

(4) 중성대 (Neutral Zone = Neutral Plane)
① 실내정압과 실외 정압이 같은 부분을 중성대(중성면)라 한다.
② 중성대에서의 압력차는 0이 되고 중성대에서 멀어질수록 압력차는 커진다.

$$h = H \left(\frac{T_A}{T_s + T_A} \right)$$

- h : 중성대 높이(m)
- H : 실의 높이(m)
- T_A : 주위의 공기온도(K)
- T_S : 연기온도(K)

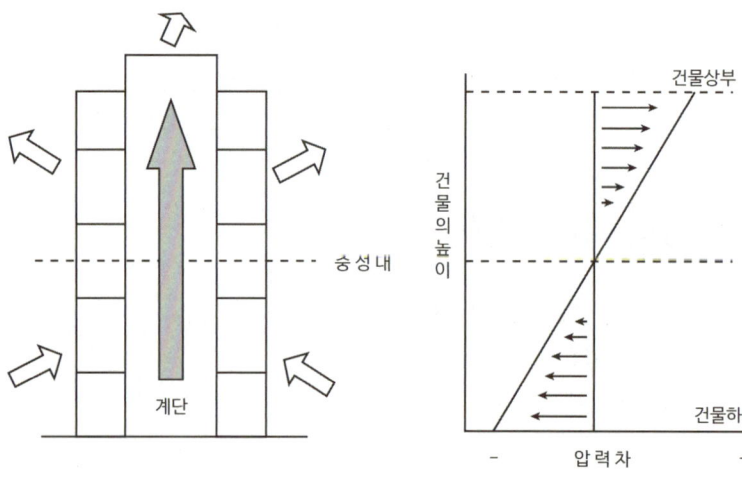

[중성대]

> **참고) 불연속선**
> - 실내의 천장쪽의 고온가스와 바닥쪽의 공기와의 경계선을 말한다.
> - 중성대와는 다른 개념이다.

(5) 외부풍압의 영향(Wind Effect)
① 바람은 건물 외부에서 압력 분포에 변화 : 건물 내의 연기 이동에 영향
② 화재 시 창문의 파손, 개방된 창, 개방문의 있는 건물, 누설이 많은 구조 발생
③ 건물의 누설 특성과 관련 : 풍속, 풍향, 건물의 형상, 인접건물과의 상호관계에 따른 건물 주위의 기류 및 압력 변화

(6) 공·조설비(HVAC)의 영향 : Heating(난방), Ventilation(환기), Air Conditioning(공기조화)
① 팬의 작동하지 않은 경우 덕트 : 연돌효과에 의해 연기가 확산되는 경로
② 화재 시 : 설비의 운전이 중단, 댐퍼설치(자동적으로 닫히도록 조치)
③ 최근경향 : 공기조화 / 환기시설로서 제연설비의 일부 수단으로 이용

(7) 엘리베이터에 의한 피스톤효과
① 엘리베이터 가동 : 샤프트내에 엘리베이터 뒷 부분 피스톤 작용에 의한 suction압력으로 전실, 복도로 유입되거나 유동 발생
② 엘리베이터 앞부분 : 피스톤작용에 의해 가압이 발생 연기 다른 구역 확산

05 열

(1) 온도(열)
물체가 가지고 있는 열의 정도를 나타내는 것으로 차다거나 따뜻함을 느끼는 척도

(2) 열전달 방법 : 전도, 대류, 복사

(3) 열의 유해성(화상)
① 1도 화상(홍반성 화상) : 피부가 빨갛게 되고 통증을 느낌
② 2도 화상(수포성 화상) : 피부 깊숙이 침투된 것으로 분홍색이 되고 분비액이 많이 쌓임
③ 3도 화상(괴사성 화상) : 피하지방까지 침투한 것으로 부위가 건조하며 회색 또는 검은색이고, 신경이 죽어 통증이 없다.
④ 4도 화상(흑색 화상) : 피부가 탄화되거나 뼈 속까지 화상을 입는 것

06 열량

(1) 정의 : 열의 많고 적음을 나타내는 양이다.

(2) 단위 : [kcal], [cal], [J], [BTU]

(3) 비열 : 1[g]/[kg]을 1[℃] 높이는 데 필요한 열량을 말한다.
① 물의 비열 : 물 1[g]을 14.5[℃]에서 15.5[℃]까지 1[℃] 올리는데 필요한 열량
  ※ 물 비열 : 1[cal/g·℃], 수증기 비열 0.6[cal/g·℃], 얼음의 비열 : 0.5[cal/g·℃]
② 1[cal] = 4.814[J], 1[BTU] = 252[cal]

(4) 현열량 : 물질의 상태변화 없이 온도변화에만 필요한 열량[cal, kcal]

$$Q = C \cdot m \cdot \Delta t \Rightarrow Q = C \cdot m \cdot (t_2 - t_1)$$

- Q : 어떤 물체에 가한 열량[cal, kcal]
- m : 물체의 질량[g, kg]
- C : 물체의 비열[cal/g·℃, kcal/kg·℃]
- Δt : 어떤 물체의 온도 변화[℃]

(5) 잠열량 : 물질의 온도변화 없이 상태변화에 필요한 열량[cal, kcal]
① 물의 융해잠열(융해열) : 80[cal/g, kcal/kg]

② 물의 증발잠열(기화열) : 539 [cal/g, kcal/kg]

$$Q = \gamma G$$

- Q : 어떤 물체에 가한 열량 [cal, kcal]
- γ : 잠열 [cal/g] [kcal/kg]
- G : 물체의 질량 [g, kg]

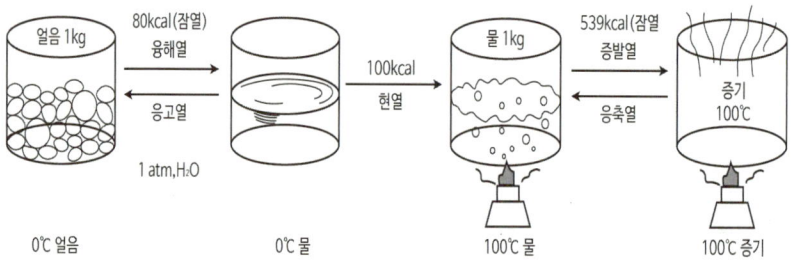

07 열전달

물체 내부 또는 물체 사이의 온도차에 의하여 생기는 열에너지 이동현상을 말한다.

(1) 전도

① 고체 또는 정지된 유체에 적용한다.
② 고온부에서 저온부로 열전달 현상이다.
③ 일반적으로 화재 초기 단계에서의 열의 전달 방법이다.

◆ 푸리어(Fourier)의 법칙

$$Q = k \cdot A \cdot \frac{dT}{dx}$$

$$Q = k \cdot A \cdot \frac{(T_2 - T_1)}{dx} = k \cdot A \cdot \frac{(T_1 - T_2)}{dx}$$

- A : 단면적 [m^2]
- Q : 열전달율 [W]
- T_2 : 저온 [℃]
- dx : 두께 [m]
- T_1 : 고온 [℃]
- k : 단열재열전도도 [W/m·℃]

(2) 대류

① 유체(액체, 기체)의 운동과 함께 열전달이 일어난다.
② 감지기나 스프링클러 헤드의 감열부에 열이 전달되는 것이 대류에 해당한다.
③ 온도가 올라가면 밀도가 작아져서 위로 상승하고 온도가 낮으면 밀도가 커져서 아래로 내려간다.

◆ 뉴튼(Newton)의 냉각법칙

$Q = h \cdot A (T_1 - T_2)$

- h : 열전달계수 [W/m²·℃]
- A : 열전달면적 [m²]
- T_1 : 평판표면온도 [℃]
- T_2 : 온도경계층을 벗어난 점에서의 유체온도 [℃]

(3) 복사

① 복사는 전도, 대류와는 달리 중간 매개물이 없이 열전달 한다.
② 복사열량은 절대온도의 4승에 비례 한다.
③ 건축물 화재시 화재 확대는 복사열이 주된 원인이다.
④ 물체가 열에너지를 전자기파의 형태로 방출하는 현상이다.

◆ 스테판-볼쯔만(Stefan-Boltzmann 법칙)

$Q = \sigma \epsilon A (T_1^4 - T_2^4)$

- Q : 표면1에서 표면2로 전달되는 복사열량 [W]
- σ : 스테판 볼쯔만 상수 $(5.67 \times 10^{-8} [W/m^2 \cdot K^4])$
- A : 단면적 [m²]
- ε : 방사율 (흑체 = 1)
- T_1, T_2 : 절대온도 [K]

08 화재 플럼(Fire Plume)

화재플럼 이란 부력에 의해 발생되는 화염 기둥을 말하며 고온의 연소 생성물이 위로 상승하고 있는 것을 말한다.

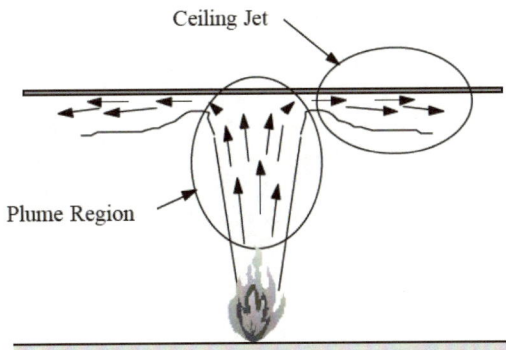

09 천장제트흐름(Ceiling Jet Flow)

수직범위의 화재 플럼이 천장에 의해 제한을 받게 되면, 더운 가스들이 수평의 천장면을 따라 굴절되어 수평으로 흐르게 된다. 이러한 흐름을 천장제트흐름(Ceiling Jet Flow)이라 하며, 이는 고온의 연소생성물이 부력에 의해 천장면 아래에 얕은 층을 형성하는 비교적 빠른 속도의 가스흐름이다.

CHAPTER 05 연소 생성물

01 다음 연소 생성물 중 인체에 독성이 가장 높은 것은?
① 이산화탄소　　　　　　② 일산화탄소
③ 수증기　　　　　　　　④ 포스겐

> **정답** ④
> **해설** (보기①) 이산화탄소 : 5000 [ppm]　　(보기②) 일산화탄소 : 50 [ppm]
> 　　　(보기④) 포스겐 : 0.1 [ppm]

02 가연성 가스이면서도 독성 가스인 것은?
① 질소　　　　　　　　　② 수소
③ 염소　　　　　　　　　④ 황화수소

> **정답** ④
> **해설** 황화수소는 가연성이자 독성 가스에 해당한다.
> 　　　(질소 : 흡열반응, 수소 : 가연성이지만 독성이 없음. 염소 : 독성이지만 조연성 가스)

03 화재 시 발생하는 연소가스 중 인체에서 헤모글로빈과 결합하여 혈액의 산소운반을 저해하고 두통, 근육조절의 장애를 일으키는 것은?
① CO_2　　　　　　　　② CO
③ HCN　　　　　　　　④ H_2S

> **정답** ②
> **해설** ● 일산화탄소 (CO)
> 　㉠ 허용농도 : 50ppm
> 　㉡ 가연물의 불완전연소시 산소부족으로 발생
> 　㉢ 공기보다 가벼운 무색, 무취, 유독성 기체
> 　㉣ 독성은 큰편이 아니지만 화재시 다량 발생하고 거의 모든 화재에서 발생한다.
> 　㉤ 인체 내의 헤모글로빈(Hb)과 결합하여 COHb로 되어 혈액의 산소운반을 저해
> 　㉥ 뇌의 중추신경이 산소결핍으로 질식사망

04 다음 물질 중 연소하였을 때 시안화수소를 가장 많이 발생시키는 물질은?
① Polyethylene ② Polyurethane
③ Polyvinyl Chloride ④ Polystyrene

> **정답** ②
> **해설** 폴리우레탄이 연소하면 시안화수소가 발생한다.
> ● 시안화수소
> ㉠ 허용농도 : 10ppm
> ㉡ 질소성분 가지고 있는 섬유, 목재, 종이 특히 폴리우레탄 등이 불완전연소시 극미량 발생
> ㉢ 시안화합물(CN^- : 시안이온)이 물 또는 산과 반응하여 발생
> ㉣ 인체에 대량흡입시 헤모글로빈과 결합되지 않고도 질식을 유발

05 독성이 매우 높은 가스로서 석유제품, 유지(油脂) 등이 연소할 때 생성되는 알데히드계통의 가스는?
① 시안화수소 ② 암모니아
③ 포스겐 ④ 아크롤레인

> **정답** ④
> **해설** ● 아크릴로레인(CH_2CHCHO) : Acrylolein(아크릴알데히드)
> ㉠ 독성허용농도 : 0.1ppm, 치사량 : 10ppm (1ppm : 점막을 침해)
> ㉡ 석유제품 및 유지류 등이 탈 때 발생되는 맹독성 가스
> ㉢ 산화하기 쉬우며 공기와 접촉시 아크릴산이 된다.

06 석유, 고무, 동물의 털, 가죽 등과 같이 황성분을 함유하고 있는 물질이 불완전연소될 때 발생하는 연소가스로 계란 썩는 듯한 냄새가 나는 기체는?
① 이황산가스 ② 시안화수소
③ 황화수소 ④ 암모니아

> **정답** ③
> **해설** ● 황화수소
> ⓐ 황이 함유된 물질이 탈 때나 불완전연소 시 발생
> ⓑ 고무, 동물의 털과 가죽소파 및 고기등과 같은 물질 연소 시 발생
> ⓒ 무색 가스로서 달걀 썩는 냄새가 난다
> ⓓ 낮은 농도에서 쉽게 감지할 수 있으나 0.02%이상의 농도에서는 후각 마비

07 TLV(Threshold Limit Value)가 가장 높은 가스는?

① 시안화수소 ② 포스겐
③ 일산화탄소 ④ 이산화탄소

> **정답** ④
> **해설** • 시안화수소 : 10 [ppm] • 포스겐 : 0.1 [ppm]
> • 일산화탄소 : 50 [ppm] • 이산화탄소 : 5000 [ppm]

08 연기감지기가 작동할 정도이고 가시거리가 20～30m 에 해당하는 감광계수는 얼마인가?

① $0.1m^{-1}$ ② $1.0m^{-1}$
③ $2.0m^{-1}$ ④ $10m^{-1}$

> **정답** ①
> **해설**

감광계수	가시거리(m)	상 황
0.1	20～30	• 화재초기 발생 단계의 연기농도 • 연기감지기의 작동 농도 • 건물 내 미숙지자 피난 한계농도
0.3	5	• 건물 내 숙지자 피난한계 농도
0.5	3	• 어두운 것을 느낄정도의 농도
1.0	1～2	• 거의 앞이 보이지 않을 정도의 농도
10	0.2～0.5	• 최성기의 화재층의 연기농도, 암흑 상태에서 거의 아무것도 보이지 않는다. • 유도등 식별이 용이 하지 않다.
30	–	• 출화실에서 연기가 배출될 때의 연기 농도

09 실내 화재 시 발생한 연기로 인한 감광계수[m^{-1}]와 가시거리에 대한 설명 중 틀린 것은?

① 감광계수가 0.1일 때 가시거리는 20～30m이다.
② 감광계수가 0.3일 때 가시거리는 15～20m이다.
③ 감광계수가 1.0일 때 가시거리는 1～2m이다.
④ 감광계수가 10일 때 가시거리는 0.2～0.5m이다.

> **정답** ②
> **해설** (보기②) 감광계수가 0.3일 때 가시거리는 15～20m이다. → 가시거리는 5 [m] 이다.

10 연기에 의한 감광계수가 0.1m⁻¹, 가시거리가 20~30m일 때의 상황으로 옳은 것은?
① 건물 내부에 익숙한 사람이 피난에 지장을 느낄 정도
② 연기감지기가 작동할 정도
③ 어두운 것을 느낄 정도
④ 앞이 거의 보이지 않을 정도

> **정답** ②
> **해설** (보기①) : 감광계수 0.3, 가시거리 5
> (보기③) : 감광계수 0.5, 가시거리 3
> (보기④) : 감광계수 1, 가시거리 1~2

11 건물화재 시 패닉(panic)의 발생원인과 직접적인 관계가 없는 것은?
① 연기에 의한 시계 제한
② 유독가스에 의한 호흡 장애
③ 외부와 단절되어 고립
④ 불연내장재의 사용

> **정답** ④
> **해설** 불연내장재의 사용은 패닉 현상과 관계가 없다.
> ● 연기의 영향
> ㉠ 피난 계획상 인간의 판단 능력 저하
> ㉡ 산소결핍, 호흡곤란, CO의 중독으로 인한 생명에 심한 타격
> ㉢ 연기를 봄으로써 정신적 패닉 현상 유발
> ㉣ 연기 자체에 대한 공포의 대상
> ㉤ 혼합 연소가스(유독가스) 공존 시 인체에 대한 더욱 악영향

12 화재발생 시 발생하는 연기에 대한 설명으로 틀린 것은?
① 연기의 유동속도는 수평방향이 수직방향보다 빠르다.
② 동일한 가연물에 있어 환기지배형 화재가 연료지배형 화재에 비하여 연기발생량이 많다.
③ 고온상태의 연기는 유동확산이 빨라 화재전파의 원인이 되기도 한다.
④ 연기는 일반적으로 불완전 연소시에 발생한 고체, 액체, 기체 생성물의 집합체이다.

> **정답** ①
> **해설** 연기의 유동속도는 수직방향이 수평방향보다 빠르다.

13 고층 건축물 내 연기거동 중 굴뚝효과에 영향을 미치는 요소가 아닌 것은?
① 건물 내·외의 온도차
② 화재실의 온도
③ 건물의 높이
④ 층의 면적

> **정답** ④
> **해설** 층의면적은 굴뚝효과에 영향을 주지 않는다.

14 1기압 상태에서, 100℃ 물 1g이 모두 기체로 변할 때 필요한 열량은 몇 cal 인가?
① 429
② 499
③ 539
④ 639

> **정답** ③
> **해설** (계산식) : • 539 [cal/g] × 1 [g] = 539 [cal]
> • 잠열량 : 물질의 온도변화 없이 상태변화에 필요한 열량[cal, kcal]
>   ① 물의 융해잠열(융해열) : 80 [cal/g, kcal/kg]
>   ② 물의 증발잠열(기화열) : 539 [cal/g, kcal/kg]
> $$Q = \gamma G$$

15 물의 기화열이 539.6 cal/g 인 것은 어떤 의미인가?
① 0℃의 물 1g이 얼음으로 변화하는데 539.6cal의 열량이 필요하다.
② 0℃의 물 1g이 물로 변화하는데 539.6cal의 열량이 필요하다.
③ 0℃의 물 1g이 100℃의 물로 변화하는데 539.6cal의 열량이 필요하다.
④ 100℃의 물 1g이 수증기로 변화하는데 539.6cal의 열량이 필요하다.

> **정답** ④
> **해설** 물의 기화열 539.6cal/g이 의미하는것은 물의 상태가 수증기로 변화하는데 필요한 열량 값을 의미한다.

16 열전도도(thermal conductivity)를 표시하는단위에 해당하는 것은?
① $J/m^2 \cdot h$
② $kcal/h \cdot ℃$
③ $W/m \cdot K$
④ $J \cdot K/m^3$

정답 ③

해설 • 퓨리어(Fourier)의 법칙

$$Q = k \cdot A \cdot \frac{dT}{dx}$$

$$Q = k \cdot A \cdot \frac{(T_2 - T_1)}{dx} = k \cdot A \cdot \frac{(T_1 - T_2)}{dx}$$

- A : 단면적 [m²]
- Q : 열전달율 [W]
- T_2 : 저온 [℃]
- dx : 두께 [m]
- T_1 : 고온 [℃]
- k : 단열재열전도도 [W/m·℃]

17 Fourier법칙(전도)에 대한 설명으로 **틀린** 것은?

① 이동열량은 전열체의 단면적에 비례한다.
② 이동열량은 전열체의 두께에 비례한다.
③ 이동열량은 전열체의 열전도도에 비례한다.
④ 이동열량은 전열체 내·외부의 온도차에 비례한다.

정답 ②

해설 전도에서 이동열량은 전열체의 두께에 반비례한다.

18 다음 중 열전도율이 가장 작은 것은?

① 알루미늄 ② 철재
③ 은 ④ 암면(광물섬유)

정답 ④

해설 암면은 열전도율이 작다.(암면은 단열재로 쓰인다.)

19 스테판–볼쯔만의 법칙에 의해 복사열과 절대온도와의 관계를 옳게 설명한 것은?

① 복사열은 절대온도의 제곱에 비례한다.
② 복사열은 절대온도의 4제곱에 비례한다.
③ 복사열은 절대온도의 제곱에 반비례한다.
④ 복사열은 절대온도의 4제곱에 반비례한다.

정답 ②

해설 • 복사
① 복사는 전도, 대류와는 달리 중간 매개물이 없이 열전달 한다.
② 복사열량은 절대온도의 4승에 비례 한다.
③ 건축물 화재시 화재 확대는 복사열이 주된 원인이다.
④ 물체가 열에너지를 전자기파의 형태로 방출하는 현상이다.

20 표면온도(절대온도)가 2배가 되면 복사에너지는 몇 배로 증가 되는가?
① 2
② 4
③ 8
④ 16

정답 ④
해설 복사에너지는 절대온도의 4승에 비례한다. $2^4 = 16$배

21 물체의 표면온도가 250℃에서 650℃로 상승하면 열 복사량은 약 몇 배 정도 상승하는가?
① 2.5
② 5.7
③ 7.5
④ 9.7

정답 ④
해설 절대온도의 4승에 비례하므로 $\dfrac{(650+273)}{(250+273)} = 9.7$배 상승 한다.

CHAPTER 06 폭발

01 폭발

(1) 정의
① 물리 화학적 변화에 의한 계의 일을 통해 큰 에너지와 압력을 수반하는 현상이다.
② 폭발은 연소속도와 화염의 전파속도가 매우 빠른 비정상연소를 말한다.

(2) 폭발의 조건
① 밀폐공간 내에서 가연성 가스, 증기 및 분진이 공기 또는 산소와 혼합되어 연소범위(폭발범위)내에 있어야 한다.
② 혼합가스 및 분진에 발화를 일으킬수 있는 최소발화에너지 이상의 에너지가 필요하다.

(3) 폭발발생의 필수 인자
온도, 가연성 가스와 지연성 가스 혼합비, 압력, 용기의 크기 및 모양 등

02 폭발의 종류

(1) 원인별 분류

구분	물리적폭발	화학적폭발
정의	단순한 과압 또는 감압에 의한 폭발. 즉, 물리적 변화를 주체로 하는 폭발	화학반응에 의하여 나타나는 폭발
화염 및 연소 동반	×	○
종류는 참고	고압용기 파열, 탱크 감압 파손 액체 폭발적 증발 등	• 산화폭발 : 가연성 가스 + 산소 • 중합폭발 : 염화비닐, 초산비닐 등 • 분해폭발 : 아세틸렌, 산화에틸렌 등

(2) 물질 상태에 따른 분류

구분	응상폭발 [고상+액상] (물리적폭발에 속함)	기상폭발 [기상] (화학적폭발에 속함)
종류	수증기 폭발, 증기폭발, 알루미늄 전선폭발, 고상간 전이폭발	가스(산화)폭발, 분해폭발, 분무폭발 분진폭발, 증기운폭발(UVCE)

03 응상폭발 및 기상폭발

① 응상폭발(=물리적폭발)

(1) **응상폭발** : 고체, 액체 상태의 폭발을 의미하며 화염을 동반하지 않는다.

(2) **종류**

① 수증기폭발

용융금속 같은 고온물질이 물속에 투입되었을 경우 고온물질이 갖는 열이 저온의 물에 짧은 시간에 전달되면 일시적으로 물은 과열상태로 되고 조건에 따라서는 순간적으로 급격하게 비등하며, 상변화(액상→기상)에 따른 폭발이 발생

② 증기폭발

가스의 폭발적인 비등현상으로 상변화에 따른 폭발현상 이다. 저온액화가스(LPG, LNG)가 사고로 인해 물위에 분출되었을 때 급격한 기화에 동반하는 비등현상이 발생하여 상변화에 따른 폭발현상(BLEVE 현상)

③ 알루미늄전선폭발

알루미늄계 전선에 큰 전류가 흘러 순식간에 가열, 용융, 기화가 진행되면서 발생되는 폭발

④ 고상간 전이폭발

고상에서 또다른 형태의 고상으로 전이되면서 발열함으로써 주위의 공기가 팽창하여 폭발

② 기상폭발(=화학적폭발)

(1) **기상폭발** : 지연성가스, 점화에너지를 필요로 하며 화염을 동반한다.

(2) **종류**

① 가스 폭발(산화 폭발)

다량의 가연성 가스가 유출되어 공기중에 혼합되어 가연성 혼합기체를 형성하여 점화원에 의해 발생하는 폭발

② 분해 폭발

산화에틸렌, 아세틸렌, 에틸렌, 히드라진, 디아조 화합물 같은 제 5류 위험물은 분해하면서 폭발한다. 분해성 가스의 대표적인 것은 아세틸렌으로 반응시 발열량이 크고 산소와 반응하여 3000℃의 고온이 얻어지는 물질로 산소-아세틸렌 용접에 사용

③ 분무폭발

가연성 액체의 무적(霧滴, mist)이 일정 농도 이상으로 조연성 가스 중에 분산되어 있을 때 착화하여 폭발이 발생

④ 분진폭발

미분탄, 소맥분, 금속분, 플라스틱 분말 같은 가연성 고체가 미분말상태로 부유하면서 공기와 혼합해서 가연성 혼합기를 형성하고 착화원에 의해서 폭발이 발생

⑤ 증기운폭발(UVCE = VCE)

대량의 가연성 가스 또는 기화하기 쉬운 가연성 액체가 유출하여 공기와 혼합해서 가연성 혼합기체를 형성하고 착화원에 의해서 폭발 발생

04 분진폭발

(1) 개념
분진폭발은 부유상태인 가연성 분진에 점화원이 가해져 주위공기와 혼합 및 발화되어 폭발하는 현상이다. 가스 폭발과 비교했을 때 발생에너지가 수 배 이상 크다. 분진폭발은 열분해 되어 기화된 증기가 연소, 폭발하므로 기상폭발에 속한다.

(2) 분진폭발의 조건
① 폭연성분진과 가연성분진의 폭발 범위 내 분진농도(100 마이크로 이하)로 조성되어야 한다.
② 분진의 최소발화에너지(10 ~ 100mJ) 이상의 점화원이 존재하여야 한다.
③ 난류의 흐름인 공기 중에서의 교반과 유동중이어야 한다.

(3) 분진폭발의 발생 과정
① 부유 상태의 분진 입자에 점화원이 주어지면 입자 표면의 온도가 상승한다.
② 분진 입자 표면의 분자가 열분해 되어 가연성 기체가 생성된다.
③ 이 가연성 가스가 주위의 공기와 혼합되어 가연성 혼합기를 형성하고 착화되어 화염을 일으킨다.
④ 화염에 의해 발생한 열은 주위의 분진 입자들과 열분해 된 잔류물질들을 연소시킨다.
⑤ 열분해가 계속적으로 족진되어 폭발에 이른다.
⑥ 지속적인 2,3차 폭발이 발생한다.(불완전연소)

(4) 분진 폭발의 영향인자
① 분진의 화학적 성질과 조성 : 발열량이 클수록 폭발성도 증가
② 입자크기 : 일반적으로 입자의 크기가 작으면 위험성 증가(공기와 접하는 면 증가)
③ 수분함량 : 분진 수분함량 증가시 위험성 감소(금속분은 위험성 증가 → 수소발생)
④ 난류형성 : 가연성 분진의 난류 확산은 위험성 증가
⑤ 압력이나 온도 : 압력이나 온도가 클수록 위험성 증가

> **참고** 분진폭발을 일으키지 않는 물질
> 석회석, 생석회, 소석회, 산화알루미늄, 시멘트가루, 대리석가루, 유리 등

05 BLEVE(블레비) 현상(= 과열 액체 증기 폭발 현상)

(1) 정의
① 비등액체 팽창 증기폭발로 용기 내의 액체가 비등하고 증기가 팽창하면서 폭발을 일으키는 현상이다. 가연성 액화가스 주위에 화재가 발생한 경우 기상부 탱크강판이 국부 가열되어 그 부분의 강도가 약해지면 탱크가 파열되고, 이 때 내부의 가열된 액화가스는 급속한 상변화를 수반하면서 팽창하여 폭발하는 현상이다.

② 액화가스 저장탱크에서 물리적 폭발이 순간적으로 화학적 폭발로 이어지는 현상이다.

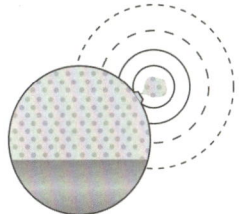  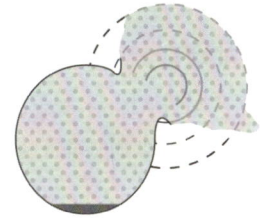

[블레비의 발생]

(2) 발생 과정
① 액화가스 저장탱크 주변에서 화재 발생한다.
② 화재로 인한 탱크가 가열된다.
③ 탱크내의 액체가 가열되고 액면위의 온도는 상승하며 탱크내 압력이 급격하게 상승 한다.→ (액온상승)
④ 내부압력으로 인해 저장탱크의 벽면이 파열되기 시작한다.→ (연성파괴)
⑤ 저장탱크가 파열되면 내부압력은 급격히 감소되고 과열된 액화가스가 증발하면서 기상부에 면하는 지점에서 탱크가 파열(물리적 폭발)되고 그 파편이 멀리까지 비산하게 된다. → (액격현상 및 취성파괴)
⑥ 비산과 동시에 가연성 가스인 경우 증기가 주변화염에 의해 발화되어 Fire ball(화학적 폭발) 형성된다.

(3) 방지 대책
① 탱크내의 압력을 감압 한다.
② 방액제를 경사지게 하여 화염이 직접 탱크에 닿지 않게한다.
③ 폭발방지 장치를 설치한다.
④ 화염으로부터 탱크의 입열을 억제 시킨다.
⑤ 용기의 내압 강도를 유지한다.

06 증기운 폭발(UVCE, VCE)

(1) 정의
다량의 가연성 가스가 대기 중에 유출되어 그것으로 부터 발생하는 가연성가스가 공기와 혼합기체를 형성하고 점화원에 의해 폭발이 일어나는 현상(화학적 폭발)

(2) 발생 과정
① 저장 탱크의 파손, 밸브 손상 등의 원인으로 가스가 누출 된다.
② 누출된 증기가 확산된다.
③ 가연성 가스가 확산되고 공기와 혼합하면서 가연성 혼합기인 증기운이 형성 된다.

④ 발화에 의해서 증기운이 폭발한다.(증기운은 Flash 화재 형태로 급속도로 연소되며, 빠른 연소속도로 과압형성, 폭발이 발생한다.)

(3) 방지 대책
① 가연성 가스의 유출 방지
② 가스누설 경보장치 설치

[BLEVE와 UVCE의 비교]

구 분	BLEVE(밀폐계)	UVCE, VCE(개방계)
정 의	과열액체 증기폭발	자유공간 증기운폭발
폭발분류	물리적 폭발	화학적 폭발
방지대책	① 탱크내의 압력을 감압 한다. ② 방액제를 경사지게 하여 화염이 직접 탱크에 닿지 않게한다. ③ 폭발방지 장치를 설치한다. ④ 화염으로부터 탱크의 입열을 억제 시킨다. ⑤ 용기의 내압 강도를 유지한다.	① 가연성 가스의 유출 방지 ② 가스누설 경보장치 설치

07 폭연과 폭굉

	폭연(Deflagration)	폭굉(Detonation)
정의	폭연은 가스 폭발 사고에서 가장 일반적인 화염전파의 형태이다. 연소파가 화염 바로앞의 미연소 가스에 대하여 상대적으로 아음속으로 전파해 가는 폭발이다.	화염면에서 전파속도가 스스로 가속되며 반응물의 라디컬이 급격히 증가하는 폭발현상으로 가스폭발 중 가장 파괴적인 형태이다. 음속보다 높은속도로 미연소가스로 전파해 간다.
전파속도	음속보다 느림 0.1 ~ 10[m/s]	음속보다 빠름 1000 ~ 3500[m/s]
폭발압력	초기 압력의 10배 이하	초기압력의 10배 이상
충격파 발생 유무	충격파는 발생하지 않음 1) 전도, 대류, 복사(물질 전달속도) 2) 분자확산, 공기 등 난류혼합 영향	충격파가 발생함
화염면에서 연속성	온도, 압력, 밀도가 연속적	온도, 압력, 밀도가 불연속적
비고	폭연은 폭굉으로의 전이가 가능	

(1) 폭연·폭굉의 전이
① 밀폐된 배관이나 덕트 등의 미연소 혼합가스 한 부분에서 착화된다.
② 화염은 미연소 혼합기 팽창시키며 전방으로 진행한다.
③ 화염의 전면에 발생한 압력파는 화염에 선행하여 진행한다.
④ 선행한 압력파의 후면에서 새로운 압력파가 발생하여 압력파 중첩이 발생한다.
⑤ 압력파는 강력한 압축작용으로 화염을 형성하며 진행한다.

(2) 폭굉 유도거리(Detonation - Inducement - Distance)
최초의 정상적인 연소가 격렬한 폭굉으로 발전할때까지의 거리를 말한다.

> 참고 폭굉 유도거리가 짧아지는 조건
> ① 정상 연소속도가 큰 혼합 가스일수록
> ② 압력이 높을수록
> ③ 관속에 이물질이 있을 경우
> ④ 점화원 에너지가 클수록
> ⑤ 관지름이 작을 수록

08 방폭전기설비

폭발을 방지하거나 폭발로부터의 피해를 방지하기 위한 시설물로 종류에 따라 유입 방폭구조, 내압 방폭구조, 압력 방폭구조, 안전증 방폭구조, 본질안전 방폭구조 등이 있다.

(1) 방폭구조의 종류
① 내압 방폭구조(1종 장소, 2종 장소) : Flameproof "d"
　방폭전기 용기 내부에서 가연성가스의 폭발이 발생할 경우 그 용기가 폭발압력에서 견디고 접합면, 개구부등을 통하여 외부의 가연성가스에 인화되지 않도록 한 구조
② 유입방폭구조(1종 장소, 2종 장소) : Oil immersion "o"
　용기내부에 불꽃, 아크 또는 고온발생 부분이 기름속에 잠기게 함으로써, 기름면 위에 존재하는 가연성가스에 인화되지 않도록 한 구조
③ 압력방폭구조(1종 장소, 2종 장소) : Pressurization "p"
　용기내부에 보존가스를 압입하여 압력을 유지함으로써 가연성 가스가 내부로 유입되지 않도록 한 구조
④ 안전증방폭구조(1종, 2종 장소) : Increased Safety "e"
　운전중 점화원이 될 전기불꽃, 아크 또는 고온 부분 등의 발생을 방지하기 위하여 기계적, 전기적 구조상 또는 온도상승에 대하여 안전도를 증가 시킨 구조
⑤ 본질안전방폭구조(0종 장소,1종 장소, 2종 장소) : Intrinsic Safety "ia, ib)
　정상시 및 사고시(단락,단선,지락) 발생하는 전기불꽃, 아크 또는 고온부에 의하여 가연성 가스가 점화되지 않는 시험으로 확인된 구조

(2) 위험장소 구분

① Zone 0 : 지속적인 위험 분위기(일반적으로 연간 1000시간 이상)

② Zone 1 : 통상상태에서의 간헐적인 위험 분위기(연간 10 ~ 1000시간)

③ Zone 2 : 이상상태에서의 위험 분위기(연간 0.1 ~ 10시간)

CHAPTER 06 폭발

01 물리적 폭발에 해당하는 것은?
① 분해 폭발   ② 분진 폭발
③ 중합 폭발   ④ 수증기 폭발

정답 ④
해설 ①②③ : 화학적 폭발   ④ : 물리적폭발

구분	물리적폭발	화학적폭발
정의	단순한 과압 또는 감압에 의한 폭발. 즉, 물리적 변화를 주체로 하는 폭발	화학반응에 의하여 나타나는 폭발
화염 및 연소 동반	×	○
종류는 참고	고압용기 파열, 탱크 감압 파손 액체 폭발적 증발 등	• 산화폭발 : 가연성 가스 + 산소 • 중합폭발 : 염화비닐, 초산비닐 등 • 분해폭발 : 아세틸렌, 산화에틸렌 등

02 물리적 폭발에 해당하는 것은?
① 분해 폭발   ② 분진 폭발
③ 증기운 폭발   ④ 수증기 폭발

정답 ④
해설 ①②③ : 화학적 폭발 ④ : 물리적폭발

03 다음 중 분진 폭발의 위험성이 가장 낮은 것은?
① 소석회   ② 알루미늄분
③ 석탄분말   ④ 밀가루

정답 ①
해설 소석회, 생석회, 시멘트분은 분진폭발하지 않는다.

04 분진폭발의 위험성이 가장 낮은 것은?
① 알루미늄분 ② 유황
③ 팽창질석 ④ 소맥분

> **정답** ③
> **해설** 팽창질석은 소화약제의 한 종류이다.

05 블레비(BLEVE) 현상과 관계가 <u>없는</u> 것은?
① 핵분열 ② 가연성액체
③ 화구(Fire ball)의 형성 ④ 복사열의 대량 방출

> **정답** ①
> **해설** 블레비에서 핵분열은 일어나지 않는다.

06 BLEVE 현상을 설명한 것으로 가장 옳은 것은?
① 물이 뜨거운 기름표면 아래에서 끓을 때 화재를 수반하지 않고 over flow 되는 현상
② 물이 연소유의 뜨거운 표면에 들어갈 때 발생되는 over flow 현상
③ 탱크 바닥에 물과 기름의 에멀젼이 섞여있을 때 물의 비등으로 인하여 급격하게 over flow 되는 현상
④ 탱크 주위 화재로 탱크 내 인화성 액체가 비등하고 가스부분의 압력이 상승하여 탱크가 파괴되고 폭발을 일으키는 현상

> **정답** ④
> **해설** (보기①) FROTH OVER(프로스 오버)
> (보기②) SLOP OVER(슬롭오버)
> (보기③) BOIL OVER(보일오버)

07 폭연에서 폭굉으로 전이되기 위한 조건에 대한 설명으로 <u>틀린</u> 것은?
① 정상연소속도가 작은 가스일수록 폭굉으로 전이가 용이하다.
② 배관내에 장애물이 존재할 경우 폭굉으로 전이가 용이하다.
③ 배관의 관경이 가늘수록 폭굉으로 전이가 용이하다.
④ 배관내 압력이 높을수록 폭굉으로 전이가 용이하다.

> **정답** ①
> **해설** 연소속도가 작은 가스는 폭굉으로 전이가 어렵다.(폭굉 : 속도가 음속보다 빠른 폭발)

08 폭굉(detonation)에 관한 설명으로 틀린 것은?
① 연소속도가 음속보다 느릴 때 나타난다.
② 온도의 상승은 충격파의 압력에 기인한다.
③ 압력상승은 폭연의 경우보다 크다.
④ 폭굉의 유도거리는 배관의 지름과 관계가 있다.

> **정답** ①
> **해설** 폭굉은 연소속도가 음속보다 빠를 때 나타난다.

09 인화점이 40℃ 이하인 위험물을 저장, 취급하는 장소에 설치하는 전기설비는 방폭구조로 설치하는데, 용기의 내부에 기체를 기입하여 압력을 유지하도록 함으로써 폭발성가스가 침입하는 것을 방지하는 구조는?
① 압력 방폭구조
② 유입 방폭구조
③ 안전증 방폭구조
④ 본질안전 방폭구조

> **정답** ①
> **해설**
> ● **압력방폭구조** : 용기내부에 보존가스를 기입하여 압력을 유지함으로써 가연성 가스가 내부로 유입되지 않도록 한 구조

10 전기불꽃, 아크 등이 발생하는 부분을 기름속에 넣어 폭발을 방지하는 방폭구조는?
① 내압방폭구조
② 유입방폭구조
③ 안전증방폭구조
④ 특수방폭구조

> **정답** ②
> **해설** 유입 방폭 구조는 기름속에 넣어 폭발을 방지하는 구조 이다.

 소방원론

쉽고 빠르게 합격하는 소방설비(산업)기사 필기시험 대비

PART 02 화재 이론

CHAPTER 01 화재의 정의 및 분류
CHAPTER 02 건축물의 화재 성상
CHAPTER 03 건축방화계획
CHAPTER 04 건축물의 피난계획

01 화재의 정의 및 분류

01 화재의 정의

사람의 의도에 반하거나 고의 또는 과실에 의하여 발생하는 연소 현상으로서 소화할 필요가 있는 현상 또는 사람의 의도에 반하여 발생하거나 확대된 화학적 폭발현상을 말한다.

02 화재의 특성

(1) **우발성** : 화재는 돌발적으로 발생한다.

(2) **확대성** : 화재는 무한의 확대성을 가진다.

(3) **불안정성** : 화재시의 연소는 여러 가지 요인이 간섭을 하면서 복잡한 형상으로 진행된다.

(4) **비정형성** : 일정한 모양을 가지지 않는다.

03 소화적응성에 따른 분류

(1) 국내기준에서의 분류

구분	국내기준	
	성상	색상
A급화재	일반가연물화재	백색
B급화재	유류화재	황색
C급화재	전기화재	청색
D급화재	금속화재	무색
K급화재	주방화재	·

> 참고) 외국에서는 E급 화재를 가스화재로 따로 분류 하지만 국내에서는 가스화재를 B급화재에 포함시킨다.

(2) 일반화재

① 일반적 가연물인 종이, 나무, 섬유류, 고무, 플라스틱 등에 의한 화재로 발생 빈도가 가장 높아 생활 주변에서 흔히 볼 수 있는 화재이다.

② A급 화재라고도 하며, 표시하는 색상은 백색이다.

③ 소화 후 일반적으로 재가 남는다.

④ 소화 시에는 주로 물을 사용하나 포(고팽창포)의 사용도 가능하다.

(3) 유류화재

① 휘발유, 석유, 알콜 등의 가연성 액체나 래커퍼티, 고무풀, 페인트 등에 의한 화재를 말하며, 대부분 인화성이 강한 물질로 일반화재보다 화재의 위험성이 커서 대형화재를 일으킬 가능성이 높다.
② B급 화재라고도 하며, 표시하는 색상은 황색이다.
③ 소화후에는 재가 남지 않는다.
④ 소화 시 주로 포가 사용되나 가스계 소화약제(CO_2, 할론)와 분말, 미분무수 등을 사용한다.

(4) 전기화재

① 전기가 통하고 있는 전기·전자기기에 의한 화재를 말하며 과전류, 단락, 합선, 지락, 누전, 접촉부, 스파크, 절연부 경년열화, 정전기 등에 의해 발생
② C급 화재라고도 말하며, 표시하는 색상은 청색이다.
③ 통전상태에서 감전의 위험 때문에 반드시 비전기전도성인의 소화약제(분말, CO_2, 할론, 할로겐화합물 및 불활성 기체)를 사용하나 전원이 차단된 경우에는 A급이나 B급화재시 사용하는 약제의 사용도 무방하다.

(5) 금속화재

① 가연성금속(Na, K, Al, Mg, Zn, Fe 등)에 의한 화재로 이들 금속이 아닌 분말이나 가는 선(박판)의 형태로 존재하면 화재의 위험성이 더 커진다.
② D급 화재라고도 하며, 표시하는 색상은 없다.
③ 금속화재를 일으키는 금속의 대부분은 물과 접촉하면 수소가스를 발생시키는 금수성 물질이다. 따라서 소화 시 물을 사용할 수 없고 마른모래(건조사)나 금속화재용 분말소화약제가 사용된다.

(6) 식용유화재

① 식용유, 지방, 그리스에 의한 화재로 식용유등은 발화점과 인화점의 차이가 적고 발화점이 비점이하이어서 화재가 발생하면 발화점이상이 되어 소화하여도 재발화하는 화재이다.
② 소화약제는 비누화작용을 하는 분말소화약제가 주로 사용된다. 식용유의 온도를 발화점 이하로 낮추면 재 착화가 되지 않는다.
③ 끓는 기름의 온도를 낮추어야만 소화가 가능하다. (야채, 상온의 식용유 등 물 이외의 것으로 냉각을 시키거나 뚜껑을 덮어 질식하는 것이 효과적이다.)
④ 1종분말의 비누화효과, K급 소화기를 이용하여도 소화가 가능하다.

(7) 가스화재

① 도시가스, LNG, 수소, LPG 등 가연성가스가 배관이나 용기에서 누설되어 착화한 화재이다.
② 가스사용의 증가로 일반화재, 유류화재, 전기화재와 더불어 급증하고 있고 폭발의 위험이 높다.
③ 화재 시 주위 가연물에 물을 뿌려 냉각시킴으로써 연소 확대를 방지하고 밸브를폐쇄하여 가스의 누출을 막는 것이 가장 효과적이다.
④ E급 화재라고도 하며 표시하는 색상은 황색이다. 국내에서는 B급으로 분류한다.

참고 LPG와 LNG

구 분	LPG	LNG
주성분	프로판, 부탄	메탄
비 중	공기보다 무겁다	공기보다 가볍다

04 위험물화재의 특수현상

(1) 보일오버(Boil over)

① 정의 : 연소유면으로부터 100℃이상의 열파현상에 의한 탱크 저부에 고여 있는 물을 비등하게 하면서 연소유를 탱크 밖으로 비산시키며 연소하는 현상이다.

② 발생 순서
　㉠ 원유나 중질유와 같이 끓는점이 다른 성분을 가진 제품의 저장탱크에 화재가 발생한다.
　㉡ 장시간 진행되면 유류 중 가벼운 성분이 먼저 유류 표면층에서 증발된다.
　㉢ 열류층(Heat Layer)이 형성 된다.
　㉣ 열류층은 화재의 진행과 더불어 점차 탱크바닥으로 도달한다.
　㉤ 이 탱크의 하부에 물, 또는 에멀젼(물-기름)이 존재하면 뜨거운 열류층의 온도에 의하여 물이 수증기로 변하면서 갑작스러운 부피 팽창(약1700배 이상)을 일으킨다.
　㉥ 상층의 유류를 밀어 올려 거대한 화염을 불러일으키는 동시에 다량의 기름을 탱크 밖으로 불이 붙은 채 방출 된다.

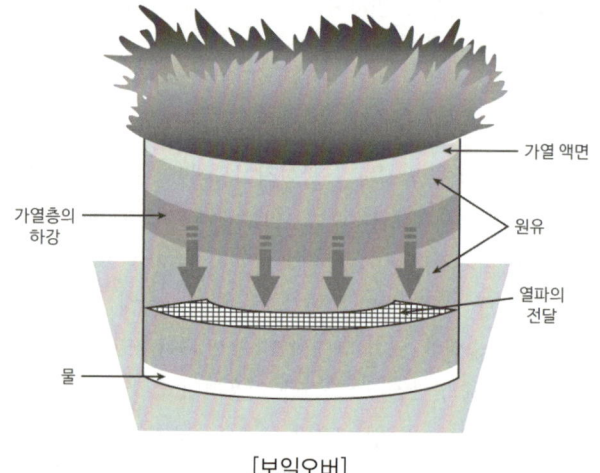

[보일오버]

③ 방지책
　㉠ 탱크 하부에 배수설비를 설치한다.
　㉡ 기계적으로 탱크내부의 유체를 섞이게(수분을 유류와 에멀젼 상태) 한다.
　㉢ 유류탱크 하부에 수분층을 만들지 않는다.

(2) 슬롭오버(Slop over)

① 정의 : 고온층의 표면에 소화작업으로 물이나 포가 주입되면 수분의 급격한 증발에 의하여 유면에 거품이 불붙은 유류가 탱크벽면을 넘어 나오게 되는 현상이다.

② 발생 순서
   ㉠ 중질유 탱크 화재시 유류 액표면 온도는 물의 비점 이상으로 상승한다
   ㉡ 소화를 위해 투입된 포말 등의 소화제는 고온의 액표면에서 급격히 비등한다.
   ㉢ 비등의 결과로 부피 팽창과 함께 탱크 외부로 기름을 분출시키게 된다.

③ 방지책
   ㉠ 고온 액면에 물 또는 포말 등의 소화제 주입을 방지 한다.
   ㉡ 탱크 측벽에 주수하여 탱크 냉각시킨다.
   ㉢ 물분무소화설비를 설치하여 입열 방지한다.

(3) 프로스 오버(Froth over)

① 정의 : 점성을 가진 뜨거운 유류표면 아래 부분에서 물이 비등할 경우 비등하는 물에 의해 탱크 내 유류가 넘치는 현상을 말하며, 직접적으로 화재발생을 일으키지는 않는다.

② 발생순서
   ㉠ 물이 고점도 유류 아래에서 비등
   ㉡ 탱크 밖으로 물과 기름이 거품과 같은 상태로 넘치는 현상
   ㉢ 유류탱크의 아래쪽에 물이나 물-기름 혼합물이 있을 때 폐유등이 물의 비점 이상의 온도로 상당량 주입 될 때도 일어남

(4) 오일오버(Oil over)

위험물 저장탱크 내에 저장된 제4류 위험물의 양이 내용적의 1/2이하로 충전되어 있을 때 화재로 인하여 증기 압력이 상승하면서 저장탱크내의 유류를 외부로 분출하면서 탱크가 파열되는 현상을 말하며, 보일오버, 스로프오버, 후로스오버현상보다 위험성이 더 큰 것으로 알려져 있다.

> **참고** Pool fire (개방공간의 액면화재)
> 대기상에 액면이 노출된 개방탱크, 저장조 내 또는 흐르는 액체에 착화됐을 때 발생하는 화재를 말한다. 대응방법으로 소규모 화재의 경우에는 관계인의 소방시설활용으로 소화를 시도하고 확대된 화재의 경우에는 소방대가 유면전체에 방사할 수 있는 위치를 선정한 후 수원과 포약제량을 확보하고 충분한 방출량으로 동시 방사해 폼으로 유면을 덮어 소화한다.

05 산불화재

(1) 지중화(Ground fire)

① 낙엽층 아래 부식층에 축적된 유기물을 태우며 확산되는 현상이다.
② 훈소 연소가 일어나므로 확산속도가 느리지만 눈에 잘띄지 않아 진화하기 어렵다.
③ 바람에 의한 확산은 없지만 화열과 연소가 오래 지속되므로 주의하여야 한다.

(2) 지표화(Surface fire)

① 지표면에 축적된 초본, 관목, 낙엽 등 연료를 태우며 확산되는 현상이다.
② 초기단계의 불로 가장흔하게 일어난다.
③ 습도가 50% 이하에서 잘 일어난다.

(3) 수간화(Stem Fire)

① 나무의 줄기가 연소하는 현상이다.
② 불이 강해져서 다시 지표 화재나 수관화를 일으킬수 있다.
③ 나무 아래에서 상부로 확산시키는 사다리 화재도 포함된다.

(4) 수관화(Crown fire)

① 나무의 가지와 잎을 태우는 현상이다.
② 나무의 윗부분에 불이 붙어 연속적으로 번지는 현상이며 산불중에 가장 큰 피해를 준다.
③ 활엽수나 침엽수립에서 발생한다.

(5) 비산화(비화)

비산화는 불붙은 연료의 일부가 상승 기류를 타고 올라가서 산불이 확산되고 있는 지역 밖으로 날아가 떨어지는 현상이다.

CHAPTER 01 화재의 정의 및 분류

01 화재의 정의로 옳은 것은?
① 가연성물질과 산소와의 격렬한 산화반응이다.
② 사람의 의도에 반하거나 고의 또는 과실에 의하여 발생하는 연소 현상으로서 소화할 필요가 있는 현상 또는 사람의 의도에 반하여 발생하거나 확대된 화학적 폭발현상을 말한다
③ 가연물과 공기와의 혼합물이 어떤 점화원에 의하여 활성화되어 열과 빛을 발하면서 일으키는 격렬한 발열반응이다.
④ 인류의 문화와 문명의 발달을 가져오게 한 근본 존재로서 인간의 제어수단에 의하여 컨트롤 할 수 있는 연소현상이다.

> **정답** ②
> **해설** "화재"란 사람의 의도에 반하거나 고의 또는 과실에 의하여 발생하는 연소 현상으로서 소화할 필요가 있는 현상 또는 사람의 의도에 반하여 발생하거나 확대된 화학적 폭발현상을 말한다.

02 화재의 분류방법 중 유류화재를 나타낸 것은?
① A급 화재
② B급 화재
③ C급 화재
④ D급 화재

> **정답** ②
> **해설**
>
> | 구분 | 국내기준 성상 | 색상 |
> | --- | --- | --- |
> | A급화재 | 일반가연물화재 | 백색 |
> | B급화재 | 유류화재 | 황색 |
> | C급화재 | 전기화재 | 청색 |
> | D급화재 | 금속화재 | 무색 |
> | K급화재 | 주방화재 | · |

03 화재의 유형별 특성에 관한 설명으로 옳은 것은?
① A급 화재는 무색으로 표시하며, 감전의 위험이 있으므로 주수소화를 엄금한다.
② B급 화재는 황색으로 표시하며, 질식소화를 통해 화재를 진압한다.
③ C급 화재는 백색으로 표시하며, 가연성이 강한 금속의 화재이다.
④ D급 화재는 청색으로 표시하며, 연소 후에 재를 남긴다.

정답 ②
해설 (보기①) A급 화재는 무색으로 표시하며, 감전의 위험이 있으므로 주수소화를 엄금한다.
→ A급 화재는 백색으로 표시하며, 주수소화 가능하다.
(보기③) C급 화재는 백색으로 표시하며, 가연성이 강한 금속의 화재이다.
→ C급 화재는 청색으로 표시하며, 전기화재 이다.
(보기④) D급 화재는 청색으로 표시하며, 연소 후에 재를 남긴다.
→ D급 화재는 무색으로 표시하며, 연소 후에 재를 남기지 않는다.

04 화재의 일반적 특성으로 틀린 것은?
① 확대성
② 정형성
③ 우발성
④ 불안정성

정답 ②
해설 화재는 확대성, 비정형성, 우발성, 불안정성 등의 성질을 가진다.

05 유류 탱크의 화재 시 탱크 저부의 물이 뜨거운 열류층에 의하여 수증기로 변하면서 급작스런 부피 팽창을 일으켜 유류가 탱크 외부로 분출하는 현상은?
① 슬롭 오버(Slop Over)
② 블레비(BLEVE)
③ 보일 오버(Boil Over)
④ 파이어 볼(Fire Ball)

정답 ③
해설 • 보일오버(Boil over)
ⓐ 중질유의 탱크에서 장시간 연소하다가 탱크내의 잔존 기름이 갑자기 분출하는 현상
ⓑ 유류탱크에서 탱크 바닥에 물과 기름의 에멀젼이 섞여 있을 때 이로 인하여 화재가 발생하는 현상
ⓒ 연소유면으로부터 100℃이상의 열파현상에 의한 탱크 저부에 고여 있는 물을 비등하게 하면서 연소유를 탱크 밖으로 비산시키며 연소하는 현상

06 탱크화재 시 발생되는 보일오버(Boil Over)의 방지방법으로 틀린 것은?
① 탱크 내용물의 기계적 교반
② 물의 배출
③ 과열 방지
④ 위험물 탱크내의 하부에 냉각수 저장

정답 ④
해설 • 위험물 탱크내 하부에 냉각수를 저장하면 보일오버가 발생할 수 있는 원인이 된다.

07 유류탱크 화재 시 발생하는 슬롭 오버(Slop over)현상에 관한 설명으로 틀린 것은?

① 소화 시 외부에서 방사하는 포에 의해 발생한다.
② 연소유가 비산되어 탱크 외부까지 화재가 확산된다.
③ 탱크의 바닥에 고인 물의 비등 팽창에 의해 발생한다.
④ 연소면의 온도가 100℃이상일 때 물을 주수하면 발생한다.

정답 ③
해설 (보기③)은 보일오버에 대한 설명이다.
- 슬롭오버 (Slop over) : 고온층의 표면에 소화 작업으로 물이나 포가 주입되면 수분의 급격한 증발에 의하여 유면에 거품이 일어나면서 불붙은 유류가 탱크벽면을 넘어 나오게 되는 현상

08 유류탱크 화재 시 기름 표면에 물을 살수하면 기름이 탱크 밖으로 비산하여 화재가 확대되는 현상은?

① 슬롭 오버(Slop Over)
② 플래시 오버(Flash Over)
③ 프로스 오버(Froth Over)
④ 블레비(BLEVE)

정답 ①
해설 슬롭오버에 대한 설명이다.

09 액화석유가스(LPG)에 대한 성질로 틀린 것은?

① 주성분은 프로판, 부탄이다.
② 천연고무를 잘 녹인다.
③ 물에 녹지 않으나 유기용매에 용해된다.
④ 공기보다 1.5배 가볍다.

정답 ④
해설 LPG(액화석유가스) / LNG(액화천연가스)

구 분	LPG(Liquefied PetroleumGas)	LNG(Liquefied Natural Gas)
주 성 분	프로판(C_3H_8), 부탄(C_4H_{10})	메탄(CH_4)
폭발한계	프로판(2.2–9.5%), 부탄(1.8–8.4%)	메탄(5–15%)
비 중	공기보다 무겁다.	공기보다 가볍다.

10 산불화재의 형태로 틀린 것은?

① 지중화 형태
② 수평화 형태
③ 지표화 형태
④ 수관화 형태

> **정답** ②
> **해설** 산불화재의 형태로는 지중화 형태, 지표화 형태, 수관화 형태가 있다.

CHAPTER 02 건축물의 화재 성상

01 연료지배화재, 환기지배화재

(1) 연료 지배형 화재(산소 > 연료)
① 연료량이 적고 통기량이 충분한 경우의 화재이다.
② 연소속도가 빠르고 연소시간이 짧으며 일반적으로 목조건축물의 실내화재에서 나타난다.
③ 공기가 충분하고 연료량이 적은 경우 불은 연료의 표면상에서 제한적으로 연소가 이루어지게 된다.

(2) 환기 지배형 화재(연료 > 산소)
① 연료량이 충분하고 통기량이 부족한 경우의 화재이다.
② 연소속도가 느리고 연소시간이 길며 일반적으로 내화건축물의 실내화재에서 나타난다.
③ 연료가 충분하고 공기가 부족한 경우, 연소량이 통기량의 지배를 받기 때문에 연소속도나 연소시간이 연장될 수 있다

구분	연료 지배형 화재	환기 지배형 화재
정의	연료량이 적고 통기량이 충분한 경우의 화재	연료량이 충분하고 통기량이 부족한 경우의 화재
발생 장소	① 목조건축물 ② 큰 개방형 창문이 설치되어 있는 건축물	① 내화건축물 ② 지하실, 극장, 소규모 창문이 고정되어 밀폐되어 있는 건물
시기	플래쉬 오버 발생전(성장기)	플래쉬오버 발생 후(최성기)

02 건축물 화재의 성장단계(내화건축물)

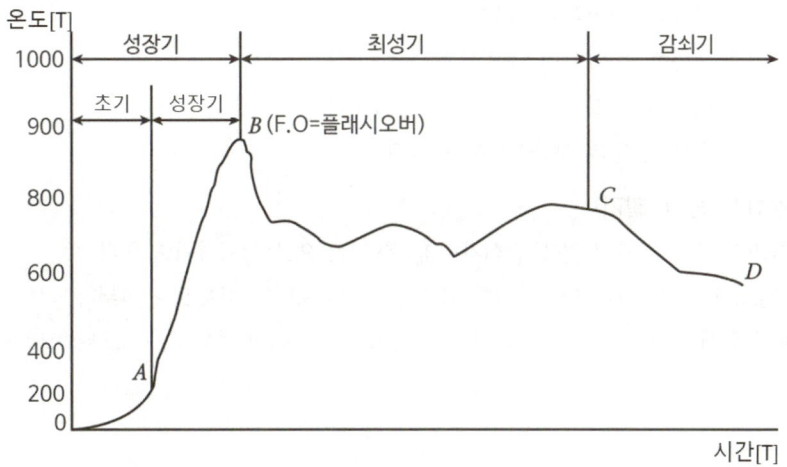

[화재의 성장단계]

(1) 건축물의 실내화재의 과정

화재 초기(발화) → 성장기 → 플래쉬오버 → 최성기 → 감쇠기(=감퇴기)

(2) 화재 초기 단계 = 발화단계(연료지배형)

① 발화이전의 예열이 이루어지는 단계이다.

② 연기가 발생하기도한다.

(3) 성장기(연료지배형) : Pre – Flash over

① 플래시 오버 전단계로서 시간 경과에 따라 열방출속도 증가한다.

② 화재의 급격한 성장이 시작되는 시기이다.

③ 화재의 감지, 초기진화, 피난이 이루어져야 하는 단계이다.

④ 천장열류에 의해 열감지기나 헤드가 화재를 감지한다.(대류 및 전도)

⑤ 개구부에서 검은색 연기가 분출하고 연기농도가 진하다.

⑥ 전실화재가 일어나기 바로 전의 단계(Pre-Flash over)이다.

(4) 플래시오버 : Flash over

① 연료지배형에서 환기지배형으로 전환되는 과정이다.

② 급격한 온도상승과 많은 유독가스가 발생한다.

③ 성장기 천장 부분에서 발생하는 뜨거운 가스층(Ceiling Jet Flow)은 발화원으로부터 멀리 떨어진 가연성 물질에 복사열을 발산한다.

④ 구획내의 가연성 재료의 전체 표면이 순식간에 착화되는 현상이다.

(5) 최성기(환기지배형) : Post – Flash over

① 최성기에는 실내의 모든 가연물이 화재에 관련된다.

② 연소하는 가연물은 최대의 열량을 발산하고, 많은 양의 연소생성가스를 생성한다.

③ 공기 공급이 잘 되지 않으므로 많은 양의 연소하지 않은 가스가 생성된다.

④ 콘크리트 폭열현상이 일어나기도 한다.

⑤ 공기공급이 부족하여 불완전 연소한다.

⑥ 산소가 부족하여 연소되지 않은 가스가 다량 발생된다.

⑦ 연기발생이 감소하고, 열의 분출속도는 증가한다.

(6) 감쇠기(= 감퇴기, 종기, 말기)

① 가연물의 80%가 소진된 시점을 감쇠기로의 전환시점으로 정의하기도 한다.

② 화재가 감소되는 시기이며 환기지배형 화재에서 연료지배형 화재로 전환된다.

③ 환기지배형 화재양상이 유지된 상태에서 산소공급이 이루어질 경우 백드래프트가 발생한다.

03 건축물 화재의 이상 현상

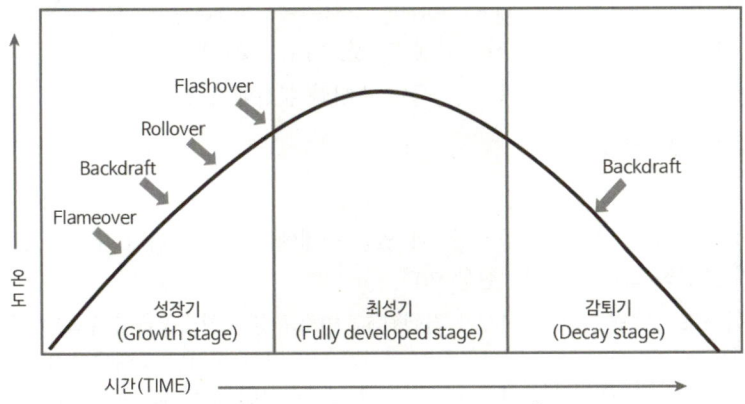

[시간과 온도변화에 따른 이상현상]

(1) 플래임오버(Flame over)

플래임오버(Flameover)는 복도와 같은 통로공간에서 벽, 바닥 표면의 가연물에 화염이 급속하게 확산되는 현상을 묘사하는 용어이다. 벽, 바닥 또는 천장에 설치된 가연성 물질이 화재에 의해 가열되면, 전체 물질 표면을 갑자기 점화할 수 있는 연기와 가연성 가스가 만들어지고 이때 매우 빠른 속도로 화재가 확산된다. 통로나 출구를 따라 진행되는 화염 확산은 일반적인 구획 공간 내의 화염 확산보다 치명적이다. 이렇듯, 통로 내부 벽과 층계의 천장은 비 가연성의 불연재료로 이루어져야 한다.

(2) 롤오버(Rollover)

롤오버(Rollover) 란 연소과정에서 발생된 가연성가스가 공기 중 산소와 혼합되어 천장부분에 집적된 상태에서 발화온도에 도달하여 발화함으로서 화재의 선단부분이 매우 빠르게 확대되어 가는 현상을 말하는 것으로 화재가 발생한 장소(공간)의 출입구 바로 바깥쪽 복도 천장에서 연기와 산발적인 화염이 굽이쳐 흘러가는 현상을 지칭한다. 또한 롤오버현상은 플래쉬오버 현상의 전조이다.

(3) 플래쉬오버(Flashover) 현상[폭발적인 착화현상, 순발적인 연소확대현상 : 폭발은 아니다.]

① 정의

화점 주위에서 화재가 서서히 진행하다가 어느 정도 시간이 경과함 에 따라 대류와 복사현상에 의해 일정 공간 안에 있는 가연물이 발화점까지 가열되어 일순간에 걸쳐 동시 발화되는 현상을 말하며, 직접적 발생원인은 자기발화(Autoignition)가 일어나고 있는 연소공간에서 발생되는 열의 재 방출에 의해 열이 집적되어 온도가 상승하면서 전체 공간을 순식간에 화염으로 가득 차게 만드는 것이다.

② 발생 시기 : 성장기 또는 성장기의 마지막이자 최성기의 시작점

③ 플래쉬 오버의 징후

㉠ 일정공간 내에서의 전면적인 자유연소, 일정공간 내에서의 계속적인 열축적
㉡ Roll over 현상이 관찰

④ 플래시오버 지연 대책방법
  ㉠ 내장재의 불연화 : 내장재 성상(두께 : 두껍게, 열전도율 : 크게, 순서 : 천장→벽→바닥)
  ㉡ 개구부(벽 면적에 대한 개구부면적) : 작게 할 것, 아주 크게 할 것
  ㉢ 발화원 : 발화원의 크기는 작게 즉, 가연물의 소형화 분산배치 할 것

(4) 백드래프트(Back Draft) : 화학적 폭발
① 정의
  ㉠ 연소에 필요한 산소가 부족하여 훈소상태에 있는 실내에 산소가 갑자기 다량 공급 될때 연소가스가 순간적으로 발화하는 현상 이다.
  ㉡ 폐쇄된 내화구조 건축물 내에서 화재가 진행될 때 연소과정은 산소공급이 부족한 상태에서 서서히 훈소된다. 이때 불완전 연소된 가연성가스와 열이 집적된 상태에서 일시에 다량의 공기(산소)가 공급될 때 순간적으로 폭발적 발화현상이 발생하는데 백드래프트 현상이라 한다.
② 발생시기 : 성장기 또는 감쇠기
③ 발생징후
  ㉠ 연기가 균열된 틈이나 작은 구멍을 통하여 건물 안으로 연기가 빨려 들어가는 현상이 발생 한다.
  ㉡ 화염은 보이지 않으나 창문이나 문이 뜨겁다.
  ㉢ 유리창의 안쪽으로 타르와 유사한 기름성분의 물질이 흘러내린다.
  ㉣ 창문을 통해 보았을 때 건물 내에서 연기가 소용돌이 친다.
  ㉤ 압력의 차이로 인해 공기가 내부로 빨려 들어가는 듯한 특이한 소리가 들린다.(휘파람소리)
  ㉥ 훈소가 진행되고 있고 높은 열이 집적된 상태이어야 한다.
④ 대책방법
  ㉠ 폭발력의 억제 : 실내의 온도상승과 함께 화재의 형태를 출입문을 통하여 감지
    ⓐ 실내의 온도 상승이 높고 출입문이 안쪽으로 열릴 때 출입문을 폐쇄
    ⓑ 조금만 열어 다량의 신선한 공기의 유입 차단
  ㉡ 환기 : 출입문을 개방하기 전에 천장의 환기구를 개방함으로서 고온의 가스를 방출하여 폭발력을 억제
  ㉢ 소화 : 출입문 개방과 동시에 방수함으로서 폭발적인 연소를 방지
  ㉣ 격리 : 화재의 상층 및 인접 건물로 확대하는 것에 대비하여 방수준비

[백드래프트와 플래쉬오버 비교]

구분	백드래프트현상	플래쉬오버현상
연소현상	불완전연소(훈소)	자유연소
산소량	부족	백드래프트에 비해 원활
발생시점	성장기, 감쇠기	성장기 또는 성장기의 마지막이자 최성기의 시작점
폭발성유무	폭발현상	폭발현상 아님
연소확대요인	산소의 유입	축적된 복사열

04 목조건축물 및 내화건축물 화재성상

(1) 목조건축물의 화재

① 목조 건축물의 화재진행과정

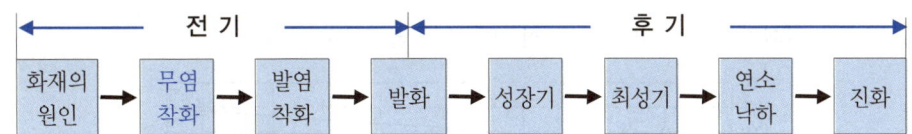

② 목조건축물 화재의 특징
  ㉠ 고온 단기형(고온 단시간형)
  ㉡ 최성기 도달 시 최고온도 : 1,100 ~ 1,300℃

③ 성장기에서의 옥내출화 및 옥외출화
  ㉠ 옥내 출화
    ⓐ 가옥 구조에서 천장 면에 발염 착화한 경우
    ⓑ 천장 속, 벽 속 등에서 발염 착화한 경우
    ⓒ 불연천장이나 불연 벽체인 경우 실내의 그 뒷면에 발염 착화한 경우
  ㉡ 옥외 출화
    ⓐ 창, 출입구 등에 발염 착화한 경우
    ⓑ 외부의 벽, 지붕 밑에서 발염 착화한 경우
    ⓒ 온도가 800 ~ 900℃ 정도

④ 최성기(맹화)
  온도가 1300℃까지 올라가며 출화에서 최성기까지 약 4분에서 14분정도 진행

⑤ 종기
  최성기 이후 공기 유통이 좋아져 온도는 급속히 저하

⑥ 목조건축물의 화재원인
  ㉠ 접염 : 화염 또는 열의 접촉으로 발생
  ㉡ 비화 : 불티, 바람에 의한 먼 거리에 있는 가연물에 연소
  ㉢ 복사열 : 복사에너지에 대한 전파로 인한 연소

(2) 내화건축물의 화재

① 내화 건축물의 화재진행과정

② 내화 건축물 화재의 특징
  ㉠ 저온 장기형(저온 장시간형)
  ㉡ 화재지속시간 : 2 ~ 3시간
  ㉢ 최성기 도달 시 최고온도 : 900 ~ 1100℃

③ 성장기는 천장열류에의한 화재감지와 플래쉬오버가 발생한다.(경우에 따라 백드래프트도 발생할 수 있음)
④ 최성기가 목조화재는 30분 정도인 반면 2~3시간 가연물의 양에 따라서 장시간 지속되는 경우가 있다.
⑤ 감쇠기에서는 백드래프트 현상이 주로 발생한다.

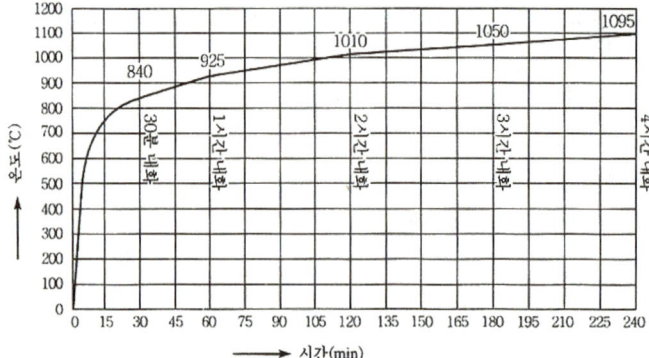

표준시간	온도(℃)
30분	840
1시간	925
2시간	1,010
3시간	1,050

[KS F 2257-1 표준온도시간곡선]

05 화재가혹도(= 화재 심도, 화재 세기)

(1) 발생한 화재가 당해 건물과 그 내부의 재산을 파괴하거나 손상을 입히는 능력의 정도를 말한다.
(2) 화재가혹도가 높으면 건물과 재산의 손실도 덩달아 올라간다.
(3) 화재가혹도의 주요 요소로는 화재실의 최고온도와 그 최고온도의 지속시간으로 표현한다.
   ✽ 화재가혹도 = 화재실의 최고온도 × 최고온도의 지속시간
            = 화재강도(열방출율) × 화재하중(바닥면적당 가연물의양)

06 화재하중(kg/m²)

(1) 화재하중은 단위 면적당 가연물의 중량이다.
(2) 단위면적당 가연물의 발열량을 목재의 무게로 환산한 것을 말한다.
(3) 지속시간을 결정하여 화재의 크기를 결정하는데 사용한다.

$$q\,(kg/m^2) = \frac{\Sigma(G_t \cdot H_t)}{H_o\,A} = \frac{\Sigma Q_t}{4500\,A}$$

- q : 화재하중 (kg/m^2)
- G_t : 가연물의 중량 (kg)
- H_t : 가연물의 단위발열량 $(kcal/kg)$

- H_o : 목재의 단위발열량 $(kcal/kg) = 4500(kcal/kg)$
- A : 화재실의 바닥면적(m^2)
- ΣQ_t : 화재실내의 가연물 전체발열량$(kcal)$

(4) 화재하중 감소대책

① 가연물을 소분하여 보관하여 가연물의 양을 줄인다.

② 내장재의 불연화로 화재하중을 감소시킨다.

[실내가연물의 양-화재하중]

건 물 용 도	통상범위	통상최대값
병원	15 ~ 30	30
호텔 침실	25 ~ 40	40
주거용 건물(아파트)	35 ~ 60	60
사무실	30 ~ 150	120
도서실 (서가 및 열람실)	100 ~ 250	250
도서관·서고	150 ~ 500	400

07 화재강도(kcal/hr)

(1) 화재강도는 화재실의 열 축적률을 의미한다.(방호공간의 화재 세기)

(2) 화재강도가 올라가면 화재실의 열축적율과 화재실의 온도도 상승한다.

(3) 영향요소

① 가연물의 연소열 : 연소열이 클수록 화재강도가 커진다.

② 가연물의 비표면적 : 가연물의 비표면적이 클수록 화재강도가 커진다.

③ 공기의 공급량 : 공기의 공급이 원할할수록 화재강도가 커진다.

④ 실의 단열성 : 단열효과가 클수록 열의 누출이 작아져 화재실내에 계속 축적된다.

CHAPTER 02 건축물의 화재 성상

01 건축물 화재에서 플래시 오버(Flash over) 현상이 일어나는 시기는?
① 초기에서 성장기로 넘어가는 시기
② 성장기에서 최성기로 넘어가는 시기
③ 최성기에서 감쇠기로 넘어가는 시기
④ 감쇠기에서 종기로 넘어가는 시기

정답 ②
해설 • 플래쉬오버(Flashover) 현상[폭발적인 착화현상, 순발적인 연소확대현상 : 폭발은 아니다.]
① 정의 : 화점 주위에서 화재가 서서히 진행하다가 어느 정도 시간이 경과함에 따라 대류와 복사현상에 의해 일정 공간 안에 있는 가연물이 발화점까지 가열되어 일순간에 걸쳐 동시 발화되는 현상을 말하며, 직접적 발생원인은 자기발화(Autoignition)가 일어나고 있는 연소공간에서 발생되는 열의 재 방출에 의해 열이 집적되어 온도가 상승하면서 전체 공간을 순식간에 화염으로 가득 차게 만드는 것이다.
② 발생 시기 : 성장기 또는 성장기의 마지막이자 최성기의 시작점

02 플래시 오버(flash over)에 대한 설명으로 옳은 것은?
① 도시가스의 폭발적 연소를 말한다.
② 휘발유 등 가연성 액체가 넓게 흘러서 발화한 상태를 말한다.
③ 옥내화재가 서서히 진행하여 열 및 가연성 기체가 축적되었다가 일시에 연소하여 화염이 크게 발생하는 상태를 말한다.
④ 화재층의 불이 상부층으로 올라가는 현상을 말한다.

정답 ③
해설 보기③이 플래쉬 오버 현상에 해당한다.

03 밀폐된 내화건물의 실내에 화재가 발생했을 때 그 실내의 환경변화에 대한 설명 중 틀린 것은?
① 기압이 급강하한다.
② 산소가 감소한다.
③ 일산화탄소가 증가한다.
④ 이산화탄소가 증가한다.

정답 ①
해설 화재시에는 기압이 급상승 한다.

04 건축물의 화재를 확산시키는 요인이라 볼 수 <u>없는</u> 것은?
① 비화(飛火)　　　　　　　② 복사열(輻射熱)
③ 자연발화(自然發火)　　　④ 접염(接炎)

> **정답** ③
> **해설** ● 화재확산요인
>   ⓐ 접염 : 화염 또는 열의 접촉으로 발생
>   ⓑ 비화 : 불티, 바람에 의한 먼 거리에 있는 가연물에 연소
>   ⓒ 복사열 : 복사에너지에 대한 전파로 인한 연소

05 실내화재에서 화재의 최성기에 돌입하기 전에 다량의 가연성 가스가 동시에 연소되면서 급격한 온도상승을 유발하는 현상은?
① 패닉(Panic) 현상　　　　② 스택(Stack) 현상
③ 화이어 볼(Fire Ball) 현상　④ 플래쉬 오버(Flash Over) 현상

> **정답** ④
> **해설** 플래쉬 오버에 대한 설명이다.
>   ● 플래쉬오버(Flashover) 현상[폭발적인 착화현상, 순발적인 연소확대현상 : 폭발은 아니다.]
>   ① 정의 : 화점 주위에서 화재가 서서히 진행하다가 어느 정도 시간이 경과함에 따라 대류와 복사현상에 의해 일정 공간 안에 있는 가연물이 발화점까지 가열되어 일순간에 걸쳐 동시 발화되는 현상을 말하며, 직접적 발생원인은 자기발화(Autoignition)가 일어나고 있는 연소공간에서 발생되는 열의 재 방출에 의해 열이 집적되어 온도가 상승하면서 전체 공간을 순식간에 화염으로 가득 차게 만드는 것이다.
>   ② 발생 시기 : 성장기 또는 성장기의 마지막이자 최성기의 시작점

06 내화건축물과 비교한 목조건축물 화재의 일반적인 특징을 옳게 나타낸 것은?
① 고온, 단시간형　　　　② 저온, 단시간형
③ 고온, 장시간형　　　　④ 저온, 장시간형

> **정답** ①
> **해설** ● 목조건축물 화재의 특징
>   ㉠ 고온 단기형(고온 단시간형)
>   ㉡ 최성기 도달 시 최고온도 : 1,100 ~ 1,300℃

07 목재건축물의 화재 진행과정을 순서대로 나열한 것은?
① 무염착화 – 발염착화 – 발화 – 최성기
② 무염착화 – 최성기 – 발염착화 – 발화
③ 발염착화 – 발화 – 최성기 – 무염착화
④ 발염착화 – 최성기 – 무염착화 – 발화

> **정답** ①
> **해설** • 목조 건축물의 화재진행과정

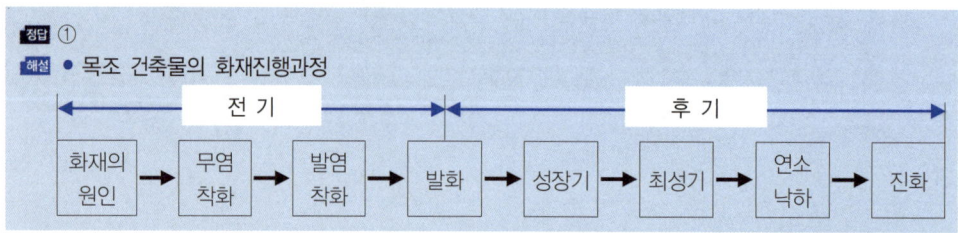

08 화재의 지속시간 및 온도에 따라 목재건물과 내화건물을 비교했을 때, 목재건물의 화재성상으로 가장 적합한 것은?
① 저온장기형이다.   ② 저온단기형이다.
③ 고온장기형이다.   ④ 고온단기형이다.

> **정답** ④
> **해설** • 목조 : 고온 단기형 • 내화 : 저온 장기형

09 목조건축물의 화재특성으로 틀린 것은?
① 습도가 낮을수록 연소 확대가 빠르다.
② 화재진행속도는 내화건축물보다 빠르다.
③ 화재최성기의 온도는 내화건축물보다 낮다.
④ 화재성장속도는 횡방향보다 종방향이 빠르다.

> **정답** ③
> **해설** 화재 최성기의 온도는 목조건물(1,100~1,300℃)이 내화건축물(900~1,100℃)보다 높다.

10 목조건축물의 화재 진행상황에 관한 설명으로 옳은 것은?

① 화원-발연착화-무염착화-출화-최성기-소화
② 화원-발염착화-무염착화-소화-연소낙화
③ 화원-무염착화-발염착화-출화-최성기-소화
④ 화원-무염착화-출화-발염착화-최성기-소화

정답 ③
해설 ● 목조건축물 화재진행과정
: 화재원인-무염착화-발염착화-발화-성장기-최성기-연소낙하-진화

11 다음 그림에서 목조 건물의 표준 화재 온도 시간 곡선으로 옳은 것은?

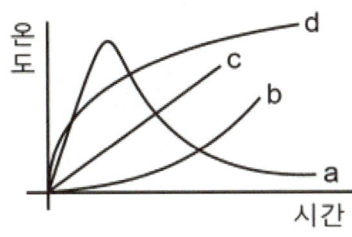

① a   ② b
③ c   ④ d

정답 ①
해설 a는 목조건축물의 화재 온도-시간 곡선 이고 d는 내화구조 건물의 화재 온도-시간 곡선 이다.

12 건물화재의 표준시간-온도곡선에서 화재발생 후 1시간이 경과할 경우 내부온도는 약 몇 ℃ 정도 되는가?

① 225   ② 625
③ 840   ④ 925

정답 ④
해설 ● 표준시간-온도곡선

표준시간	온도(℃)
30분	840
1시간	925
2시간	1,010
3시간	1,050

13 방호공간 안에서 화재의 세기를 나타내고 화재가 진행되는 과정에서 온도에 따라 변하는 것으로 온도-시간 곡선으로 표시할 수 있는 것은?

① 화재저항
② 화재가혹도
③ 화재하중
④ 화재플럼

정답 ②
해설 • 화재가혹도 : 발생한 화재가 당해건물과 그 내부 수용재산 등을 파괴하거나 손상을 입히는 정도

14 화재하중의 단위로 옳은 것은?

① kg/m^2
② $℃/m^2$
③ $kg \cdot L/m^3$
④ $℃ \cdot L/m^3$

정답 ①
해설 • 화재하중(kg/m^2)
(1) 화재하중은 단위 면적당 가연물의 중량이다.
(2) 단위면적당 가연물의 발열량을 목재의 무게로 환산한 것

15 화재하중에 대한 설명 중 틀린 것은?

① 화재하중이 크면 단위면적당의 발열량이 크다.
② 화재하중이 크다는 것은 화재구획의 공간이 넓다는 것이다.
③ 화재하중이 같더라도 물질의 상태에 따라 가혹도는 달라진다.
④ 화재하중은 화재구획실내의 가연물 총량을 목재 중량당비로 환산하여 면적으로 나눈 수치이다.

정답 ②
해설 $q\ (kg/m^2) = \dfrac{\Sigma(G_t \cdot H_t)}{H_o\ A} = \dfrac{\Sigma Q_t}{4500\ A}$ 화재하중 Q는 A에 반비례한다.

16 화재강도(Fire Intensity)와 관계가 없는 것은?

① 가연물의 비표면적
② 발화원의 온도
③ 화재실의 구조
④ 가연물의 발열량

정답 ②

해설 ● 화재강도(kcal/hr)
(1) 화재강도는 화재실의 열 축적률을 의미한다.(방호공간의 화재 세기)
(2) 화재강도가 올라가면 화재실의 열축적율과 화재실의 온도도 상승한다.
(3) 영향요소
    ① 가연물의 연소열 : 연소열이 클수록 화재강도가 커진다.
    ② 가연물의 비표면적 : 가연물의 비표면적이 클수록 화재강도가 커진다.
    ③ 공기의 공급량 : 공기의 공급이 원활할수록 화재강도가 커진다.
    ④ 실의 단열성 : 단열효과가 클수록 열의 누출이 작아져 화재실내에 계속 축적된다.

CHAPTER 03 건축방화계획

01 공간적 대응과 설비적 대응

(1) **공간적 대응**(Passive system)
   ① 대항성(구조상 대응, 적극적 대응) : 건축물의 내화성능, 방화성능 등
   ② 회피성(재료상 대응, 예방적 대응) : 내장재 난연화, 불연화 등
   ③ 도피성(피난 대응) : 화재로부터 피난할 수 있는 공간성

(2) **설비적 대응**(Active system) : 공간적 대응을 보조하는 것을 말한다.
   ① 화재공간에서 화재가 발생할 경우 소화설비, 경보설비, 피난구조설비, 소화용수설비, 소화활동설비를 이용
   ② 화재 발생 시 이들의 모든 설비를 통합하여 유기적인 상호관계가 이루어질 때 효과적인 기대를 할 수 있다.

02 건축물 방재계획

(1) **부지선정 및 배치 계획** : 부지내 건축물의 배치시 소방활동을 고려하는 배치 소방차량의 진입로 및 공간 확보 등
(2) **평면계획** : 방화구획의 분할 및 안전구획 등
(3) **단면계획** : 수평구획, 수직통로구획, 중간 절연층, 옥외피난바닥, 발코니 등
(4) **입면계획** : 연소방지, 소화, 피난, 구출에 대한 계획 등
(5) **재료계획** : 연소확대 방지를 위한 내장재료의 불연화등 재료선택 고려

03 건축물의 연소확대 방지

건축물에서 화재가 발생한 경우에는 그 성장을 한정된 범위로 억제하여 건물 내의 다른 곳으로 확대되지 않도록 하기 위하여 내화성능을 가진 벽이나 바닥 등으로 수직 수평공간을 구획해야 한다.(수평구획, 수직구획, 용도구획)

04 내화구조 및 방화구조

(1) 내화구조
① 내화구조는 화재를 견딜 수 있는 성능을 가진 구조
② 화재가 진화된 후 간단한 수선으로 재사용이 가능한 구조

(2) 방화구조
① 화재 시 화염의 확산을 막을 수 있는 정도와 성능을 가진 구조
② 화재가 진화된 후 재사용이 불가능한 구조

> **참고** 내화구조 기준
>
> 1. 벽의 경우에는 다음 각 목의 어느 하나에 해당하는 것
>   가. 철근콘크리트조 또는 철골철근콘크리트조로서 두께가 10센티미터 이상인 것
>   나. 골구를 철골조로 하고 그 양면을 두께 4센티미터 이상의 철망모르타르(그 바름바탕을 불연재료로 한 것으로 한정한다. 이하 이 조에서 같다) 또는 두께 5센티미터 이상의 콘크리트블록·벽돌 또는 석재로 덮은 것
>   다. 철재로 보강된 콘크리트블록조·벽돌조 또는 석조로서 철재에 덮은 콘크리트블록등의 두께가 5센티미터 이상인 것
>   라. 벽돌조로서 두께가 19센티미터 이상인 것
>   마. 고온·고압의 증기로 양생된 경량기포 콘크리트패널 또는 경량기포 콘크리트블록조로서 두께가 10센티미터 이상인 것
>
> 2. 외벽 중 비내력벽인 경우에는 제1호에도 불구하고 다음 각 목의 어느 하나에 해당하는 것
>   가. 철근콘크리트조 또는 철골철근콘크리트조로서 두께가 7센티미터 이상인 것
>   나. 골구를 철골조로 하고 그 양면을 두께 3센티미터 이상의 철망모르타르 또는 두께 4센티미터 이상의 콘크리트블록·벽돌 또는 석재로 덮은 것
>   다. 철재로 보강된 콘크리트블록조·벽돌조 또는 석조로서 철재에 덮은 콘크리트블록등의 두께가 4센티미터 이상인 것
>   라. 무근콘크리트조·콘크리트블록조·벽돌조 또는 석조로서 그 두께가 7센티미터 이상인 것
>
> 3. 기둥의 경우에는 그 작은 지름이 25센티미터 이상인 것으로서 다음 각 목의 어느 하나에 해당하는 것. 다만, 고강도 콘크리트(설계기준강도가 50MPa 이상인 콘크리트를 말한다. 이하 이 조에서 같다)를 사용하는 경우에는 국토교통부장관이 정하여 고시하는 고강도 콘크리트 내화성능 관리기준에 적합해야 한다.
>   가. 철근콘크리트조 또는 철골철근콘크리트조
>   나. 철골을 두께 6센티미터(경량골재를 사용하는 경우에는 5센티미터)이상의 철망모르타르 또는 두께 7센티미터 이상의 콘크리트블록·벽돌 또는 석재로 덮은 것
>   다. 철골을 두께 5센티미터 이상의 콘크리트로 덮은 것

4. 바닥의 경우에는 다음 각 목의 어느 하나에 해당하는 것
    가. 철근콘크리트조 또는 철골철근콘크리트조로서 두께가 10센티미터 이상인 것
    나. 철재로 보강된 콘크리트블록조·벽돌조 또는 석조로서 철재에 덮은 콘크리트블록등의 두께가 5센티미터 이상인 것
    다. 철재의 양면을 두께 5센티미터 이상의 철망모르타르 또는 콘크리트로 덮은 것

5. 보(지붕틀을 포함한다)의 경우에는 다음 각 목의 어느 하나에 해당하는 것. 다만, 고강도 콘크리트를 사용하는 경우에는 국토교통부장관이 정하여 고시하는 고강도 콘크리트내화성능관리기준에 적합해야 한다.
    가. 철근콘크리트조 또는 철골철근콘크리트조
    나. 철골을 두께 6센티미터(경량골재를 사용하는 경우에는 5센티미터)이상의 철망모르타르 또는 두께 5센티미터 이상의 콘크리트로 덮은 것
    다. 철골조의 지붕틀(바닥으로부터 그 아랫부분까지의 높이가 4미터 이상인 것에 한한다)로서 바로 아래에 반자가 없거나 불연재료로 된 반자가 있는 것

6. 지붕의 경우에는 다음 각 목의 어느 하나에 해당하는 것
    가. 철근콘크리트조 또는 철골철근콘크리트조
    나. 철재로 보강된 콘크리트블록조·벽돌조 또는 석조
    다. 철재로 보강된 유리블록 또는 망입유리(두꺼운 판유리에 철망을 넣은 것을 말한다)로 된 것

7. 계단의 경우에는 다음 각 목의 어느 하나에 해당하는 것
    가. 철근콘크리트조 또는 철골철근콘크리트조
    나. 무근콘크리트조·콘크리트블록조·벽돌조 또는 석조
    다. 철재로 보강된 콘크리트블록조·벽돌조 또는 석조
    라. 철골조

> **참고** 방화구조 기준
> 1. 철망모르타르로서 그 바름두께가 2센티미터 이상인 것
> 2. 석고판 위에 시멘트모르타르 또는 회반죽을 바른 것으로서 그 두께의 합계가 2.5센티미터 이상인 것
> 3. 시멘트모르타르 위에 타일을 붙인 것으로서 그 두께의 합계가 2.5센티미터 이상인 것
> 4. 심벽에 흙으로 맞벽치기한 것

05 건축물의 주요구조부(차양 및 옥외계단 제외) : 내화구조로 해야함

(1) 내력벽

(2) 기둥(사이 기둥 제외)

(3) 바닥(최하층 바닥 제외)

(4) 보(작은 보 제외)

(5) 지붕틀 및 주계단

06 방화구획

주요구조부가 내화구조 또는 불연재료로 된 건축물로서 연면적이 1천 제곱미터를 넘는 것은 국토교통부령으로 정하는 기준에 따라 방화문이나 자동방화셔터로 구획(이하 "방화구획"이라 한다)을 해야 한다.

(1) 방화구획 기준

구획종류	구획 단위		
면적별	10층 이하	자동식 소화설비 ×	1000 [m²] 마다
		자동식 소화설비 ○	3000 [m²] 마다
	11층 이상	자동식 소화설비 ×	200 [m²] 마다
		자동식 소화설비 ○	600 [m²] 마다
	11층 이상 (불연재 마감)	자동식 소화설비 ×	500 [m²] 마다
		자동식 소화설비 ○	1500 [m²] 마다
층별구획	매층마다 구획할 것.(지하 1층에서 지상으로 직접 연결하는 경사로 부위 제외)		
구조	내화구조의 바닥 벽, 방화문, 자동방화셔터		

(2) 방화문

① 60분+ 방화문 : 연기, 불꽃 차단시간이 60분 이상이며 열 차단시간은 30분 이상

② 60분 방화문 : 연기, 불꽃 차단시간이 60분 이상

③ 30분 방화문 : 연기, 불꽃 차단시간이 30분 이상

07 내장재

(1) 초기 연소 확대를 줄이기 위해 내장재의 난연화가 필요하다.

(2) 난연성능에 따라 불연재료, 준불연재료, 난연재료로 구분된다.

(3) 난연재료란 불에 잘 타지 아니하는 성능을 가진 재료로서 국토교통부령으로 정하는 기준에 적합한 재료를 말한다. (난연합판, 난연플라스틱판 등)

(4) 불연재료란 불에 타지 아니하는 성질을 가진 재료로서 국토교통부령으로 정하는 기준에 적합한 재료를 말한다.(콘크리트, 석재, 벽돌, 철강, 유리, 알루미늄 등)

(5) 준불연재료란 불연재료에 준하는 성질을 가진 재료로서 국토교통부령으로 정하는 기준에 적합한 재료를 말한다.(석고보드, 목모시멘트판, 펄프시멘트판 등)

CHAPTER 03 건축방화계획

01 화재발생 시 인명피해 방지를 위한 건물로 적합한 것은?
① 피난설비가 없는 건물
② 특별피난계단의 구조로 된 건물
③ 피난기구가 관리되고 있지 않은 건물
④ 피난구 폐쇄 및 피난구유도등이 미비되어 있는 건물

> **정답** ②
> **해설** 특별피난계단이 설치되어 있으면 전실이나 부속실의 설치로 안전성이 증가한다.

02 건축방화계획에서 건축구조 및 재료를 불연화하여 화재를 미연에 방지하고자 하는 공간적 대응방법은?
① 회피성 대응
② 도피성 대응
③ 대항성 대응
④ 설비적 대응

> **정답** ①
> **해설** 회피성 대응에 대한 설명이다.

03 건축물의 내화구조에서 바닥의 경우에는 철근콘크리트의 두께가 몇 cm 이상이어야 하는가?
① 7
② 10
③ 12
④ 15

> **정답** ②
> **해설** 바닥의 경우에는 다음 각 목의 어느 하나에 해당하는 것
> 가. 철근콘크리트조 또는 철골철근콘크리트조로서 두께가 10센티미터 이상인 것
> 나. 철재로 보강된 콘크리트블록조·벽돌조 또는 석조로서 철재에 덮은 콘크리트블록등의 두께가 5센티미터 이상인 것
> 다. 철재의 양면을 두께 5센티미터 이상의 철망모르타르 또는 콘크리트로 덮은 것

04 방화벽의 구조 기준 중 다음 ( )안에 알맞은 것은?

> ○ 방화벽의 양쪽 끝과 위쪽 끝을 건축물의 외벽면 및 지붕면으로부터 (㉠)m 이상 튀어 나오게 할 것
> ○ 방화벽에 설치하는 출입문의 너비 및 높이는 각각(㉡)m 이하로 하고, 해당 출입문에는 60분+ 방화문을 설치할 것

① ㉠ 0.3, ㉡ 2.5
② ㉠ 0.3, ㉡ 3.0
③ ㉠ 0.5, ㉡ 2.5
④ ㉠ 0.5, ㉡ 3.0

정답 ③

해설 ㉠ 0.5 ㉡ 2.5

- 방화벽
  ① 내화구조로서 홀로 설 수 있는 구조일 것
  ② 방화벽에 출입문을 설치하는 경우에는 방화문으로 할 것
  ③ 방화벽을 관통하는 케이블·전선 등에는 내화성이 있는 화재차단재로 마감할 것
  ④ 방화벽의 위치는 분기구 및 환기구 등의 구조를 고려하여 설치할 것

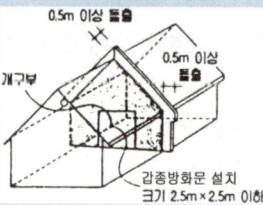

05 건축물의 피난·방화구조 등의 기준에 관한 규칙에 따른 철망모르타르로서 그 바름두께가 최소 몇 cm 이상인 것을 방화구조로 규정하는가?

① 2
② 2.5
③ 3
④ 3.5

정답 ①

해설

구조 부분	방화구조의 부분
• 철망모르타르 바르기	바름두께가 2[cm] 이상인 것
• 석고판위에 시멘트모르타르 또는 회반죽을 바른 것 • 시멘트모르타르 위에 타일을 붙인 것	두께의 합계가 2.5[cm] 이상 인 것
• 심벽에 흙으로 맞벽치기 한 것	
한국산업규격이 정하는 바에 의하여 시험한 결과 방화2급이상에 해당하는 것	

06 내화구조에 해당하지 않는 것은?

① 철근콘크리트조로 두께가 10cm 이상인 벽
② 철근콘크리트조로 두께가 5cm 이상인 외벽 중 비 내력벽
③ 벽돌조로서 두께가 19cm 이상인 벽
④ 철골철근콘크리트조로서 두께가 10cm 이상인 벽

정답 ②
해설 철근콘크리트조로 비내력벽은 7[cm] 이상일 때 내화구조에 해당한다.

구조부분		내화구조의 기준		기준두께
벽	벽 ( )안은 외벽중 비내력 벽	• 철근 · 철골콘크리트조		10 [cm] (7 [cm])이상
		• 벽돌조		19 [cm]이상
		• 철골조의 골구 양면에	*철망모르타르로 덮을 때	4 [cm] (3 [cm])이상
			콘크리트블록 · 벽돌 · 석재로 덮을 때	5 [cm] (4 [cm])이상
		• 철재로 보강된 콘크리트블록조 · 벽돌조 · 석조로서 철재에 덮은 콘크리트 블록의 두께		5 [cm] (4 [cm])이상
		• 고온 · 고압증기 양생된 경량기포 콘크리트패널 또는 경량기포콘크리트 블럭조		10 [cm]이상
		• 무근콘크리트조 · 콘크리트블록조 · 벽돌조 · 석조		(7 [cm])이상

07 내화구조의 기준 중 벽의 경우 벽돌조로서 두께가 최소 몇 cm 이상이어야 하는가?

① 5 ② 10
③ 12 ④ 19

정답 ④
해설 벽돌조는 19cm 이상일 때 내화구조에 해당한다.

08 건축법령상 내력벽, 기둥, 바닥, 보, 지붕틀 및 주계단을 무엇이라 하는가?

① 내진구조부 ② 건축설비부
③ 보조구조부 ④ 주요구조부

정답 ④
해설
• 건축물의 주요구조부(차양 및 옥외계단 제외)
  ① 내력벽
  ② 기둥(사이 기둥 제외)
  ③ 바닥(최하층 바닥 제외)
  ④ 보(작은 보 제외)
  ⑤ 지붕틀 및 주계단

09 건축물의 피난·방화구조 등의 기준에 관한 규칙상 방화구획의 설치기준 중 스프링클러를 설치한 10층 이하의 층은 바닥면적 몇 ㎡ 이내마다 방화구획을 구획하여야 하는가?

① 1000　　② 1500
③ 2000　　④ 3000

정답 ④

해설

구획종류			구획 단위
면적별	10층 이하	자동식 소화설비 ×	1000[㎡] 마다
		자동식 소화설비 ○	3000[㎡] 마다
	11층 이상	자동식 소화설비 ×	200[㎡] 마다
		자동식 소화설비 ○	600[㎡] 마다
	11층 이상 (불연재 마감)	자동식 소화설비 ×	500[㎡] 마다
		자동식 소화설비 ○	1500[㎡] 마다
층별구획	매층마다 구획할 것.(지하 1층에서 지상으로 직접 연결하는 경사로 부위 제외)		
구조	내화구조의 바닥 벽, 방화문, 자동방화셔터		

10 건축물에 설치하는 방화구획의 설치기준 중 스프링클러설비를 설치한 11층 이상의 층은 바닥면적 몇 ㎡ 이내마다 방화구획을 하여야 하는가? (단, 벽 및 반자의 실내에 접하는 부분의 마감은 불연재료가 아닌 경우이다.)

① 200　　② 600
③ 1000　　④ 3000

정답 ②

해설 11층 이상의 층에 스프링클러설비를 설치하면 600[㎡] 마다 방화구획한다.

11 건축물의 바깥쪽에 설치하는 피난계단의 구조 기분 중 계단의 유효너비는 몇 m 이상으로 하여야 하는가?

① 0.6　　② 0.7
③ 0.8　　④ 0.9

정답 ④

해설 계단의 유효너비는 0.9[m] 이상으로 한다.

12 연소확대 방지를 위한 방화구획과 관계 없는 것은?
① 일반 승강기의 승강장 구획
② 층 또는 면적별 구획
③ 용도별 구획
④ 방화댐퍼

> 정답 ①
> 해설 승강기 승강장 구획은 방화구획이 아니다.

CHAPTER 04 건축물의 피난계획

01 피난

피난이란 화재, 기타 재해의 위험으로부터 생명의 안전을 지키기 위해 보다 안전한장소로 이동하는 행위를 말한다.

02 피난계획

(1) Fool-proof 원칙 : 비상사태에서 머리가 혼란하여 판단능력이 저하되는 상태로 누구나 알 수 있도록 문자나 그림으로 표시하여 조작이 간편한 원시적인 방법으로 하는 원칙
  ① 누구라도 안전하게 사용할 수 있도록 원시적 방법으로 그림, 색채 등을 활용하는 것
  ② 간단명료한 피난 통로유도등, 유도표지
  ③ 피난설비는 고정식 설비로 설치
  ④ 피난경로는 간단명료하게 한다.

(2) Fail-safe 원칙 : 하나의 수단이 고장으로 실패하더라도 다른 수단에 의해 구제할 수 있도록 하는 것으로 양 방향 피난로의 확보와 예비전원을 준비하는 것이다.
  ① 2방향 피난의 원칙으로 다중경로 확보
  ② 안전구획의 설정
  ③ 화재손실의 최소화 및 피난 안전성 도모

(3) 피난 안전구획의 설정

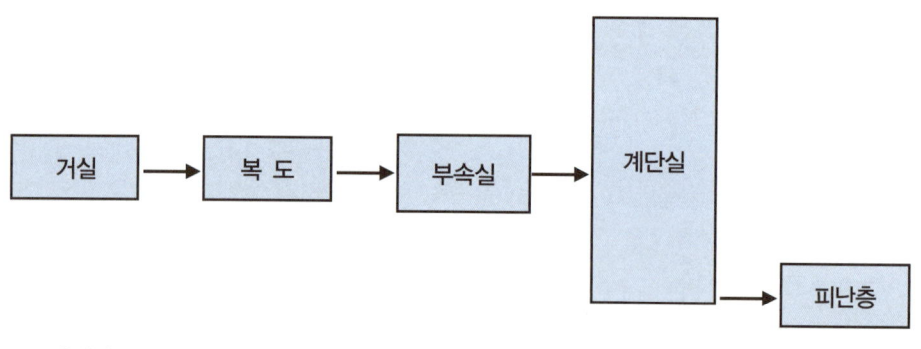

① 1차 안전구획 : 복도 (피난자를 일시적으로 수용하여 패닉 방지)
② 2차 안전구획 : 부속실 (특별피난계단에 연기유입 방지)
③ 3차 안전구획 : 계단 (피난활동상 주요경로)

(4) 피난행동특성

① 귀소본능 : 피난시 인간은 평소에 사용하는 문, 길, 통로를 사용한다든가, 자신이 왔었던 길로 되돌아가려는 경향
② 퇴피본능 : 화재 초기에는 주변 상황의 확인을 위하여 서로 모이지만 화세의 급격한 확대로 인한 각자의 공포감이 증가되며 발화지점의 반대방향으로 이동한다. 즉, 반사적으로 위험으로부터 멀리 하려는 경향
③ 지광본능 : 화재시 발생되는 연기와 정전 등으로 가시거리가 짧아져 시야가 흐려진다. 이때 어두운 곳에서 개구부, 조명부 등의 밝은 불빛을 따라 행동하는 경향
④ 좌회본능 : 일반적으로 오른손잡이인 사람이 많기 때문에 오른손, 오른발이 발달해 어둠 속에서 보행하면 자연히 왼쪽으로 돌게 되는 경향
⑤ 추종본능 : 화재가 발생하면 판단력의 약화로 한 사람의 지도자에 의해 최초로 행동을 함으로서 전체가 이끌려지는 경향

(5) 피난로의 형태

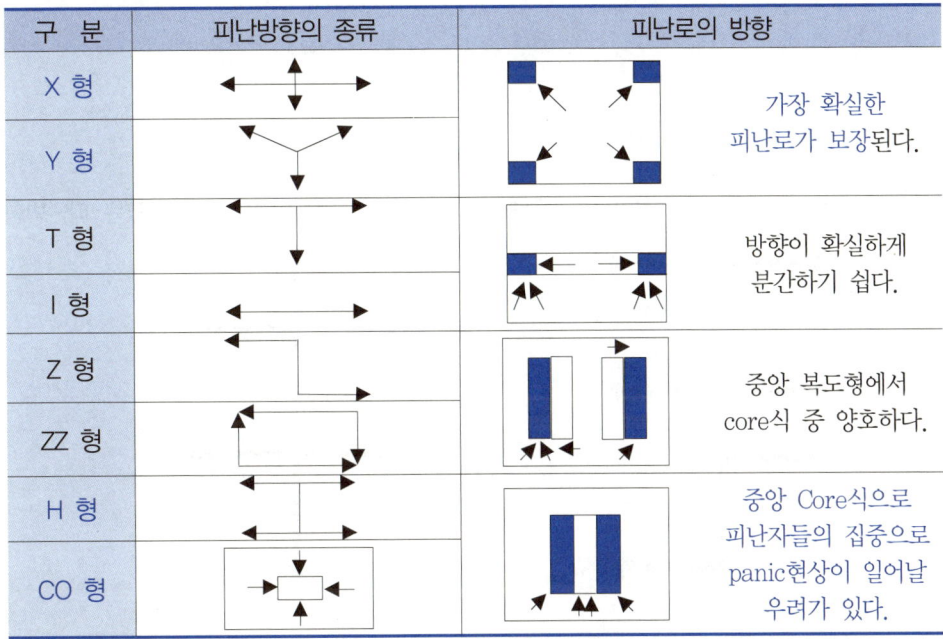

CHAPTER 04 건축물의 피난계획

01 다음 중 피난자의 집중으로 패닉현상이 일어날 우려가 가장 큰 형태는?
① T형
② X형
③ Z형
④ H형

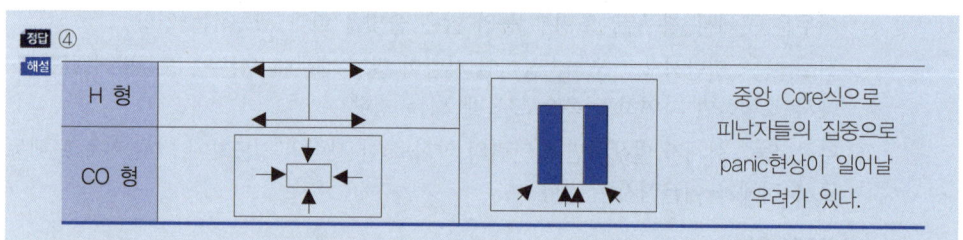

정답 ④

02 건축물의 화재 시 피난자들의 집중으로 패닉(panic) 현상이 일어날 수 있는 피난방향은?

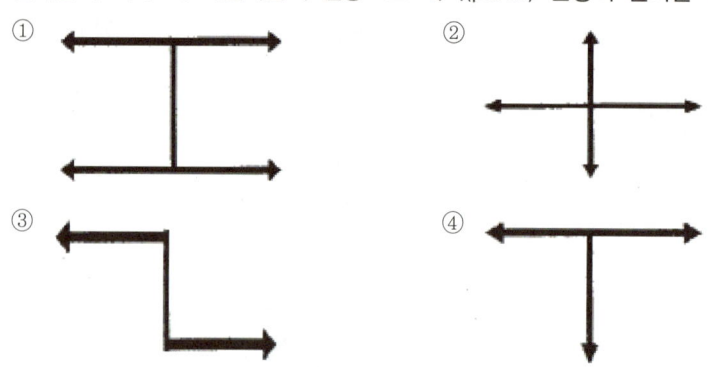

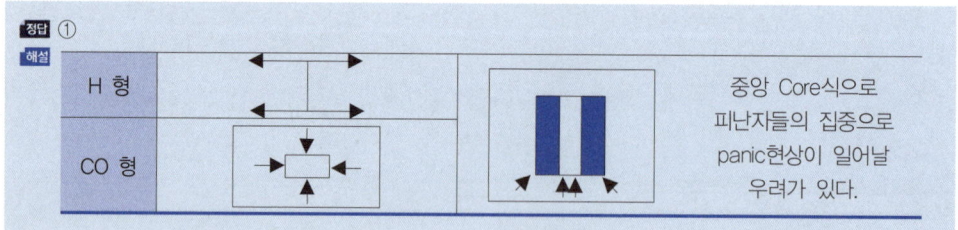

정답 ①

03 건물 내 피난동선의 조건으로 옳지 <u>않은</u> 것은?

① 2개 이상의 방향으로 피난할 수 있어야 한다.
② 가급적 단순한 형태로 한다.
③ 통로의 말단은 안전한 장소이어야 한다.
④ 수직동선은 금하고 수평동선만 고려한다.

> **정답** ④
> **해설** 피난동선은 수직동선과 수평동선을 고려한다.
> ● 피난계획
>   (1) Fool-proof 원칙 : 비상사태에서 머리가 혼란하여 판단능력이 저하되는 상태로 누구나 알 수 있도록 문자나 그림으로 표시하여 조작이 간편한 원시적인 방법으로 하는 원칙
>   ① 누구라도 안전하게 사용할 수 있도록 원시적 방법으로 그림, 색채 등을 활용하는 것
>   ② 간단명료한 피난 통로유도등, 유도표지
>   ③ 피난설비는 고정식 설비로 설치
>   ④ 피난경로는 간단명료하게 한다.
>   (2) Fail-safe 원칙 : 하나의 수단이 고장으로 실패하더라도 다른 수단에 의해 구제할 수 있도록 하는 것으로 양 방향 피난로의 확보와 예비전원을 준비하는 것이다.
>   ① 2방향 피난의 원칙으로 다중경로 확보
>   ② 안전구획의 설정
>   ③ 화재손실의 최소화 및 피난 안전성 도모

04 건축물의 화재발생 시 인간의 피난 특성으로 틀린 것은?

① 평상 시 사용하는 출입구나 통로를 사용하는 경향이 있다.
② 화재의 공포감으로 인하여 빛을 피해 어두운 곳으로 몸을 숨기는 경향이 있다.
③ 화염, 연기에 대한 공포감으로 발화지점의 반대방향으로 이동하는 경향이 있다.
④ 화재 시 최초로 행동을 개시한 사람을 따라 전체가 움직이는 경향이 있다.

> **정답** ②
> **해설** ● 피난행동특성
>   ⓐ 귀소본능 : 피난시 인간은 평소에 사용하는 문, 길, 통로를 사용한다든가, 자신이 왔었던 길로 되돌아가려는 경향
>   ⓑ 퇴피본능 : 화재 초기에는 주변 상황의 확인을 위하여 서로 모이지만 화세의 급격한 확대로 인한 각자의 공포감이 증가되며 발화지점의 반대방향으로 이동한다. 즉, 반사적으로 위험으로부터 멀리하려는 경향
>   ⓒ 지광본능 : 화재시 발생되는 연기와 정전 등으로 가시거리가 짧아져 시야가 흐려진다. 이때 어두운 곳에서 개구부, 조명부 등의 밝은 불빛을 따라 행동하는 경향
>   ⓓ 좌회본능 : 일반적으로 오른손잡이인 사람이 많기 때문에 오른손, 오른발이 발달해 어둠 속에서 보행하면 자연히 왼쪽으로 돌게 되는 경향
>   ⓔ 추종본능 : 화재가 발생하면 판단력의 약화로 한 사람의 지도자에 의해 최초로 행동을 함으로서 전체가 이끌려지는 경향

05 화재 발생 시 인간의 피난 특성으로 틀린 것은?
① 본능적으로 평상 시 사용하는 출입구를 사용한다.
② 최초로 행동을 개시한 사람을 따라서 움직인다.
③ 공포감으로 인해서 빛을 피하여 어두운 곳으로 몸을 숨긴다.
④ 무의식중에 발화 장소의 반대쪽으로 이동한다.

> **정답** ③
> **해설** 인간의 피난특성 중에는 지광본능이 있다.
> • **지광본능** : 화재시 발생되는 연기와 정전 등으로 가시거리가 짧아져 시야가 흐려진다. 이때 어두운 곳에서 개구부, 조명부 등의 밝은 불빛을 따라 행동하는 경향이다.

06 피난 시 하나의 수단이 고장 등으로 사용이 불가능하더라도 다른 수단 및 방법을 통해서 피난할 수 있도록 하는 것으로 2방향 이상의 피난통로를 확보하는 피난대책의 일반 원칙은?
① Risk-down 원칙 ② Feed-back 원칙
③ Fool-proof 원칙 ④ Fail-safe 원칙

> **정답** ④
> **해설** • **Fail-safe 원칙** : 하나의 수단이 고장으로 실패하더라도 다른 수단에 의해 구제할 수 있도록 하는 것으로 양 방향 피난로의 확보와 예비전원을 준비하는 것이다.
> ① 2방향 피난의 원칙으로 다중경로 확보
> ② 안전구획의 설정
> ③ 화재손실의 최소화 및 피난 안전성 도모

07 피난로의 안전구획 중 2차 안전구획에 속하는 것은?
① 복도 ② 계단부속실(계단전실)
③ 계단 ④ 피난층에서 외부와 직면한 현관

> **정답** ②
> **해설**

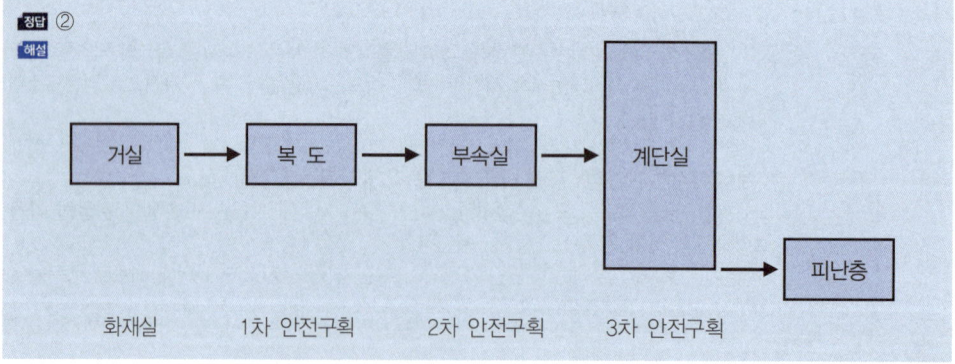

08 주요구조부가 내화구조로된 건축물에서 거실 각 부분으로부터 하나의 직통계단에 이르는 보행거리는 피난자의 안전상 몇 m 이하이어야 하는가?

① 50
② 60
③ 70
④ 80

정답 ①
해설 건축물의 피난층 외의 층에서는 피난층 또는 지상으로 통하는 직통계단을 거실의 각 부분으로부터 계단에 이르는 보행거리가 30미터 이하가 되도록 설치하여야 한다. 다만, 건축물의 주요구조부가 내화구조 또는 불연재료로된 건축물은 그 보행거리가 50미터 이하가 되도록 설치할 수 있다.

09 피난층에 대한 정의로 옳은 것은?
① 지상으로 통하는 피난계단이 있는 층
② 비상용 승강기의 승강장이 있는 층
③ 비상용 출입구가 설치되어 있는 층
④ 직접 지상으로 통하는 출입구가 있는 층

정답 ④
해설 피난층 : 직접 지상으로 통하는 출입구가 있는 층

10 건축물의 피난동선에 대한 설명으로 틀린 것은?
① 피난동선은 가급적 단순한 형태가 좋다.
② 피난동선은 가급적 상호 반대방향으로 다수의 출구와 연결되는 것이 좋다.
③ 피난동선은 수평동선과 수직동선으로 구분된다.
④ 피난동선은 복도, 계단을 제외한 엘리베이터와 같은 피난전용의 통행구조를 말한다.

정답 ④
해설 피난동선에 엘리베이터는 포함되지 않는다.

# 소방원론

쉽고 빠르게 합격하는 소방설비(산업)기사 필기시험 대비

PART 03

위험물 이론

CHAPTER 01 1류 위험물(산화성 고체)
CHAPTER 02 2류 위험물(가연성 고체)
CHAPTER 03 3류 위험물(자연발화성 및 금수성 물질)
CHAPTER 04 4류 위험물(인화성 액체)
CHAPTER 05 5류 위험물(자기반응성물질)
CHAPTER 06 6류 위험물(산화성 액체)

01 1류 위험물(산화성 고체)

01 위험물법상 정의

"산화성고체"라 함은 고체[액체(1기압 및 섭씨 20도에서 액상인 것 또는 섭씨 20도 초과 섭씨 40도 이하에서 액상인 것을 말한다. 이하 같다)또는 기체(1기압 및 섭씨 20도에서 기상인 것을 말한다)외의 것을 말한다. 이하 같다]로서 산화력의 잠재적인 위험성 또는 충격에 대한 민감성을 판단하기 위하여 소방청장이 정하여 고시(이하 "고시"라 한다)하는 시험에서 고시로 정하는 성질과 상태를 나타내는 것을 말한다.

02 종류

유별	성질	위험물 품명	지정수량

제1류	산화성 고체	1. 아염소산염류
		→ 아염소산칼륨 $[KClO_2]$, 아염소산나트륨 $[NaClO_2]$
		2. 염소산염류
		→ 염소산칼륨 $[KClO_3]$, 염소산나트륨 $[NaClO_3]$
		  염소산암모늄 $[NH_4ClO_3]$
		3. 과염소산염류
		→ 과염소산칼륨 $[KClO_4]$, 과염소산나트륨 $[NaClO_4]$
		4. 무기과산화물
		→ 과산화나트륨 $[Na_2O_2]$, 과산화칼륨 $[K_2O_2]$
		  과산화마그네슘 $[MgO_2]$, 과산화칼슘 $[CaO_2]$
		  과산화바륨 $[BaO_2]$
			50kg

		5. 브로민산염류(브로민산칼륨, 브로민산나트륨) 6. 질산염류(질산나트륨, 질산칼륨, 질산암모늄) 7. 아이오딘산염류 (아이오딘산칼륨, 아이오딘산칼슘)	300kg
		8. 과망가니즈산염류(과망가니즈산 칼륨, 과망가니즈산 나트륨) 9. 다이크로뮴산염류(다이크로뮴산칼륨, 다이크로뮴산나트륨)	1,000kg
		10. 그 밖에 행정안전부령으로 정하는 것 11. 제1호 내지 제10호의 1에 해당하는 어느 하나 이상을 함유한 것	50kg, 300kg 또는 1,000kg

03 일반성질

(1) 무기화합물로서 대부분이 무색 결정이거나 백색 분말로서 불연성물질이다.
(2) 모든 품목이 산소를 함유한 강산화제이다.
(3) 자신은 불연성 물질로서 강한 산화성을 가지고 모두 무기화합물이며, 다른 물질을 쉽게 산화시키는 조연성(지연성)이 있다.
(4) 무기 과산화물은 물과 반응하여 산소를 발생하고 많은 열을 발생시킨다.
(5) 비중은 1보다 크며 물에 녹는 것이 많고, 조해성이 있는 것도 있다.(조해성 : 공기 중의 수분을 흡수하여 녹는 성질)
(6) 반응성이 크므로 가열, 충격, 마찰에 의해 분해한다.

04 위험성

(1) 산소를 방출해서 조연성(지연성)이 강하다.
(2) 무기과산화물은 물과 접촉시 산소가 발생하고 발열 한다.
(3) 염소산염류, 질산염류 등은 독성이 있고 무기과산화물 등은 부식성이 있다.

05 저장·취급 시 주의 사항

(1) 산화되기 쉬운 물질(환원제 : 2류, 3류, 4류, 5류 위험물) 과 화재 위험이 있는 것으로부터 멀리 한다.
(2) 가연물 및 분해성 물질과의 접촉을 피하고 통풍이 잘되는 차가운곳에 저장한다.
(3) 조해성 물질은 습기에 주의하며 밀폐용기(누설주의)에 저장 한다.
(4) 무기과산화물은 물과의 접촉을 피한다.

06 소화방법

(1) 무기과산화물(알칼리 금속의 과산화물) : 건조사를 이용한 질식소화 한다.
(2) 그 외 : 다량의 물을 사용하여 주수소화 한다.
(3) 가연물과 혼합 연소시 폭발 위험이 있으니 주의한다.

CHAPTER 02 2류 위험물(가연성 고체)

01 위험물법상 정의

(1) "가연성고체"라 함은 고체로서 화염에 의한 발화의 위험성 또는 인화의 위험성을 판단하기 위하여 고시로 정하는 시험에서 고시로 정하는 성질과 상태를 나타내는 것을 말한다.

(2) "황"은 순도가 60중량퍼센트 이상인 것을 말한다. 이 경우 순도측정에 있어서 불순물은 활석 등 불연성물질과 수분에 한한다.

(3) "철분"이라 함은 철의 분말로서 53마이크로미터의 표준체를 통과하는 것이 50중량퍼센트 미만인 것은 제외한다.

(4) "금속분"이라 함은 알칼리금속·알칼리토류금속·철 및 마그네슘외의 금속의 분말을 말하고, 구리분·니켈분 및 150마이크로미터의 체를 통과하는 것이 50중량퍼센트 미만인 것은 제외한다.

(5) 마그네슘 및 제2류제8호의 물품중 마그네슘을 함유한 것에 있어서는 다음 각목의 1에 해당하는 것은 제외한다.
   ① 2밀리미터의 체를 통과하지 아니하는 덩어리 상태의 것
   ② 직경 2밀리미터 이상의 막대 모양의 것

(6) "인화성고체"(고무풀, 래커퍼티, 고형알코올) 라 함은 고형알코올 그 밖에 1기압에서 인화점이 섭씨 40도 미만인 고체를 말한다.

02 종류

유별	성질	위험물 품명	지정수량
제2류	가연성 고체	1. 황화인 → 삼황화인[P_4S_3], 오황화인[P_2S_5], 칠황화인[P_4S_7] 2. 적린(붉은 인) 3. 황(황)	100kg
		4. 철분 5. 금속분(알루미늄분, 아연분) 6. 마그네슘	500kg
		7. 그 밖에 행정안전부령으로 정하는 것 8. 제1호 내지 제7호의 1에 해당하는 어느 하나 이상을 함유한 것	100kg 또는 500kg
		9. 인화성고체	1,000kg

03 일반 성질

(1) 비교적 낮은 온도에서 착화하기 쉬운 가연성 고체이다.
(2) 착화하면 대단히 연소 속도가 빠르다.(이연성 = 속연성)
(3) 자체가 유독성이 있거나 연소 시 유독 가스를 발생하는 것도 있다.
(4) 철분·마그네슘 및 금속분은 물이나 산과의 접촉에 의해 수소가스가 발생한다.
(5) 비중은 1보다 크고 물에 녹지 않고 강 환원성 물질이며 대부분 무기화합물이다.
(6) 인화성 고체는 상온 이상에서 가연성 증기를 발생한다.

04 위험성

(1) 대부분 발화온도가 낮고 발화가 용이하며 연소속도가 빠르고 다량의 빛과 열을 발생한다.
(2) 산화제와 혼합 시 가열·충격·마찰에 의한 발화 및 폭발 위험이 있다.
(3) 금속분에 물을 가하면 가연성 가스(수소가스)가 발생하여 폭발위험이 있다.
(4) 철분은 물 또는 산과 반응하여 수소를 발생하고 경우에 따라 폭발한다.
(5) 마그네슘은 물 또는 강산과 반응하여 수소를 발생시킨다.
(6) 금속분의 경우 분진폭발의 위험성이 크다.

05 저장·취급 시 주의 사항

(1) 산화제(1류, 6류 위험물)와 접촉, 혼합, 불꽃, 불티, 고온물체의 접근을 피한다.
(2) 철분·금속분·마그네슘에는 산 또는 물의 접촉을 피하여 저장한다.
(3) 연소 시 유독 가스에 주의하고 보호구를 착용하며 저장용기는 밀봉한다.
(4) 용기의 파손, 위험물의 누출을 방지한다.

06 소화방법

(1) **황화인**
   ① 건조분말, 건조사 등으로 질식소화 한다.
   ② 연소시 발생하는 유독가스 발생으로 공기호흡기나 보호구를 착용한다.

(2) **적린** : 다량의 경우 물에 의해 냉각소화 한다.(소량시 모래나 CO_2 사용하여 질식소화)

(3) **황** : 다량의 경우 물에 의해 냉각(분무주수)소화 한다.(소량시 모래로 질식소화)

(4) **철분, 마그네슘, 금속분** : 건조사, 건조분말 등으로 질식소화 한다.

(5) **인화성 고체** : 대형화재시 물에 의해 냉각(분무주수)소화 한다. 그 외에는 질식소화 한다.

CHAPTER 03 3류 위험물(자연발화성 및 금수성 물질)

01 용어의 정의

"자연발화성물질 및 금수성물질"이라 함은 고체 또는 액체로서 공기 중에서 발화의 위험성이 있거나 물과 접촉하여 발화하거나 가연성가스를 발생하는 위험성이 있는 것을 말한다.

02 종류

유별	성질	위험물 품명	지정수량
제3류	자연발화성 물질 및 금수성물질	1. 칼륨 2. 나트륨 3. 알킬알루미늄(트리에틸알루미늄, 트리메틸알루미늄) 4. 알킬리튬(부틸리튬, 메틸리튬, 에틸리튬)	10kg
		5. 황린(=백린) : 발화점 34℃ 　＊ 250℃로 가열하면 적린이 된다. 　＊ pH_9(약알칼리) 정도의 물속에 저장 한다. 　＊ 공기 중에서 연소하며 오산화인(P_2O_5)이 발생한다. 　＊ 강알칼리 용액과 반응하며 포스핀가스(PH_3) 발생한다.	20kg
		6. 알칼리금속(칼륨 및 나트륨을 제외) 및 알칼리토금속 　＊ 알칼리금속→ 리튬[Li], 루비듐[Rb], 세슘[Cs] 　＊ 알칼리토금속→ 베릴륨[Be], 칼슘[Ca] 7. 유기금속화합물(알킬알루미늄 및 알킬리튬을 제외) 　→ 디에틸텔루륨, 디메틸아연, 사에틸납	50kg
		8. 금속의 수소화물(수소화리튬, 수소화나트륨, 수소화칼슘) 9. 금속의 인화물(인화알루미늄, 인화칼슘=인화석회) 10. 칼슘 또는 알루미늄의 탄화물 　　(탄화칼슘=카바이드, 탄화알루미늄)	300kg
		11. 그 밖에 행정안전부령으로 정하는 것(염소화규소화합물) 12. 제1호 내지 제11호의 1에 해당하는 어느 하나 이상을 함유한 것	10kg, 50kg 또는 300kg

03 일반 성질

(1) 대체로 물과 반응하여 가연성가스를 발생하는 것과 공기 중에서 자연발화 하는 물질이다.
(2) 자연발화성 및 금수성물질이므로 공기 또는 물과 접촉하면 발열 및 발화 한다.
(3) 황린은 공기 중에서 자연발화 하지만, 물과는 화학반응을 하지 않으므로 보호액으로 물을 사용한다.

(4) 칼륨, 나트륨, 알킬알루미늄과 알킬리튬은 물보다 가볍고 나머지 품명은 물보다 무겁다.

(5) 알킬알루미늄, 알킬리튬과 유기금속화합물은 유기화합물에 속한다.

04 위험성

(1) 황린을 제외한 모든 물질은 물과 반응하여 가연성 가스를 발생한다.

(2) 알킬알루미늄, 알킬리튬은 물 또는 공기와 접촉하면 폭발의 위험이 있다.

(3) 황린은 공기와 접촉하면 자연 발화 한다.

05 저장 · 취급 시 주의 사항

(1) 칼륨, 나트륨은 물과 접촉하지 않도록 보호액은 석유류를 사용한다.

(2) 알킬알루미늄, 알킬리튬은 공기와 물의 접촉을 하지 않도록 희석제로 벤젠 또는 헥산을 사용하고, 불연성가스인 질소를 충진하여 사용한다.

(3) 황린은 공기의 접촉을 피하여 보호액은 물을 사용한다.

(4) 용기의 파손 및 부식을 막으며 공기 또는 수분 접촉을 방지해야 한다.

06 소화방법

(1) 주수를 엄금하며 마른모래, 팽창질석 · 팽창진주암 및 금속화재용 분말 소화약제로 질식 및 피복 소화한다.

(2) 황린은 초기화재시에는 주수소화가 가능하다.

(3) 칼륨, 나트륨은 격렬히 연소하기 때문에 적절한 소화약제가 없다고 표현하기도 한다.

> **참고 주수소화시 발생가능한 물질**
> ① K(칼륨), Na(나트륨), LiR(알킬리튬), 알칼리금속, 알칼리토금속 : H_2(수소) 발생
> ② $(C_2H_5)_3Al$(트리에틸알루미늄) : C_2H_6(에탄) 발생
> ③ $(CH_3)_3Al$(트리메틸알루미늄), Al_4C_3(탄화알루미늄) : CH_4(메탄) 발생
> ④ 금속의 수소화물 중 수소화 나트륨(NaH) : $NaOH$(수산화나트륨) 및 H_2(수소) 발생
> ⑤ Ca_3P_2(인화칼슘=인화석회) : PH_3(포스핀) 발생
> ⑥ CaC_2(탄화칼슘) : C_2H_2(아세틸렌) 발생

04 4류 위험물(인화성 액체)

01 용어의 정의

(1) "인화성액체"라 함은 액체(제3석유류, 제4석유류 및 동식물유류의 경우 1기압과 섭씨 20도에서 액체인 것만 해당한다)로서 인화의 위험성이 있는 것을 말한다. 다만, 다음 각 목의 어느 하나에 해당하는 것을 법 제20조제1항의 중요기준과 세부기준에 따른 운반용기를 사용하여 운반하거나 저장(진열 및 판매를 포함한다)하는 경우는 제외한다.

(2) "특수인화물"이라 함은 이황화탄소, 디에틸에테르 그 밖에 1기압에서 발화점이 섭씨 100도 이하인 것 또는 인화점이 섭씨 영하 20도 이하이고 비점이 섭씨 40도 이하인 것을 말한다.

(3) "제1석유류"라 함은 아세톤, 휘발유 그 밖에 1기압에서 인화점이 섭씨 21도 미만인 것을 말한다.

(4) "알코올류"라 함은 1분자를 구성하는 탄소원자의 수가 1개부터 3개까지인 포화1가 알코올(변성 알코올을 포함한다)을 말한다.

(5) "제2석유류"라 함은 등유, 경유 그 밖에 1기압에서 인화점이 섭씨 21도 이상 70도 미만인 것을 말한다.

(6) "제3석유류"라 함은 중유, 클레오소트유 그 밖에 1기압에서 인화점이 섭씨 70도 이상 섭씨 200도 미만인 것을 말한다.

(7) "제4석유류"라 함은 기어유, 실린더유 그 밖에 1기압에서 인화점이 섭씨 200도 이상 섭씨 250도 미만의 것을 말한다.

(8) "동식물유류"라 함은 동물의 지육 등 또는 식물의 종자나 과육으로부터 추출한 것으로서 1기압에서 인화점이 섭씨 250도 미만인 것을 말한다.

> **참고 요오드 값(옥소값)** : 기름 100[g]에 부가되는 요오드의 g수
> 1. 건성유(130 이상) : 정어리기름, 상어유, 대구유, 해바라기유, 동유, 들기름 등
> 2. 반건성유(100이상 130 미만) : 청어유, 옥수수기름, 참기름, 콩기름 등
> 3. 불건성유(100 미만) : 쇠기름, 돼지기름, 고래기름, 올리브유, 팜유, 야자유 등
> • 요오드값이 클수록 불포화도가 커서 자연발화가 용이하다.

02 종류

유별	성질	위험물 품명		지정수량
제4류	인화성액체	1. 특수인화물(디에틸에테르, 이황화탄소, 아세트알데히드, 산화프로필렌)		50ℓ
		2. 제1석유류	비수용성(휘발유, 벤젠, 톨루엔)	200ℓ
			수용성(아세톤, 피리딘, 시안화수소)	400ℓ
		3. 알코올류	(메틸알코올, 에틸알코올)	400ℓ
		4. 제2석유류	비수용성(등유, 경유)	1,000ℓ
			수용성(의산, 초산, 클로로벤젠)	2,000ℓ
		5. 제3석유류	비수용성(중유, 클레소오트유, 아닐린))	2,000ℓ
			수용성(에틸렌글리콜, 글리세린)	4,000ℓ
		6. 제4석유류	(윤활유, 가소제)	6,000ℓ
		7. 동·식물유류	(건성유, 반건성유, 불건성유)	10,000ℓ

03 일반 성질

(1) 인화성 액체로 낮은 온도에서 인화한다.
(2) 액체 비중은 대체로 물보다 가벼우며 대체로 물에 녹기 어렵다.
(3) 증기 비중은 공기보다 무겁다.(다만, 시안화수소는 가볍다.)
(4) 연소범위가 넓고 특히 하한이 낮으므로 위험하다.
(5) 비점이 낮을수록 위험성이 높으며 활성화 에너지가 작을수록 위험성은 증가한다.

04 위험성

(1) 낮은 온도에서 쉽게 인화한다.
(2) 약간의 증기 누설로 쉽게 연소범위를 만든다.
(3) 증기 비중이 크므로 낮은 곳에 체류하기 쉽다.
(4) 착화 온도가 낮은 것은 위험하다.
(5) 대부분 비전도성 유체이므로 정전기 대전에 주의해야 한다.(정전기 축적이 쉽다.)
(6) 액체 비중은 물보다 가벼우며 대부분 물에 녹지 않는다.(이황화탄소는 물보다 무겁다.)

05 저장·취급 시 주의 사항

(1) 용기는 반드시 허가를 받은 장소에 저장한다.
(2) 직사광선을 피하고 화기를 엄금한다.
(3) 저장소는 통풍이 원활하며 온도가 낮은곳에 저장한다.
(4) 액체 또는 증기의 누설이 없도록 한다.
(5) 증기는 가급적 높은곳으로 배출시키고 정전기 축적에 주의한다.
(6) 특수인화물인 아세트알데이드, 산화프로필렌은 동, 은, 수은, 마그네슘을 피하고 철, 알루미늄 용기에 저장한다.

06 소화방법

(1) 포, 분말, CO_2, 할로겐 화합물(할론) 등에 의한 질식소화한다.
(2) 수용성 위험물 화재 시에는 소포성이 없는 특수포(알코올포)를 사용한다.
(3) 주수는 연소면을 확대시킬 수 있으므로 절대 금지 이다.

CHAPTER 05 5류 위험물(자기반응성 물질)

01 용어의 정의

"자기반응성물질"이라 함은 고체 또는 액체로서 폭발의 위험성 또는 가열분해의 격렬함을 판단하기 위하여 고시로 정하는 시험에서 고시로 정하는 성질과 상태를 나타내는 것을 말한다.

02 종류

유별	성질	위험물 품명	지정수량
제5류	자기 반응성 물질	1. 유기과산화물(과산화벤조일, 메틸에틸케톤퍼옥사이드) 2. 질산에스터류 　(나이트로셀룰로오스, 나이트로글리세린, 질산메틸, 질산에틸)	10kg
		3. 나이트로화합물 　(트리나이트로 톨루엔[TNT], 트리나이트로페놀[TNP]) 4. 나이트로소화합물(파라디니트로소벤젠, 디니트로소레조르신) 5. 아조화합물(아조벤젠, 히드록시아조벤젠) 6. 다이아조화합물(디아조메탄, 디아조디니트로페놀) 7. 하이드라진 유도체(페닐하이드라진, 하이드라조벤젠) 8. 하이드록실아민 9. 하이드록실아민염류	100kg
		10. 그 밖에 행정안전부령으로 정하는 것 11. 제1호 내지 제10호의 1에 해당하는 어느 하나 이상을 함유한 것	10kg 100kg

03 일반성질

(1) 외부로부터 별도의 산소 공급 없이도, 가열, 충격등에 의해 연소폭발을 일으킬 수 있다.
(2) 연소 속도가 대단히 빨라서 폭발성이 있다.
(3) 가열·충격·마찰에 의해 폭발하는 것도 있다.
(4) 비중이 1보다 크고 액체 또는 고체로 되어 있다.
(5) 장기간 저장하면 산화 반응이 일어나 열분해가 진행되어 축적된 열에 의하여 자연 발화 위험성이 있다.
(6) 유기화합물이며 유기과산화물류를 제외하고는 질소를 함유한 유기 질소 화합물이다.

04 위험성
외부의 산소 없이도 연소가 가능하며, 연소속도가 빠르고 폭발적이다.

05 저장·취급 시 주의 사항
(1) 저장시 가열·충격·마찰을 피한다.
(2) 강산화제, 강산류 물질과 같이 저장하지 않는다.
(3) 가급적이면 소분하여 저장하고 용기의 파손 및 균열에 주의한다.
(4) 화재시 폭발위험성이 있으므로 충분한 안전거리가 필요하다.

06 소화방법
(1) 다량의 물로 냉각소화하는 것이 적당하다.(화재 진행시 자연진화 기다림)
(2) 밀폐 공간 내에서나 유독가스 발생에 유의하여 반드시 공기호흡기를 착용한다.

06 6류 위험물(산화성 액체)

01 용어의 정의

(1) "산화성액체"라 함은 액체로서 산화력의 잠재적인 위험성을 판단하기 위하여 고시로 정하는 시험에서 고시로 정하는 성질과 상태를 나타내는 것을 말한다.
(2) 과산화수소는 그 농도가 36중량퍼센트 이상인 것에 한하며, 제21호의 성상이 있는 것으로 본다.
(3) 질산은 그 비중이 1.49 이상인 것에 한하며, 제21호의 성상이 있는 것으로 본다.

02 종류

유별	성질	위험물 품명	지정수량
제6류	산화성 액체	1. 과염소산($HClO_4$) 2. 과산화수소(H_2O_2) 3. 질산(HNO_3) 4. 그 밖에 행정안전부령으로 정하는 것 (할로겐간 화합물) 5. 제1호 내지 제4호의 1에 해당하는 어느 하나 이상을 함유한 것	300kg

03 일반 성질

(1) 자신은 산화성 액체로서 불연성이지만 다른 물질을 산화할 수 있는 물질이다.
(2) 과산화수소를 제외하고 강산성 물질이며 물에 녹기 쉽다.
(3) 강한 부식성이 있으며 산소를 포함하고 있다.
(4) 모두 무기화합물이며 비중은 1보다 크며 물에 잘 녹는다.
(5) 피복이나 피부에 묻지 않게 주의한다.(증기가 유독해 피부와 접촉시 점막 부식)

04 저장 및 취급방법

(1) 다른 물질을 산화할 수 있으므로 가연물과 접촉하면 발화의 위험이 있다.
(2) 화기엄금, 직사광선 차단, 유기물질, 가연성 위험물과의 접촉 피한다.
(3) 일반적으로 산소를 발생하는 물질이므로 물, 가연물, 유기물, 고체로 된 산화하기 쉬운 물질과의 접촉을 피한다.
(4) 용기는 내산성이어야 하며 밀봉, 밀전, 파손이 없도록 하여야 한다.

05 소화방법

(1) 소량 누출시에는 다량의 물로 희석이 가능하지만 원칙적으로는 주수소화를 금지한다.(과산화수소 화재시에는 다량의 물로 희석소화가 가능하다.)

(2) 마른모래나 포소화기를 사용하여 소화한다.(과산화수소 제외)

(3) 피부·피복·호흡기 보호 장구를 사용하여 피해를 당하지 않도록 하여야 한다.

CHAPTER 01 위험물 이론

01 염소산염류, 과염소산염류, 알카리 금속의 과산화물, 질산염류, 과망간산염류의 특징과 화재 시 소화방법에 대한 설명 중 틀린 것은?

① 가열 등에 의해 분해하여 산소를 발생하고 화재 시 산소의 공급원 역할을 한다.
② 가연물, 유기물, 기타 산화하기 쉬운 물질과 혼합물은 가열, 충격, 마찰 등에 의해 폭발하는 수도 있다.
③ 알카리금속의 과산화물을 제외하고 다량의 물로 냉각소화한다.
④ 그 자체가 가연성이며 폭발성을 지니고 있어 화약류 취급 시와 같이 주의를 요한다.

> **정답** ④
> **해설** 1류 위험물은 그 자체가 불연성으로 폭발성을 가지고 있지 않고 산화성을 가진다.

02 과산화칼륨이 물과 접촉하였을 때 발생하는 것은?

① 산소   ② 수소
③ 메탄   ④ 아세틸렌

> **정답** ①
> **해설** 과산화칼륨은 물과 반응시 산소가 발생한다.
> $2K_2O_2 + 2H_2O \rightarrow 4KOH + O_2$

03 제2류 위험물에 해당하는 것은?

① 황   ② 질산칼륨
③ 칼륨   ④ 톨루엔

> **정답** ①
> **해설** • 제2류 위험물
>
> | 품 명 | 지정수량 |
> |---|---|
> | 황화인, 적린, 황 | 100 kg |
> | 철분, 마그네슘분, 금속분 | 500 kg |
> | 인화성고체 | 1,000 kg |

04 다음 중 연소 시 아황산가스를 발생시키는 것은?
① 적린　　　　　　　　　② 황
③ 트리에틸알루미늄　　　　④ 황린

> **정답** ②
> **해설** 황이 연소시 아황산가스(이산화황)가 발생한다. [참고] $S + O_2 \rightarrow SO_2$ (아황산가스, 이산화황)

05 마그네슘의 화재에 주수하였을 때 물과 마그네슘의 반응으로 인하여 생성되는 가스는?
① 산소　　　　　　　　　② 수소
③ 일산화탄소　　　　　　④ 이산화탄소

> **정답** ②
> **해설** 철분·마그네슘 및 금속분은 물이나 산과의 접촉에 의해 수소가스가 발생한다.

06 위험물별 저장방법에 대한 설명 중 틀린 것은?
① 황은 정전기가 축적되지 않도록 하여 저장한다.
② 적린은 화기로부터 격리하여 저장한다.
③ 마그네슘은 건조하면 부유하여 분진폭발의 위험이 있으므로 물에 적시어 보관한다.
④ 황화인은 산화제와 격리하여 저장한다.

> **정답** ③
> **해설** 금속분은 수분이 많으면 수소가스가 나와 위험성이 증가한다.

07 다음 물질을 저장하고 있는 장소에서 화재가 발생하였을 때 주수소화가 적합하지 <u>않은</u> 것은?
① 적린　　　　　　　　　② 마그네슘 분말
③ 과염소산칼륨　　　　　④ 유황

> **정답** ②
> **해설** 마그네슘 분말에 주수시 수소가 발생한다.

08 마그네슘의 화재에 주수하였을 때 물과 마그네슘의 반응으로 인하여 생성되는 가스는?
① 산소　　　　　　　　　　② 수소
③ 일산화탄소　　　　　　　④ 이산화탄소

정답 ②
해설 $Mg + 2H_2O \rightarrow Mg(OH)_2 + H_2 \uparrow$ (수소가스 발생)

09 인화칼슘과 물이 반응할 때 생성되는 가스는?
① 아세틸렌　　　　　　　　② 황화수소
③ 황산　　　　　　　　　　④ 포스핀

정답 ④
해설 인화칼슘이 물과 반응시 나오는 가스는 포스핀 가스 이다.

10 물과 반응하였을 때 가연성 가스를 발생하여 화재의 위험성이 증가하는 것은?
① 과산화칼슘　　　　　　　② 메탄올
③ 칼륨　　　　　　　　　　④ 과산화수소

정답 ③
해설 • 주수소화시 발생가능한 물질
① K(칼륨), Na(나트륨), LiR(알킬리튬), 알칼리금속, 알칼리토금속 : H_2(수소) 발생
② $(C_2H_5)_3Al$ (트리에틸알루미늄) : C_2H_6(에탄) 발생
③ $(CH_3)_3Al$ (트리메틸알루미늄), Al_4C_3(탄화알루미늄) : CH_4(메탄) 발생
④ 금속의 수소화물 중 수소화 나트륨(NaH) : NaOH(수산화나트륨) 및 H_2(수소) 발생
⑤ Ca_3P_2(인화칼슘=인화석회) : PH_3(포스핀) 발생
⑥ CaC_2(탄화칼슘) : C_2H_2(아세틸렌) 발생

11 탄화칼슘이 물과 반응할 때 발생되는 기체는?
① 일산화탄소　　　　　　　② 아세틸렌
③ 황화수소　　　　　　　　④ 수소

정답 ②
해설 탄화칼슘에 주수를 하면 아세틸렌 가스가 발생한다.

12 다음 각 물질과 물이 반응하였을 때 발생하는 가스의 연결이 <u>틀린</u> 것은?
① 탄화칼슘 – 아세틸렌
② 탄화알루미늄 – 이산화황
③ 인화칼슘 – 포스핀
④ 수소화리튬 – 수소

> **정답** ②
> **해설** 탄화알루미늄에 주수시 메탄이 발생한다.

13 물과 반응하여 가연성 기체를 발생하지 <u>않는</u> 것은?
① 칼륨　　　　　　　　② 인화아연
③ 산화칼슘　　　　　　④ 탄화알루미늄

> **정답** ③
> **해설** 산화칼슘은 가연성 기체가 발생하지 않는다.

14 인화알루미늄의 화재 시 주수소화하면 발생하는 물질은?
① 수 소　　　　　　　② 메 탄
③ 포스핀　　　　　　　④ 아세틸렌

> **정답** ③
> **해설** 인화알루미늄에 주수를 하게되면 포스핀 가스가 발생한다.

15 위험물안전관리법령상 위험물의 지정수량이 <u>틀린</u> 것은?
① 과산화나트륨-50 Kg　　② 적린-100Kg
③ 과염소산-300 Kg　　　④ 탄화알루미늄-400Kg

> **정답** ④
> **해설** 탄화 알루미늄은 지정수량이 300[kg] 이다.

16 pH 9 정도의 물을 보호액으로하여 보호액 속에 저장하는 물질은?
① 나트륨   ② 탄화칼슘
③ 칼륨   ④ 황린

> **정답** ④
> **해설** 황린은 물속에 저장한다.(나트륨, 칼륨 : 석유속에 저장)

17 제3류 위험물로서 자연발화성만 있고 금수성이 없기 때문에 물속에 보관하는 물질은?
① 염소산암모늄   ② 황린
③ 칼륨   ④ 질산

> **정답** ②
> **해설** • 황린 : 제3류 위험물로 자연발화성 이고 물속에 보관한다.

18 위험물의 유별 성질이 자연발화성 및 금수성 물질은 제 몇 류 위험물인가?
① 제1류 위험물   ② 제2류 위험물
③ 제3류 위험물   ④ 제4류 위험물

> **정답** ③
> **해설** • 1류 : 산화성고체
> • 2류 : 가연성고체
> • 3류 : 자연발화성 및 금수성 물질
> • 4류 : 인화성액체
> • 5류 : 자기반응성물질
> • 6류 : 산화성 액체

19 물에 저장하는 것이 안전한 물질은?
① 나트륨   ② 수소화칼슘
③ 이황화탄소   ④ 탄화칼슘

> **정답** ③
> **해설** 이황화탄소는 물에 보관한다. 나머지 가스는 물과 반응시 가연성 가스가 나온다.

20 위험물안전관리법령상 제2석유류에 해당하는 것으로만 나열된 것은?

① 아세톤, 벤젠
② 중유, 아닐린
③ 에테르, 이황화탄소
④ 아세트산, 아크릴산

> **정답** ④
> **해설** (보기①) 아세톤, 벤젠 : 제1석유류
> (보기②) 중유, 아닐린 : 제3석유류
> (보기③) 에테르, 이황화탄소 : 특수인화물
> (보기④) 아세트산, 아크릴산 : 제2석유류

21 다음 위험물 중 특수인화물이 <u>아닌</u> 것은?

① 아세톤
② 디에틸에테르
③ 산화프로필렌
④ 아세트알데히드

> **정답** ①
> **해설** 아세톤은 1석유류에 해당한다.
>
> | 품 명 | 지정수량 |
> |---|---|
> | 특수인화물
(이황화탄소, 디에틸에테르, 산화프로필렌) | 50 L |

22 도장작업 공정에서의 위험도를 설명한 것으로 <u>틀린</u> 것은?

① 도장작업 그 자체 못지않게 건조공정도 위험하다.
② 도장작업에서는 인화성 용제가 쓰이지 않으므로 폭발의 위험이 없다.
③ 도장작업장은 폭발시를 대비하여 지붕을 시공한다.
④ 도장실은 환기덕트를 주기적으로 청소하여 도료가 덕트 내에 부착되지 않게 한다.

> **정답** ②
> **해설** 도장작업에서는 인화성 용제가 쓰인다.

23 제4류 위험물의 물리·화학적 특성에 대한 설명으로 <u>틀린</u> 것은?

① 증기비중은 공기보다 크다.
② 정전기에 의한 화재발생위험이 있다.
③ 인화성 액체이다.
④ 인화점이 높을수록 증기발생이 용이하다.

정답 ④
해설 인화점이 낮을수록 증기발생이 용이하다.

24 경유화재가 발생했을 때 주수소화가 오히려 위험할 수 있는 이유는?
① 경유는 물과 반응하여 유독가스를 발생하므로
② 경유의 연소열로 인하여 산소가 방출되어 연소를 돕기 때문에
③ 경유는 물보다 비중이 가벼워 화재면의 확대 우려가 있으므로
④ 경유가 연소할 때 수소가스를 발생하여 연소를 돕기 때문에

정답 ③
해설 경유는 물보다 비중이 가벼워 화재면의 확대 우려가 있으므로 주수하지 않는다.

25 위험물안전관리법령상 지정된 동식물유류의 성질에 대한 설명으로 **틀린** 것은?
① 요오드가가 작을수록 자연발화의 위험성이 크다.
② 상온에서 모두 액체이다.
③ 물에 불용성이지만 에테르 및 벤젠 등의 유기용매에는 잘 녹는다.
④ 인화점은 1기압하에서 250℃ 미만이다.

정답 ①
해설 요오드가가 작을수록 자연발화성이 낮다.

26 동식물유류에서 "요오드값이 크다"라는 의미를 옳게 설명한 것은?
① 불포화도가 높다.   ② 불건성유이다.
③ 자연발화성이 낮다.   ④ 산소와의 결합이 어렵다.

정답 ①
해설 • **요오드값** : 요오드 값은 유지 중의 불포화지방산의 이중결합의 수를 나타내는 수치이다. 요오드 값이 높은 기름은 일반적으로 산화되기 쉬운 것으로, 요오드 값이 130 이상의 것을 건성유, 130~90의 것을 반건성유, 90 이하의 것을 불건성유라고 한다.

27 휘발유의 위험성에 관한 설명으로 **틀린** 것은?
① 일반적인 고체가연물에 비해 인화점이 낮다.
② 상온에서 가연성 증기가 발생한다.
③ 증기는 공기보다 무거워 낮은 곳에 체류 한다.
④ 물보다 무거워 화재발생 시 물분무소화는 효과가 없다.

> **정답** ④
> **해설** 휘발유는 물보다 가벼우며 물분무나 미분무로 소화시 소화가 가능하다.

28 상온에서 무색의 기체로서 암모니아와 유사한 냄새를 가지는 물질은?
① 에틸벤젠　　　　　② 에틸아민
③ 산화프로필렌　　　④ 사이클로프로판

> **정답** ②
> **해설** 에틸아민은 은 화학식이 $CH_3CH_2NH_2$인 유기 화합물이다. 에테인아민이라고도 한다. 에틸아민은 무색의 기체로 암모니아와 같은 강한 냄새가 난다. 에틸아민은 실온 바로 아래에서 거의 모든 용매와 섞일 수 있는 액체로 응축된다. 에틸아민은 아민의 경우와 같이 친핵성 염기이다. 에틸아민은 화학 산업 및 유기 합성에서 널리 사용된다.(4류 위험물 분류 중 특수인화물에 속한다.)

29 알킬알루미늄 화재에 적합한 소화약제는?
① 물　　　　　　　　② 이산화탄소
③ 팽창질석　　　　　④ 할로겐화합물

> **정답** ③
> **해설** 알킬알루미늄은 소화약제외의 것을 이용하여 소화를 한다.

30 위험물의 저장 방법으로 **틀린** 것은?
① 금속나트륨 - 석유류에 저장
② 이황화탄소 - 수조 물탱크에 저장
③ 알킬알루미늄 -- 벤젠액에 희석하여 저장
④ 산화프로필렌 -- 구리 용기에 넣고 불연성 가스를 봉입하여 저장

정답 ④
해설 산화프로필렌은 구리, 마그네슘, 수은, 은과의 접촉을 피하고, 불연성 가스 봉입하여 저장한다.

31 위험물안전관리법령상 자기반응성물질의 품명에 해당하지 <u>않는</u> 것은?
① 나이트로화합물
② 할로겐간화합물
③ 질산에스터류
④ 하이드록실아민염류

정답 ②
해설 할로겐간 화합물은 6류 위험물에 해당한다.

32 분자내부에 니트로기를 갖고 있는 TNT, 니트로셀룰로오스 등과 같은 제5류 위험물의 연소 형태는?
① 분해연소
② 자기연소
③ 증발연소
④ 표면연소

정답 ②
해설 5류 위험물은 자기연소 형태를 가지고 있다.

33 공기 중에서 자연발화 위험성이 높은 물질은?
① 벤젠
② 톨루엔
③ 이황화탄소
④ 트리에틸알루미늄

정답 ④
해설 ①~③ : 인화성 액체, ④ : 자기반응성 물질

34 위험물안전관리법령상 제6류 위험물을 수납하는 운반용기의 외부에 주의사항을 표시하여야 할 경우, 어떤 내용을 표시하여야 하는가?
① 물기엄금
② 화기엄금
③ 화기주의/충격주의
④ 가연물 접촉주의

정답 ④
해설 제6류 위험물에 있어서는 "가연물접촉주의"를 표시한다.

35 과산화수소와 과염소산의 공통성질이 <u>아닌</u> 것은?
① 산화성 액체이다.　　② 유기화합물이다.
③ 불연성 물질이다.　　④ 비중이 1보다 크다.

> **정답** ②
> **해설** 과산화수소와 과염소산은 6류 위험물로서 무기화합물이다.
> ● 6류 위험물 일반성질
>   (1) 자신은 산화성 액체로서 불연성이지만 다른 물질을 산화할 수 있는 물질이다.
>   (2) 과산화수소를 제외하고 강산성 물질이며 물에 녹기 쉽다.
>   (3) 강한 부식성이 있으며 산소를 포함하고 있다.
>   (4) 모두 무기화합물이며 비중은 1보다 크며 물에 잘 녹는다.
>   (5) 피복이나 피부에 묻지 않게 주의한다.(증기가 유독해 피부와 접촉시 점막 부식)

36 위험물안전관리법령에서 정하는 위험물의 한계에 대한 정의로 <u>틀린</u> 것은?
① 황은 순도가 60 중량퍼센트 이상인 것
② 인화성고체는 고형알코올 그 밖에 1기압에서 인화점이 섭씨 40도 미만인 고체
③ 과산화수소는 그 농도가 35 중량퍼센트 이상인 것
④ 제1석유류는 아세톤, 휘발유 그 밖에 1기압에서 인화점이 섭씨 21도 미만인 것

> **정답** ③
> **해설** 과산화수소는 그 농도가 36중량 퍼센트 이상이면 제 6류 위험물로 취급한다.

37 위험물안전관리법령상 위험물에 대한설명으로 옳은 것은?
① 과염소산은 위험물이 아니다.
② 황린은 제2류 위험물이다.
③ 황화인의 지정수량은 100 kg이다.
④ 산화성고체는 제6류 위험물의 성질이다.

> **정답** ③
> **해설** (보기①) 과염소산은 6류 위험물이다.
>   (보기②) 황린은 제 3류 위험물이다.
>   (보기④) 산화성액체는 제6류 위험물의 성질이다.

38 과산화수소 위험물의 특성이 <u>아닌</u> 것은?
① 비수용성이다.
② 무기화합물이다.
③ 불연성 물질이다.
④ 비중은 물보다 무겁다.

> **정답** ①
> **해설** 과산화수소는 수용성의 특징을 가진다.

39 위험물과 위험물안전관리법령에서 정한 지정수량을 옳게 연결한 것은?
① 무기과산화물 - 300 kg
② 황화인 - 500 kg
③ 황린 - 20 kg
④ 질산에스터류 - 200 kg

> **정답** ③
> **해설** (보기①) 무기과산화물 - 50 kg
> (보기②) 황화인 - 100 kg
> (보기④) 질산에스테르류 - 10 kg

40 다음 물질의 저장창고에서 화재가 발생하였을 때 주수 소화를 할 수 <u>없는</u> 물질은?
① 부틸리튬
② 질산에틸
③ 니트로셀룰로스
④ 적 린

> **정답** ①
> **해설** ②, ③은 5류 위험물로 대량 주수가 가능 하며 ④은 2류 위험물로 주수소화가 가능한 물질이다.
> ① 부틸리튬은 알킬리튬의 종류로 금수성물질에 해당하며 주수가 불가능하다.

41 위험물안전관리법령상 위험물로 분류되는 것은?
① 과산화수소
② 압축산소
③ 프로판가스
④ 포스겐

> **정답** ①
> **해설** 과산화수소는 6류 위험물로 분류한다.

42 위험물의 유별에 따른 분류가 잘못된 것은?

① 제1류 위험물 : 산화성 고체
② 제3류 위험물 : 자연발화성 물질 및 금수성 물질
③ 제4류 위험물 : 인화성 액체
④ 제6류 위험물 : 가연성 액체

정답 ④
해설 6류 위험물은 산화성 액체 이다.

43 위험물안전관리법령상 유별을 달리하는 위험물을 혼재하여 저장할 수 있는 것으로 짝지어진 것은?

① 제1류 – 제2류
② 제2류 – 제3류
③ 제3류 – 제4류
④ 제5류 – 제6류

정답 ③
해설 3류 4류는 혼재가 가능하다

PART 04 소화론

CHAPTER 01 소화원리
CHAPTER 02 물소화약제
CHAPTER 03 포소화약제
CHAPTER 04 이산화탄소 소화약제
CHAPTER 05 할론 소화약제
CHAPTER 06 할로겐화합물 및 불활성기체 소화약제
CHAPTER 07 분말소화약제

CHAPTER 01 소화원리

01 소화의 정의 및 구분

(1) 소화의 정의 : 소화란 연소의 3요소나 4요소 중 일부 또는 전부를 제거 또는 억제하여 연소현상을 중지시키는 것을 말한다.

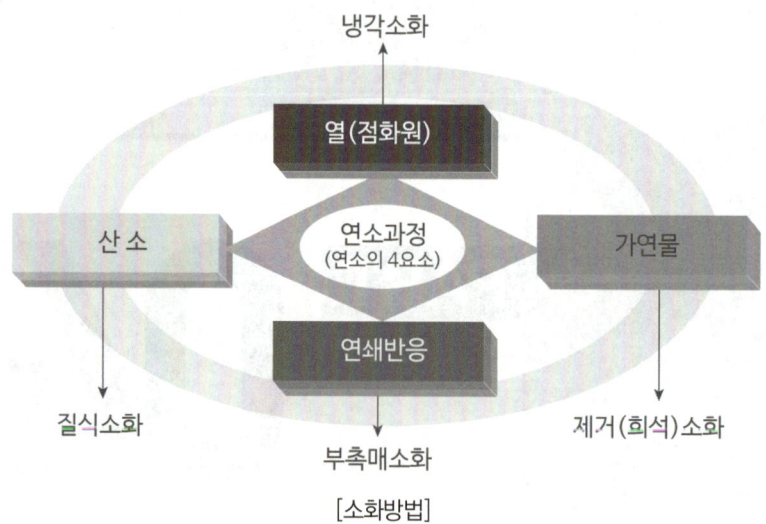

[소화방법]

(2) 물리적 소화(불꽃연소 및 표면연소)

① 질식소화 : 산소공급을 차단시켜 소화하는 방법이다.(산소 농도를 15% 이하로 낮춤)
② 냉각소화 : 가연물질의 온도를 발화점이하로 떨어뜨려 소화하는 방법이다.
③ 제거소화 : 가연물을 제거하여 소화하는 방법이다.

(3) 화학적 소화(불꽃연소)

① 부촉매 소화 : 연쇄반응을 억제시키거나 종료시키는 방법이다.(활성기에 의한 생성을 차단)

02 소화의 원리와 방법

(1) 냉각소화

[냉각소화법]

① 연소의 4요소 중 에너지(열, 점화)를 제거, 발화점이하로 내려가게 하여 소화하는 방법을 말한다.

② 연소과정에서 물의 흡열반응을 이용하여 열을 제거하는 것이다(냉각소화). 물은 비열·증발 잠열의 값이 다른 물질에 비해 커서 주로 냉각소화에 사용되며, 가연물을 물로 냉각시켜 소화하는 경우 1g의 물이 증발하는 데는 539cal의 열을 흡수하는 효과가 있다.

(2) 질식소화

[질식소화법]

① 연소의 4요소 중 산소공급원을 제어하는 것을 말한다.
② 대부분의 가연물질 화재는 산소농도가 15%이하이면 소화된다.
③ 희석질식과 피복질식에 의한 소화방법이 있다.
④ 소화 방법
   ㉠ 불연성기체로 덮는 방법 : 이산화탄소나, 질소 등을 이용(질식[주]+희석)
   ㉡ 불연성의 폼(Foam)으로 연소물을 덮는 방법 : 기계포나 화학포 이용
   ㉢ 고체로 연소물을 덮는 방법 : 후라이팬 화재시 수건이나 담요 등 이용
   ㉣ 연소실을 완전하게 밀폐하여 소화하는 방법 : 산소 공급 차단
   ㉤ 기타 팽창질석으로 질식 소화하는 방법 : 팽창질석, 팽창진주암 이용
⑤ 유화소화 : 비중이 물보다 큰 중유등의 유류화재 시 물 소화약제를 무상으로 방사하거나, 포 소화약제를 방사하는 경우 유류표면에 엷은 층(유화층, 물과 유류의 중간성질)이 형성되어 공기 중 산소공급을 차단시켜 소화하는 방법이다.

(3) 제거소화

[제거소화법]

① 연소의 4요소 중 가연물을 제거하여 소화하는 방법. 즉, 가연성 물질을 파괴, 제거, 이동, 격리, 희석 등의 방법으로 열을 받는 부분을 작게 또는 완전 이격시켜 소화하는 방법이다.
② 소화방법
   ㉠ 양초의 촛불을 입김으로 끄는 방법(제거[주] + 희석)
   ㉡ 산불화재 시 연소방향의 나무를 벌목하는 방법
   ㉢ 유류화재 시 폭발물의 후폭풍으로 증기를 날려 보내는 방법
   ㉣ 전기화재의 경우 전원을 차단하여 소화
   ㉤ 가연성가스화재인 경우 가연성가스의 공급을 차단

(4) 희석소화

① 희석소화란 수용성 가연물질에 물을 대량으로 방사하여 연소농도를 연소범위 이하로 희석하여 소화하는 방법이다.
② 산소의 농도를 15% 이하로 희석시켜 소화하는 것도 희석소화지만 이러한 경우 질식소화에 포함되기도 한다.

(5) 피복소화

① 공기보다 비중이 큰 소화약제(CO_2)를 사용하여 가연물의 주위를 피복하는 방법이다.
② 산소의 공급을 차단시킴으로 소화시키는 방법이다.

(6) 부촉매소화(= 억제소화)

이 소화법은 연소의 4요소 중 부촉매제(화학반응이 잘 일어나지 않도록 하는 것)를 사용하여 가연물질의 연속적인 연쇄반응이 일어나지 않도록 하여 화재를 소화시키는 방법으로 억제소화 또는 화학적 소화법이라 부르기도 한다. 이 소화법의 소화원리는 분말소화기와 할론 소화기의 소화원리처럼 연소과정에 있는 분자의 연쇄반응을 방해함으로써 화재를 진압 하는 원리이다.

분자의 연쇄반응은 가연물질을 구성하는 수소분자로부터 생성되는 활성화된 수소기(H^+) 와 활성화된 수산기(OH)의 작용에 의해 진행되며, 따라서 연속적인 연쇄반응을 방지하기 위해서는 가연물질에 공급하는 점화원의 값을 활성화에너지의 값 이하가 되게 하여 가연물 질로부터 활성화된 수산기·수소기가 발생하지 않도록 해야 한다.

CHAPTER 01 소화원리

01 물리적 소화방법이 <u>아닌</u> 것은?
① 연쇄반응의 억제에 의한 방법
② 냉각에 의한 방법
③ 공기와의 접촉 차단에 의한 방법
④ 가연물 제거에 의한 방법

> **정답** ①
> **해설** • 물리적 소화(불꽃연소 및 표면연소)
>   ① 질식소화 : 산소공급을 차단시켜 소화하는 방법이다.(산소 농도를 15% 이하로 낮춤)
>   ② 냉각소화 : 가연물질의 온도를 발화점이하로 떨어뜨려 소화하는 방법이다.
>   ③ 제거소화 : 가연물을 제거하여 소화하는 방법이다.
> • 화학적 소화(불꽃연소)
>   ① 부촉매 소화 : 연쇄반응을 억제시키거나 종료시키는 방법이다.(활성기에 의한 생성을 차단)

02 물리적 소화방법이 <u>아닌</u> 것은?
① 산소공급원 차단   ② 연쇄반응 차단
③ 온도 냉각   ④ 가연물제거

> **정답** ②
> **해설** • 물리적 소화(불꽃연소 및 표면연소)
>   ① 질식소화 : 산소공급을 차단시켜 소화하는 방법이다.(산소 농도를 15% 이하로 낮춤)
>   ② 냉각소화 : 가연물질의 온도를 발화점이하로 떨어뜨려 소화하는 방법이다.
>   ③ 제거소화 : 가연물을 제거하여 소화하는 방법이다.
> • 화학적 소화(불꽃연소)
>   ① 부촉매 소화 : 연쇄반응을 억제시키거나 종료시키는 방법이다.(활성기에 의한 생성을 차단)

03 불연성 기체나 고체 등으로 연소물을 감싸 산소공급을 차단하는 소화방법은?
① 질식소화   ② 냉각소화
③ 연쇄반응차단소화   ④ 제거소화

> **정답** ①
> **해설** 질식소화에 대한 설명이다.

04 질식소화 시 공기 중의 산소농도는 일반적으로 약 몇 vol% 이하로 하여야 하는가?
① 25
② 21
③ 19
④ 15

> **정답** ④
> **해설** 질식소화란 21%의 산소농도를 15% 이하로 떨어뜨리는 것을 이야기한다.

05 제거소화의 예에 해당하지 않는 것은?
① 밀폐 공간에서의 화재 시 공기를 제거한다.
② 가연성가스 화재 시 가스의 밸브를 닫는다.
③ 산림화재 시 확산을 막기 위하여 산림의 일부를 벌목한다.
④ 유류탱크 화재 시 연소되지 않은 기름을 다른 탱크로 이동시킨다.

> **정답** ①
> **해설** 밀폐 공간에서 화재시 공기를 제거하는 방법은 질식소화에 해당한다.

06 소화원리에 대한 설명으로 틀린 것은?
① 냉각소화 : 물의 증발잠열에 의해서 가연물의 온도를 저하시키는 소화방법
② 제거효과 : 가연성 가스의 분출화재 시 연료공급을 차단시키는 소화방법
③ 질식소화 : 포소화약제 또는 불연성가스를 이용해서 공기 중의 산소공급을 차단하여 소화하는 방법
④ 억제소화 : 불활성기체를 방출하여 연소범위 이하로 낮추어 소화하는 방법

> **정답** ④
> **해설** 억제소화 : 연쇄반응을 차단하여 소화하는 방법(활성기에 의한 생성을 차단)

07 가연물의 제거와 가장 관련이 없는 소화방법은?
① 유류화재 시 유류공급 밸브를 잠근다.
② 산불화재 시 나무를 잘라 없앤다.
③ 팽창 진주암을 사용하여 진화한다.
④ 가스화재 시 중간밸브를 잠근다.

정답 ③
해설 팽창진주암을 사용하여 진화하는 방법은 질식 소화방법을 설명한 것이다.

08 다음 중 가연물의 제거를 통한 소화 방법과 무관한 것은?
① 산불의 확산방지를 위하여 산림의 일부를 벌채한다.
② 화학반응기의 화재 시 원료 공급관의 밸브를 잠근다.
③ 전기실 화재 시 IG-541 약제를 방출한다.
④ 유류탱크 화재 시 주변에 있는 유류탱크의 유류를 다른 곳으로 이동시킨다.

정답 ③
해설 IG-541의 방출은 제거소화와는 무관하며 질식소화에 해당한다.

09 소화방법 중 제거소화에 해당되지 <u>않는</u> 것은?
① 산불이 발생하면 화재의 진행방향을 앞질러 벌목
② 방안에서 화재가 발생하면 이불이나 담요로 덮음
③ 가스 화재 시 밸브를 잠궈 가스흐름을 차단
④ 불타고 있는 장작더미 속에서 아직 타지 않은 것을 안전한 곳으로 운반

정답 ②
해설 이불이나 담요로 덮는 것은 질식소화의 일종이다.

10 소화의 방법으로 <u>틀린</u> 것은?
① 가연성 물질을 제거한다.
② 불연성 가스의 공기 중 농도를 높인다.
③ 산소의 공급을 원활히 한다.
④ 가연성 물질을 냉각시킨다.

정답 ③
해설 산소의 공급을 원활히 하는 것은 소화의 방법으로 옳지 않다.

11 소화효과를 고려하였을 경우 화재 시 사용할 수 있는 물질이 <u>아닌</u> 것은?
① 이산화탄소　　　　　　　　② 아세틸렌
③ Halon 1211　　　　　　　　④ Halon 1301

> **정답** ②
> **해설** 아세틸렌은 가연성 가스이다.

12 소화원리에 대한 설명으로 <u>틀린</u> 것은?
① 억제소화 : 불활성기체를 방출하여 연소범위 이하로 낮추어 소화하는 방법
② 냉각소화 : 물의 증발잠열을 이용하여 가연물의 온도를 낮추는 소화방법
③ 제거소화 : 가연성 가스의 분출화재 시 연료공급을 차단시키는 소화방법
④ 질식소화 : 포소화약제 또는 불연성 기체를 이용해서 공기 중의 산소공급을 차단하여 소화하는 방법

> **정답** ①
> **해설** (보기①) 불활성기체를 방출하여 연소범위 이하로 낮추어 소화하는 방법은 질식소화방법의 종류이다.

CHAPTER 02 물소화약제

01 개요

(1) 물은 냉각, 질식효과가 높고 독성이 없어 인체에 무해하다.
(2) 변질의 우려가 없어 장기간 보관이 가능하다.
(3) 비압축성 유체로 쉽게 이송이 가능하다.
(4) 쉽게 구할수 있으며 경제적이며 안정성이 높다.
(5) 일반화재 뿐아니라 주수방법에 따라 유류 및 전기화재에도 적응성이 있다.

02 물소화약제의 성질

(1) 비열이 커서 물입자가 많은 열량을 흡수한다.(물의 비열 : 1 [cal/g·℃])
(2) 증발잠열이 커서 증발시 많은 열량을 흡수한다.(증발잠열 : 539 [cal/g], 융해잠열 80 [cal/g])
(3) 물이 수증기로 팽창시 1650배로 팽창하면서 질식소화가 가능하다.
(4) 극성공유결합 및 수소결합으로 매우 안정된 물질이다.

03 물소화약제의 소화효과

(1) 냉각효과
    ① 물의 경우 비열과 기화열(액체중에 가장 크다.)이 크기 때문에 냉각소화능력이 크다.
    ② 분무상의 작은 입자는 봉상주수 입자보다 더 쉽게 증발되므로, 열을 더 빨리 흡수한다.

(2) 질식효과
    ① 물이 기화되어 수증기로 되면 1650배 ~ 1700배 정도 팽창되어 질식효과가 일어난다.
    ② 일반적으로 냉각효과보다는 효과가 작다.

(3) 유화효과
    ① 가연성액체 중질유(3석유류, 4석유류)와 같은 유류 화재 시에 적용한다.
    ② 에멀전 효과 : 물의 미립자가 유류의 연소면을 두드려서 유류표면에 엷은 수성막 유면을 덮은 유화층을 형성시켜 유류의 증기압을 떨어트려 소화한다.

(4) 희석효과
    수용성 가연물(알코올, 에테르, 에스테르, 케톤류 등)에 화재시 물을 주입 시켜 가연성 물질 농도를 낮춘다.

(5) 타격효과(파괴효과)
봉상 및 적상 주수시 연소물을 파괴한다.

04 물소화약제의 물 입자 크기에 따른 주수방법

(1) **봉상(棒狀)주수**
① 막대모양의 굵은 물줄기를 가연물에 직접 주수하는 방법
② 소방용방수 노즐에 의한 주수 : 옥내소화전, 옥외소화전

(2) **적상(滴狀)주수[살수(撒水)]** : 실내 고체 가연물의 화재에 적용 [스프링클러설비]

(3) **무상(霧狀)주수**
① 물분무소화설비, 소방대의 분무노즐에 의한 안개형태 주수
② 물방울의 평균 직경 0.1 ~ 1.0[mm] 정도
③ 중질유 화재시 급속한 증발에 의한 질식효과와 에멀젼(유탁액) 효과
④ 전기 화재시 전기전도성이 떨어져 적응성

[주수방법]

주수방법	모양	적응화재	설비
봉상	봉모양	A	옥내소화전 옥외소화전
적상	물방울	A	스프링클러설비
무상	안개모양	A, B, C	미분무설비 물분무소화설비

05 물소화약제의 장점 및 단점

(1) **장점**
① 냉각 및 질식효과가 뛰어나다.
② 인체에 무해한 소화약제이다.
③ 변질의 우려가 없고 장기관 보관이 가능하다.
④ 구하기 쉬워서 경제적이다.
⑤ 소화효과를 증진하기 위해 첨가제 사용이 가능하다.

(2) **단점**
① 동결이 되기 쉬워서 보온이 필요하다.
② 물에의한 2차적인 피해가 발생한다.

06 물소화약제의 첨가제

(1) 부동액(Antifreeze agent)
   ① 물의 응고현상을 방지하기위한 약제로 동결방지제이다.
   ② 난방을 하지 않는 거실, 옥외 노출 배관, 한랭지에서 사용한다.
   ③ 약제로는 프로필렌글리콜, 에틸렌글리콜, 염화칼슘, 글리세린 등이 있다.

(2) 증점제(Viscosity Agent)
   ① 물의 점도를 증가시켜 물의 부착성을 증가시기 위한 약제이다.
   ② 수간화, 수관화 등의 산불화재에 사용한다.
   ③ 약제로는 CMC, Organic gel, Gelgard 등이 있다.

(3) 침투제(Wetting agent)
   ① 물의 표면장력을 감소시켜 액 표면적을 작게하여 침투성을 강화시킨다.
   ② 물의 침투가 요의치 않은 산림화재나 심부화재에 효과적이다.
   ③ 약제로는 합성계면활성제를 사용한다.

(4) 유화제(Emulsifier)
   ① 가연물과의 유화층 형성을 돕는 첨가제이다.(중질유화재에 효과적)
   ② 약제로는 계면활성제, 친수성콜로이드를 사용한다.

(5) 강화액(Density Modifier)
   ① 물의 밀도를 보충하는 약제이다.
   ② A, B, C급 화재에 효과적이다.
   ③ 약제로는 탄산칼륨을 사용한다.
   ④ 한랭지역이나 겨울철 사용가능하다.
   ⑤ 동절기 물소화약제의 어는 단점을 보완한 약제이다.(응고점 : $-20℃$이하)
   ⑥ 부촉매효과와 재연소방지효과가 있다.(K, Na, NH_4)

CHAPTER 02 물소화약제

01 소화약제로 사용되는 물에 관한 소화성능 및 물성에 대한 설명으로 틀린 것은?
① 비열과 증발잠열이 커서 냉각소화 효과가 우수하다.
② 물(15℃)의 비열은 약 1cal/g·℃ 이다.
③ 물(100℃)의 증발잠열은 439.6kcal/g 이다.
④ 물의 기화에 의한 팽창된 수증기는 질식소화 작용을 할 수 있다.

> **정답** ③
> **해설** 물(100℃)의 증발잠열은 539 kcal/g 이다.

02 소화약제로 사용하는 물의 증발잠열로 기대할 수 있는 소화효과는?
① 냉각소화　　② 질식소화
③ 제거소화　　④ 촉매소화

> **정답** ①
> **해설** 물 소화약제의 증발잠열로 기대할 수 있는 소화효과는 냉각소화이다.

03 물의 소화능력에 관한 설명 중 틀린 것은?
① 다른 물질보다 비열이 크다.
② 다른 물질보다 융해잠열이 작다.
③ 다른 물질보다 증발잠열이 크다.
④ 밀폐된 장소에서 증발가열되면 산소희석작용을 한다.

> **정답** ②
> **해설** 다른 물질보다 융해잠열 또한 크다.

04 물이 소화약제로써 사용되는 장점이 아닌 것은?
① 가격이 저렴하다.
② 많은 양을 구할 수 있다.
③ 증발잠열이 크다.
④ 가연물과 화학반응이 일어나지 않는다.

정답 ④
해설 가연물에 따라 화학반응이 일어나기도 한다.

05 다음 중 동일한 조건에서 증발잠열[kJ/kg]이 가장 큰 것은?
① 질소
② 할론 1301
③ 이산화탄소
④ 물

정답 ④
해설 ● 물소화약제의 특징
ⓐ 융해잠열 79.7(0[℃]), 증발잠열 539.6(100[℃])
ⓑ 비열 1[kcal/kg·℃](15[℃]), 비중 1(4[℃]), 빙점 0[℃], 비등점 100[℃](1기압)

06 비열이 가장 큰 물질은?
① 구리
② 수은
③ 물
④ 철

정답 ③
해설 물의 비열은 1[cal/g·℃] 이다.(수은 : 0.033, 구리 : 0.092, 철 : 0.107)

07 소화약제로 물을 사용하는 주된 이유는?
① 촉매역할을 하기 때문에
② 증발잠열이 크기 때문에
③ 연소작용을 하기 때문에
④ 제거작용을 하기 때문에

정답 ②
해설 가장큰 이유는 비열과 증발잠열이 커서 사용한다.

08 목재 화재 시 다량의 물을 뿌려 소화할 경우 기대되는 주된 소화효과는?
① 제거효과
② 냉각효과
③ 부촉매효과
④ 희석효과

정답 ②
해설 발화점 이하로 온도를 낮추어 열을 제거하여 소화하는 방법으로 냉각소화이다.

09 물 소화약제를 어떠한 상태로 주수할 경우 전기화재의 진압에서도 소화능력을 발휘할 수 있는가?
① 물에 의한 봉상주수
② 물에 의한 적상주수
③ 물에 의한 무상주수
④ 어떤 상태의 주수에 의해서도 효과가 없다.

> **정답** ③
> **해설** 물을 무상으로 방사하게 되면 B,C급 화재에 적응성이 있다.

10 B급 화재 시 사용할 수 없는 소화방법은?
① CO_2 소화약제로 소화한다.
② 봉상 주수로 소화한다.
③ 3종 분말약제로 소화한다.
④ 단백포로 소화한다.

> **정답** ②
> **해설** 봉상주수는 유류화재에는 적응성이 없다.

11 물의 소화력을 증대시키기 위하여 첨가하는 첨가제 중 물의 유실을 방지하고 건물, 임야 등의 입체 면에 오랫동안 잔류하게 하기 위한 것은?
① 증점제　　　　　　　② 강화액
③ 침투제　　　　　　　④ 유화제

> **정답** ①
> **해설** • 증점제(Viscosity Agent)
>   ① 물의 점도를 증가시켜 물의 부착성을 증가시키기 위한 약제 이다.
>   ② 수간화, 수관화 등의 산불화재에 사용한다.
>   ③ 약제로는 CMC, Organic gel, Gelgard 등이 있다.

12 산림화재 시 소화효과를 증대시키기 위해 물에 첨가하는 증점제로서 적합한 것은?

① Ethylene Glycol
② Potassium Carbonate
③ Ammonium Phosphate
④ Sodium Carboxy Methyl Cellulose

> **정답** ④
> **해설** • 증점제 : 물의 점도를 증가시키는 첨가제 이다.(Sodium Carboxy Methyl Cellulose)
>   ① Ethylene Glycol(에틸렌글리콜 : 부동액)
>   ② Potassium Carbonate(탄산칼륨 : 강화액)
>   ③ Ammonium Phosphate(인산암모늄 : 3종 분말)

13 소화약제의 형식승인 및 제품검사의 기술기준상 강화액 소화약제의 응고점은 몇 ℃ 이하이어야 하는가?

① 0
② -20
③ -25
④ -30

> **정답** ②
> **해설** 강화액 소화약제의 응고점은 -20℃ 이하로 동결방지 효과가 있어야 한다.

CHAPTER 03 포소화약제

01 개요

(1) 포소화약제는 물에의한 소화방법으로 효과가 적거나 화재가 확돼될 우려가 있는 위험물 화재시 사용하는 설비이다.

(2) 화학포와 기계포로 분류되며 기계포는 단백포, 수성막포, 합성계면활성제포, 불화단백포 등으로 분류가 가능하다.

02 포소화약제의 종류

(1) **화학포** : 2가지 소화약제가 화학반응을 일으켜 생성되는 물질을 사용하는 포이다.

(2) **기계포** : 단백포, 불화단백포, 수성막포, 합성계면활성제포, 알코올형 포(내알코올형포)

> 참고 팽창비에 따른 분류 (팽창비 = $\dfrac{\text{방사된포의체적}}{\text{포수용액의체적}}$)

구분	팽창비		종류
저발포	20이하		단백포, 불화단백포, 합성계면활성제포, 수성막포, 내알코올포
고발포	제1종	80이상 ~ 250미만	합성계면활성제포
	제2종	250이상 ~ 500미만	
	제3종	500이상 ~ 1000미만	

03 포소화약제 구비조건 및 특성

(1) 소화효과가 우수할 것. 소포성은 낮을 것, 유염성이 낮을것

(2) **내유성 좋을것** : 포가 유류에 의해 성능이 저하되지 않는 능력으로 내유성이 커야한다.

(3) **내열성 좋을것** : 화염 및 화열에 대한 내력으로 내열성이 커야 포가 파괴되지 않는다.

(4) **유동성 좋을것** : 포가 연소면에서 확산되는 능력이다.

(5) **점착성 좋을것** : 유면에 대한 포의 흡착능력으로 질식효과를 좌우한다.

04 소화효과(A, B급 적응성)

냉각 및 질식효과

05 기계포 소화약제 특성

(1) 단백포(사용농도 3%, 6%, 저발포)

① 정의
  ㉠ 동물성 단백질(동물의 피, 뿔, 발톱 등)의 가수분해 생성물을 기본으로로 하고 안정제(제1철염)와 부동액(에틸렌글리콜 등) 등을 첨가하여 만든 흑갈색의 특이한 냄새가 나는 끈끈한 액체의 소화약제이다.
  ㉡ 흑갈색의 특이한 냄새가 나는 점도가 있는 포이다.

② 장점
  ㉠ 내열성 우수하여 재발화 방지효과가 있다.
  ㉡ 안정성이 높고 값이 싸다.

③ 단점
  ㉠ 내유성이 낮아 표면하 주입식에는 부적합하다.
  ㉡ 유동성이 적어 소화속도 늦다.
  ㉢ 부패·변질우려가 있다.

(2) 수성막포(사용농도 3%, 6%, 저발포)

① 정의
  ㉠ 불소계 계면활성제를 기본으로 하여 안정제 등을 첨가한 것으로 거품에서 환원된 불소계 계면활성제 수용액이 기름 표면에 얇은 수성막을 형성하여 유면으로부터 가연성 증기 발생을 억제하여 재발화를 방지하며 Light water(라이트 워터)라고도 한다.
  ㉡ 방출시 유면에 얇은 물의 막인 수성막을 형성하여 가연성 증기발생을 억제한다.

② 장점
  ㉠ 유동성이 좋은 수성막과 거품형성으로 소화효과 뛰어나다.
    (단백포에 비해 3배의 소화효과)
  ㉡ 수성막포가 장기간 지속되고 재착화 방지에 유효하다.
  ㉢ 내유성 우수하여 표면하 주입식도 사용 가능하다.
  ㉣ 분말소화약제와 병용하여 소화작업 가능하다.(트윈 에이전트 시스템)
  ㉤ 장기보존이 가능하다. 수명이 반영구적이다. A급에도 사용(침투성이 크다)된다.

③ 단점
  ㉠ 내열성이 낮아 윤화현상(ring fire)이 발생한다.
  ㉡ 휘발성이 큰 석유류 화재에는 부적합하다.
  ㉢ 값이 비싸고 부식성이 크다.

(3) 불화단백포(사용농도 3%, 6%, 저발포)

① 정의 : 단백포 소화약제에 불소계 계면활성제를 첨가하여 단백포와 수성막포의 단점을 보완한 약제로 유동성과 내유성이 좋지않은 단백포와 표면에 형성된 수성막이 적열된 탱크 벽에 약한 수성막포의 단점을 개선한 것이다.

② 장점
　㉠ 내유성 및 내열성이 우수하여 대형 유류탱크에 적합하다.
　㉡ 표면하 주입식으로도 가능하다.
　㉢ 내유성 및 유동성은 단백포보다 우수하고, 내열성은 수성막포보다 우수하다.
③ 단점 : 가격이 단백포에 비해 비싸다.

(4) 합성계면활성제포(사용농도 1%, 1.5%, 2%, 3%,6%, 저발포 및 고발포)
① 정의 : 저팽창(3%, 6%)에서 고팽창(1%, 1.5%, 2%)까지 팽창범위가 넓어 유류화재 뿐만 아니라 고체 및 기체 연료의 화재에도 적응이 가능하며, 고팽창포를 건물화재에 사용하는 경우 소화 시 사용 수량이 적기 때문에 소화 후 물에 의한 피해가 적다.
② 장점
　㉠ 인체에 무해하고 유동성이 우수하다.
　㉡ 수명이 반영구적이고 유출유 화재에 적합하다.
③ 단점
　㉠ 내열성과 내유성이 떨어져 윤화현상(ring fire)이 발생한다.
　㉡ 분해가 잘안되서 환경오염을 유발한다.

(5) 내알코올형포(저빌포)
알코올형 포는 수용성액체의 재에 포를 사용할 때 발생하는 파포현상을 방지하기위해 사용한다. (금속비누형, 고분자 gell형 등)

06 Ring fire(윤화현상)

대형 유류저장탱크의 소화작업시 불꽃이 치솟는 유면에 거품을 투입하였을 때 탱크 윗면의 가운데 부분은 불이 꺼졌어도 바깥쪽 벽에는 환상(環狀)으로 불이 지속되는 현상으로 단백포, 불화단백포 약제는 일어나지 않고 수성막포소화약제에서 잘 일어난다.

CHAPTER 03 포소화약제

01 화재의 소화원리에 따른 소화방법의 적용으로 <u>틀린</u> 것은?
① 냉각소화 : 스프링클러설비
② 질식소화 : 이산화탄소 소화설비
③ 제거소화 : 포소화설비
④ 억제소화 : 할로겐화합물 소화설비

> **정답** ③
> **해설** 포소화설비는 냉각 및 질식소화를 이용한 소화 설비 이다.

02 포소화약제가 갖추어야 할 조건이 <u>아닌</u> 것은?
① 부착성이 있을 것
② 유동성과 내열성이 있을 것
③ 응집성과 안정성이 있을 것
④ 소포성이 있고 기화가 용이할 것

> **정답** ④
> **해설** ● 포소화약제의 성상 및 성능
> (1) 소화효과가 우수할 것. 소포성은 낮을 것. 유염성이 낮을것
> (2) 내유성 좋을것 : 포가 유류에 의해 성능이 저하되지 않는 능력으로 내유성이 커야한다.
> (3) 내열성 좋을것 : 화염 및 화열에 대한 내력으로 내열성이 커야 포가 파괴되지 않는다.
> (4) 유동성 좋을것 : 포가 연소면에서 확산되는 능력이다.
> (5) 점착성 좋을것 : 유면에 대한 포의 흡착능력으로 질식효과를 좌우한다.

03 포소화약제의 적응성이 있는 것은?
① 칼륨 화재
② 알킬리튬 화재
③ 가솔린 화재
④ 인화알루미늄 화재

> **정답** ③
> **해설** 포소화약제는 B급(유류) 화재시 적합하다.

04 에테르, 케톤, 에스테르, 알데히드, 카르복실산, 아민 등과 같은 가연성인 용매에 유효한 포소화약제는?

① 단백포
② 수성막포
③ 불화단백포
④ 내알코올포

> **정답** ④
> **해설** 내알콜포는 수용성 가연물소화에 가장 적합한 소화약제이다.

05 수성막포 소화약제의 특성에 대한 설명으로 틀린 것은?

① 내열성이 우수하여 고온에서 수성막의 형성이 용이하다.
② 기름에 의한 오염이 적다.
③ 다른 소화약제와 병용하여 사용이 가능하다.
④ 불소계 계면활성제가 주성분이다.

> **정답** ①
> **해설** ● 수성막포 소화약제 특징
> (1) 유동성이 좋은 좋은 수성막과 거품형성으로 소화효과 뛰어니다.(단백포에 비해 3베의 소회효과)
> (2) 수성막포가 장기간 지속되고 재착화 방지에 유효하다.
> (3) 내유성 우수하여 표면하 주입식도 사용 가능하다.
> (4) 분말소화약제와 병용하여 소화작업 가능하다.(트윈 에이전트 시스템)
> (5) 장기보존이 가능하다. 수명이 반영구적이다. A급에도 사용(침투성이 크다)된다.

06 포소화약제 중 고팽창포로 사용할 수 있는 것은?

① 단백포
② 불화단백포
③ 내알코올포
④ 합성계면활성제포

> **정답** ④
> **해설** 고팽창포로 사용할수 있는 포 소화약제는 합성계면활성제포가 유일하다.

07 단백포 소화약제의 특징이 아닌 것은?

① 내열성이 우수하다.
② 유류에 대한 유동성 이 나쁘다.
③ 유류를 오염시킬 수 있다.
④ 변질의 우려가 없어 저장 유효기간의 제한이 없다.

> **정답** ④
> **해설** 단백포는 변질의 우려가 크다.

CHAPTER 04 이산화탄소 소화약제

01 CO_2 소화약제의 성상

(1) 이산화탄소는 상온에서 기체이며 그 가스비중(공기 = 1.0)은 1.53으로 무겁다.

(2) 무색 무취로 화학적으로 안정되어 있고 가연성·부식성도 없다. 이산화탄소 그 자체는 유독성 가스는 아니지만 허용농도는 5,000 [ppm](0.5 [%])으로 되어 있다.

(3) 이산화탄소를 저온으로 고체화한 것을 드라이아이스라고 하며 냉각제로 사용한다.

(4) 이산화탄소 소화약제의 가장 주된 소화효과는 질식효과이며 약간의 냉각효과가 있어 보통 유류화재(B급 화재), 전기화재(C급 화재)에 주로 사용되며 밀폐상태에서 방출되는 경우 일반화재(A급 화재)에도 사용이 가능하다.

(5) 이산화탄소의 임계온도

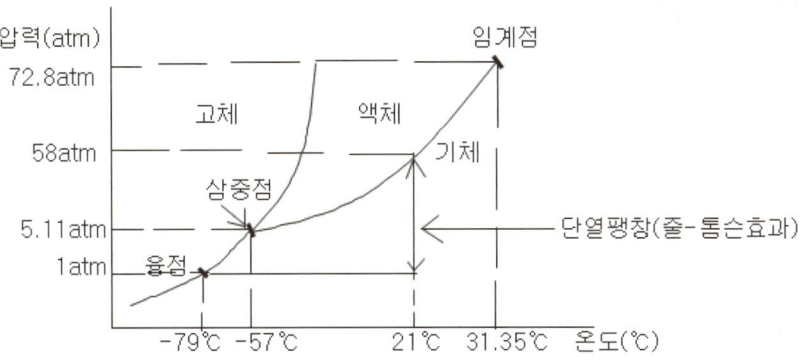

[이산화탄소 상태도]

① 삼중점(온도 : -57[℃], 압력 : 5.11[atm])
② 임계점(온도 : 31.35[℃], 압력 : 72.8[atm])

02 CO_2 소화약제의 장·단점

(1) 장점

① 소화 후 소화약제에 의한 오손이 없음
② 동결될 우려가 없음
③ 전기 절연성이 뛰어남
④ 장시간 저장해도 변화가 없음
⑤ 자체 압력으로 방출되기 때문에 방출용 동력이 필요하지 않음

(2) 단점
  ① 인체에 질식의 우려가 있음
  ② 동상의 우려가 있음

03 소화효과 (A[밀폐], B, C급 적응성)

(1) **질식효과** : 산소의 농도를 21[%]를 15[%]로 낮추어 소화

(2) **피복효과** : 증기비중이 공기보다 1.529배 무겁기 때문에 이산화탄소의 피복효과

(3) **냉각효과** : 이산화탄소가스 방출시 기화열에 의한 소화(줄-톰슨효과)

04 이산화탄소 소화약제 소화농도 및 설계농도

(1) 이산화탄소 소화설비의 이론소화농도

  ① $\dfrac{21 - O_2}{21} \times 100$ (O_2 : 산소농도)

  ② $\dfrac{\text{방출후 } CO_2 \text{체적}}{\text{방호구역체적} + \text{방출후 } CO_2 \text{체적}} \times 100$

(2) 이산화탄소 소화설비의 설계농도 : (이론)소화농도 × 1.2

CHAPTER 04 이산화탄소 소화약제

01 소화약제로 사용되는 이산화탄소에 대한 설명으로 옳은 것은?
① 산소와 반응 시 흡열반응을 일으킨다.
② 산소와 반응하여 불연성 물질을 발생시킨다.
③ 산화하지 않으나 산소와는 반응한다.
④ 산소와 반응하지 않는다.

> **정답** ④
> **해설** 이산화탄소는 더 이상 산소와 반응하지 않는 불연성 물질이다.

02 이산화탄소 소화기의 일반적인 성질에서 단점이 <u>아닌</u> 것은?
① 밀폐된 공간에서 사용 시 질식의 위험성이 있다.
② 인체에 직접 방출 시 동상의 위험성이 있다.
③ 소화약제의 방사 시 소음이 크다.
④ 전기가 잘 통하기 때문에 전기설비에 사용할 수 없다.

> **정답** ④
> **해설** 이산화탄소 소화약제는 전기설비에 사용이 가능하다.
>
> (참고) 소화기구의 소화약제별 적응성(제4조제1항제1호 관련)
>
> | 소화약제 구분 / 적응대상 | 가스 | | | 분말 | | 액체 | | | | 기타 | | |
> |---|---|---|---|---|---|---|---|---|---|---|---|---|
> | | 이산화탄소소화약제 | 할론소화약제 | 할로겐화합물및불활성기체소화약제 | 인산염류소화약제 | 중탄산염류소화약제 | 산알칼리소화약제 | 강화액소화약제 | 포소화약제 | 물·침윤소화약제 | 고체에어로졸화합물 | 팽창질석·팽창진주암 | 마른모래 | 그밖의것 |
> | 일반화재 (A급 화재) | - | ○ | ○ | ○ | - | ○ | ○ | ○ | ○ | ○ | ○ | ○ | - |
> | 유류화재 (B급 화재) | ○ | ○ | ○ | ○ | ○ | ○ | ○ | ○ | ○ | ○ | ○ | ○ | - |
> | 전기화재 (C급 화재) | ○ | ○ | ○ | ○ | ○ | * | * | * | * | ○ | - | - | - |
> | 주방화재 (K급 화재) | - | - | - | - | * | - | * | * | * | - | - | - | * |
>
> 주) "*"의 소화약제별 적응성은 「화재예방, 소방시설 설치유지 및 안전관리에 관한 법률」제36조에 의한 형식승인 및 제품검사의 기술기준에 따라 화재 종류별 적응성에 적합한 것으로 인정되는 경우에 한한다.

03 이산화탄소의 물성으로 옳은 것은?
① 임계온도 : 31.35℃, 증기비중 : 0.529
② 임계온도 : 31.35℃, 증기비중 : 1.529
③ 임계온도 : 0.35℃, 증기비중 : 1.529
④ 임계온도 : 0.35℃, 증기비중 : 0.529

정답 ②
해설
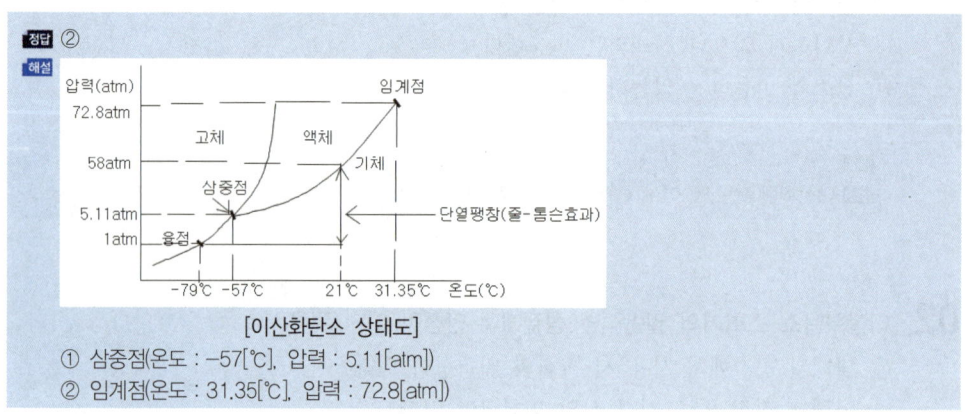
[이산화탄소 상태도]
① 삼중점(온도 : -57[℃], 압력 : 5.11[atm])
② 임계점(온도 : 31.35[℃], 압력 : 72.8[atm])

04 이산화탄소에 대한 설명으로 틀린 것은?
① 임계온도는 97.5℃이다.
② 고체의 형태로 존재할 수 있다.
③ 불연성가스로 공기보다 무겁다.
④ 드라이아이스와 분자식이 동일하다.

정답 ①
해설 이산화탄소의 임계점의 온도는 31.35[℃], 압력은 72.8[atm] 이다.

05 공기의 평균 분자량이 29일 때 이산화탄소 기체의 증기비중은 얼마인가?
① 1.44
② 1.52
③ 2.88
④ 3.24

정답 ②
해설 CO_2의 분자량은 44로 증기비중은 44/29 = 1.51정도나온다.

06 다음 중 소화에 필요한 이산화탄소 소화약제의 최소설계농도 값이 가장 높은 물질은?
① 메탄
② 에틸렌
③ 천연가스
④ 아세틸렌

정답 ④

해설 • 이산화탄소 소화설비의 화재안전기술기준 표 2.2.1.1.2

방호대상물	설계농도(%)
수소(Hydrogen)	75
아세틸렌(Acetylene)	66
일산화탄소(Carbon Monoxide)	64
산화에틸렌(Ethylene Oxide)	53
에틸렌(Ethylene)	49
에탄(Ethane)	40
석탄가스, 천연가스(Coal, Natural gas)	37
사이크로 프로판(Cyclo Propane)	37
이소부탄(Iso Butane)	36
프로판(Propane)	36
부탄(Butane)	34
메탄(Methane)	34

07 이산화탄소의 질식 및 냉각 효과에 대한 설명 중 틀린 것은?
① 이산화탄소의 증기비중이 산소보다 크기 때문에 가연물과 산소의 접촉을 방해한다.
② 액체 이산화탄소가 기화되는 과정에서 열을 흡수한다.
③ 이산화탄소는 불연성 가스로서 가연물의 연소반응을 방해한다.
④ 이산화탄소는 산소와 반응하며 이 과정에서 발생한 연소열을 흡수하므로 냉각효과를 나타낸다.

정답 ④
해설 이산화탄소는 산소와 반응하지 않는 불연성 물질이다.

08 이산화탄소 소화약제의 주된 소화 효과는?
① 제거소화
② 억제소화
③ 질식소화
④ 냉각소화

정답 ③
해설 이산화탄소의 주소화효과는 질식소화이다.

09 소화에 필요한 CO_2의 이론소화농도가 공기 중에서 37Vol% 일 때 한계산소농도는 약 몇 vol%인가?

① 13.2　　　　　　　　② 14.5
③ 15.5　　　　　　　　④ 16.5

정답 ①

해설 • 이론소화농도 : $\dfrac{21-O_2}{21}\times 100$ (O_2 : 산소농도), $37=\dfrac{21-O_2}{21}\times 100$, $O_2=13.23\%$

10 밀폐된 공간에 이산화탄소를 방사하여 산소의 체적 농도를 12% 되게 하려면 상대적으로 방사된 이산화탄소의 농도는 얼마가 되어야 하는가?

① 25.40%　　　　　　② 28.70%
③ 38.35%　　　　　　④ 42.86%

정답 ④

해설 • 이론소화농도 : $\dfrac{21-O_2}{21}\times 100$ (O_2 : 산소농도), $\dfrac{21-12}{21}\times 100 = 42.86\%$

11 화재 시 이산화탄소를 방출하여 산소농도를 13vol%로 낮추어 소화하기 위한 공기 중 이산화탄소의 농도는 약 몇 vol%인가?

① 9.5　　　　　　　　② 25.8
③ 38.1　　　　　　　　④ 61.5

정답 ③

해설 $CO_2 = \dfrac{21-O_2}{21}\times 100 = \dfrac{21-13}{21}\times 100 = 38.1\%$

12 상온·상압의 공기 중에서 탄화수소류의 가연물을 소화하기 위한 이산화탄소 소화약제의 농도는 약 몇 %인가? (단, 탄화수소류는 산소농도가 10%일 때 소화된다고 가정한다.)

① 28.57　　　　　　　② 35.48
③ 49.56　　　　　　　④ 52.38

정답 ④

해설 $CO_2 = \dfrac{21-O_2}{21}\times 100 = \dfrac{21-10}{21}\times 100 = 52.38\%$

CHAPTER 05 할론 소화약제

01 개요

할로겐족 원소인 불소, 염소, 브롬을 탄화수소인 메탄, 에탄의 수소원자와 치환시켜 만들어진 소화약제를 말한다.

02 소화약제의 종류 및 성질

(1) 할론소화약제의 종류 : Halon 1301, Halon 2402, Halon 1211, Halon 1011

(2) 명명법

약제명 \ 구성	C(탄소)	F(불소)	Cl(염소)	Br(브롬)	화학식
HALON 1301	1	3	0	1	CF_3Br
HALON 2402	2	4	0	2	$C_2F_4Br_2$
HALON 1211	1	2	1	1	CF_2ClBr

(3) 물리적 성질

물성 \ 종류	할론 1301 (상온, 상압 : 기체)	할론 1211 (상온, 상압 : 기체)	할론 2402 (상온, 상압 : 액체)
분자식	CF_3Br	CF_2ClBr	$C_2F_4Br_2$
분자량	149	165	260
상태(20[℃])	기체	기체	액체
오존층파괴지수	14.1	2.4	6.6
증기비중	5.1	5.7	9.0

03 할론소화약제 소화작용 (A[밀폐], B, C급 적응성)

(1) 부촉매소화작용(주소화효과), 연쇄반응 차단효과

(2) 질식 및 냉각작용

04 할론소화약제 장점 및 단점

(1) 장점

① 화재진화 후 깨끗하다.

② 부촉매작용으로 연소억제 효과가 크다.
③ 금속에 대한 부식성이 작다.
④ 비전도성이므로 전기화재에 유효하다.
⑤ 소화약제의 변질 및 분해가 없다.

(2) 단점
① 소화약제의 가격이 고가이다.
② 소화약제를 전량 수입에 의존한다.
③ 오존층을 파괴한다.
④ 열 흡수능력이 크므로 지구 온난화를 일으킨다.

05 할론소화약제 기타 내용

(1) 전기음성도 및 소화효과
① 전기음성도 : F > Cl > Br > I
② 부촉매 효과(독성) : I > Br > Cl > F

(2) 오존파괴지수 및 지구온난화지수
① 오존파괴지수(ODP) : 오존 파괴 능력을 상대적으로 나타낸 지표

$$ODP = \frac{비교물질\ 1kg이\ 파괴하는\ 오존량}{CFC-11\ 1kg이\ 파괴하는\ 오존량}$$

분류	IG-541	Halon 1301	Halon 2402	Halon 1211	CO_2
ODP	0	14	6.6	2.4	0.05

② 지구온난화지수 (GWP)

$$GWP = \frac{비교물질\ 1kg이\ 기여하는\ 지구온난화정도}{CO_2\ 1kg이\ 기여하는\ 지구온난화정도}$$

CHAPTER 05 할론 소화약제

01 Halon 1211의 화학식에 해당하는 것은?

① CH_2BrCl
② CF_2ClBr
③ CH_2BrF
④ CF_2HBr

정답 ②

해설

구성 약제명	C(탄소)	F(불소)	Cl(염소)	Br(브롬)	화학식
HALON 1301	1	3	0	1	CF_3Br
HALON 2402	2	4	0	2	$C_2F_4Br_2$
HALON 1211	1	2	1	1	CF_2ClBr

02 Halon 1301의 분자식은?

① CH_3Cl
② CH_3Br
③ CF_3Cl
④ CF_3Br

정답 ④

해설 할론 1301의 분자식은 CF_3Br이다.

03 다음 중 증기 비중이 가장 큰 것은?

① Halon 1301
② Halon 2402
③ Halon 1211
④ Halon 104

정답 ②

해설 Halon 2402의 증기비중이 가장 크다.

(보기①) Halon 1301 : $\dfrac{149(1301\ 분자량)}{29(공기\ 분자량)} = 5.1$

(보기②) Halon 2402 : $\dfrac{260(2402\ 분자량)}{29(공기\ 분자량)} = 9$

(보기③) Halon 1211 : $\dfrac{165(1211\ 분자량)}{29(공기\ 분자량)} = 5.7$

(보기④) Halon 104 : $\dfrac{153(104\ 분자량)}{29(공기\ 분자량)} = 5.3$

04 다음 원소 중 할로겐족 원소인 것은?
① Ne
② Ar
③ Cl
④ Xe

> **정답** ③
> **해설** 할로겐족 원소의 종류에는 F,Cl,Br,I가 있다.

05 다음 중 상온 상압에서 액체인 것은?
① 탄산가스
② 할론 1301
③ 할론 2402
④ 할론 1211

> **정답** ③
> **해설** 할론 2402만 상온, 상압에서 액체로 존재한다.
>
> | 물성 \ 종류 | 할론 1301 (상온, 상압 : 기체) | 할론 1211 (상온, 상압 : 기체) | 할론 2402 (상온, 상압 : 액체) |
> |---|---|---|---|
> | 분자식 | CF_3Br | CF_2ClBr | $C_2F_4Br_2$ |
> | 분자량 | 149 | 165 | 260 |
> | 상태(20[℃]) | 기체 | 기체 | 액체 |
> | 오존층파괴지수 | 14.1 | 2.4 | 6.6 |
> | 증기비중 | 5.1 | 5.7 | 9.0 |

06 소화효과를 고려하였을 경우 화재 시 사용할 수 있는 물질이 아닌 것은?
① 이산화탄소
② 아세틸렌
③ Halon 1211
④ Halon 1301

> **정답** ②
> **해설** 아세틸렌은 가연성 가스로 화재시 소화약제로 사용할 수 없다.

07 할론계 소화약제의 주된 소화효과 및 방법에 대한 설명으로 옳은 것은?
① 소화약제의 증발잠열에 의한 소화방법이다.
② 산소의 농도를 15% 이하로 낮게 하는 소화 방법이다.
③ 소화약제의 열분해에 의해 발생하는 이산화탄소에 의한 소화방법이다.
④ 자유활성기(free radical)의 생성을 억제하는 소화방법이다.

정답 ④
해설 할론계 소화약제의 주된 소화효과는 부촉매 효과 이다.

08 다음 원소 중 전기 음성도가 가장 큰 것은?
① F
② Br
③ Cl
④ I

정답 ①
해설 ● 할론소화약제 전기음성도 및 소화효과
① 전기음성도 : F 〉 Cl 〉 Br 〉 I
② 부촉매 효과(독성) : I 〉 Br 〉 Cl 〉 F

09 할로겐원소의 소화효과가 큰 순서대로 배열된 것은?
① I 〉 Br 〉 Cl 〉 F
② Br 〉 I 〉 F 〉 Cl
③ Cl 〉 F 〉 I 〉 Br
④ F 〉 Cl 〉 Br 〉 I

정답 ①
해설 • 소화효과 : F 〈 Cl 〈 Br 〈 I
• 전기음성도 : F 〉 Cl 〉 Br 〉 I

10 다음의 소화약제 중 오존 파괴 지수(ODP)가 가장 큰 것은?
① 할론 104
② 할론 1301
③ 할론 1211
④ 할론 2402

정답 ②
해설 할론 1301은 소화효과가 가장 크고 독성이 약하며 ODP가 가장 크다.

물성 \ 종류	할론 1301 (상온, 상압 : 기체)	할론 1211 (상온, 상압 : 기체)	할론 2402 (상온, 상압 : 액체)
오존층파괴지수	14.1	2.4	6.6

CHAPTER 06 할로겐화합물 및 불활성기체소화약제

01 용어의 정의

(1) "할로겐화합물 및 불활성기체소화약제"란 할로겐화합물(할론 1301, 할론 2402, 할론 1211 제외) 및 불활성기체로서 전기적으로 비전도성이며 휘발성이 있거나 증발 후 잔여물을 남기지 않는 소화약제를 말한다.

(2) "할로겐화합물소화약제"란 불소, 염소, 브롬 또는 요오드 중 하나 이상의 원소를 포함하고 있는 유기화합물을 기본성분으로 하는 소화약제를 말한다.

(3) "불활성기체소화약제"란 헬륨, 네온, 아르곤 또는 질소가스 중 하나 이상의 원소를 기본성분으로 하는 소화약제를 말한다.

02 소화약제의 종류 및 구비조건

(1) 소화약제의 종류

소화약제	화학식	약제명	최대허용 설계농도(%)	상품명
퍼플루오로부탄	C_4F_{10}	FC-3-1-10	40	CEA-410
하이드로클로로플루오로카본 혼화제	HCFC-22(82%) HCFC-124(9.5%) HCFC-123(4.75%) $C_{10}H_{16}$(3.75%)	HCFC BLEND A	10	NAF S-Ⅲ
클로로테트라플루오르에탄	$CHClFCF_3$	HCFC-124	1.0	FE-241
펜타플루오로에탄	CHF_2CF_3	HFC-125	11.5	FE-25
헵타플루오로프로판	CF_3CHFCF_3	HFC-227ea	10.5	FM-200
트리플루오로메탄	CHF_3	HFC-23	30	FE-13
헥사플루오로프로판	$CF_3CH_2CF_3$	HFC-236fa	12.5	
트리플루오로이오다이드	CF_3I	FIC-13I1	0.3	
불연성·불활성기체혼합가스	Ar	IG-01	43	
불연성·불활성기체혼합가스	N_2	IG-100	43	
불연성·불활성기체혼합가스	N_2(52%), Ar(40%) CO_2(8%)	IG-541	43	Inergen
불연성·불활성기체혼합가스	N_2(50%), Ar(50%)	IG-55	43	
도데카플루오로-2-메틸펜탄-3-원	$CF_3CF_2C(O)CF(CF_3)_2$	FK-5-1-12	10	

(2) 소화약제의 구비조건
① 소화성능이 우수할 것 : 할로겐화합물과 동일 수준
② 독성이 낮을 것 : 설계농도 NOAEL 이하
③ 환경영향성 낮을 것 : ODP(↓), GWP(↓), ALT(↓)
④ 물성이 좋을 것 : 소화 후 잔존물이 없고 비전도성.
⑤ 저장 안정성이 있을 것 : 저장 시 분해, 부식이 없다.
⑥ 경제성이 좋을 것

> 참고
> (1) NOAEL
>   ① No Observable Adverse Effect Level
>   ② 해로운 영향이 관측되지 않는 최대농도
>   ③ 농도를 증가시킬 때 아무런 악영향을 감지할 수 없는 최대농도
> (2) LOAEL
>   ① Lowest Observable Adverse Effect Level
>   ② 해로운 영향이 관측되는 최소농도
>   ③ 농도를 감소시킬 때 악영향을 감지할 수 없는 최소농도

03 소화작용 (A[밀폐], B, C급 적응성)
(1) 할로겐화합물 : 냉각 및 질식효과, 부촉매소화효과(주된 효과)
(2) 불활성기체 : 냉각 및 질식(주된 효과) 효과

04 소화약제 장점 및 단점
(1) 장점
① 화재진화 후 깨끗하다.
② 일반화재에서도 사용 가능하다.
③ 소화능력이 우수하다.
④ 증거보존이 가능하다.
⑤ 대체적으로 지구온난화지수가 낮고 오존층파괴를 하지 않는다.

(2) 단점 : 소화약제의 가격이 고가이다.

CHAPTER 06 할로겐화합물 및 불활성기체소화약제

01 소화약제 중 HFC-125의 화학식으로 옳은 것은?
① CHF_2CF_3
② CHF_3
③ CF_3CHFCF_3
④ CF_3I

> **정답** ①
> **해설** (보기②) CHF_3 : HFC-23
> (보기③) CF_3CHFCF_3 : HFC-227ea
> (보기④) CF_3I : FIC-13I1

02 소화약제인 IG-541의 성분이 <u>아닌</u> 것은?
① 질소
② 아르곤
③ 헬륨
④ 이산화탄소

> **정답** ③
> **해설** IG-541은 N_2(52%), Ar(40%), CO_2(8%) 로 이루어져 있다.

03 불활성 가스에 해당하는 것은?
① 수증기
② 일산화탄소
③ 아르곤
④ 아세틸렌

> **정답** ③
> **해설** 아르곤은 0족원소로 불활성 가스 이다.

04 FM 200이라는 상품명을 가지며 오존파괴지수(ODP)가 0인 할론 대체 소화약제는 무슨 계열인가?
① HFC 계열
② HCFC 계열
③ FC 계열
④ Blend 계열

정답 ①
해설 HFC계열에 대한 설명이다.

05 할로겐화합물 소화약제에 관한 설명으로 옳지 <u>않은</u> 것은?
① 연쇄반응을 차단하여 소화한다.
② 할로겐족 원소가 사용된다.
③ 전기에 도체이므로 전기화재에 효과가 있다.
④ 소화약제의 변질분해 위험성이 낮다.

정답 ③
해설 할로겐화합물 소화약제는 전기에 부도체 이므로 전기화재에 효과가 있다.

06 할로겐화합물 소화약제는 일반적으로 열을 받으면 할로겐족이 분해되어 가연물질의 연소 과정에서 발생하는 활성종과 화합하여 연소의 연쇄반응을 차단한다. 연쇄반응의 차단과 가장 거리가 먼 소화약제는?
① FC-3-1-10
② HFC-125
③ IG-541
④ FIC-1311

정답 ③
해설 IG-541은 불활성기체 소화약제 이다.

07 다음 중 전산실, 통신 기기실 등에서의 소화에 가장 적합한 것은?
① 스프링클러설비
② 옥내소화전설비
③ 분말소화설비
④ 할로겐화합물 및 불활성기체 소화설비

정답 ④
해설 C급 화재가 발생할 수 있는 장소에는 가스계 소화설비를 사용한다.

CHAPTER 07 분말소화약제

01 개요

고체 물질의 미세한 분말은 정도의 차이는 있으나 소화 능력을 가지고 있으며, 이러한 특성을 이용한 것이 분말 소화약제이다. 분말소화약제는 탄산수소나트륨, 탄산수소칼륨, 제1인산암모늄 등의 물질을 미세한 분말로 만들어 유동성을 높인 후 이를 가스압(주로 N_2 또는 CO_2의 압력)으로 분출시켜 소화하는 약제이다. 사용되는 분말의 입도는 10 ~ 70㎛범위이며 최적의 소화효과를 나타내는 입도는 20 ~ 25㎛이다.

02 소화약제의 종류

종류	제1종	제2종	제3종	제4종
주성분	중탄산나트륨 (= 탄산수소나트륨)	중탄산칼륨 (= 탄산수소칼륨)	제1인산암모늄	중탄산칼륨 + 요소 (탄산수소칼륨 + 요소)
분자식	$NaHCO_3$	$KHCO_3$	$NH_4H_2PO_4$	$KHCO_3 + (NH_2)_2CO$
착색	백색	보라색/담회색	담홍색	회색
적응화재	B급, C급	B급, C급	A급, B급, C급	B급, C급
내용적	0.8 ℓ	1 ℓ	1 ℓ	1.25 ℓ
특징	① 비누화반응 ② knock down효과 ③ 식용유화재	1종 보다 소화력우수	① 주차장 화재 적합 ② 메타인산의 방진작용 ③ 탈수·탄화 작용 ④ 가장 많이 사용	소화성능 가장우수 국내제조안됨

03 소화약제 구비조건

(1) 내습성이 우수할 것
(2) 유동성이 좋을 것
(3) 비고화성일 것
(4) 분말입자 미세도가 적절할 것
(5) 겉보기 비중이 일정할 것
(6) 부식성 및 독성이 없을 것

04 소화약제의 종류 및 성상(분말의 가장큰 소화효과는 부촉매효과이다.)

(1) 제1종 분말소화약제

① 주성분 : 탄산수소나트륨($NaHCO_3$)

② 색상 및 적응화재 : 백색(B · C급, K급)

③ 열분해 반응식

- $2NaHCO_3 \xrightarrow[\triangle]{270[℃]} Na_2CO_3 + CO_2 + H_2O - 30.3[kcal]$

- $2NaHCO_3 \xrightarrow[\triangle]{850[℃]} Na_2O_2 + 2CO_2 + H_2O - 104.4[kcal]$

④ 소화효과

㉠ Na이온의 억제소화

㉡ H_2O, CO_2의 질식소화

㉢ 흡열반응에 의한 냉각

㉣ 비누화현상

㉤ 분말이 가연물을 덮는 피복소화

⑤ 장점 및 단점

㉠ 장점 : 가격이 저렴하다. B, C급화재에도 적응성이 있다. K급화재에도 적응성이 있다.

㉡ 단점 : A급 화재에 적응성이 없다. 재착화의 우려가 있다.

(2) 제2종 분말소화약제

① 주성분 : 탄산수소칼륨($KHCO_3$)

② 색상 및 적응화재 : 담자색(B · C급)

③ 열분해 반응식

- $2KHCO_3 \xrightarrow[\triangle]{190[℃]} K_2CO_3 + CO_2 + H_2O - 29.82[kcal]$

- $2KHCO_3 \xrightarrow[\triangle]{891[℃]} K_2O_2 + 2CO_2 + H_2O - 127.1[kcal]$

④ 소화효과

㉠ K 이온의 억제소화

㉡ H_2O, CO_2의 질식소화

㉢ 흡열반응에 의한 냉각 소화

㉣ 분말이 가연물을 덮는 피복소화

⑤ 장점 및 단점

㉠ 장점 : 1종 분말 보다 소화성능이 우수 하다.

㉡ 단점 : A급 화재에 적응성이 없다.

(3) 제3종 분말소화약제
　① 주성분 : 제1인산 암모늄($NH_4H_2PO_4$)
　② 색상 및 적응화재 : 담홍색 (A · B · C급)
　③ 열분해 반응식
　　• $NH_4H_2PO_4 \xrightarrow[\triangle]{166[℃]} H_3PO_4 + NH_3$
　　• $NH_4H_2PO_4 \xrightarrow[\triangle]{360[℃]} HPO_3 + NH_3 + H_2O - 76.95[kcal]$
　④ 소화효과
　　㉠ 흡열반응에 의한 냉각
　　㉡ 불연성 가스 H_2O 에 의한 질식 소화
　　㉢ 올소인산(H_3PO_4)에 의한 탈수 및 탄화 작용
　　㉣ 열분해에 의해 유리된 암모늄이온(NH_3)의 부촉매작용에 의한 연쇄반응 억제효과
　　㉤ 메타인산(HPO_3)의 방진효과 및 재발화방지 효과
　⑤ 장점 및 단점
　　㉠ 장점 : A, B, C급 화재에 적응성이 있다.
　　㉡ 단점 : 심부화재에서는 적응성이 낮다. 소화력이 2종,4종보다 낮다.

(4) 제4종 분말소화약제
　① 주성분 : 탄산수소칼륨 + 요소($KHCO_3$ + $(NH_2)_2CO$)
　② 색상 및 적응화재 : 회색 (B · C급)
　③ 열분해 반응식 : $2KHCO_3 + CO(NH_2)_2 \rightarrow K_2CO_3 + 2NH_3 + 2CO_2 - Q\,[kcal]$
　④ 소화효과는 2종과 같이 부촉매효과, 냉각 및 질식효과를 가진다.
　⑤ 장점 및 단점
　　㉠ 장점 : 소화성능이 가장 우수하다.
　　㉡ 단점 : 가격이 비싸다.

05 knock down 효과 및 비누화현상

(1) knock down 효과

분말소화약의 미세한 분말가루가 화염을 포위하여 가연물표면에 흡착되어 부촉매작용에 의한 연쇄반응을 억제하여 순식간에 화염이 꺼지게 되는 것을 말한다. 일반적으로 분말약제 개시 후 10초 ~ 20초 이내에 소화되게 하며 30초경과 후에는 소화가 불가능한 상태로 된다.

(2) 비누화 현상

　① 비누화현상 발생원리 : $NaHCO_3$를 지방이나 식용유의 화재에 사용하면 탄산수소나트륨의 Na^+이온과 기름(지방이나 식용유)의 지방산이 결합하여 비누거품을 형성하게 된다.
　② 화재에 미치는 효과 : 비누거품이 가연물을 덮어 산소공급을 차단하여 질식소화 한다.

CHAPTER 07 분말소화약제

01 탄산수소나트륨이 주성분인 분말 소화약제는?
① 제1종 분말 ② 제2종 분말
③ 제3종 분말 ④ 제4종 분말

> **정답** ①
> **해설** 탄산수소나트륨이 주성분인 분말은 1종 분말 소화약제이다.

종류	제1종	제2종	제3종	제4종
주성분	중탄산나트륨 (= 탄산수소나트륨)	중탄산칼륨 (= 탄산수소칼륨)	제1인산암모늄	중탄산칼륨 + 요소 (탄산수소칼륨 + 요소)
분자식	$NaHCO_3$	$KHCO_3$	$NH_4H_2PO_4$	$KHCO_3+(NH_2)_2CO$
착색	백색	보라색/담회색	담홍색	회색
적응화재	B급, C급	B급, C급	A급, B급, C급	B급, C급
내용적	0.8ℓ	1ℓ	1ℓ	1.25ℓ
특징	① 비누화반응 ② knock down효과 ③ 식용유화재	1종 보다 소화력우수	① 주차장 화재 적합 ② 메타인산의 방진작용 ③ 탈수·탄화 작용 ④ 가장 많이 사용	소화성능 가장우수 국내제조안됨

02 화재 시 소화에 관한 설명으로 틀린 것은?
① 내알코올포소화약제는 수용성 용제의 화재에 적합하다.
② 물은 불에 닿을 때 증발하면서 다량의 열을 흡수하여 소화한다.
③ 제3종 분말소화약제는 식용유 화재에 적합하다.
④ 할로겐화합물소화약제는 연쇄반응을 억제하여 소화한다.

> **정답** ③
> **해설** 식용유 화재에 적합한 분말약제는 1종 분말소화약제이다.

03 분말소화약제에 관한 설명 중 틀린 것은?
① 제1종 분말은 담홍색 또는 황색으로 착색되어 있다.
② 분말의 고화를 방지하기 위하여 실리콘 수지 등으로 방습처리 한다.
③ 일반화재에도 사용할 수 있는 분말소화약제는 제3종 분말이다.
④ 제2종 분말의 열분해식은 $2KHCO_3 \rightarrow K_2CO_3 + CO_2 + H_2O$

> **정답** ①
> **해설** 제1종 분말은 백색으로 착색되어 있다.

04 제2종 분말소화약제의 주성분으로 옳은 것은?

① NaH_2PO_4　　　② KH_2PO_4
③ $NaHCO_3$　　　④ $KHCO_3$

> **정답** ④
> **해설** 2종 분말소화약제의 주성분은 탄산 수소 칼륨($KHCO_3$) 이다.

05 분말소화약제 중 A급, B급, C급 화재에 모두 사용할 수 있는 것은?

① 제1종 분말　　　② 제2종 분말
③ 제3종 분말　　　④ 제4종 분말

> **정답** ③
> **해설** 3종 분말에 대한 설명이다.

06 제3종 분말소화약제의 주성분은?

① 인산암모늄　　　② 탄산수소칼륨
③ 탄산수소나트륨　　　④ 탄산수소칼륨과 요소

> **정답** ①
> **해설** 3종 분말의 주성문은 제 1인산암모늄이다.

07 열분해에 의해 가연물 표면에 유리상의 메타인산 피막을 형성하여 연소에 필요한 산소의 유입을 차단하는 분말약제는?

① 요소　　　② 탄산수소칼륨
③ 제1인산암모늄　　　④ 탄산수소나트륨

> **정답** ③
> **해설** 메타인산의 피막 형성에 의한 효과는 3종 분말을 이야기한다.

08 $NH_4H_2PO_4$를 주성분으로 한 분말소화약제는 제 몇 종 분말소화약제인가?
① 제1종　　　　　　　　② 제2종
③ 제3종　　　　　　　　④ 제4종

정답 ③
해설 제1인산암모늄이 주성분인 분말소화약제는 3종 분말 소화약제이다.

09 분말 소화약제의 취급 시 주의사항으로 틀린 것은?
① 습도가 높은 공기 중에 노출되면 고화되므로 항상 주의를 기울인다.
② 충진시 다른 소화약제와 혼합을 피하기 위하여 종별로 각각 다른 색으로 착색되어 있다.
③ 실내에서 다량 방사하는 경우 분말을 흡입하지 않도록 한다.
④ 분말 소화약제와 수성막포를 함께 사용할 경우 포의 소포 현상을 발생시키므로 병용해서는 안된다.

정답 ④
해설 분말소화약제와 수성막포는 함께 사용이 가능하다.

10 제3종 분말소화약제에 대한 설명으로 틀린 것은?
① A,B,C급 화재에 모두 적응한다.
② 주성분은 탄산수소칼륨과 요소이다.
③ 열분해시 발생되는 불연성 가스에 의한 질식효과가 있다.
④ 분말운무에 의한 열방사를 차단하는 효과가 있다.

정답 ②
해설 (보기②)는 4종 분말에 대한 설명이다.

11 분말 소화약제 분말입도의 소화성능에 관한 설명으로 옳은 것은?
① 미세할수록 소화성능이 우수하다.
② 입도가 클수록 소화성능이 우수하다.
③ 입도와 소화성능과는 관련이 없다.
④ 입도가 너무 미세하거나 너무 커도 소화성능은 저하된다.

정답 ④
해설 입도가 너무 미세하거나 너무 커도 소화성능은 저하되며 적당해야 한다.

12 소화약제로 사용할 수 없는 것은?
  ① $KHCO_3$ ② $NaHCO_3$
  ③ CO_2 ④ NH_3

> **정답** ④
> **해설** (보기④) 암모니아는 소화약제로 사용하지 않는다.
>   (보기①) 중탄산칼륨(제2종 분말)
>   (보기②) 중탄산나트륨(제1종 분말)
>   (보기③) 이산화탄소 소화약제

13 주성분이 인산염류인 제 3종 분말소화약제가 다른 분말소화약제와 다르게 A급 화재에 적용할 수 있는 이유는?
  ① 열분해 생성물인 CO_2가 열을 흡수하므로 냉각에 의하여 소화된다.
  ② 열분해 생성물인 수증기가 산소를 차단하여 탈수작용을 한다.
  ③ 열분해 생성물인 메타인산(HPO_3)이 산소의 차단 역할을 하므로 소화가 된다.
  ④ 열분해 생성물인 암모니아가 부촉매작용을 하므로 소화가 된다.

> **정답** ③
> **해설** 열분해생성물인 메타인산(HPO_3)이 산소의 차단역할을 하므로 일반화재에 적합하다.

14 분말소화약제 중 탄산수소칼륨($KHCO_3$)과 요소($CO(NH_2)_2$)와의 반응물을 주성분으로 하는 소화약제는?
  ① 제 1종 분말 ② 제 2종 분말
  ② 제 3종 분말 ④ 제 4종 분말

> **정답** ④
> **해설** 4종 분말에 대한 설명이다.

PART 05 소방시설론

CHAPTER 01 소방시설

CHAPTER 01 소방시설

01 소방시설법 시행령 [별표 1]

소방시설(제3조 관련)

1. **소화설비** : 물 또는 그 밖의 소화약제를 사용하여 소화하는 기계·기구 또는 설비로서 다음 각 목의 것

   가. 소화기구
      1) 소화기
      2) 간이소화용구 : 에어로졸식 소화용구, 투척용 소화용구, 소공간용 소화용구 및 소화약제 외의 것을 이용한 간이소화용구
      3) 자동확산소화기

   나. 자동소화장치
      1) 주거용 주방자동소화장치
      2) 상업용 주방자동소화장치
      3) 캐비닛형 자동소화장치
      4) 가스자동소화장치
      5) 분말자동소화장치
      6) 고체에어로졸자동소화장치

   다. 옥내소화전설비(호스릴옥내소화전설비를 포함한다)

   라. 스프링클러설비등
      1) 스프링클러설비
      2) 간이스프링클러설비(캐비닛형 간이스프링클러설비를 포함한다)
      3) 화재조기진압용 스프링클러설비

   마. 물분무등소화설비
      1) 물 분무 소화설비
      2) 미분무소화설비
      3) 포소화설비
      4) 이산화탄소소화설비
      5) 할론소화설비
      6) 할로겐화합물 및 불활성기체 소화설비
      7) 분말소화설비
      8) 강화액소화설비
      9) 고체에어로졸소화설비

   바. 옥외소화전설비

2. **경보설비** : 화재발생 사실을 통보하는 기계·기구 또는 설비로서 다음 각 목의 것
   가. 단독경보형 감지기
   나. 비상경보설비
      1) 비상벨설비
      2) 자동식사이렌설비
   다. 시각경보기
   라. 자동화재탐지설비
   마. 비상방송설비
   바. 자동화재속보설비
   사. 통합감시시설
   아. 누전경보기
   자. 가스누설경보기
   차. 화재알림설비

3. **피난구조설비** : 화재가 발생할 경우 피난하기 위하여 사용하는 기구 또는 설비로서 다음 각 목의 것
   가. 피난기구
      1) 피난사다리
      2) 구조대
      3) 완강기 (간이 완강기)
      4) 그 밖에 법 제9조제1항에 따라 소방청장이 정하여 고시하는 화재안전기준(이하 "화재안전기준"이라 한다)으로 정하는 것
   나. 인명구조기구
      1) 방열복, 방화복(안전헬멧, 보호장갑 및 안전화를 포함한다)
      2) 공기호흡기
      3) 인공소생기
   다. 유도등
      1) 피난유도선
      2) 피난구유도등
      3) 통로유도등
      4) 객석유도등
      5) 유도표지
   라. 비상조명등 및 휴대용비상조명등

4. **소화용수설비** : 화재를 진압하는 데 필요한 물을 공급하거나 저장하는 설비로서 다음 각 목의 것
    가. 상수도소화용수설비
    나. 소화수조·저수조, 그 밖의 소화용수설비

5. **소화활동설비** : 화재를 진압하거나 인명구조활동을 위하여 사용하는 설비로서 다음 각 목의 것
    가. 제연설비
    나. 연결송수관설비
    다. 연결살수설비
    라. 비상콘센트설비
    마. 무선통신보조설비
    바. 연소방지설비

CHAPTER 01 소방시설

01 소화기구 및 자동소화장치의 화재안전기준에 따르면 소화기구(자동확산소화기는 제외)는 거주자 등이 손쉽게 사용할 수 있는 장소에 바닥으로부터 높이 몇 m 이하의 곳에 비치하여야 하는가?
① 0.5
② 1.0
③ 1.5
④ 2.0

정답 ③
해설 소화기구는 바닥으로부터 1.5[m] 이하에 설치한다.

02 화재발생 시 피난기구로 직접 활용할 수 없는 것은?
① 완강기
② 무선통신보조설비
③ 피난사다리
④ 구조대

정답 ②
해설 무선통신보조설비는 소화활동 설비로서 소화활동시 소방공무원이 사용한다.

03 이산화탄소 소화약제 저장용기의 설치장소에 대한 설명 중 옳지 않은 것은?
① 반드시 방호구역 내의 장소에 설치한다.
② 온도의 변화가 적은 곳에 설치한다.
③ 방화문으로 구획된 실에 설치한다.
④ 해당 용기가 설치된 곳임을 표시하는 표지를 한다.

정답 ①
해설 ● 저장용기 설치장소
　1. 방호구역외의 장소에 설치할 것. 다만, 방호구역내에 설치할 경우에는 피난 및 조작이 용이하도록 피난구부근에 설치하여야 한다.
　2. 온도가 40℃ 이하이고, 온도변화가 적은 곳에 설치할 것
　3. 직사광선 및 빗물이 침투할 우려가 없는 곳에 설치할 것
　4. 방화문으로 구획된 실에 설치할 것
　5. 용기의 설치장소에는 해당 용기가 설치된 곳임을 표시하는 표지를 할 것
　6. 용기간의 간격은 점검에 지장이 없도록 3cm 이상의 간격을 유지할 것
　7. 저장용기와 집합관을 연결하는 연결배관에는 체크밸브를 설치할 것. 다만, 저장용기가 하나의 방호구역만을 담당하는 경우에는 그러하지 아니하다.

04 다음 중 인명구조기구에 속하지 <u>않는</u> 것은?
① 방열복
② 공기안전매트
③ 공기호흡기
④ 인공소생기

> **정답** ②
> **해설** ● 인명구조기구의 종류
>   방열복, 방화복, 공기호흡기, 인공소생기가 있다.

05 특정소방대상물(소방안전관리대상물은 제외)의 관계인과 소방안전관리대상물의 소방안전관리자의 업무가 <u>아닌</u> 것은?
① 화기 취급의 감독
② 자체소방대의 운용
③ 소방 관련 시설의 유지·관리
④ 피난시설, 방화구획 및 방화시설의 유지·관리

> **정답** ②
> **해설** 자위소방대의 운용이 소방안전관리자의 업무에 해당한다.

06 화재실의 연기를 옥외로 배출시키는 제연방식으로 효과가 가장 적은 것은?
① 자연제연방식
② 스모크타워제연방식
③ 기계제연방식
④ 냉난방설비를 이용한 제연방식

> **정답** ④
> **해설** 냉난방설비를 이용한 제연방식은 제연방식 종류에 해당되지 않는다.

07 소방시설 중 피난구조설비에 해당하지 <u>않는</u> 것은?
① 무선통신보조설비
② 완강기
③ 구조대
④ 공기안전매트

> **정답** ①
> **해설** 무선통신 보조설비는 소화활동 설비이다.

08 화재에 관련된 국제적인 규정을 제정하는 단체는?

① IMO(International Matritime Organization)
② SEPE(Society of Fire Protection Engineers)
③ NFPA(Nation Fire Protection Association)
④ ISO(International Organization for Standardization)

> **정답** ④
> **해설** 화재와 관련된 국제적인 규정을 제정하는 단체는 ISO 이다.

Ⅱ 소방법규

쉽고 빠르게 합격하는 소방설비(산업)기사 필기시험 대비

PART 01 소방기본법

CHAPTER 01 총칙
CHAPTER 02 소방장비 및 소방용수시설 등
CHAPTER 03 소방활동 등
CHAPTER 04 한국소방안전원
CHAPTER 05 보칙

CHAPTER 01 총칙

01 제1조 목적

(1) 화재를 예방·경계하거나 진압

(2) 화재, 재난·재해, 그 밖의 위급한 상황에서의 구조·구급 활동

(3) 국민의 생명·신체 및 재산을 보호

(4) 공공의 안녕 및 질서 유지와 복리증진에 이바지

02 제2조 정의

(1) 소방대상물 : 건축물, 차량, 항구에 매어둔 선박(정박 중인), 선박 건조 구조물, 산림, 그 밖의 인공 구조물 또는 물건

(2) 관계지역 : 소방대상물이 있는 장소 및 그 이웃 지역으로 화재의 예방·경계·진압, 구조·구급 등의 활동에 필요한 지역

(3) 관계인 : 소방대상물의 소유자·관리자 또는 점유자

(4) 소방본부장 : 시·도에서 화재의 예방·경계·진압·조사 및 구조·구급 등의 업무를 담당하는 부서의 장

(5) 소방대 : 화재를 진압하고 화재, 재난·재해, 그 밖의 위급한 상황에서 구조·구급 활동 등을 하기 위하여 다음 각 목의 사람으로 구성된 조직체 : 소방공무원, 의무소방원, 의용소방대원

(6) 소방대장 : 소방본부장 또는 소방서장 등 화재, 재난·재해, 그 밖의 위급한 상황이 발생한 현장에서 소방대를 지휘하는 사람

03 제3조 소방기관의 설치 등

(1) 소방업무 : 시·도의 화재 예방·경계·진압 및 조사, 소방안전교육·홍보와 화재, 재난·재해, 그 밖의 위급한 상황에서의 구조·구급 등의 업무(소방기관 설치에 필요한 사항 : 대통령령)

(2) 소방업무수행 : 소방본부장 또는 소방서장

(3) 소방업무의 지휘와 감독 : 시·도지사 (시·도지사 직속으로 소방본부를 둠)

(4) 소방청장은 화재 예방 및 대형 재난 등 필요한 경우 시·도 소방본부장 및 소방서장을 지휘·감독

04 제4조 119종합상황실의 설치와 운영

설치·운영자	소방청장, 소방본부장, 소방서장
설치 목적	화재, 재난·재해, 구조·구급 필요한 상황 발생시 신속한 소방 활동 위한 ① 정보의 수집·분석과 판단·전파 ② 상황관리 ③ 현장 지휘 및 조정·통제 등의 업무를 수행
설치 운영 필요 사항 [행정안전부령]	① 설치장소 : 소방청과 시·도 소방본부 및 소방서에 각각 설치 및 운영 ② 종합상황실에 필요한 장비 및 인력 1. 전산·통신요원 2. 유·무선통신시설 3. 24시간 운영체제
종합상황 실장 업무 [행정안전부령]	① 재난상황의 발생의 신고접수 ② 재난상황을 검토하여 가까운 소방서에 인력 및 장비의 동원을 요청하는 등 사고수습 ③ 하급소방기관에 출동지령 또는 동급 이상의 소방기관 및 유관기관에 대한 지원 요청 ④ 재난상황의 전파 및 보고 ⑤ 재난상황이 발생한 현장에 대한 지휘 및 피해현황의 파악 ⑥ 재난상황의 수습에 필요한 정보수집 및 제공
상부보고사항 (서면·팩스· 컴퓨터) [행정안전부령]	① 사망자가 5인 이상 발생하거나 사상자가 10인 이상 발생한 화재 ② 이재민이 100인 이상 발생한 화재 ③ 재산피해액이 50억원 이상 발생한 화재 ④ 관공서·학교·정부미도정공장·문화재·지하철 또는 지하구 화재 ⑤ 관광호텔, 층수가 11층 이상인 건축물, 지하상가, 시장, 백화점, 지정수량 3천배 이상 제조소 등, 층수가 5층 이상이거나 객실이 30실 이상인 숙박시설, 층수가 5층 이상이거나 병상이 30개 이상인 병원, 연면적 1만5천㎡ 이상인 공장, 화재경계지구에서 발생한 화재 ⑥ 철도차량, 항구에 매어둔 총 톤수가 1천톤 이상인 선박, 항공기, 발전소 또는 변전소에서 발생한 화재 ⑦ 가스 및 화약류의 폭발에 의한 화재 ⑧ 다중이용업소의 화재 ⑨ 통제단장의 현장지휘가 필요한 재난상황, 언론보도 재난 상황, 소방청장이 정하는 재난상황

제4조의2(소방정보통신망 구축·운영)

소방청장 및 시·도지사는 119종합상황실 등의 효율적 운영을 위하여 소방정보통신망을 구축·운영할 수 있다.

05 제4조의2 소방기술민원센터의 설치·운영

설치·운영자	소방청장 또는 소방본부장
설치 목적	소방시설, 소방공사 및 위험물 안전관리 등과 관련된 법령해석 등의 민원을 종합적으로 접수하여 처리

설치 운영
필요 사항
[대통령]
	① 구성인원 : 센터장 포함 18명 이내로 구성
	② 소방기술민원센터 업무
	  1. 소방시설, 소방공사와 위험물 안전관리 등과 관련된 법령해석 등의 민원(이하 "소방기술민원"이라 한다)의 처리
	  2. 소방기술민원과 관련된 질의회신집 및 해설서 발간
	  3. 소방기술민원과 관련된 정보시스템의 운영·관리
	  4. 소방기술민원과 관련된 현장 확인 및 처리
	  5. 그 밖에 소방기술민원과 관련된 업무로서 소방청장 또는 소방본부장이 필요하다고 인정하여 지시하는 업무
	③ 소방청장 또는 소방본부장은 소방기술민원센터의 업무수행을 위하여 필요하다고 인정하는 경우에는 관계 기관의 장에게 소속 공무원 또는 직원의 파견을 요청할 수 있다.

06 제5조 소방박물관 및 소방체험관

소방박물관	① 설치운영 : 소방청장 ② 운영목적 : 소방의 역사와 안전문화를 발전시키고 국민의 안전의식을 높이기 위해 설치 ③ 설립 운영 필요사항 : 행정안전부령
소방체험관	① 설치운영 : 시·도지사 ② 운영목적 : 화재 현장에서의 피난 등을 체험할 수 있는 체험하기 위해 설치 ③ 설립 운영 필요사항 : 행정안전부령

07 제6조 소방업무에 관한 종합계획의 수립 및 시행 등

```
                    전년도 10.31 통보
    ┌──────────┐  ──────────────→  ┌──────────┐
    │  소방청장  │                      │  시·도지사  │
    │(종합계획 5년)│  ←──────────────  │(세부계획 매년)│
    └──────────┘    전년도 12.31 제출   └──────────┘
```

- 종합계획은 중앙행정기관의 장과 협의 거쳐 시행 전년도 10월 31일까지 수립
- 종합계획을 관계중앙행정기관의 장과 시·도지사에게 통보
- 시·도지사는 종합계획의 시행에 필요한 세부계획을 전년도 12월 31일까지 매년 수립하여 소방청장에게 제출
- 소방청장은 시·도지사가 제출한 세부계획의 보완 또는 수정 요청 가능

종합계획 포함사항	① 소방서비스의 질 향상을 위한 정책의 기본방향 ② 소방업무에 필요한 체계의 구축, 소방기술의 연구·개발 및 보급 ③ 소방업무에 필요한 장비의 구비 ④ 소방전문인력 양성 ⑤ 소방업무에 필요한 기반조성 ⑥ 소방업무의 교육 및 홍보(소방자동차 우선통행 포함) ⑦ 그 밖에 소방업무의 효율적 수행을 위하여 필요한 사항으로서 대통령령으로 정하는 사항 * 대통령령으로 정하는 사항 1. 재난·재해 환경 변화에 따른 소방업무에 필요한 대응 체계 마련 2. 장애인, 노인, 임산부, 영유아 및 어린이 등 이동이 어려운 사람을 대상으로 한 소방 활동에 필요한 조치

CHAPTER 01 총칙

01 소방기본법 제1장 총칙에서 정하는 목적의 내용으로 거리가 먼 것은?

① 구조, 구급 활동 등을 통하여 공공의 안녕 및 질서 유지
② 풍수해의 예방, 경계, 진압에 관한 계획, 예산 지원 활동
③ 구조, 구급 활동 등을 통하여 국민의 생명, 신체, 재산 보호
④ 화재, 재난, 재해 그 밖의 위급한 상황에서의 구조, 구급 활동

정답 ②
해설 소방기본법의 목적은 화재를 예방·경계하거나 진압하고 화재, 재난·재해, 그 밖의 위급한 상황에서의 구조·구급 활동 등을 통하여 국민의 생명·신체 및 재산을 보호함으로써 공공의 안녕 및 질서 유지와 복리증진에 이바지함을 목적으로 한다.

02 소방기본법의 정의상 소방대상물의 관계인이 아닌 자는?

① 감리자
② 관리자
③ 점유자
④ 소유자

정답 ①
해설 • 관계인 : 소방대상물의 소유자·관리자 또는 점유자

03 소방기본법에서 정의하는 소방대의 조직구성원이 아닌 것은?

① 의무소방원
② 소방공무원
③ 의용소방대원
④ 공항소방대원

정답 ④
해설 • 소방대 : 소방공무원, 의무소방원, 의용소방대원

04 소방기본법에서 정의하는 소방대상물에 해당되지 않는 것은?

① 산림
② 차량
③ 건축물
④ 항해 중인 선박

정답 ④
해설 • 소방대상물 : 건축물, 차량, 항구에 매어둔 선박(정박 중인), 선박 건조 구조물, 산림, 그 밖의 인공 구조물 또는 물건

05 다음 소방기본법령상 용어 정의에 대한 설명으로 옳은 것은?

① 소방대상물이란 건축물, 차량, 선박(항구에 매어둔 선박은 제외) 등을 말한다.
② 관계인이란 소방대상물의 점유예정자를 포함한다.
③ 소방대란 소방공무원, 의무소방원, 의용소방대원으로 구성된 조직체이다.
④ 소방대장이란 화재, 재난·재해, 그 밖의 위급한 상황이 발생한 현장에서 소방대를 지휘하는 사람(소방서장은 제외)이다.

> **정답** ③
> **해설** (보기①) 소방대상물이란 건축물, 차량, 선박(항구에 매어둔 선박은 제외) 등을 말한다.
> → 항구에 매어둔 선박도 포함하며 항해중인 선박을 제외한다.
> (보기②) 관계인이란 소방대상물의 점유예정자를 포함한다.
> → 관계인에는 점유자가 포함된다.
> (보기④) 소방대장이란 화재, 재난·재해, 그 밖의 위급한 상황이 발생한 현장에서 소방대를 지휘하는 사람(소방서장은 제외)이다.
> → 소방서장도 소방대장이 될 수 있다.

06 소방기본법령상 소방본부 종합상황실의 실장이 서면·팩스 또는 컴퓨터통신 등으로 소방청 종합상황실에 보고하여야 하는 화재의 기준이 아닌 것은?

① 이재민이 100인 이상 발생한 화재
② 재산피해액이 50억원 이상 발생한 화재
③ 사망자가 3인 이상 발생하거나 사상자가 5인 이상 발생한 화재
④ 층수가 5층 이상이거나 병상이 30개 이상인 종합병원에서 발생한 화재

> **정답** ③
> **해설** (보기③) 사망자가 3인 이상 발생하거나 사상자가 5인 이상 발생한 화재
> → 사망자가 5인 이상 발생하거나 사상자가 10인 이상 발생한 화재는 상부보고 한다.
> • 종합상황실 상부 보고 사항 (서면·모사전송 또는 컴퓨터통신을 이용한 상부 종합상황실에 보고)
> ① 사망자가 5인 이상 발생하거나 사상자가 10인 이상 발생한 화재
> ② 이재민이 100인 이상 발생한 화재
> ③ 재산피해액이 50억원 이상 발생한 화재
> ④ 관공서·학교·정부미도정공장·문화재·지하철 또는 지하구 화재
> ⑤ 관광호텔, 층수가 11층 이상인 건축물, 지하상가, 시장, 백화점, 지정수량 3000배 이상의 위험물의 제조소·저장소·취급소, 층수가 5층 이상이거나 객실이 30실 이상인 숙박시설, 층수가 5층 이상이거나 병상이 30개 이상인 종합병원·정신병원·한방병원·요양소, 연면적 15000㎡ 이상인 공장, 화재경계지구에서 발생한 화재
> ⑥ 철도차량, 항구에 매어둔 총 톤수가 1000톤 이상인 선박, 항공기, 발전소 또는 변전소에서 발생한 화재
> ⑦ 가스 및 화약류의 폭발에 의한 화재

07 소방기본법령상 소방본부 종합상황실 실장이 소방청의 종합상황실에 서면·모사전송 또는 컴퓨터통신 등으로 보고하여야 하는 화재의 기준 중 **틀린** 것은?

① 항구에 매어둔 총 톤수가 1000톤 이상인 선박에서 발생한 화재
② 층수가 5층 이상이거나 병상이 30개 이상인 종합병원·정신병원·한방병원·요양소에서 발생한 화재
③ 지정수량의 1000배 이상의 위험물의 제조소·저장소·취급소에서 발생한 화재
④ 연면적 15000㎡ 이상인 공장 또는 화재경계지구에서 발생한 화재

> **정답** ③
> **해설** (보기③) 지정수량의 1000배 이상의 위험물의 제조소·저장소·취급소에서 발생한 화재
> → 3000배 이상일 때에만 상부에 보고한다.

08 소방기본법령상 소방대장의 권한이 **아닌** 것은?

① 화재 현장에 대통령령으로 정하는 사람외에는 그 구역에 출입하는 것을 제한할 수 있다.
② 화재 진압 등 소방활동을 위하여 필요할 때에는 소방용수 외에 댐·저수지 등의 물을 사용할 수 있다.
③ 국민의 안전의식을 높이기 위하여 소방박물관 및 소방체험관을 설립하여 운영할 수 있다.
④ 불이 번지는 것을 막기 위하여 필요할 때에는 불이 번질 우려가 있는 소방대상물 및 토지를 일시적으로 사용할 수 있다.

> **정답** ③
> **해설** ● 설립 및 운영권자
> • 소방청장 : 소방박물관   • 시·도지사 : 소방체험관

09 소방기본법상 화재 현장에서의 피난 등을 체험할 수 있는 소방체험관의 설립·운영권자는?

① 시·도지사
② 행정안전부장관
③ 소방본부장 또는 소방서장
④ 소방청장

> **정답** ①
> **해설** ● 설립 및 운영권자
> • 소방청장 : 소방박물관   • 시·도지사 : 소방체험관

10 국민의 안전의식과 화재에 대한 경각심을 높이고 안전문화를 정착시키기 위한 소방의 날은 몇 월 며칠인가?

① 1월 19일　　② 10월 9일
③ 11월 9일　　④ 12월 19일

> **정답** ③
> **해설** 소방의날은 11월 9일로 한다.

11 다음은 소방기본법령상 소방본부에 대한 설명이다. (　)에 알맞은 내용은?

> 소방업무를 수행하기 위하여 (　) 직속으로 소방본부를 둔다.

① 경찰서장
② 시·도지사
③ 행정안전부장관
④ 소방청장

> **정답** ②
> **해설** • 시·도지사 직속으로 소방본부를 둔다.

CHAPTER 02 소방장비 및 소방용수시설 등

01 제8조 소방력의 기준 등

(1) 소방기관이 소방업무를 수행하는 데에 필요한 인력과 장비 등[이하 "소방력"(消防力)이라 한다]에 관한 기준 : 행정안전부령
(2) 시·도지사는 소방력의 기준에 따라 관할구역의 소방력을 확충하기 위하여 필요한 계획을 수립하여 시행
(3) 소방자동차 등 소방장비의 분류·표준화와 그 관리 등에 필요한 사항은 따로 법률에서 정함

02 제9조 소방장비등의 국고보조

국고보조	국가는 소방장비의 구입 등 시·도의 소방업무에 필요한 경비의 일부를 보조 (보조 대상사업의 범위와 기준보조율은 대통령령)
대상사업범위	(1) 소방활동장비, 설비 　① 소방자동차 　② 소방헬리콥터 및 소방정 　③ 소방전용통신설비 및 전산설비 　④ 그 밖에 방화복 등 소방활동에 필요한 소방장비 (2) 소방관서용 청사의 건축 [소방활동장비 및 설비의 종류와 규격 : 행정안전부령]
국고 보조 기준 가격 [행정안전부령]	① 국내조달품 : 정부고시가격 ② 수입물품 : 조달청에서 조사한 해외시장의 시가 ③ 시가가 없는 물품 : 2 이상의 공신력 있는 물가조사기관에서 조사한 가격의 평균가격

03 제10조 소방용수시설의 설치 및 관리 등

소방용수시설의 설치 및 관리	① 설치 및 유지 관리 : 시·도지사 　(일반수도업자가 설치하는 경우 관할소방서장과 사전협의를 거친 후 소화전 설치후 직접 유지 및 관리) ② 종류 : 소화전, 급수탑, 저수조 ③ 설치기준 : 행정안전부령
소방용수표지 [규칙 별표2]	<table><tr><td>[지상설치 표지]</td><td>● 지하 설치 ① 맨홀 지름 648mm 이상 ② 맨홀에는 "소화전·주정차금지" 또는 "저수조·주정차금지"의 표시를 할 것 ③ 맨홀 부근에는 노란색반사도료로 폭 15cm의 선을 그 둘레를 따라 칠할 것 ● 지상 설치 ① 안쪽 문자 : 흰색 (바깥쪽 문자 : 노란색) ② 내측바탕 : 붉은색 ③ 외측바탕 : 파란색 ④ 반사재료를 사용할 것</td></tr></table>
소방용수시설 설치기준 [규칙 별표3]	● 공통기준 ① 주거지역, 상업지역, 공업지역 : 수평거리 100[m]이하 ② 기타지역 : 수평거리 140[m]이하 ● 소화전  ① 상수도와 연결 지하식 또는 지상식 ② 호스와 연결하는 소화전의 연결금속구 구경은 65mm ● 급수탑 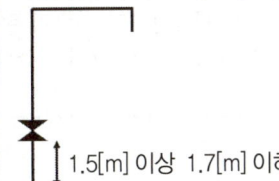 ① 급수배관 구경 100mm 이상 ② 개폐밸브 지상 1.5m 이상 1.7m 이하

소방용수시설 설치기준 [규칙 별표3]	• 저수조 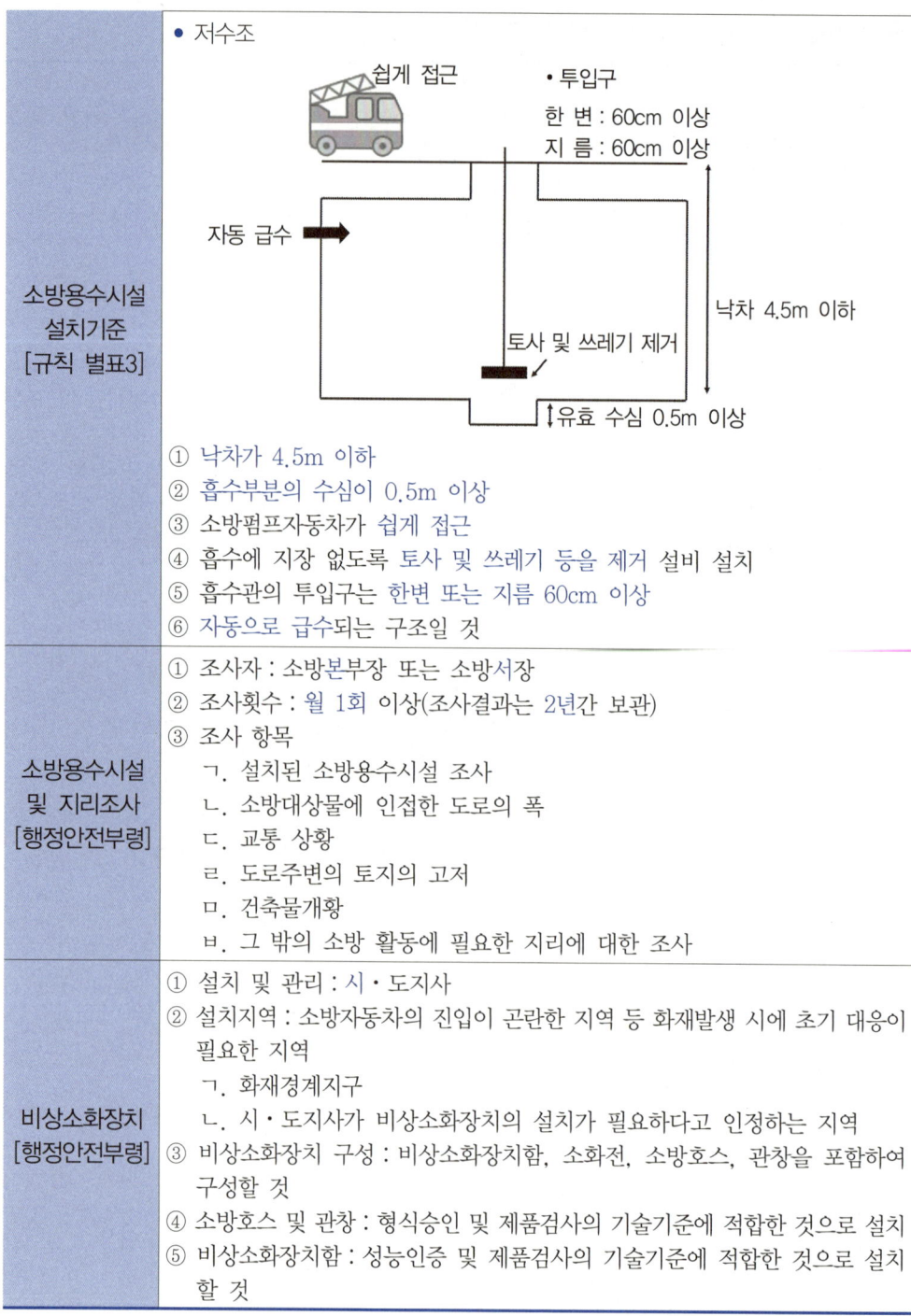 ① 낙차가 4.5m 이하 ② 흡수부분의 수심이 0.5m 이상 ③ 소방펌프자동차가 쉽게 접근 ④ 흡수에 지장 없도록 토사 및 쓰레기 등을 제거 설비 설치 ⑤ 흡수관의 투입구는 한변 또는 지름 60cm 이상 ⑥ 자동으로 급수되는 구조일 것

소방용수시설 및 지리조사 [행정안전부령]	① 조사자 : 소방본부장 또는 소방서장
	② 조사횟수 : 월 1회 이상(조사결과는 2년간 보관)
	③ 조사 항목
	  ㄱ. 설치된 소방용수시설 조사
	  ㄴ. 소방대상물에 인접한 도로의 폭
	  ㄷ. 교통 상황
	  ㄹ. 도로주변의 토지의 고저
	  ㅁ. 건축물개황
	  ㅂ. 그 밖의 소방 활동에 필요한 지리에 대한 조사

비상소화장치 [행정안전부령]	① 설치 및 관리 : 시・도지사
	② 설치지역 : 소방자동차의 진입이 곤란한 지역 등 화재발생 시에 초기 대응이 필요한 지역
	  ㄱ. 화재경계지구
	  ㄴ. 시・도지사가 비상소화장치의 설치가 필요하다고 인정하는 지역
	③ 비상소화장치 구성 : 비상소화장치함, 소화전, 소방호스, 관창을 포함하여 구성할 것
	④ 소방호스 및 관창 : 형식승인 및 제품검사의 기술기준에 적합한 것으로 설치
	⑤ 비상소화장치함 : 성능인증 및 제품검사의 기술기준에 적합한 것으로 설치할 것

04 제11조 소방업무의 응원

응원 요청권자	소방본부장 또는 소방서장
응원의 요청	① 소방활동을 할 때에 긴급한 경우에는 이웃한 소방본부장 또는 소방서장에게 소방업무의 응원(應援)을 요청(사유없이 거절 못함) ② 소방업무의 응원을 위하여 파견된 소방대원은 응원을 요청한 소방본부장 또는 소방서장의 지휘에 따름
상호 응원 협정 (시·도가 다를 경우 시·도지사가 미리 협정)	① 소방활동에 관한 사항 ㄱ. 화재의 경계·진압활동 ㄴ. 구조·구급업무의 지원 ㄷ. 화재조사활동 ② 응원출동대상지역 및 규모 ③ 소요경비의 부담에 관한 사항 ㄱ. 출동대원의 수당·식사 및 의복의 수선 ㄴ. 소방장비 및 기구의 정비와 연료의 보급 ㄷ. 그 밖의 경비 ④ 응원 출동의 요청방법 ⑤ 응원 출동 훈련 및 평가

05 제11조2 소방력의 동원

(1) 소방청장은 해당 시·도의 소방력만으로는 소방활동을 효율적으로 수행하기 어려운 화재, 재난·재해, 그 밖의 구조·구급이 필요한 상황이 발생하거나 특별히 국가적 차원에서 소방활동을 수행할 필요가 인정될 때에는 각 시·도지사에게 행정안전부령으로 정하는 바에 따라 소방력을 동원할 것을 요청할 수 있다.

(2) 제1항에 따라 동원 요청을 받은 시·도지사는 정당한 사유 없이 요청을 거절하여서는 아니 된다.

(3) 소방청장은 시·도지사에게 제1항에 따라 동원된 소방력을 화재, 재난·재해 등이 발생한 지역에 지원·파견하여 줄 것을 요청하거나 필요한 경우 직접 소방대를 편성하여 화재진압 및 인명구조 등 소방에 필요한 활동을 하게 할 수 있다.

CHAPTER 02 소방장비 및 소방용수시설 등

01 소방기본법에 따른 소방력의 기준에 따라 관할구역의 소방력을 확충하기 위하여 필요한 계획을 수립하여 시행하여야 하는 자는?
① 소방서장 ② 소방본부장
③ 시·도지사 ④ 행정안전부장관

> **정답** ③
> **해설** 시·도지사는 소방력의 기준에 따라 관할구역의 소방력을 확충하기 위하여 필요한 계획 수립 및 시행한다.

02 소방기본법령에 따라 주거지역·상업지역 및 공업지역에 소방용수시설을 설치하는 경우 소방대상물과의 수평거리를 몇 m 이하가 되도록 해야 하는가?
① 50 ② 100
③ 150 ④ 200

> **정답** ②
> **해설**
> • 소방용수시설의 설치거리
>
> | 설치지역 | 수평거리 |
> |---|---|
> | 주거지역, 상업지역, 공업지역 | 100 [m]이하 |
> | 기타지역 | 140 [m]이하 |

03 소방기본법령상 저수조의 설치기준으로 틀린 것은?
① 지면으로부터의 낙차가 4.5m 이상일 것
② 흡수부분의 수심이 0.5m 이상일 것
③ 흡수에 지장이 없도록 토사 및 쓰레기 등을 제거할 수 있는 설비를 갖출 것
④ 흡수관의 투입구가 사각형의 경우에는 한 변의 길이가 60cm 이상, 원형의 경우에는 지름이 60cm 이상일 것

> **정답** ①
> **해설** (보기①) 지면으로부터의 낙차가 4.5m 이상일 것→4.5[m] 이하로 한다.
> • 저수조 설치기준
>   ㉠ 지면으로부터의 낙차가 4.5m 이하일 것
>   ㉡ 흡수부분의 수심이 0.5 m 이상일 것
>   ㉢ 소방펌프자동차가 쉽게 접근할 수 있도록 할 것

> ② 흡수에 지장이 없도록 토사 및 쓰레기 등을 제거할 수 있는 설비를 갖출 것
> ⑤ 흡수관의 투입구가 사각형의 경우에는 한 변의 길이가 60cm 이상, 원형의 경우에는 지름이 60cm 이상일 것
> ⑥ 저수조에 물을 공급하는 방법은 상수도에 연결하여 자동으로 급수되는 구조일 것

04 소방기본법령상 소방용수시설의 설치기준 중 급수탑의 급수배관의 구경은 최소 몇mm 이상이어야 하는가?

① 100
② 150
③ 200
④ 250

정답 ①
해설 급수배관의 구경은 100mm 이상으로 한다.
- 급수탑
  ㉠ 급수배관의 구경은 100mm 이상
  ㉡ 개폐밸브는 지상에서 1.5m 이상 1.7m 이하의 위치에 설치하도록 할 것

05 소방기본법령에 따른 소방용수시설 급수탑 개폐밸브의 설치기준으로 맞는 것은?

① 지상에서 1.0m 이상 1.5m 이하
② 지상에서 1.2m 이상 1.8m 이하
③ 지상에서 1.5m 이상 1.7m 이하
④ 지상에서 1.5m 이상 2.0m 이하

정답 ③
해설 급수탑의 개폐밸브는 1.5m 이상 1.7m 이하에 설치한다.(구경은 100mm 이상)

06 소방용수시설 중 소화전과 급수탑의 설치기준으로 틀린 것은?

① 급수탑 급수배관의 구경은 100mm 이상으로 할 것
② 소화전은 상수도와 연결하여 지하식 또는 지상식의 구조로 할 것
③ 소방용호스와 연결하는 소화전의 연결금속구의 구경은 65mm로 할 것
④ 급수탑의 개폐밸브는 지상에서 1.5m 이상 1.8m 이하의 위치에 설치할 것

정답 ④
해설 (보기④) 급수탑의 개폐밸브는 지상에서 1.5m 이상 1.8m 이하의 위치에 설치할 것
→ 1.5m 이상 1.7m 이하의 위치에 설치할 것

07 소방기본법령상 소방용수시설별 설치기준 중 틀린 것은?
① 급수탑 개폐밸브는 지상에서 1.5m 이상 1.7m 이하의 위치에 설치하도록 할 것
② 소화전은 상수도와 연결하여 지하식 또는 지상식의 구조로 하고, 소방용호스와 연결하는 소화전의 연결금속구의 구경은 100mm로 할 것
③ 저수조 흡수관의 투입구가 사각형의 경우에는 한 변의 길이가 60cm 이상, 원형의 경우에는 지름이 60cm 이상일 것
④ 저수조는 지면으로부터의 낙차가 4.5m 이하일 것

> **정답** ②
> **해설** (보기②) 소화전은 상수도와 연결하여 지하식 또는 지상식의 구조로 하고, 소방용호스와 연결하는 소화전의 연결금속구의 구경은 100mm로 할 것 → 연결금속구의 구경은 65mm로 할 것
> • 소방용수시설의 설치 및 관리
>   (1) 소화전의 설치기준 : 상수도와 연결하여 지하식 또는 지상식의 구조로 하고, 소방용호스와 연결하는 소화전의 연결금속구의 구경은 65mm로 할 것
>   (2) 급수탑의 설치기준 : 급수배관의 구경은 100mm 이상으로 하고, 개폐밸브는 지상에서 1.5m 이상 1.7m 이하의 위치에 설치하도록 할 것

08 소방기본법령상 소방용수시설별 설치기준 중 옳은 것은?
① 저수조는 지면으로부터의 낙차가 4.5m 이상일 것
② 소화전은 상수도와 연결하여 지하식 또는 지상식의 구조로 하고, 소방용 호스와 연결하는 소화전의 연결금속구의 구경은 50㎜로 할 것
③ 저수조 흡수관의 투입구가 사각형의 경우에는 한 변의 길이가 60㎝ 이상일 것
④ 급수탑 급수배관의 구경은 65㎜ 이상으로 하고, 개폐밸브는 지상에서 0.8m 이상, 1.5m 이하의 위치에 설치하도록 할 것

> **정답** ③
> **해설** (보기①번) 저수조는 지면으로부터 낙차가 4.5m 이하로 할 것
> (보기②번) 소화전은 상수도와 연결하여 지하식 또는 지하식 또는 지상식의 구조로하고, 소방용 호스와 연결하는 소화전의 연결금속구의 구경은 65mm로 할 것
> (보기④번) 급수탑 급수배관의 구경은 100mm 이상으로 하고, 개폐밸브는 지상에서 1.5m 이상 1.7m 이하의 위치에 설치할 것

09 소방기본법령상 소방용수시설에 대한 설명으로 틀린 것은?
① 시·도지사는 소방활동에 필요한 소방용수시설을 설치하고 유지·관리하여야 한다.
② 수도법의 규정에 따라 설치된 소화전도 시·도지사가 유지·관리하여야 한다.
③ 소방본부장 또는 소방서장은 원활한 소방활동을 위하여 소방용수시설에 대한 조사를 월 1회 이상 실시하여야 한다.
④ 소방용수시설 조사의 결과는 2년간 보관하여야 한다.

> **정답** ②
> **해설** (보기②) 수도법의 규정에 따라 설치된 소화전도 시·도지사가 유지·관리하여야 한다.
> → 수도법 규정에 따라 설치된 소화전은 수도업자가 유지·관리하여야 한다.

10 소방기본법령상 소방활동장비와 설비의 구입 및 설치 시 국고보조의 대상이 <u>아닌</u> 것은?
① 소방자동차
② 사무용 집기
③ 소방헬리콥터 및 소방정
④ 소방전용통신설비 및 전산설비

> **정답** ②
> **해설** 사무용집기는 해당하지 않는다.
> - **소방장비등의 국고보조 대상** : 대통령령(국가 시·도 소방업무 경비 일부 보조)
>   1. 소방활동장비, 설비
>   ① 소방자동차
>   ② 소방헬기 및 소방정
>   ③ 소방전용통신 설비 및 전산 설비
>   ④ 그 밖에 방화복 등 소방활동에 필요한 소방장비
>   2. 소방관서용 청사의 건축

11 소방기본법령상 국고보조 대상사업의 범위 중 소방활동장비와 설비에 해당하지 <u>않는</u> 것은?
① 소방자동차
② 소방헬리콥터 및 소방정
③ 소화용수설비 및 피난구조설비
④ 방화복 등 소방활동에 필요한 소방장비

> **정답** ③
> **해설** 소화용수설비 및 피난구조설비는 해당하지 않는다.

12 소방기본법상 소방본부장, 소방서장 또는 소방대장의 권한이 <u>아닌</u> 것은?
① 화재, 재난·재해, 그 밖의 위급한 상황이 발생한 현장에서 소방활동을 위하여 필요할 때에는 그 관할구역에 사는 사람 또는 그 현장에 있는 사람으로 하여금 사람을 구출하는 일 또는 불을 끄거나 불이 번지지 아니하도록 하는 일을 하게 할 수 있다.
② 소방활동을 할 때에 긴급한 경우에는 이웃한 소방본부장 또는 소방서장에게 소방업무의 응원을 요청할 수 있다.
③ 사람을 구출하거나 불이 번지는 것을 막기 위하여 필요할 때에는 화재가 발생하거나 불이 번질 우려가 있는 소방대상물 및 토지를 일시적으로 사용하거나 그 사용의 제한 또는 소방활동에 필요한 처분을 할 수 있다.
④ 소방활동을 위하여 긴급하게 출동할 때에는 소방자동차의 통행과 소방활동에 방해가 되는 주차 또는 정차된 차량 및 물건 등을 제거하거나 이동시킬 수 있다.

정답 ②
해설 (보기②) 소방활동을 할 때에 긴급한 경우에는 이웃한 소방본부장 또는 소방서장에게 소방업무의 응원을 요청할 수 있다. → 응원요청은 소방대장이 할 수 없다.

13 소방기본법상 소방업무의 응원에 대한 설명 중 틀린 것은?
① 소방본부장이나 소방서장은 소방활동을 할 때에 긴급한 경우에는 이웃한 소방본부장 또는 소방서장에게 소방업무의 응원을 요청할 수 있다.
② 소방업무의 응원 요청을 받은 소방본부장 또는 소방서장은 정당한 사유 없이 그 요청을 거절하여서는 아니 된다.
③ 소방업무의 응원을 위하여 파견된 소방대원은 응원을 요청한 소방본부장 또는 소방서장의 지휘에 따라야 한다.
④ 시·도지사는 소방업무의 응원을 요청하는 경우를 대비하여 출동 대상지역 및 규모와 필요한 경비의 부담 등에 관하여 필요한 사항을 대통령령으로 정하는 바에 따라 이웃하는 시·도지사와 협의하여 미리 규약으로 정하여야 한다.

정답 ④
해설 (보기④) 시·도지사는 소방업무의 응원을 요청하는 경우를 대비하여 출동 대상지역 및 규모와 필요한 경비의 부담 등에 관하여 필요한 사항을 대통령령으로 정하는 바에 따라 이웃하는 시·도지사와 협의하여 미리 규약으로 정하여야 한다. → 행정안전부령으로 정한다.

14 소방기본법령상 소방업무 상호응원협정 체결 시 포함되어야 하는 사항이 <u>아닌</u> 것은?

① 응원출동의 요청방법
② 응원출동훈련 및 평가
③ 응원출동대상지역 및 규모
④ 응원출동시 현장지휘에 관한 사항

> **정답** ④
> **해설** ● 소방업무의 상호응원협정 사항(관할 시도가 다를 경우 행정안전부령으로 정하는 바에 따라 시·도지사가 미리 협정)
> ① 소방활동에 관한 사항
>   ㉠ 화재의 경계·진압활동
>   ㉡ 구조·구급업무의 지원
>   ㉢ 화재조사활동
> ② 응원출동대상지역 및 규모
> ③ 소요경비의 부담에 관한 사항
>   ㉠ 출동대원의 수당·식사 및 의복의 수선
>   ㉡ 소방장비 및 기구의 정비와 연료의 보급
>   ㉢ 그 밖의 경비
> ④ 응원 출동의 요청방법
> ⑤ 응원 출동 훈련 및 평가

15 소방기본법령상 인접하고 있는 시·도간 소방업무의 상호응원협정을 체결하고자 할 때, 포함되어야 하는 사항으로 <u>틀린</u> 것은?

① 소방교육·훈련의 종류에 관한 사항
② 화재의 경계·진압활동에 관한 사항
③ 출동대원의 수당·식사 및 의복의 수선의 소요경비의 부담에 관한 사항
④ 화재조사활동에 관한 사항

> **정답** ①
> **해설** 소방교육 훈련의 종류에 관한 사항은 해당하지 않는다.

CHAPTER 03 소방활동 등

01 제16조 소방활동, 소방지원활동, 생활안전활동

구분	내용
소방활동 [청·본·서]	화재, 재난·재해, 그 밖의 위급한 상황이 발생하였을 때에는 소방대를 현장에 신속하게 출동시켜 화재진압과 인명구조·구급 등 소방에 필요한 활동(누구든지 정당한 사유 없이 소방대의 소방활동을 방해하여서는 아니 된다.)
소방지원활동 [청·본·서]	① 산불에 대한 예방·진압 등 지원활동 ② 자연재해에 따른 급수·배수 및 제설 등 지원활동 ③ 집회·공연 등 각종 행사 시 사고에 대비한 근접대기 등 지원활동 ④ 화재, 재난·재해로 인한 피해복구 지원활동 ⑤ 군 경찰 등 유관기관 실시 훈련 지원 활동 ⑥ 소방시설 오작동 신고 조치 활동 ⑦ 방송제작 또는 촬영관련 지원 활동 (소방활동 수행에 지장을 주지아니하는 범위에서 할 수 있음)
생활안전활동 [청·본·서]	① 붕괴, 낙하 등이 우려되는 고드름, 나무, 위험 구조물 등의 제거활동 ② 위해동물, 벌 등의 포획 및 퇴치 활동 ③ 끼임, 고립 등에 따른 위험제기 및 구출 활동 ④ 단전사고 시 비상전원 또는 조명의 공급 ⑤ 그 밖에 방치하면 급박해질 우려가 있는 위험을 예방하기 위한 활동 (누구든지 정당한 사유 없이 소방대 생활안전활동을 방해하여서는 아니 된다.)
소방자동차 보험가입	시·도지사(국가는 보험 가입비용의 일부를 지원)
소송지원 [청·본·서]	소방활동, 소방지원활동, 생활안전활동 소송수행에 필요한 지원

[규칙] 제8조의5 소방지원활동 등의 기록관리
① 소방대원은 법 제16조의2제1항에 따른 소방지원활동 및 법 제16조의3제1항에 따른 생활안전활동(이하 "소방지원활동등"이라 한다)을 한 경우 별지 제3호의2서식의 소방지원활동등 기록지에 해당 활동상황을 상세히 기록하고, 소속 소방관서에 3년간 보관
② 소방본부장은 소방지원활동등의 상황을 종합하여 연 2회 소방청장에게 보고

02 제17조 소방교육·훈련

소방 교육 및 훈련 (소방대원)	① 실시자 : 소방청장, 소방본부장, 소방서장 ② 목적 : 소방업무를 전문적이고 효과적으로 수행위해 ③ 소방청장, 소방본부장 또는 소방서장은 국민의 안전의식을 높이기 위하여 화재 발생 시 피난 및 행동 방법 등을 홍보		
소방대원 교육훈련 [규칙 별표 3의2]	**훈련종류**	**교육·훈련을 받아야 할 대상자**		
	화재진압	① 진압업무 소방공무원 ② 의무소방원 ③ 의용소방대원		
	인명구조	① 구조업무 소방공무원 ② 의무소방원 ③ 의용소방대원		
	응급처치	① 구급업무 소방공무원 ② 의무소방원 ③ 의용소방대원		
	인명대피	① 모든소방공무원 ② 의무소방원 ③ 의용소방대원		
	현장지휘	① 소방정 ② 소방령 ③ 소방경 ④ 소방위		
	● 교육·훈련 횟수 및 기간			
		횟수	**기간**	
		2년마다 1회	2주 이상	
소방안전교육 및 훈련	● 안전교육 및 훈련대상자 : 어린이집의 영유아, 유치원의 유아, 학교의 학생, 장애인 복지시설 장애인		

03 제17조 2 소방안전교육사(소방청장, 전문자격시험)

업무	소방안전교육의 기획·진행·분석·평가 및 교수업무	
응시자격 [대통령령]	자격	필요 경력
	1. 안전관리분야 기사 2. 간호사 면허 취득자 3. 1급 응급구조사 자격 취득자 4. 1급 소방안전관리자	1년
	1. 소방공무원(2주 교육) 2. 보육교사 자격 취득자 3. 안전관리분야 산업기사 4. 2급 응급구조사 자격 취득자 5. 2급 소방안전관리자	3년
	의용소방대원	5년
	1. 교원 자격 취득자 2. 어린이집 원장 3. 안전관리분야 기술사(위험물 기능장) 4. 소방시설관리사 5. 특급소방안전관리자	경력 필요 X
시험과목 (대통령령)	• 제1차 시험 소방학개론, 구급·응급처치론, 재난관리론 및 교육학개론 중 응시자가 선택하는 3과목 • 제2차 시험 : 국민안전교육 실무	
시험 시행 및 공고 (대통령령)	• 2년마다 1회 시행함을 원칙 • 소방안전교육사시험의 시행일 90일 전까지 소방청의 인터넷 홈페이지 등에 공고	
결격사유	① 피성년후견인 ② 금고 이상의 실형을 선고받고 그 집행이 끝나거나(집행이 끝난 것으로 보는 경우를 포함한다) 집행이 면제된 날부터 2년이 지나지 아니한 사람 ③ 금고 이상의 형의 집행유예를 선고받고 그 유예기간 중에 있는 사람 ④ 법원의 판결 또는 다른 법률에 따라 자격이 정지되거나 상실된 사람	
배치기준	배치대상	배치기준(단위 : 명)
	1. 소방청	2 이상
	2. 소방본부	2 이상
	3. 소방서	1 이상
	4. 한국소방안전원	본회(2 이상), 시·도지부(1 이상)
	5. 한국소방산업기술원	2 이상

04 제18조 소방신호

소방신호란?	화재예방, 소방활동 또는 소방훈련을 위하여 사용되는 소방신호를 발령
종류 [행정안전부령]	① 경계신호 : 화재예방상 필요하다고 인정되거나 화재위험 경보 시 발령 ② 발화신호 : 화재가 발생한 때 발령 ③ 해제신호 : 소화활동이 필요없다고 인정되는 때 발령 ④ 훈련신호 : 훈련상 필요하다고 인정되는 때 발령(비상소집시도 가능)

소방신호의 방법 [행정안전부령]	신호방법 종별	타종신호	싸이렌신호
	경계신호	1타와 연2타를 반복	5초 간격 30초씩 3회
	발화신호	난타	5초 간격 5초씩 3회
	해제신호	상당한 간격 두고 1타씩 반복	1분간 1회
	훈련신호	연 3타 반복	10초 간격 1분씩 3회

• 소방대의 비상소집을 하는 경우에는 훈련신호를 사용할 수 있다.

05 제19조 화재 등의 통지

화재 통지	화재로 오인할 만한 우려가 있는 불을 피우거나 연막소독을 하려는 자는 소방본부장 또는 소방서장에게 신고 [신고안하고 불피우거나 연막소독 → 소방차 출동시 과태료 20만원 이하]
통지 지역	① 시장지역 ② 공장·창고가 밀집한 지역 ③ 목조건물이 밀집한 지역 ④ 위험물의 저장 및 처리시설이 밀집한 지역 ⑤ 석유화학제품을 생산하는 공장이 있는 지역 ⑥ 그 밖에 시·도의 조례로 정하는 지역 또는 장소

06 제20조 관계인의 소방활동 등

시기	소방대가 현장에 도착할 때까지
소방활동종류	① 경보를 울리거나 대피를 유도 ② 사람을 구출하는 조치 ③ 불을 끄거나 불이 번지지 아니하도록 조치

관계인은 위급한 상황이 발생한 경우에는 이를 소방본부, 소방서 또는 관계 행정기관에 지체 없이 알려야 한다.

07 제20조 2 자체소방대의 설치·운영 등

설치·운영	관계인 (화재를 진압하거나 구조·구급 활동을 하기 위해 상설조직체를 설치 및 운영[위험물법 자체소방대도 포함])
운영내용	① 자체소방대는 소방대가 현장에 도착한 경우 소방대장의 지휘·통제 ② 소방청장, 소방본부장 또는 소방서장은 자체소방대의 역량 향상을 위하여 필요한 교육·훈련 등을 지원 ③ 교육·훈련 등의 지원에 필요한 사항은 행정안전부령
교육훈련 등의 지원 [행정안전 부령]	소방청장, 소방본부장 또는 소방서장은 같은 조 제1항에 따른 자체소방대(이하 "자체소방대"라 한다)의 역량 향상을 위하여 다음 각 호에 해당하는 교육·훈련 등을 지원 ① 교육훈련기관에서의 자체소방대 교육훈련과정 ② 자체소방대에서 수립하는 교육·훈련 계획의 지도·자문 ③ 소방기관과 자체소방대와의 합동 소방훈련 ④ 소방기관에서 실시하는 자체소방대의 현장실습 ⑤ 그 밖에 소방청장이 자체소방대의 역량 향상을 위하여 필요하다고 인정하는 교육·훈련

08 제21조 소방차의 우선 통행 등

우선통행	① 모든 차와 사람은 소방자동차(지휘를 위한 자동차와 구조·구급차를 포함한다. 이하 같다)가 화재진압 및 구조·구급 활동을 위하여 출동을 할 때에는 이를 방해하여서는 아니 된다.
	② 소방자동차가 화재진압 및 구조·구급 활동을 위하여 출동하거나 훈련을 위하여 필요할 때에는 사이렌을 사용할 수 있다.
	③ 모든 차와 사람은 소방자동차가 화재진압 및 구조·구급 활동을 위하여 제2항에 따라 사이렌을 사용하여 출동하는 경우에는 다음 각 호의 행위를 하여서는 아니 된다.
	  1. 소방자동차에 진로를 양보하지 아니하는 행위
	  2. 소방자동차 앞에 끼어들거나 소방자동차를 가로막는 행위
	  3. 그 밖에 소방자동차의 출동에 지장을 주는 행위
	④ ③의 경우를 제외 하고 소방자동차의 우선통행에 관하여서는 도로교통법에서 정하는 바에 따른다.

09 제21조의2 소방자동차 전용구역 등

소방자동차 전용구역 설치대상	• 설치는 건축주가 설치(소방활동 원활한 수행을 위해 설치) [설치해야 하는 공동주택 : 대통령령] ① 아파트 중 세대수가 100세대 이상인 아파트 ② 기숙사 중 3층 이상의 기숙사 (다만, 하나의 대지에 하나의 동으로 구성되고 정차 또는 주차가 금지된 편도 2차선 이상의 도로에 직접 접하여 소방자동차가 도로에서 직접 소방활동이 가능한 공동주택은 제외)
전용구역 설치 방법 [대통령령]	공동주택의 건축주는 소방자동차가 접근하기 쉽고 소방활동이 원활하게 수행될 수 있도록 각 동별 전면 또는 후면에 소방자동차 전용구역(이하 "전용구역"이라 한다)을 1개소 이상 설치해야 한다. (다만, 하나의 전용구역에서 여러 동에 접근하여 소방활동이 가능한 경우로서 소방청장이 정하는 경우에는 각 동별로 설치하지 않을 수 있다.) 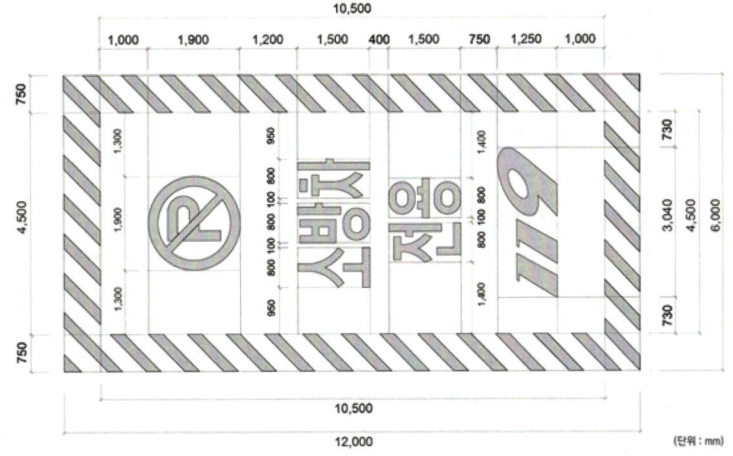 [비고] ① 전용구역 노면표지의 외곽선은 빗금무늬로 표시하되, 빗금은 두께를 30센티미터로 하여 50센티미터 간격으로 표시 ② 전용구역 노면표지 도료의 색채는 황색을 기본으로 하되, 문자(P, 소방차 전용)는 백색으로 표시
방해 행위 기준 [대통령령]	① 전용구역에 물건 등을 쌓거나 주차하는 행위 ② 전용구역의 앞면, 뒷면 또는 양 측면에 물건 등을 쌓거나 주차하는 행위. (다만, 부설주차장의 주차구획 내에 주차하는 경우는 제외) ③ 전용구역 진입로에 물건 등을 쌓거나 주차하여 전용구역으로의 진입을 가로막는 행위 ④ 전용구역 노면표지를 지우거나 훼손하는 행위 ⑤ 그 밖의 방법으로 소방자동차가 전용구역에 주차하는 것을 방해하거나 전용구역으로 진입하는 것을 방해하는 행위 [방해행위시 과태료 100만원 이하 부과]

🔟 제21조의3 소방자동차 교통안전 분석 시스템 구축·운영

운행기록장치 장착 및 운용	소방청장 또는 소방본부장
소방자동차 교통안전 분석 시스템 구축 운영	소방청장
전산자료의 이용	소방청장, 소방본부장 및 소방서장은 소방자동차 교통안전 분석 시스템으로 처리된 자료(이하 이 조에서 "전산자료"라 한다)를 이용하여 소방자동차의 장비운용자 등에게 어떠한 불리한 제재나 처벌을 하여서는 아니 된다.
운행기록장치 장착 소방자동차의 범위 [대통령령]	소방펌프차, 소방물탱크차, 소방화학차, 소방고가차, 무인방수차, 구조차, 소방청장이 운행기록장치 장착이 필요하다고 인정하여 정하는 소방자동차

11 제22조 소방대의 긴급통행

소방대는 화재, 재난·재해, 그 밖의 위급한 상황이 발생한 현장에 신속하게 출동하기 위하여 긴급할 때에는 일반적인 통행에 쓰이지 아니하는 도로·빈터 또는 물 위로 통행할 수 있다.

12 제23조 소방활동 구역

구역설정권자	소방대장
출입가능자 [대통령령]	① 소방활동구역 안에 있는 소방대상물의 소유자·관리자 또는 점유자 ② 전기·가스·수도·통신·교통의 업무에 종사하는 사람으로서 원활한 소방활동을 위하여 필요한 사람 ③ 의사·간호사 그 밖의 구조·구급업무에 종사하는 사람 ④ 취재인력 등 보도업무에 종사하는 사람 ⑤ 수사업무에 종사하는 사람 ⑥ 그 밖에 소방대장이 소방활동을 위하여 출입을 허가한 사람

13 제24조 소방활동 종사명령

종사명령권자	소방본부장, 소방서장 또는 소방대장
종사명령이란?	화재, 재난·재해, 그 밖의 위급한 상황이 발생한 현장에서 소방활동을 위하여 필요할 때에는 그 관할구역에 사는 사람 또는 그 현장에 있는 사람으로 하여금 사람을 구출하는 일 또는 불을 끄거나 불이 번지지 아니하도록 하는 일(보호장구 지급)
비용지급 : 시도지사	[종사명령시 비용지급 받지 못하는 경우] ① 소방대상물에 화재, 재난·재해, 그 밖의 위급한 상황이 발생한 경우 그 관계인 ② 고의 또는 과실로 화재 또는 구조·구급 활동이 필요한 상황을 발생시킨 사람 ③ 화재 또는 구조·구급 현장에서 물건을 가져간 사람

14 제25조 강제처분 / 제26조 피난명령 / 제27조 위험시설 등에 대한 긴급조치

강제처분	(1) 강제처분권자 : 소방본부장, 소방서장 또는 소방대장 (2) 강제처분의 종류 　① 사람을 구출하거나 불이 번지는 것을 막기 위하여 필요할 때에는 화재가 발생하거나 불이 번질 우려가 있는 소방대상물 및 토지를 일시적으로 사용하거나 그 사용의 제한 또는 소방활동에 필요한 처분을 할 수 있다. 　② 사람을 구출하거나 불이 번지는 것을 막기 위하여 긴급하다고 인정할 때에는 제1항에 따른 소방대상물 또는 토지 외의 소방대상물과 토지에 대하여 제1항에 따른 처분을 할 수 있다. 　③ 소방활동을 위하여 긴급하게 출동할 때에는 소방자동차의 통행과 소방활동에 방해가 되는 주차 또는 정차된 차량 및 물건 등을 제거하거나 이동시킬 수 있다.(소방활동에 방해가 되는 주차 또는 정차된 차량의 제거나 이동을 위하여 관할 지방자치단체 등 관련 기관에 견인차량과 인력 등에 대한 지원을 요청) (3) 견인차량과 인력 등을 지원한 자에게 비용지급 : 시·도지사
피난명령	(1) 피난명령권자 : 소방본부장, 소방서장 또는 소방대장 (2) 화재, 재난·재해, 그 밖의 위급한 상황이 발생하여 사람의 생명을 위험하게 할 것으로 인정할 때에는 일정한 구역을 지정하여 그 구역에 있는 사람에게 그 구역 밖으로 피난할 것을 명할 수 있다.
위험시설 등에 대한 긴급조치	(1) 긴급조치권자 : 소방본부장, 소방서장 또는 소방대장 (2) 화재 진압 등 소방활동을 위하여 필요할 때에는 소방용수 외에 댐·저수지 또는 수영장 등의 물을 사용하거나 수도(水道)의 개폐장치 등을 조작할 수 있다. (3) 화재 발생을 막거나 폭발 등으로 화재가 확대되는 것을 막기 위하여 가스·전기 또는 유류 등의 시설에 대하여 위험물질의 공급을 차단하는 등 필요한 조치를 할 수 있다.

15 제28조 소방용수시설 또는 비상소화장치의 사용금지 등

누구든지 다음 각 호의 어느 하나에 해당하는 행위를 하여서는 아니 된다.
1. 정당한 사유 없이 소방용수시설 또는 비상소화장치를 사용하는 행위
2. 정당한 사유 없이 손상·파괴, 철거 또는 그 밖의 방법으로 소방용수시설 또는 비상소화장치의 효용(效用)을 해치는 행위
3. 소방용수시설 또는 비상소화장치의 정당한 사용을 방해하는 행위

참고 제27조의2 방해행위의 제지 등

소방대원은 제16조제1항에 따른 소방활동 또는 제16조의3제1항에 따른 생활안전활동을 방해하는 행위를 하는 사람에게 필요한 경고를 하고, 그 행위로 인하여 사람의 생명·신체에 위해를 끼치거나 재산에 중대한 손해를 끼칠 우려가 있는 긴급한 경우에는 그 행위를 제지할 수 있다.

CHAPTER 03 소방활동 등

01 소방기본법령에 따른 소방대원에게 실시할 교육·훈련 횟수 및 기간의 기준 중 다음 (   ) 안에 알맞은 것은?

횟수	기간
(㉠)년마다 1회	(㉡)주 이상

① ㉠ 2, ㉡ 2
② ㉠ 2, ㉡ 4
③ ㉠ 1, ㉡ 2
④ ㉠ 1, ㉡ 4

정답 ①
해설 ● 교육·훈련 횟수 및 기간

횟 수	기 간
• 2년마다 1회	• 2주 이상

02 소방기본법령상 소방안전교육사의 배치대상별 배치기준으로 틀린 것은?

① 소방청 : 2명 이상 배치
② 소방서 : 1명 이상 배치
③ 소방본부 : 2명 이상 배치
④ 한국소방안전원(본회) : 1명 이상 배치

정답 ④
해설 ● 소방안전교육사의 대상별 배치기준(대통령령)

배치대상	배치기준(단위 : 명)
소방청, 소방본부, 소방산업기술원, 한국소방안전원(본회)	2 이상
소방서, 한국소방안전원(시·도지부)	1 이상

03 소방기본법령상 소방신호의 방법으로 틀린 것은?

① 타종에 의한 훈련신호는 연 3타 반복
② 싸이렌에 의한 발화신호는 5초 간격을 두고 10초씩 3회
③ 타종에 의한 해제신호는 상당한 간격을 두고 1타씩 반복
④ 싸이렌에 의한 경계신호는 5초 간격을 두고 30초씩 3회

정답 ②

해설 (보기②) 싸이렌에 의한 발화신호는 5초 간격을 두고 10초씩 3회 → 5초 간격 5초씩 3회로 한다.

- **소방신호의 종류별 방법**

종별\신호방법	타종신호	싸이렌신호
경계신호	1타와 연2타를 반복	5초 간격 30초씩 3회
발화신호	난타	5초 간격 5초씩 3회
해제신호	상당한 간격 두고 1타씩 반복	1분간 1회
훈련신호	연3타반복	10초 간격 1분씩 3회

04 다음 중 소방기본법령에 따라 화재예방상 필요하다고 인정되거나 화재위험경보 시 발령하는 소방신호의 종류로 옳은 것은?

① 경계신호
② 발화신호
③ 경보신호
④ 훈련신호

정답 ①

해설 경계신호에 대한 설명이다.

05 소방기본법령상 시장지역에서 화재로 오인할 만한 우려가 있는 불을 피우거나 연막소독을 하려는 자가 신고를 하지 아니하여 소방자동차를 출동하게 한 자에 대한 과태료 부과·징수권자는?

① 국무총리
② 시·도지사
③ 행정안전부 장관
④ 소방본부장 또는 소방서장

정답 ④

해설 소방본부장 또는 소방서장이 20만원 이하의 과태료를 부과한다.

- **화재의 통지**
  1. 화재로 오인할 만한 우려가 있는 불을 피우거나 연막소독을 하려는 자는 소방본부장 또는 소방서장에게 신고(시·도조례) : 화재예방강화지구와 유사
     ① 시장지역
     ② 공장·창고가 밀집한 지역
     ③ 목조건물이 밀집한 지역
     ④ 위험물의 저장 및 처리시설이 밀집한 지역
     ⑤ 석유화학제품을 생산하는 공장이 있는 지역
     ⑥ 그 밖에 시·도의 조례로 정하는 지역 또는 장소
     [소방차 출동시 소방본부장 또는 소방서장이 부과 하며 과태료 20만원 이하]

06 소방기본법상 소방활동구역의 설정권자로 옳은 것은?
　① 소방본부장　　　　　　　② 소방서장
　③ 소방대장　　　　　　　　④ 시·도지사

> **정답** ③
> **해설** 소방대장은 화재, 재난·재해, 그 밖의 위급한 상황이 발생한 현장에 소방활동구역을 정하여 소방활동에 필요한 사람으로서 대통령령으로 정하는 사람 외에는 그 구역에 출입하는 것을 제한할 수 있다.

07 소방기본법령상 소방대장은 화재, 재난·재해 그 밖의 위급한 상황이 발생한 현장에 소방활동구역을 정하여 소방활동에 필요한 자로서 대통령령으로 정하는 사람 외에는 그 구역에의 출입을 제한할 수 있다. 다음 중 소방활동구역에 출입할 수 없는 사람은?
　① 소방활동구역 안에 있는 소방대상물의 소유자·관리자 또는 점유자
　② 전기·가스·수도·통신·교통의 업무에 종사하는 사람으로서 원활한 소방활동을 위하여 필요한 사람
　③ 시·도지사가 소방활동을 위하여 출입을 허가한 사람
　④ 의사·간호사 그 밖의 구조·구급업무에 종사하는 사람

> **정답** ③
> **해설** 소방대장이 소방활동을 위하여 출입을 허가한 사람이 들어올 수 있다.
> ● 소방활동구역
>   1. 구역설정권자 : 소방대장
>   2. 소방활동구역의 출입이 가능한자
>   ① 소방활동구역 안에 있는 소방대상물의 소유자·관리자 또는 점유자
>   ② 전기·가스·수도·통신·교통의 업무에 종사하는 사람으로서 원활한 소방활동을 위하여 필요한 사람
>   ③ 의사·간호사 그 밖의 구조·구급업무에 종사하는 사람
>   ④ 취재인력 등 보도업무에 종사하는 사람
>   ⑤ 수사업무에 종사하는 사람
>   ⑥ 그 밖에 소방대장이 소방활동을 위하여 출입을 허가한 사람

08 소방기본법령상 소방활동구역의 출입자에 해당되지 않는 자는?
　① 소방활동구역 안에 있는 소방대상물의 소유자·관리자 또는 점유자
　② 전기·가스·수도·통신·교통의 업무에 종사하는 사람으로서 원활한 소방활동을 위하여 필요한 자
　③ 화재건물과 관련 있는 부동산업자
　④ 취재인력 등 보도업무에 종사하는 자

> **정답** ③
> **해설** 부동산업자는 해당하지 않는다.

09 소방기본법상 소방대장의 권한이 <u>아닌</u> 것은?

① 소방활동을 할 때에 긴급한 경우에는 이웃한 소방본부장 또는 소방서장에게 소방업무의 응원을 요청할 수 있다.
② 화재, 재난·재해, 그 밖의 위급한 상황이 발생한 현장에서 소방활동을 위하여 필요할 때에는 그 관할구역에 사는 사람 또는 그 현장에 있는 사람으로 하여금 사람을 구출하는 일 또는 불을 끄거나 불이 번지지 아니하도록 하는 일을 하게 할 수 있다.
③ 사람을 구출하거나 불이 번지는 것을 막기 위하여 필요할 때에는 화재가 발생하거나 불이 번질 우려가 있는 소방대상물 및 토지를 일시적으로 사용하거나 그 사용의 제한 또는 소방활동에 필요한 처분을 할 수 있다.
④ 소방활동을 위하여 긴급하게 출동할 때에는 소방자동차의 통행과 소방활동에 방해가 되는 주차 또는 정차된 차량 및 물건 등을 제거하거나 이동시킬 수 있다.

> **정답** ①
> **해설**
> • 보기① 소방업무의 응원 : 소방본부장 또는 소방서장
> • 보기② 종사명령 : 소방본부장 또는 소방서장, 소방대장
> • 보기③, ④ 강제처분 : 소방본부장 또는 소방서장, 소방대장

10 소방기본법에 따라 화재 등 그 밖의 위급한 상황이 발생한 현장에서 소방활동을 위하여 필요한 때에는 그 관할구역에 사는 사람 또는 그 현장에 있는 사람으로 하여금 사람을 구출하는 일 또는 불을 끄는 등의 일을 하도록 명령할 수 있는 권한이 <u>없는</u> 사람은?

① 소방서장　　　　　　　　② 소방대장
③ 시·도지사　　　　　　　　④ 소방본부장

> **정답** ③
> **해설** 종사명령은 소방본부장, 소방서장, 소방대장이 할 수 있다.

CHAPTER 04 한국소방안전원

01 제40조 한국소방안전원의 설립 등

구분	내용
안전원 인가 및 설립자	소방청장(안전원은 법인으로 하며 재단법인 규정 준용)
설립 목적	소방기술과 안전관리기술의 향상 및 홍보, 그 밖의 교육·훈련 등 행정기관이 위탁하는 업무의 수행과 소방 관계 종사자의 기술 향상을 위하여 설치
교육계획의 수립 및 평가 등	① 안전원의 장(이하 "안전원장"이라 한다)은 소방기술과 안전관리의 기술향상을 위하여 매년 교육 수요조사를 실시하여 교육계획을 수립하고 소방청장의 승인 ② 안전원장은 소방청장에게 해당 연도 교육결과를 평가·분석하여 보고하여야 하며, 소방청장은 교육평가 결과를 제①항의 교육계획에 반영 ③ 안전원장은 제②항의 교육결과를 객관적이고 정밀하게 분석하기 위하여 필요한 경우 교육 관련 전문가로 구성된 위원회를 운영
안전원의 업무	① 소방기술과 안전관리에 관한 교육 및 조사·연구 ② 소방기술과 안전관리에 관한 각종 간행물 발간 ③ 화재 예방과 안전관리의식 고취를 위한 대국민 홍보 ④ 소방업무에 관하여 행정기관이 위탁하는 업무 ⑤ 소방안전에 관한 국제협력 ⑥ 그 밖에 회원에 대한 기술지원 등 정관으로 정하는 사항
소방안전원 정관 포함사항	① 목적 ② 명칭 ③ 주된 사무소의 소재지 ④ 사업에 관한 사항 ⑤ 이사회에 관한 사항 ⑥ 회원과 임원 및 직원에 관한 사항 ⑦ 재정 및 회계에 관한 사항 ⑧ 정관의 변경에 관한 사항
소방안전원 운영경비	① 업무 수행에 따른 수입금 ② 회원의 회비 ③ 자산운영수익금 ④ 그 밖의 부대수입
안전원 임원	안전원에 임원으로 원장 1명을 포함한 9명 이내의 이사와 1명의 감사를 둠.

CHAPTER 04 한국소방안전원

01 다음 중 한국소방안전원의 업무에 해당하지 <u>않는</u> 것은?
① 소방용 기계·기구의 형식승인
② 소방업무에 관하여 행정기관이 위탁하는 업무
③ 화재예방과 안전관리의식 고취를 위한 대국민 홍보
④ 소방기술과 안전관리에 관한 교육, 조사·연구 및 각종 간행물 발간

> **정답** ①
> **해설** 소방용 기계·기구의 형식승인은 한국소방산업기술원에서 실시한다.
> ● 소방안전원의 업무
>   ① 소방기술과 안전관리에 관한 교육 및 조사·연구
>   ② 소방기술과 안전관리에 관한 각종 간행물 발간
>   ③ 화재 예방과 안전관리의식 고취를 위한 대국민 홍보
>   ④ 소방업무에 관하여 행정기관이 위탁하는 업무
>   ⑤ 소방안전에 관한 국제협력
>   ⑥ 그 밖에 회원에 대한 기술지원 등 정관으로 정하는 사항

02 다음 중 소방기본법령상 한국소방안전원의 업무가 <u>아닌</u> 것은?
① 소방기술과 안전관리에 관한 교육 및 조사·연구
② 위험물탱크 성능시험
③ 소방기술과 안전관리에 관한 각종 간행물 발간
④ 화재 예방과 안전관리의식 고취를 위한 대국민 홍보

> **정답** ②
> **해설** 위험물탱크의 성능시험은 한국소방안전원의 업무가 아니다.

CHAPTER 05 보칙

01 제49조의 2 손실보상

심사 의결 사항	① 생활안전활동 조치로 인한 손실 입은자 ② 소방활동 종사로 인해 사망하거나 부상 입은자 ③ 강제처분 2항(긴급한 경우) 3항(정차된 차량 제거) 에 의해 손실을 입은자 (다만, 법령을 위반하여 소방자동차의 통행과 소방활동에 방해가 된 경우는 제외) ④ 위험시설 등에 대한 긴급조치로 인해 손실을 입은자 ⑤ 그 밖에 소방업무 또는 소방활동으로 인하여 손실을 입은자
손실보상 청구 권리	손실보상을 청구할 수 있는 권리는 손실이 있음을 안 날부터 3년, 손실이 발생한 날부터 5년간 행사하지 아니하면 시효의 완성으로 소멸
지급절차 및 방법[대통령령]	① 보상 받으려는 자는 서류 첨부하여 소방청장 또는 시도지사에게 제출 ② 소방청장 등은 특별한 사유가 없으면 보상금 지급 청구서 받은 날부터 60일 이내 지급 여부 및 보상금액 결정 ③ 소방청장 등은 결정일로부터 10일 이내에 결정 내용을 청구인에게 통지 ④ 특별한 사유가 없으년 통지한 날부터 30일 이내에 보상금을 지급
손실보상 심의위원회 [대통령령]	① 손실보상위원회는 원장 1명을 포함하여 5명 이상 7명 이하의 위원으로 구성한다. ② 위원의 임기는 2년으로 한다.

PART 02 소방시설법

CHAPTER 01 총칙
CHAPTER 02 소방시설의 설치·관리 및 방염
CHAPTER 03 소방시설등의 자체점검
CHAPTER 04 소방시설관리사 및 소방시설관리업
CHAPTER 05 소방용품의 품질관리
CHAPTER 06 보칙

CHAPTER 01 총칙

01 제1조 목적
(1) 소방시설등의 설치·관리와 소방용품 성능관리에 필요한 사항을 규정
(2) 국민의 생명·신체 및 재산을 보호
(3) 공공의 안전과 복리 증진에 이바지

02 제2조 정의
(1) 소방시설[대통령령] : 소화설비, 경보설비, 피난구조설비, 소화용수설비, 소화활동설비
(2) 특정소방대상물[대통령령] : 건축물 등의 규모·용도 및 수용인원 등을 고려하여 소방시설을 설치하여야 하는 소방대상물
(3) 소방시설 등 : 소방시설과 비상구, 그 밖에 소방 관련 시설로서 대통령령(방화문 및 자동 방화셔터)으로 정하는 것
(4) 화재안전성능 : 화재를 예방하고 화재발생 시 피해를 최소화하기 위하여 소방대상물의 재료, 공간 및 설비 등에 요구되는 안전성능
(5) 성능위주설계 : 건축물 등의 재료, 공간, 이용자, 화재 특성 등을 종합적으로 고려하여 공학적 방법으로 화재 위험성을 평가하고 그 결과에 따라 화재안전성능이 확보될 수 있도록 특정소방대상물을 설계
(6) 화재안전기준
  ① 성능기준 : 화재안전 확보를 위하여 재료, 공간 및 설비 등에 요구되는 안전성능으로서 소방청장이 고시로 정하는 기준
  ② 기술기준 : 성능기준을 충족하는 상세한 규격, 특정한 수치 및 시험방법 등에 관한 기준으로서 행정안전부령으로 정하는 절차에 따라 소방청장의 승인을 받은 기준
(7) 소방용품[대통령령] : 소방시설등을 구성하거나 소방용으로 사용되는 제품 또는 기기
(8) 무창층 : 지상층 중 다음 각 목의 요건을 모두 갖춘 개구부의 면적의 합계가 해당 층의 바닥면적의 30분의 1 이하가 되는 층
  ① 크기는 지름 50cm 이상의 원이 통과할 수 있을 것
  ② 해당 층의 바닥면으로부터 개구부 밑부분까지의 높이가 1.2m 이내일 것
  ③ 도로 또는 차량이 진입할 수 있는 빈터를 향할 것
  ④ 화재 시 건축물로부터 쉽게 피난할 수 있도록 창살이나 그 밖의 장애물이 설치되지 아니할 것
  ⑤ 내부 또는 외부에서 쉽게 부수거나 열 수 있을 것
(9) 피난층 : 곧바로 지상으로 갈 수 있는 출입구가 있는 층

※ [시행령 별표1] 소방시설 종류

구분	내용
소화설비 (물 또는 그 밖의 소화약제를 사용하여 소화하는 기계·기구 또는 설비)	① 소화기구 : 소화기, 간이소화용구(소공간용, 에어로졸식, 투척용 소화용구 및 소화약제 외의 것을 이용한 간이소화용구), 자동확산소화기 ② 자동소화장치 : 주거용 주방자동소화장치, 상업용 주방자동소화장치, 캐비닛형 자동소화장치, 가스자동소화장치, 분말자동소화장치, 고체에어로졸자동소화장치 ③ 옥내소화전설비(호스릴옥내소화전설비를 포함) ④ 스프링클러설비등 : 스프링클러설비, 간이스프링클러설비(캐비닛형 간이스프링클러설비 포함), 화재조기진압용 스프링클러설비 ⑤ 물분무등소화설비 : 물 분무 소화설비, 미분무소화설비, 포소화설비, 이산화탄소소화설비 할론소화설비, 할로겐화합물 및 불활성기체 소화설비, 분말소화설비, 강화액소화설비, 고체에어로졸 소화설비 ⑥ 옥외소화전설비
경보설비 (화재발생 사실을 통보하는 기계·기구 또는 설비)	단독경보형 감지기, 비상경보설비(비상벨설비, 자동식사이렌설비) 시각경보기, 자동화재탐지설비, 비상방송설비, 자동화재속보설비 통합감시시설, 누전경보기, 가스누설경보기, 화재알림설비
피난구조설비 (화재가 발생할 경우 피난하기 위하여 사용하는 기구 또는 설비)	① 피난기구 : 피난사다리, 구조대, 완강기, 간이완강기, 그 밖에 정하는 것 ② 인명구조기구 : 방열복, 방화복(~ 포함), 공기호흡기, 인공소생기 ③ 유도등 : 피난유도선, 피난구유도등, 통로유도등, 객석유도등, 유도표지 ④ 비상조명등 및 휴대용비상조명등
소화용수설비 (화재를 진압하는 데 필요한 물을 공급하거나 저장하는 설비)	상수도소화용수설비, 소화수조·저수조, 그 밖의 소화용수설비
소화활동설비 (화재를 진압하거나 인명구조활동을 위하여 사용하는 설비)	제연설비, 연결송수관설비, 연결살수설비, 비상콘센트설비 무선통신보조설비, 연소방지설비

※ [시행령 별표2] 특정소방대상물(↑ : 이상, ↓ : 미만)

구 분	구 분	종 류
공동주택	아파트 등	주택으로 쓰이는 층수가 5층 이상인 주택
	기숙사	학교 또는 공장 등에서 학생이나 종업원 등을 위하여 쓰는 것으로서 공동취사 등을 할 수 있는 구조를 갖추되, 독립된 주거의 형태를 갖추지 않은 것
	• 연립주택 (바닥 면적 660㎡를 초과, 층수가 4개 층 이하) • 다세대 주택 (바닥 면적 660㎡를 이하, 층수가 4개 층 이하)	

구 분	구 분	바닥 면적 ㎡ (미만 기준)	바닥면적 ㎡ (이상 기준)
근린생활시설	단란주점	150㎡	위락시설
	공연장, 종교집회장	300㎡	• 공연장 : 문화 및 집회시설 • 종교집회장 : 종교시설
	탁구장, 테니스장, 체육도장, 체력단련장, 에어로빅장, 볼링장, 당구장, 실내낚시터, 골프연습장 등	500㎡	운동시설
	금융업소, 사무소, 부동산중개사무소, 출판사, 서점 등	500㎡	업무시설
	청소년게임제공업 및 일반게임제공업의 시설, 인터넷컴퓨터게임시설 제공업의 시설	500㎡	판매시설 중 상점
	학원(자동차학원, 무도학원 제외) → • 자동차 학원 : 항공기 및 자동차시설 • 무도학원 : 위락시설	500㎡	교육연구시설
	고시원	500㎡	숙박시설
	슈퍼마켓과 일용품 등의 소매점	1천㎡	판매시설 중 상점
	이용원, 미용원, 의원, 치과의원 한의원, 침술원, 접골원, 조산원 산후조리원 및 안마원, 독서실 등	면적 없이 근린생활시설	

구 분	구 분	종 류
문화 및 집회시설	공연장	㉯ 300㎡↑
	집회장	예식장, 공회당, 회의장 등
	관람장	• 경마장, 경륜장, 경정장, 자동차 경기장 • 체육관, 운동장 : 관람 ㉯ 합계가 1천㎡↑ (㉯ 1천㎡↓ : 운동시설)
	전시장	박물관, 미술관, 과학관, 체험관, 견본주택 등
	동·식물원	동물원, 식물원, 수족관, 그 밖에 이와 비슷한 것

	구 분	종 류
종교시설	종교집회장	㉯ 300㎡↑
	봉안당	종교집회장 내부 설치
판매시설		도매시장, 소매시장, 전통시장, 상점(게임 ㉯ 500㎡↑, 슈퍼 ㉯ 1000 ㎡↑)
운수시설		여객자동차터미널, 철도 및 도시철도 시설(정비창 등 관련 시설 포함) 공항시설(항공관제탑 포함), 항만시설 및 종합여객시설
의료시설		① 병원 : 종합병원, 병원, 치과병원, 한방병원, 요양병원 ② 격리병원 : 전염병원, 마약진료소, 그 밖에 이와 비슷한 것 ③ 정신의료기관 ④ 장애인 의료재활시설
교육연구시설		① 초등학교, 중학교, 고등학교 등 (병설유치원 제외) ② 학원(㉯ 500㎡↑, 자동차운전학원・정비학원 및 무도학원 제외) ③ 도서관(공공도서관은 업무시설). 직업훈련소 ④ 연구소, 교육원(연수원) 등
노유자시설		노인관련시설, 아동관련시설(병설유치원 포함), 장애인 관련 시설 정신질환자 관련 시설, 노숙인 관련 시설
수련시설		생활권 수련시설, 자연권 수련시설, 유스호스텔
운동시설		① 체육관으로서 관람석이 없거나 관람석 ㉯ 1천㎡↓ ② 운동장 : 육상장, 구기장, 볼링장, 수영장, 스케이트장, 롤러스케이트장, 승마장 사격장, 궁도장, 골프장 등과 이에 딸린 건축물로서 관람석이 없거나 관람석 ㉯ 1천㎡↓
업무시설		① 공공업무시설 ② 일반업무시설 : 금융업소, 사무소, 신문사, 오피스텔 ③ 주민자치센터(동사무소), 경찰서, 지구대, 파출소, 소방서, 119 안전센터, 우체국, 보건소, 공공도서관, 국민건강보험공단 등 ④ 마을회관, 마을공동작업소, 마을공동구판장 등 ⑤ 변전소, 양수장, 정수장, 대피소, 공중화장실 등
숙박시설		일반형 숙박시설, 생활형 숙박시설, 고시원(㉯ 500㎡↑)
위락시설		① 단란주점 : ㉯ 150㎡↑ ② 유흥주점, 그 밖에 이와 비슷한 것 ③ 유원시설업의 시설, 무도장 및 무도학원, 카지노영업소
창고시설		창고(물품저장시설로 냉장 및 냉동창고 포함), 물류터미널, 집배송 등
위험물 저장 및 처리시설		① 제조소 등 ② 가스시설 : 산소 또는 가연성 가스를 제조 저장 또는 취급하는 시설 중 지상에 노출된 산소 또는 가연성 가스 탱크 저장용량의 합계가 100t이상이거나 저장 용량이 30t 이상인 탱크가 있는 가스시설로서 제조・저장・취급시설
항공기 및 자동차 관련시설		① 항공기격납고(항공기 관제탑:운수시설) ② 차고, 주차용 건축물, 철골 조립식 주차시설(바닥면이 조립식이 아닌 것을 포함한다) 및 기계장치에 의한 주차시설 ③ 세차장, 폐차장, 자동차 검사장, 자동차 매매장, 자동차 정비공장, 운전학원・정비학원, 주차장

동물 및 식물 관련 시설	축사, 도축장, 도계장 (동식물원 제외 : 문화 집회 시설)
자원순환 관련 시설	하수 등 처리시설, 고물상, 폐기물 ~ 시설
교정 및 군사시설	교도소, 구치소, 소년원, 유치장, 국방・군사시설 등
방송 통신시설	방송국, 촬영소, 전신전화국 등
발전시설	원자력,화력,수력(조력),풍력 발전소, 전기저장시설 등
묘지관련 시설	화장시설, 봉안당, 동물화장시설, 동물건조장 및 동물 전용 납골 시설
관광 휴게시설	야외음악당, 야외극장, 어린이회관, 관망탑, 휴게소, 공원・유원지 또는 관광지에 부수되는 건축물
장례시설	장례식장, 동물 전용 장례식장
지하가	지하상가, 터널
지하구 및 공동구	① 전력・통신용의 전선이나 가스・냉난방용의 배관 또는 이와 비슷한 것을 집합수용하기 위하여 설치한 지하 인공구조물로서 사람이 점검 또는 보수를 하기 위하여 출입이 가능한 것 중 다음의 어느 하나에 해당하는 것 　1) 전력 또는 통신사업용 지하 인공구조물로서 전력구(케이블 접속부가 없는 경우에는 제외한다) 또는 통신구 방식으로 설치된 것 　2) 1)외의 지하 인공구조물로서 폭이 1.8미터 이상이고 높이가 2미터 이상이며 길이가 50미터 이상인 것 ② 국토의 계획 및 이용에 관한 법률에 따른 공동구
복합건축물	① 하나의 건축물이 둘 이상의 용도로 사용되는 것. ② 하나의 건축물이 근린생활시설, 판매시설, 업무시설, 숙박시설 또는 위락시설의 용도와 주택의 용도로 함께 사용되는 것

[비고]
1) 내화구조로된 하나의 특정소방대상물이 개구부가 없는 내화구조의 바닥과 벽으로 구획시 각각 별개의 특정소방대상물로 봄
2) 둘이상의 특정소방대상물이 다음 어느 하나에 해당되는 구조의 복도 또는 통로로 연결시 하나의 특정소방대상물로 봄
　① 내화구조 연결통로가 다음 어느하나에 해당하는 경우
　　㉠ 벽이 없는 구조 길이 6[m] 이하
　　㉡ 벽이 있는 구조 길이 10[m] 이하(벽이 천장높이의 2분의1 이상인 경우 벽이 있는 구조로 보며 2분의 1미만인 경우 벽이없는구조로 봄)
　② 내화구조가 아닌 연결통로로 연결
　③ 컨베이어, 플랜트설비 배관 등으로 연결
　④ 지하보도, 지하상가, 지하가로 연결
　⑤ 방화셔터 또는 60분+방화문이 설치되지 않은 피트로 연결
　⑥ 지하구로 연결

※ [시행령 별표3] 소방용품

구분	내용
소화설비를 구성하는 제품 또는 기기	① 소화기구(소화약제 외의 것 간이소화용구 제외) ② 자동소화장치 ③ 소화설비를 구성하는 소화전, 관창, 소방호스, 스프링클러헤드, 기동용 수압개폐장치, 유수제어밸브 및 가스관선택밸브
경보설비를 구성하는 제품 또는 기기	① 누전경보기 및 가스누설경보기 ② 경보설비를 구성하는 발신기, 수신기, 중계기, 감지기 및 음향장치(경종만 해당)
피난구조설비를 구성하는 제품 또는 기기	① 피난사다리, 구조대, 완강기(간이완강기, 지지대 포함) ② 공기호흡기(충전기 포함) ③ 피난구유도등, 통로유도등, 객석유도등 및 예비 전원 내장 비상조명등
소화용으로 사용하는 제품 또는 기기	① 소화약제(가스계 소화약제만 해당) ② 방염제(방염액·방염도료 및 방염성물질을 말한다)

CHAPTER 01 총칙

01 소방시설법상 용어의 정의 중 ( ) 안에 알맞은 것은?

> 특정소방대상물이란 소방시설을 설치하여야 하는 소방대상물로서 ( )으로 정하는 것을 말한다.

① 대통령령
② 국토교통부령
③ 행정안전부령
④ 고용노동부령

정답 ①
해설 특정소방대상물이란 소방시설을 설치하여야 하는 소방대상물로서 대통령령으로 정하는 것을 말한다.

02 소방시설법상 소방시설이 아닌 것은?

① 소화설비
② 경보설비
③ 방화설비
④ 소화활동설비

정답 ③
해설 소방시설의 종류에는 소화설비, 경보설비, 피난구조설비, 소화용수설비, 소화활동설비가 있다.

03 다음 소방시설 중 경보설비가 아닌 것은?

① 통합감시시설
② 가스누설경보기
③ 비상콘센트설비
④ 자동화재속보설비

정답 ③
해설 비상콘센트설비는 소화활동 설비이다.

04 소방시설을 구분하는 경우 소화설비에 해당되지 않는 것은?

① 스프링클러설비
② 제연설비
③ 자동확산소화기
④ 옥외소화전설비

정답 ②
해설 제연설비는 소화활동 설비에 해당한다.

05 소방시설법상 소방시설의 종류에 대한 설명으로 옳은 것은?
① 소화기구, 옥외소화전설비는 소화설비에 해당된다.
② 유도등, 비상조명등은 경보설비에 해당된다.
③ 소화수조, 저수조는 소화활동설비에 해당된다.
④ 연결송수관설비는 소화용수설비에 해당된다.

정답 ①
해설 (보기②) 유도등, 비상조명등은 경보설비에 해당된다. → 피난구조설비에 해당한다.
(보기③) 소화수조, 저수조는 소화활동설비에 해당된다. → 소화용수설비에 해당한다.
(보기④) 연결송수관설비는 소화용수설비에 해당된다. → 소화활동설비에 해당한다.

06 소방시설법상 무창층으로 판정하기 위한 개구부가 갖추어야 할 요건으로 틀린 것은?
① 크기는 반지름 30cm 이상의 원이 통과할 수 있을 것
② 해당 층의 바닥면으로부터 개구부 밑부분까지 높이가 1.2m 이내일 것
③ 도로 또는 차량이 진입할 수 있는 빈터를 향할 것
④ 화재 시 건축물로부터 쉽게 피난할 수 있도록 창살이나 그 밖의 장애물이 설치되지 아니할 것

정답 ①
해설 무창층을 판정하기 위한 개구부의 크기는 지름 50센티미터 이상의 원이 통과할 수 있을 것

07 소방시설법상 특정소방대상물로서 숙박시설에 해당되지 <u>않는</u> 것은?
① 오피스텔
② 일반형 숙박시설
③ 생활형 숙박시설
④ 근린생활시설에 해당하지 않는 고시원

정답 ①
해설 오피스텔은 업무시설로 구분한다.

08 항공기격납고는 특정소방대상물 중 어느 시설에 해당하는가?
① 위험물 저장 및 처리 시설
② 항공기 및 자동차 관련 시설
③ 창고시설
④ 업무시설

> **정답** ②
> **해설** 항공기 격납고는 항공기 및 자동차 관련시설에 해당한다.

09 소방시설법상 둘 이상의 특정소방대상물이 내화구조로 된 연결통로가 벽이 없는 구조로서 그 길이가 몇 [m] 이하인 경우 하나의 소방대상물로 보는가?
① 6
② 9
③ 10
④ 12

> **정답** ①
> **해설** • 하나의 소방대상물로 볼 수 있는 경우
> (1) 둘 이상의 특정소방대상물이 다음 각 목의 어느 하나에 해당되는 구조의 복도 또는 통로(이하 이 표에서 "연결통로"라 한다)로 연결된 경우에는 이를 하나의 소방대상물로 본다.
> ① 내화구조로 된 연결통로가 다음의 어느 하나에 해당되는 경우
> ㉠ 벽이 없는 구조로서 그 길이가 6m 이하인 경우
> ㉡ 벽이 있는 구조로서 그 길이가 10m 이하인 경우. 다만, 벽 높이가 바닥에서 천장까지의 높이의 2분의 1 이상인 경우에는 벽이 있는 구조로 보고, 벽 높이가 바닥에서 천장까지의 높이의 2분의 1 미만인 경우에는 벽이 없는 구조로 본다.

10 소방시설법상 특정소방대상물 중 의료시설에 해당하지 <u>않는</u> 것은?
① 요양병원
② 마약진료소
② 한방병원
④ 노인의료복지시설

> **정답** ④
> **해설** 노인의료 복지시설은 노유자시설이다.
> • 의료시설
> ① 병원 : 종합병원, 병원, 치과병원, 한방병원, 요양병원
> ② 격리병원 : 전염병원, 마약진료소, 그 밖에 이와 비슷한 것
> ③ 정신의료기관
> ④ 「장애인복지법」 제58조제1항제4호에 따른 장애인 의료재활시설

11 소방시설법상 소화설비를 구성하는 제품 또는 기기에 해당하지 <u>않는</u> 것은?
① 가스누설경보기
② 소방호스
③ 스프링클러헤드
④ 분말자동소화장치

정답 ①
해설 ● 소방용품
1. 소화설비를 구성하는 제품 또는 기기
   ① 소화기구(소화약제 외의 것을 이용한 간이소화용구는 제외)
   ② 자동소화장치
   ③ 소화설비를 구성하는 소화전, 관창(菅槍), 소방호스, 스프링클러헤드, 기동용 수압개폐장치, 유수제어밸브 및 가스관선택밸브

12 소방시설법상 소방용품이 <u>아닌</u> 것은?
① 소화약제 외의 것을 이용한 간이소화용구
② 자동소화장치
③ 가스누설경보기
④ 소화용으로 사용하는 방염제

정답 ①
해설 ● 소방용품
(1) 소화설비를 구성하는 제품 또는 기기
   ① 소화기구(소화약제 외의 것을 이용한 간이소화용구는 제외한다)
   ② 자동소화장치
   ③ 소화설비를 구성하는 소화전, 관창(菅槍), 소방호스, 스프링클러헤드, 기동용 수압개폐장치, 유수제어밸브 및 가스관선택밸브

13 행정안전부령으로 정하는 연소 우려가 있는 구조에 대한 기준 중 다음 (   ) 안에 알맞은 것은?

> 건축물 대장의 건축물 현황도에 표시된 대지 경계선안에 2이상의 건축물이 있는 경우로서 각각의 건축물이 다른 건축물의 외벽으로부터 수평거리가 1층의 경우에는 (㉠)[m] 이하, 2층 이상의 층의 경우에는 (㉡)[m] 이하이고 개구부가 다른 건축물을 향하여 설치된 구조를 말한다.

① ㉠ 3, ㉡ 5   ② ㉠ 5, ㉡ 8
③ ㉠ 6, ㉡ 8   ④ ㉠ 6, ㉡ 10

정답 ④
해설 ● 연소우려가 있는 건축물의 구조
건축물 대장의 건축물 현황도에 표시된 대지 경계선안에 2이상의 건축물이 있는 경우로서 각각의 건축물이 다른 건축물의 외벽으로부터 수평거리가 1층의 경우에는 (㉠6)[m] 이하, 2층 이상의 층의 경우에는 (㉡10)[m] 이하이고 개구부가 다른 건축물을 향하여 설치된 구조를 말한다.

CHAPTER 02 소방시설등의 설치 · 관리 및 방염

01 제6조 건축허가등의 동의

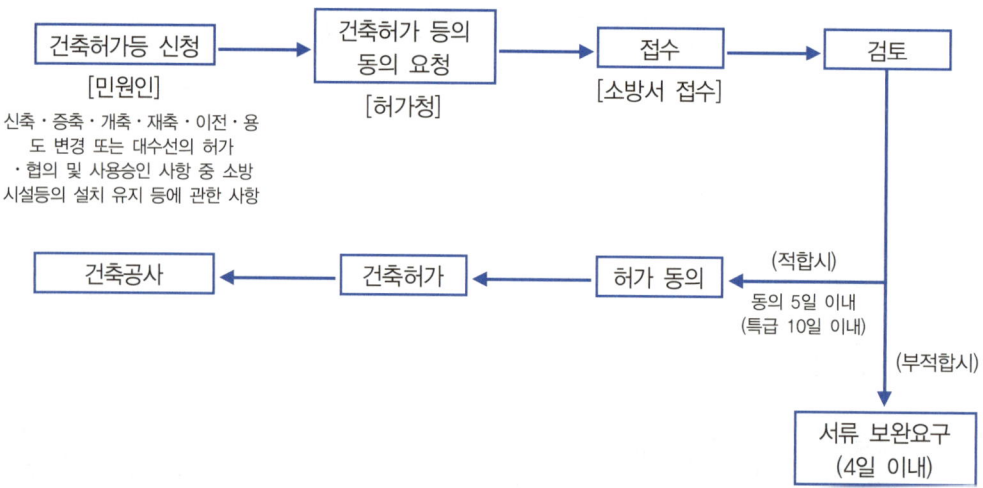

건축허가 등	① 건축허가등의 동의 건축물 등의 신축·증축·개축·재축(再築)·이전·용도변경 또는 대수선(大修繕)의 허가·협의 및 사용승인의 권한이 있는 행정기관은 건축허가등을 할 때 미리 그 건축물 등의 시공지(施工地) 또는 소재지를 관할하는 소방본부장이나 소방서장의 동의[사용승인에 대한 동의를 할 때에는 소방시설공사의 완공검사증명서를 발급하는 것으로 동의를 갈음] ② 신고수리 사실 통보 건축물 등의 증축·개축·재축·용도변경 또는 대수선의 신고를 수리(受理)할 권한이 있는 행정기관은 그 신고를 수리하면 그 건축물 등의 시공지 또는 소재지를 관할하는 소방본부장이나 소방서장에게 지체 없이 그 사실을 알려야 한다. ③ 설계도면의 제출 건축허가등을 받으려는 자 또는 신고를 한 자가 제출한 설계도서 중 건축물의 내부구조를 알 수 있는 설계도면을 제출(국가안보상 중요 국가기밀에 속하는 건축물 건축하는 경우로서 행정기관이 설계도면을 확보할 수 없는 경우 제외)
동의권자	소방본부장 또는 소방서장 (소방시설 공사의 완공검사증명서를 발급하는 것으로 동의를 갈음)

검토 내용	① 소방법 또는 법에 따른 명령
	② 소방자동차 전용구역의 설치
	[원활한 소방활동 및 화재안전성능 확보위한 검토 자료 및 의견서 첨부가능]
	  1. 피난시설, 방화구획
	  2. 소방관 진입창
	  3. 방화벽, 마감재료 등
	  4. 그 밖에 소방자동차의 접근이 가능한 통로의 설치 등

건축허가등의 동의 제외 [대통령령]	① 특정소방대상물에 설치되는 소화기구, 자동소화, 누전경보, 단독경보, 가스누설, 피난구조(비상조명 제외)가 화재안전기준에 적합하게 설치된 경우 ② 증축 또는 용도변경으로 인하여 해당 특정소방대상물에 추가로 소방시설이 설치되지 아니하는 경우 ③ 착공신고 대상이 아닌 경우

건축허가등의
동의대상물
범위
[대통령령]
	<table><tr><th>대상</th><th>면적↑ : 이상</th></tr><tr><td>학교시설</td><td>㉠ 100㎡↑</td></tr><tr><td>노유자 및 수련</td><td>㉠ 200㎡↑</td></tr><tr><td>장애인 의료, 정신의료
	(입원실 없는 정신건강의학과 의원 제외)</td><td>㉠ 300㎡↑</td></tr><tr><td>-</td><td>㉠ 400㎡↑</td></tr><tr><td>지하층, 무창층</td><td>㉾ 150㎡ (공연 100㎡)↑
	인 층이 있는 것</td></tr><tr><td>차고, 주차장 또는 주차용도</td><td>㉾ 200㎡↑ 층이 있는 건물
	기계 주차시설 20대↑</td></tr></table>
	① 층수 6층 이상
	② 항공기격납고, 관망탑, 항공관제탑, 방송용 송수신탑
	③ 위험물 저장 및 처리 시설, 입원실 있는 의원, 조산원, 산후
	④ 풍력발전, 지하구, 요양병원, 공장·창고 특수 : 750배↑
	⑤ 가스시설(지상노출) : 100 t↑
	
	• 노유자시설 중 연면적에 해당하지 않는 시설
	  (②~⑦ : 단독주택이나 공동주택 설치시 제외)
	  ① 노인주거복지시설, 노인의료복지시설, 재가노인복지시설
	  ② 학대 노인 전용쉼터
	  ③ 아동복지시설
	  ④ 장애인 거주시설
	  ⑤ 정신질환자 관련시설
	  ⑥ 노숙인자활, 노숙인재활, 노숙인 요양 시설
	  ⑦ 결핵환자나 한센인 24시간 생활하는 노유자 시설

건축허가등의 동의기간 [행정안전부령]	① 건축허가 등의 동의 회신 : 동의요구서류 접수한 날로부터 5일(특급소방안전관리대상물 10일)이내 ② 건축허가 동의 첨부서류 보완 : 4일 이내 보완 ③ 건축허가 취소 사실 통보 : 7일 이내

02 제7조 소방시설의 내진기준

내진설계기준	소방청장이 정함
내진적용 소방시설 [대통령령]	옥내소화전, 스프링클러설비, 물분무등 소화설비

03 제8조 성능위주설계

성능위주설계	연면적·높이·층수 등이 일정 규모 이상인 대통령령으로 정하는 특정소방대상물 (신축하는 것만 해당한다)에 소방시설을 설치하려는 사람
설계 신고 및 변경 신고	소방서장 (검토·평가 결과 성능위주설계의 수정 또는 보완이 필요하다고 인정되는 경우에는 성능위주설계를 한 자에게 그 수정 또는 보완을 요청)
성능위주 설계평가단	성능위주설계의 신고, 변경신고 또는 사전검토 신청을 받은 경우에는 소방청 또는 관할 소방본부에 설치된 성능위주설계평가단의 검토·평가를 거쳐야 함 [신기술 신공법 등 고도 기술 필요시 중앙위원회 심의 요청]
대상 [대통령령]	① 옌 20만㎡↑(철도 또는 공항 옌 3만㎡↑) ② 아파트 등 : 50층↑(지하 제외), 200[m]↑ ③ 아파트 등 제외 : 30층↑(지하 포함), 120[m]↑ ④ 창고 : 옌 10만㎡↑ 또는 지하 2층↑+지하층 뼌 3만 ㎡↑ ⑤ 영화상영관 10개↑ ⑥ 지하연계 복합건축물, 수저 또는 5천[m]이상 터널

04 제9조 성능위주설계 설계평가단

설치 목적	성능위주설계에 대한 전문적·기술적인 검토 및 평가
설치	소방청 또는 소방본부
평가단의 구성 및 운영 [행정안전부령]	① 평가단은 평가단장 1명 포함 50명 이내 평가단원으로 성별 고려 구성 ② 평가단장 : 화재예방 업무 담당 부서장 또는 청장 또는 본부장 임명 또는 위촉 ③ 평가단원 : 소방청장 또는 관할 소방본부장이 임명 또는 위촉 [기술사, 관리사 등] ④ 평가단원 임기 : 2년으로 하되, 2회 한정 한하여 연임 ⑤ 평가단 회의 : 평가단의 회의는 평가단장과 평가단장이 회의마다 지명하는 6명 이상 8명 이하의 평가단원으로 구성·운영하며, 과반수의 출석으로 개의하고 출석 평가단원 과반수의 찬성으로 의결

05 제10조 주택에 설치하는 소방시설

설치자	주택의 소유자
설치장소	단독주택 및 공동주택(아파트 및 기숙사 제외)
주택용 소방시설 설치기준	시도 조례로 정함 [주택용소방시설의 설치 및 국민의 자율적인 안전관리를 촉진하기 위하여 필요한 시책을 마련 : 국가 및 지자체]
소방시설의 종류 [대통령령]	소화기 및 단독경보형감지기

공통 [원론+법규] 이론+핵심문제

06 제11조 자동차에 설치 또는 비치하는 소화기

설치 또는 비치자	자동차 제작·조립·수입·판매 및 소유자
자동차의 종류	① 5인승 이상의 승용자동차 ② 승합자동차 ③ 화물자동차 ④ 특수자동차 [국토교통부장관은 「자동차관리법」에 따른 자동차검사 시 차량용 소화기의 설치 또는 비치 여부 등을 확인하여야 하며, 그 결과를 매년 12월 31일까지 소방청장에게 통보]

07 제12조 특정소방대상물에 설치하는 소방시설 유지관리 등

소방시설 설치 및 관리	특정소방대상물의 관계인
조치명령	소방본부장이나 소방서장
관계인의 의무	소방시설을 설치·관리하는 경우 화재 시 소방시설의 기능과 성능에 지장을 줄 수 있는 폐쇄(잠금을 포함한다. 이하 같다)·차단 등의 행위를 하여서는 아니 된다. 다만, 소방시설의 점검·정비를 위하여 필요한 경우 폐쇄·차단은 가능
폐쇄 차단시 안전확보 행동요령 지침 고시	소방청장
소방시설 정보관리시스템	소방청장, 소방본부장, 소방서장이 구축 및 운영

※ [시행령 별표4]
특정소방대상물의 관계인이 특정소방대상물에 설치·관리해야 하는 소방시설의 종류

	종류	설치대상(↑: 이상, ↓: 미만, ㉕: 바닥면적, ㉐: 연면적, ㊲: 수용인원)	
소화 설비	소화기구	• ㉐ 33㎡↑ (다만, 노유자 시설의 경우 투척용 소화용구 등을 소화기 수량 2분의 1 이상으로 설치 가능) • 가스시설, 전기저장시설, 문화재, 터널, 지하구	
	주거용 주방 자동소화장치	• 아파트 등 및 오피스텔의 모든 층(후드 및 덕트가 설치된 주방)	
	옥내소화전설비 (가스시설 또는 무인변전소 제외)	• ㉐ 3천㎡↑ [터널제외] ⇒ 전층 설치 • 지하·무창[축사 제외] + ㉕ 600[㎡]↑층 • 층수 4층↑ 중 ㉕ 600[㎡]↑층 ⇒ 전층 설치	근·생, 판매, 의료, 노유자, 복합 등 • ㉐ 1천5백㎡↑ ⇒ 전층 설치 • 지하·무창[축사 제외] + ㉕ 300[㎡]↑층 ⇒ 전층 설치 • 층수 4층↑층 중 + ㉕ 300[㎡]↑층 ⇒ 전층 설치
		• 건축물 옥상에 설치된 차고 주차장 : ㉕ 200[㎡]↑ ⇒ 해당부분설치 • 터널 : 1천[m]↑ • 특수가연물(공장 또는 창고) : 750배↑	

	종류	설치대상	

소화 설비	스프링클러설비 (가스시설 또는 지하구 제외)	• 문화·집회(동·식물원 제외)
		• 종교(주요구조부 목조 제외)
		• 운동(물놀이형 시설 및 관람석 없는 운동시설 제외)
		⇒ 오른쪽 하나라도 해당시 전층에 설치
			① ㉮ 100명↑
			② 영화상영관
			  - 지하 또는 무창층 ㉯ 500[㎡]↑
			  - 그 밖: ㉯ 1천[㎡]↑
			③ 무대부
			  - 지하·무창 또는 4층↑: 무대 300[㎡]↑
			  - 그 밖의 층: 무대 500[㎡]↑

		판매, 운수, 창고(물류 한정)	㉯ 5천[㎡]↑ or ㉮ 500명↑ ⇒ 전층 설치
		층수 6층 이상	전층
		정신의료기관, 종합병원 병원, 치과병원, 한방병원, 요양병원, 노유자, 숙박, 수련(숙박 가능), 조산, 산후	㉯ 600[㎡]↑ ⇒ 전층 설치
		창고(물류 제외)	㉯ 5천[㎡]↑ ⇒ 전층 설치
		지하가(터널 제외)	㉰ 1천[㎡]↑
		기숙사(교육연구시설 내) 또는 복합	㉰ 5천[㎡]↑ ⇒ 전층 설치
		• 지하층·무창층(축사는 제외한다) 또는 층수가 4층 이상인 층 : 바닥면적이 1천㎡ 이상인 층이 있는 경우에는 해당 층 • 랙식창고 : 랙이 있고 천장 또는 반자 높이가 10m초과하고 랙 설치된 층의 바닥면적 1천 500㎡ 이상인 경우 모든 층 • 특수가연물(공장 또는 창고) : 1,000배↑ • 전기저장시설	
	종류	설치대상(↑: 이상, ↓: 미만, ㉯ : 바닥면적, ㉰ : 연면적, ㉮ : 수용인원)	
소화 설비	간이스프링클러 설비	근생	① ㉯ 1천[㎡] ↑ ⇒ 전층 설치 ② 입원실이 있는 의원, 치과 의원 및 한의원 ⇒ 시설 설치 ③ 조산, 산후 ㉯ 600[㎡]↓ ⇒ 시설 설치
		교육연구 내 합숙소	㉰ 100[㎡]↑ ⇒ 전층 설치

		의료	① 병원, 종합병원, 치과병원 한방병원 및 요양병원 (의료재활시설 제외)
			  : ㉯ 600[㎡]↓
			② 정신의료기관 또는 의료재활시설
			  : ㉯ 300[㎡]↑ ~ ㉯ 600↓
			③ 정신의료기관 또는 의료재활시설
			  : ㉯ 300[㎡]↓ + 창살
			⇒ 시설 설치

소화설비	간이스프링클러설비	노유자	① 노유자 생활시설 ② 노유자 시설(노유자 생활 제외) 　: ㈉ 300[㎡]↑ ~ ㈉ 600↓ ③ 노유자 시설(노유자 생활 제외) 　: ㈉ 300[㎡]↓ + 창살 ⇒ 시설 설치
		숙박	㈉ 300[㎡]↑ ~ ㈉ 600↓ ⇒ 시설 설치
		복합	㈐ 1000[㎡]↑ ⇒ 전층 설치
	물분무등 소화설비 (가스시설 또는 지하구 제외)	항공기격납고	—
		차고, 주차용 건축물 또는 철골 조립식 주차시설	㈐ 800[㎡]↑
		건축물 내부 설치된 차고 또는 주차장	사용 면적 ㈉ 200[㎡]↑ ⇒ 해당 부분 설치
		기계장치 주차시설	20대↑ 차량 주차 시설 ⇒ 시설 설치
		전기실 · 발전실 · 변전실 등	㈉ 300[㎡]↑ ⇒ 해당 실 설치
	옥외 소화전설비 (아파트등, 가스시설 또는 지하구 또는 터널 제외)	지상 1층 및 2층	㈉ 9천[㎡]↑
		보물 또는 국보로 지정된 목조건축물 특수가연물(공장 또는 창고) : 750배↑	
경보설비	종류	설치대상(↑ : 이상, ↓ : 미만, ㈉ : 바닥면적, ㈐ : 연면적, ㈜ : 수용인원)	
	비상경보설비 (지하구, 불연재료창고, 가스시설 제외)	① ㈐ 400[㎡]↑(터널 제외) 또는 　지하 · 무창 ㈉ 150[㎡]↑(공연장 ㈉ 100[㎡]↑) ⇒ 전층 설치 ② 터널 : 500[m]↑ ③ 50명 이상 근로자 작업하는 옥내작업장	
	비상방송설비 (가스, 터널 지하구 제외)	① ㈐ 3천5백[㎡]↑ ② 층수 11층↑ ③ 지하층 층수 3층↑ ⇒ 전층 설치	
	누전경보기	계약전류 100[A] 초과	
	자동화재 탐지설비	① 공동주택 중 아파트등 · 기숙사 및 숙박시설 　⇒ 전층 설치 ② 6층↑ 건축물 ⇒ 전층 설치	—
		근 · 생(목욕장 제외), 의료(정신의료 또는 요양병원 제외) 위락, 장례 및 복합	㈐ 600[㎡]↑ ⇒ 전층 설치
		근 · 생 중 목욕장, 문화 및 집회, 종교, 판매, 운수, 운동, 업무, 공장 · 창고, 위험물 저장 및 처리, 항공기 및 자동 차, 국방 · 군사, 방송통신, 발전, 관광 휴게, 지하가(터널 제외)	㈐ 1천[㎡]↑ ⇒ 전층 설치

	종류		
경보설비	자동화재탐지설비	교육연구(내부 기숙사 및 합숙소 포함), 수련(내부 기숙사 및 합숙소 포함, 숙박있는 수련 제외), 동·식물(외부 기류 통하는 장소 제외), 자원순환, 교정 및 군사(국방·군사제외), 묘지관련	옌 2천[m²]↑ ⇒ 전층 설치
		• 노유자 생활 : 전층 • 터널길이 : 1천[m]↑ • 판매시설 중 전통시장, 지하구, 근생 중 조산원 및 산후조리원, 전기저장시설	

	종류	설치대상(↑ : 이상, ↓ : 미만, ㉲ : 바닥면적, 옌 : 연면적, ㊲ : 수용인원)	
경보설비	자동화재속보설비 (방재실 등 24시간 근무자 있는 경우 제외)	근·생	입원실이 있는 의원, 치과 의원 및 한의원, 조산원 및 산후조리원
		노유자(노유자생활 제외)	㉲ 500 [m²] ↑인 층이 있는 것
		수련(숙박 있는 건축물)	㉲ 500 [m²] ↑인 층이 있는 것
		종합병원, 병원, 치과병원 한병병원 및 요양병원(정신병원 및 의료재활시설 제외)	—
		정신병원 및 의료재활시설	㉲ 500 [m²] ↑인 층이 있는 것
		판매시설 중 전통시장, 노유자 생활시설, 목조건축물(보물 또는 국보)	
	단독경보형 감지기	① 옌 400[m²]↓ 유치원 ② 옌 2천[m²]↓ 교육연구시설 또는 수련시설 내의 합숙소 또는 기숙사 ③ 수련시설(자·탐 설치대상이 아닌 것 중 숙박시설이 있는 것만 해당)	
	통합감시시설	지하구	
	시각경보기 (자탐 설치 대상물만 해당)	근생, 문집, 종교, 판매, 운수, 의료, 노유자, 운동, 업무, 숙박, 위락, 물류터미널, 발전, 장례, 도서관, 방송국, 지하상가	
	가스누설 경보기	문집, 종교, 판매, 운수, 의료, 노유자, 수련, 운동, 숙박, 물류, 장례	

	종류	설치대상(↑ : 이상, ↓ : 미만, ㉲ : 바닥면적, 옌 : 연면적, ㊲ : 수용인원)	
피난구조설비	피난기구	• 모든 층에 설치(설치기준에 적합하게 설치) ① 피난층, 지상1층, 지상2층 및 11층 이상 층은 제외(노유자시설 중 피난층 이 아닌 지상 1층과 피난층이 아닌 지상 2층은 제외) ② 가스시설, 터널, 지하구는 설치 제외	
	인명 구조 기구	방열복 또는 방화복 인공소생기 및 공기호흡기	지하층 포함 층수 7층↑ 관광호텔 용도로 사용하는 층
		방열복 또는 방화복 공기호흡기	지하층 포함 층수 5층↑ 병원 용도로 사용하는 층
		공기호흡기	① ㊲ 100명 이상 영화상영관 ② 대규모점포, 지하역사, 지하상가 ③ 이산화탄소 소화설비 설치(호스릴 제외)

	종류	설치대상 (↑ : 이상, ↓ : 미만, ㉯ : 바닥면적, ㉰ : 연면적, ㉱ : 수용인원)	
피난 구조 설비	유도등 및 비상조명등	① 피난구 유도등·통로유도등 및 유도표지 　: 특정소방대상물에 설치 (터널 및 축사 제외) ② 객석유도등 : 유흥주점, 문화집회, 종교, 운동 ③ 비상조명등(창고 및 하역장, 가스시설 제외) 　- 지하층 포함 충수 5층↑ + ㉰ 3천㎡↑ : 전층 　- 지하 또는 무창 : ㉯ 450[㎡]↑ : 해당 층 　- 터널 : 500[m]↑ ④ 휴대용 비상조명등 　- 숙박, ㉱ 100명 이상 영화상영관, 대규모점포, 지하역사, 지하상가	
소화 용수 설비	상수도소화 용수설비	① ㉰ 5천[㎡]↑(가스시설, 터널, 지하구 제외) ② 지상노출 탱크 용량 합계 100t↑	
소화 활동 설비	제연설비	문화·집회, 종교, 운동	무대부 ㉯ 200[㎡]↑ or 영화상영관 ㉱ 100명 ↑ ⇒ 해당 무대부나 영화상영관
		지하 무창 설치 : 근·생, 판매, 운수, 숙박, 위락, 의료, 노유자, 물류터미널	해당용도 ㉯ 1천[㎡]↑인 층 ⇒ 해당 부분
		지하가(터널 제외)	㉰ 1천[㎡]↑
		터널	행정안전부령으로 정하는 터널
	연결송수관 (가스시설 또는 지하구 제외)	① 층수 5층↑ and ㉰ 6천㎡↑ ⇒ 전층 설치 ② ①에 해당하지 않는 지하층 포함 층수 7층↑ ⇒ 전층 설치 ③ ①②에 해당하지 않는 지하 층수 3층↑ + ㉯ 1천[㎡]↑ ⇒ 전층 설치 ④ 터널 : 1천[m]↑	
	연결살수 (지하구 제외)	① 판매, 운수, 물류터미널 : ㉯ 1천[㎡]↑⇒ 시설 설치 ② 지하층 : ㉯ 150[㎡]↑(학교 지하층 700[㎡]↑) ⇒ 전층 설치 ③ 지상노출탱크 용량 합계 : 30[t]↑	
	비상콘센트 (가스시설 또는 지하구 제외)	① 층수 11층↑인 경우 : 11층 이상의 층에 설치 ② 지하층 : 층수 3층↑ and ㉯ 1천[㎡]↑ 지하 모든 층 설치 ③ 터널 : 500[m]↑	
	무선통신 보조설비 (가스시설 제외)	① 지하가 : ㉰ 1천㎡↑ ② 지하층 : ㉯ 3천[㎡]↑ or 지하층의 층수 3층↑ and ㉯ 1천[㎡]↑ 전층 설치 ③ 터널 : 500[m]↑ ④ 공동구 ⑤ 30층↑ : 16층↑인 모든 층	
	연소방지설비	지하구(전력 또는 통신사업용만 해당)	

08 제13조 소방시설기준 적용의 특례

강화된 기준 적용 여부	소방본부장이나 소방서장은 대통령령 또는 화재안전기준이 변경되어 그 기준이 강화되는 경우 기존의 특정소방대상물의 소방시설에 대하여는 변경 전의 대통령령 또는 화재안전기준을 적용
강화된 기준 적용하는 경우	① 소화기구, 비상경보, 자동화재탐지, 자동화재속보, 피난구조 : 강화된 기준 적용 ② 전력 통신용 지하구 및 공동구 : 소화기, 자동소화, 자동화재탐지, 통합감시, 유도등, 연소방지 ③ 노유자 : 간S/P, 자동화재탐지, 단독경보 ④ 의료 : S/P, 간S/P, 자동화재탐지, 자동화재속보

유사 소방시설 면제 [대통령령]	설치가 면제되는 소방시설	설치면제 기준
	자동소화	물분무등
	S/P	자동소화장치 또는 물분무등
	물분무등	S/P(차고 및 주차장만 해당)
	간S/P, 연소방지	S/P, 물분무, 미분무
	비상경보	2개 이상의 단독 경보형 연동
	비상경보 또는 단독경보	자·탐 또는 알림
	비상방송	자동화재탐지 또는 비상경보와 같은 수준 이상의 음향장치 부설 방송설비
	누전경보	아크 또는 지락
	비상조명	피난구유도등 또는 통로유도등
	연결살수	송수구 부설 S/P, 간S/P, 물분무, 미분무

증축 또는 용도변경시 특례 [대통령령]	• 증축시 : 기존 부분을 포함한 특정소방대상물의 전체에 대하여 증축 당시의 소방시설의 설치에 관한 대통령령 또는 화재안전기준을 적용 [다만, 아래 해당시 기존부분 증축 당시 법 또는 기준 적용하지 않음] ① 기존부분과 증축부분 내화구조로 된 바닥과 벽으로 구획 ② 기존부분과 증축부분 60분+방화문 또는 자동방화셔터로 구획 ③ 자동차생산공장 : 내부 연면적 33㎡ 이하 직원 휴게실 증축 ④ 자동차생산공장 : 캐노피(3면이상 벽 없는 구조) 설치 • 용도변경시 : 용도변경 되는 부분에 대해서만 용도변경 당시의 소방시설의 설치에 관한 대통령령 또는 화재안전기준을 적용 [다만, 아래 해당시 전체에 대해 용도변경 전 법 또는 기준 적용] ① 화재연소확대 요인이 적어지거나 피난 또는 화재진압활동이 쉽게 변경되는 경우 ② 용도변경으로 천장·바닥·벽 등에 고정되 있는 가연물의 양 줄어드는 경우

구분		특정소방대상물	소방시설
소방시설 설치하지 아니할 수 있는 것 [대통령령]	화재 위험도가 낮은 특정 소방 대상물	석재, 불연성금속, 불연성 건축재료 등의 공장・기계 조립공장・주물공장 또는 불연성 물품을 저장하는 창고	옥외 연결살수
	화재안전기준 적용하기 어려운 특정소방대상물	펄프공장 작업장, 음료수 공장의 세정 또는 충전을 하는 작업장	S/P 상수도 연결살수
		정수장, 수영장, 목욕장, 농예・축산・어류양식용 시설	자동화재탐지 상수도 연결살수
	화재안전기준을 달리 적용하여야 하는 특수한 용도 또는 구조를 가진 특정소방대상물	원자력발전소 중・저준위방사성폐기물 저장	연결송수 연결살수
	자체 소방대 설치	자체소방대가 설치된 위험물 제조소등에 부속된 사무실	옥내소화 소화용수 연결송수 연결살수

09 제14조 특정소방대상물별로 설치하여야 하는 소방시설의 정비 등

① 대통령령으로 소방시설을 정할 때에는 특정소방대상물의 규모・용도・수용인원 및 이용자 특성 등을 고려
② 소방청장은 건축 환경 및 화재위험특성 변화사항을 효과적으로 반영할 수 있도록 제1항에 따른 소방 시설 규정을 3년에 1회 이상 정비

※ [시행령 별표7] 수용인원의 산정방법

대 상	용 도	수용인원의 산정
숙박시설이 있는 특정 소방대상물	침대가 있는 숙박시설	종사자 수 + 침대 수(2인용 2명 산정)
	침대가 없는 숙박시설	종사자 수 + 바닥면적의 합계 $[m^2]/3[m^2]$
그 외	강의실・교무실・상담실・실습실・휴게실 용도	바닥면적의 합계 $[m^2]/1.9[m^2]$
	강당, 문화 및 집회시설 운동시설, 종교시설	바닥면적의 합계 $[m^2]/4.6[m^2]$
		고정식 의자 수
		고정식 긴의자 정면너비$[m]/0.45[m]$
	그 밖의 특정소방대상물	바닥면적의 합계$[m^2]/3[m^2]$

[비고] 1. 바닥면적을 산정할 때에는 복도, 계단 및 화장실의 바닥면적을 포함하지 않는다.
  2. 계산 결과 소수점 이하의 수는 반올림한다.

10 제15조 건설현장의 임시소방시설 설치 및 관리

설치자	• 공사시공자 (화재위험작업을 하기전에 설치 및 철거가 쉬운 화재대비시설 설치 및 관리) • 조치명령 : 소방본부장 또는 소방서장
화재위험작업 [대통령령]	① 인화성・가연성・폭발성 물질을 취급하거나 가연성 가스를 발생시키는 작업 ② 용접・용단 등 불꽃을 발생시키거나 화기를 취급하는 작업 ③ 전열기구, 가열전선 등 열을 발생시키는 기구를 취급하는 작업 ④ 알루미늄, 마그네슘 등을 취급하여 폭발성 부유분진을 발생 ⑤ 그 밖에 제 ①호부터 제 ④호까지와 비슷한 작업으로 소방청장이 정하여 고시하는 작업
임시소방시설 종류 [대통령령]	소화기, 간이소화장치, 비상경보장치, 간이피난유도선, 가스누설경보기 비상조명등, 방화포
공사 종류와 규모 [대통령령]	① 소화기 : 소방본부장, 소방서장의 건축허가 동의를 받아야 하는 특정소방대상물의 건축, 대수선, 용도변경 또는 설치 등을 위한 공사의 작업현장 ② 간이소화장치 : ㉮ 3천㎡↑, 지하・무창층 또는 층수 4층↑ + ㉯ 600[㎡]↑ ③ 비상경보장치 : ㉮ 400㎡↑, 지하・무창층 ㉯ 150[㎡]↑ ④ 가스누설경보기, 간이피난유도선, 비상조명등 : 지하・무창층 ㉯ 150[㎡]↑
임시소방시설 설치한 것으로 보는소방시설 [대통령령]	① 간이소화장치를 설치한 것으로 보는 소방시설 : 옥내 또는 연・송 방수구 인근 소화기 설치로 한정 ② 비상경보장치를 설치한 것으로 보는 소방시설 : 비・방 또는 자・탐 ③ 간이피난유도선을 설치한 것으로 보는 소방시설 : 피난유도선, 피난구유도등, 통로유도등 또는 비상조명등

11 제16조 피난시설, 방화구획 및 방화시설의 관리

관계인 금지행위	① 피난시설, 방화구획 및 방화시설을 폐쇄하거나 훼손하는 등의 행위 ② 피난시설, 방화구획 및 방화시설의 주위에 물건을 쌓아두거나 장애물을 설치하는 행위 ③ 피난시설, 방화구획 및 방화시설의 용도에 장애를 주거나 소방활동에 지장을 주는 행위 ④ 그 밖에 피난시설, 방화구획 및 방화시설을 변경하는 행위 [위반시 과태료 300만원 이하]

12 제17조 내용연수

특정소방대상물의 관계인은 내용연수가 경과한 소방용품을 교체
[대통령령] 분말형태의 소화약제 사용하는 소화기는 10년

13 제18조 소방기술심의위원회

구 분	중앙위원회	지방위원회
설 치	소방청	시·도
심의 사항	① 화재안전기준에 관한 사항 ② 소방시설의 구조 및 원리 등에서 공법이 특수한 설계 및 시공에 관한 사항 ③ 소방시설의 설계 및 공사감리의 방법에 관한 사항 ④ 소방시설공사의 하자를 판단하는 기준에 관한 사항 ⑤ 신기술·신공법 등 검토·평가에 고도의 기술이 필요한 경우로서 중앙위원회에 심의를 요청한 사항 ⑥ 연면적 10만제곱미터 이상의 특정소방대상물에 설치된 소방시설의 설계·시공·감리의 하자 유무에 관한 사항 ⑦ 새로운 소방시설과 소방용품 등의 도입 여부에 관한 사항 ⑧ 소방청장이 심의에 부치는 사항	① 소방시설에 하자가 있는지의 판단에 관한 사항 ② 연면적 10만제곱미터 미만의 특정소방대상물에 설치된 소방시설의 설계·시공·감리의 하자 유무에 관한 사항 ③ 소방본부장 또는 소방서장이 화재안전기준 또는 위험물 제조소등의 시설기준의 적용에 관하여 기술검토를 요청하는 사항 ④ 시·도지사가 심의에 부치는 사항
위원 구성 등	① 성별을 고려하여 위원장을 포함한 60명 이내의 위원으로 구성 ② 회의는 위원장과 위원장이 회의마다 지정하는 6명 이상 12명 이하의 위원으로 구성 ③ 소위원회를 구성·운영할 수 있다. [위원 임기 2년, 1회 연임]	• 위원장 포함 5명 이상 9명 이하 [위원 임기 2년, 1회 연임]

14 제20조 소방대상물의 방염 등

대통령령으로 정하는 특정소방대상물에 실내장식 등의 목적으로 설치 또는 부착하는 물품으로서 대통령령으로 정하는 물품은 방염성능기준 이상의 것으로 설치(조치 명령 : 소방본부장 또는 소방서장)

	특정소방대상물
방염 [대통령령]	① 근·생 중 의원, 조산원, 산후조리원 체력단련장, 공연장, 종교집회장 ② 옥내에 있는 문화집회, 종교, 운동(수영장×) ③ 의료, 합숙, 노유자, 수련(숙박○) ④ 숙박, 방송 및 촬영 ⑤ 다중이용 ⑥ 11층이상(아파트 등 제외)

	제조 또는 가공 공정 방염 물품	건축물 내부의 천장이나 벽에 부착하거나 설치 (가구류 및 너비 10cm 이하 반자돌림대 제외)
방염 [대통령령]	① 커튼(블라인드) ② 카펫 ③ 2mm미만 벽지(종이벽지제외) ④ 합판·목재 또는 섬유판 (전시용, 무대용) ⑤ 암막 또는 무대막(스크린) ⑥ 섬유 또는 합성수지 원료 소파 및 의자(단란, 유흥, 노래 설치 한정)	① 종이(2mm 이상)· 합성수지류·섬유류 물품 ② 합판 또는 목재 ③ 공간구획 위한 간이 칸막이 ④ 흡음재 또는 방음재 (흡음 또는 방음커튼 포함)
	[권장 물품] ① 다중이용업소, 의료시설, 노유자 시설, 숙박시설 또는 장례식장에서 사용하는 침구류·소파 및 의자 ② 건축물 내부의 천장 또는 벽에 부착하거나 설치하는 가구류	
방염 성능 기준 [대통령령]	① 잔염(불꽃을 올리며)시간 : 20초 이내 ② 잔진(불꽃을 올리지 아니하고)시간 : 30초 이내 ③ 탄화면적 : 50㎠, 탄화길이 : 20cm 이내 ④ 불꽃에 의하여 완전히 녹을 때까지 불꽃의 접촉 횟수 : 3회 이상 ⑤ 발연량을 측정하는 경우 최대연기밀도 : 400 이하	
방염성능검사	소방청장(설치현장 방염처리 시·도지사 실시: 전시용, 무대용 합판·목재)	

CHAPTER 02 소방시설의 설치·관리 및 방염 등

01 소방시설법상 건축허가 등을 할 때 미리 소방본부장 또는 소방서장의 동의를 받아야 하는 건축물 등의 범위가 아닌 것은?

① 연면적 200㎡ 이상인 노유자시설 및 수련시설
② 항공기격납고, 관망탑
③ 차고·주차장으로 사용되는 바닥면적이 100㎡ 이상인 층이 있는 건축물
④ 지하층 또는 무창층이 있는 건축물로서 바닥면적이 150㎡ 이상인 층이 있는 것

> **정답** ③
> **해설** (보기③) 차고·주차장으로 사용되는 바닥면적이 100㎡ 이상인 층이 있는 건축물
> → 200㎡ 이상인 층이 있는 건축물
>
> ● 건축허가 등의 동의 대상
>
> | 대 상 | 면 적 |
> |---|---|
> | 학교시설 | ㉮ 100㎡ ↑ |
> | 노유자 및 수련 | ㉯ 200㎡ ↑ |
> | 장애인 의료, 정신의료
(입원실 없는 정신건강의학과 의원 제외) | ㉰ 300㎡ ↑ |
> | - | ㉱ 400㎡ ↑ |
> | 지하층, 무창층 | ㉲ 150㎡ (공연 100㎡) ↑
인 층이 있는 것 |
> | 차고, 주차장 또는 주차용도 | ㉳ 200㎡ ↑ 층이 있는 건물
기계 주차시설 20대 ↑ |
>
> 층수 6층 이상, 항공기격납고, 관망탑, 항공관제탑, 방송용 송수신탑,
> 위험물 저장 및 처리 시설, 입원실 있는 의원, 조산원, 산후조리원, 풍력발전, 지하구, 요양병원,
> 공장·창고 특수: 750배↑, 가스시설(지상노출): 100t↑

02 소방시설법상 건축허가 등의 동의 대상물의 범위로 틀린 것은?

① 항공기 격납고
② 방송용 송·수신탑
③ 연면적이 400제곱미터 이상인 건축물
④ 지하층 또는 무창층이 있는 건축물로서 바닥면적이 50제곱미터 이상인 층이 있는 것

> **정답** ④
> **해설** (보기④) 지하층 또는 무창층이 있는 건축물로서 바닥면적이 50제곱미터 이상인 층이 있는 것
> → 150제곱미터 이상인 층이 있는 것

03 소방시설법상 건축허가 등을 할 때 미리 소방본부장 또는 소방서장의 동의를 받아야 하는 건축물 등의 범위기준이 <u>아닌</u> 것은?

① 노유자시설 및 수련시설로서 연면적 100m² 이상인 건축물
② 지하층 또는 무창층이 있는 건축물로서 바닥면적이 150m² 이상인 층이 있는 것
③ 차고·주차장으로 사용되는 바닥면적이 200m² 이상인 층이 있는 건축물이나 주차시설
④ 장애인 의료재활시설로서 연면적 300m² 이상인 건축물

> **정답** ①
> **해설** (보기①) 노유자시설 및 수련시설로서 연면적 100m² 이상인 건축물
> → 노유자 시설 및 수련시설로서 연면적이 200m² 이상인 건축물이 건축허가등의 동의 대상

04 소방시설법상 건축허가등의 동의대상물의 범위 기준 중 <u>틀린</u> 것은?

① 건축등을 하려는 학교시설 : 연면적 200m² 이상
② 노유자시설 : 연면적 200m² 이상
③ 정신의료기관(입원실이 없는 정신건강의학과 의원은 제외) : 연면적 300m² 이상
④ 장애인 의료재활시설 : 연면적 300m² 이상

> **정답** ①
> **해설** 학교의 연면적은 100m² 이상일 때 건축허가 등의 동의대상에 해당한다.

05 소방시설법상 건축허가 등의 동의대상물이 <u>아닌</u> 것은?

① 항공기 격납고
② 연면적이 300m²인 공연장
③ 바닥면적이 300m²인 차고
④ 연면적이 300m²인 노유자 시설

> **정답** ②
> **해설** 공연장은 400m²은 되어야 동의대상물에 해당한다.

06 소방시설법상 건축허가등의 동의를 요구한 기관이 그 건축허가 등을 취소하였을 때, 최소한 날부터 최대 며칠 이내에 건축물 등의 시공지 또는 소재지를 관할하는 소방본부장 또는 소방서장에게 그 사실을 통보하여야 하는가?

① 3일
② 4일
③ 7일
④ 10일

> **정답** ③
> **해설** ● 건축허가등의 동의
>   (1) 동의 권자 : 소방본부장 또는 소방서장
>   (2) 동의 요청 : 건축물 등의 신축・증축・개축・재축・이전・용도변경 또는 대수선의 허가・협의 및 사용승인의 권한이 있는 행정기관이 건축허가등을 할 때 지체없이 소방본부장 또는 소방서장에게 지체없이 알려야 함
>   (3) 동의 여부 기한 : 5일 이내 [특급소방대상물 : 10일]
>   (4) 건축허가등의 취소 : 7일 이내

07 소방본부장 또는 소방서장은 건축허가 등의 동의요구 서류를 접수한 날부터 최대 며칠 이내에 건축허가 등의 동의여부를 회신하여야 하는가? (단, 허가 신청한 건축물은 지상으로부터 높이가 200[m]인 아파트이다.)

① 5일
② 7일
③ 10일
④ 15일

> **정답** ③
> **해설** ● 특급소방대상물은 10일 이내에 동의 여부를 회신한다.

08 소방시설법상 건축허가 등의 동의를 요구하는 때 동의요구서에 첨부하여야 하는 설계도서가 <u>아닌</u> 것은? (단, 소방시설공사 착공신고대상에 해당하는 경우이다.)

① 창호도
② 실내 전개도
③ 건축물 개요 및 배치도
④ 주단면도 및 입면도

> **정답** ②
> **해설** ● 건축허가 등의 동의 요구서 첨부 설계도서
>   (1) 건축물 설계도서
>   ① 건축물 개요 및 배치도

② 주단면도 및 입면도(立面圖 : 물체를 정면에서 본 대로 그린 그림을 말한다. 이하 같다)
③ 층별 평면도(용도별 기준층 평면도를 포함한다. 이하 같다)
④ 방화구획도(창호도를 포함한다)
⑤ 실내·실외 마감재료표
⑥ 소방자동차 진입 동선도 및 부서 공간 위치도(조경계획을 포함한다)
(2) 소방시설 설계도서
① 소방시설(기계·전기 분야의 시설을 말한다)의 계통도(시설별 계산서를 포함한다)
② 소방시설별 층별 평면도
③ 실내장식물 방염대상물품 설치 계획(「건축법」 제52조에 따른 건축물의 마감재료는 제외한다)
④ 소방시설의 내진설계 계통도 및 기준층 평면도(내진 시방서 및 계산서 등 세부 내용이 포함된 상세 설계도면은 제외한다)

09 대통령령으로 정하는 특정소방대상물의 소방시설 중 내진설계 대상이 <u>아닌</u> 것은?

① 옥내소화전설비   ② 스프링클러설비
③ 미분무소화설비   ④ 연결살수설비

정답 ④
해설 ● 내진설계
1. 내진설계기준 : 소방청장
2. 내진적용 소방시설
① 옥내소화전설비   ② 스프링클러설비   ③ 물분무등소화설비

10 소방시설법상 성능위주설계를 할 수 있는 자의 설계범위 기준 중 <u>틀린</u> 것은?

① 연면적 30,000㎡ 이상인 특정소방대상물로서 공항시설
② 연면적 100,000㎡ 이상인 특정소방대상물(단, 아파트등은 제외)
③ 지하층을 제외한 층수가 50층 이상인 아파트 등
④ 하나의 건축물에 영화상영관이 10개 이상인 특정소방대상물

정답 ②
해설 (보기②) 연면적 100,000㎡ 이상인 특정소방대상물(단, 아파트등은 제외)
→ 20만㎡ 이상일 때 해당한다.
● 성능위주설계
① ㉮ 20만㎡ ↑ (철도 또는 공항 ㉯ 3만㎡ ↑)
② 아파트 등 : 50층↑(지하 제외), 200[m]↑
③ 아파트 등 제외 : 30층↑(지하 포함), 120[m]↑
④ 창고 : ㉮ 10만㎡↑ 또는 지하 2층↑+지하층 ㉯ 3만㎡↑
⑤ 영화상영관 10개↑
⑥ 지하연계 복합건축물, 수저 또는 5천[m]이상 터널

11 소방시설법상 성능위주설계를 실시하여야 하는 특정소방대상물의 범위 기준으로 틀린 것은?
① 연면적 200,000㎡이상인 특정소방대상물(아파트등은 제외)
② 지하층을 포함한 층수가 30층 이상인 특정소방대상물(아파트등은 제외)
③ 철도 또는 공항으로 연면적이 30,000㎡이상인 특정소방대상물
④ 하나의 건축물에 영화상영관이 5개 이상인 특정소방대상물

> **정답** ④
> **해설** (보기④) 영화 상영관이 10개 이상인 특정소방대상물이 성능위주설계 범위 이다.

12 소방시설법상 주택의 소유자가 소방시설을 설치하여야 하는 대상이 <u>아닌</u> 것은?
① 아파트   ② 연립주택
③ 다세대주택   ④ 다가구주택

> **정답** ①
> **해설** • 주택에 설치하는 소방시설(단독주택, 공동주택의 소유자[아파트 및 기숙사 제외])
>   1. 소화기   2. 단독경보형 감지기

13 소방시설법상 특정소방대상물의 관계인이 특정소방대상물의 규모·용도 및 수용인원 등을 고려하여 갖추어야 하는 소방시설의 종류에 대한 기준 중 다음 (   ) 안에 알맞은 것은?

> 소화기구를 설치하여야 하는 특정소방대상물은 연면적 (㉠)[㎡] 이상인 것. 다만, 노유자시설의 경우에는 투척용 소화용구 등을 기준에 따라 산정된 소화기 수량의 (㉡) 이상으로 설치할 수 있다.

① ㉠ 33, ㉡ 1/2   ② ㉠ 33, ㉡ 1/5
③ ㉠ 50, ㉡ 1/2   ④ ㉠ 50, ㉡ 1/5

> **정답** ①
> **해설**
>
> | 종류 | 설치대상(↑ : 이상, ↓ : 미만, ㉯ : 바닥면적, ㉮ : 연면적, ㉰ : 수용인원) |
> |---|---|
> | 소화기구 | • ㉮ 33㎡ ↑
(다만, 노유자 시설의 경우 투척용 소화용구 등을 소화기 수량 2분의 1 이상으로 설치 가능)
• 가스시설, 전기저장시설, 문화재, 터널, 지하구 |

14 소방시설법상 지하가는 연면적이 최소 몇 m²이상이어야 스프링클러설비를 설치하여야 하는 특정소방대상물에 해당하는가? (단, 터널은 제외한다.)

① 100
② 200
③ 1000
④ 2000

정답 ③
해설 연면적이 1000[m²] 이상일 때 스프링클러를 설치한다.

15 소방시설법상 자동화재탐지설비를 설치하여야 하는 특정소방대상물에 대한 기준 중 ( )에 알맞은 것은?

> 근린생활시설(목욕장 제외), 의료시설(정신의료기관 또는 요양병원 제외), 위락시설, 장례시설 및 복합건축물로서 연면적 ( ) m² 이상인 것

① 400
② 600
③ 1000
④ 3500

정답 ②
해설

종류	설치대상(↑ : 이상, ↓ : 미만, ⓑ : 바닥면적, ⓔ : 연면적, ⓢ : 수용인원)	
자동화재탐지설비	① 공동주택 중 아파트등·기숙사 및 숙박시설 ⇒ 전층 설치 ② 6층↑ 건축물 ⇒ 전층 설치	—
	근·생(목욕장 제외), 의료(정신의료 또는 요양병원 제외) 위락, 장례 및 복합	ⓔ 600[m²]↑ ⇒ 전층 설치
	근·생 중 목욕장, 문화 및 집회, 종교, 판매, 운수, 운동, 업무, 공장·창고, 위험물 저장 및 처리, 항공기 및 자동차,국방·군사, 방송통신, 발전, 관광휴게, 지하가(터널 제외)	ⓔ 1천[m²]↑ ⇒ 전층 설치
	교육연구(내부 기숙사 및 합숙소 포함), 수련(내부 기숙사 및 합숙소 포함, 숙박있는 수련 제외), 동·식물(외부 기류 통하는 장소 제외), 자원순환, 교정 및 군사(국방·군사제외), 묘지관련	ⓔ 2천[m²]↑ ⇒ 전층 설치
	• 노유자 생활 : 전층 • 터널길이 : 1천[m]↑ • 판매시설 중 전통시장, 지하구, 근생 중 조산원 및 산후조리원, 전기저장시설	

16 소방시설법상 자동화재탐지설비를 설치하여야 하는 특정소방대상물의 기준으로 틀린 것은?
① 문화 및 집회시설로서 연면적이 1000㎡ 이상인 것
② 지하가(터널은 제외)로서 연면적이 1000㎡ 이상인 것
③ 의료시설(정신의료기관 또는 요양병원은 제외)로서 연면적이 1000㎡ 이상인 것
④ 터널로서 길이가 1000m 이상인 것

> **정답** ③
> **해설** (보기③) 의료시설(정신의료기관 또는 요양병원은 제외)로서 연면적이 1000㎡ 이상인 것
> → 600㎡ 이상시 해당한다.

17 소방시설법상 지하가 중 터널로서 길이가 1천미터일 때 설치하지 않아도 되는 소방시설은?
① 인명구조기구   ② 옥내소화전설비
③ 연결송수관설비   ④ 무선통신보조설비

> **정답** ①
> **해설** 인명구조기구는 터널에 설치하지 않는다.

18 소방시설법상 스프링클러설비를 설치하여야 하는 특정소방대상물의 기준으로 틀린 것은? (단, 위험물 저장 및 처리 시설 중 가스시설 또는 지하구는 제외한다.)
① 복합건축물로서 연면적 3500㎡ 이상인 경우에는 모든 층
② 창고시설(물류터미널은 제외)로서 바닥면적 합계가 5000㎡ 이상인 경우에는 모든 층
③ 숙박이 가능한 수련시설 용도로 사용되는 시설의 바닥면적의 합계가 600㎡ 이상인 것은 모든 층
④ 판매시설, 운수시설 및 창고시설(물류터미널에 한정)로서 바닥면적의 합계가 5000㎡ 이상이거나 수용인원이 500명 이상인 경우에는 모든 층

> **정답** ①
> **해설** (보기①) 복합건축물로서 연면적 3500㎡ 이상인 경우에는 모든 층
> → 5000㎡ 이상일 때 설치한다.

19 아파트로 층수가 20층인 특정소방대상물에서 스프링클러 설비를 하여야 하는 층수는? (단, 아파트는 신축을 실시하는 경우이다.)

① 전층
② 15층 이상
③ 11층 이상
④ 6층 이상

> **정답** ①
> **해설** 6층이상의 특정소방대상물에는 스프링클러를 전층에 설치한다.

20 소방시설법상 간이스프링클러설비를 설치하여야 하는 특정소방대상물의 기준으로 옳은 것은?

① 근린생활시설로 사용하는 부분의 바닥면적 합계가 1000㎡이상인 것은 모든 층
② 교육연구시설 내에 있는 합숙소로서 연면적 500㎡이상인 것
③ 정신병원과 의료재활시설을 제외한 요양병원으로 사용되는 바닥면적의 합계가 300㎡ 이상 600㎡ 미만인 시설
④ 정신의료기관 또는 의료재활시설로 사용되는 바닥면적의 합계가 600㎡ 미만인 시설

> **정답** ①
> **해설** (보기②) 교육연구시설 내에 있는 합숙소로서 연면적 500㎡이상인 것 → 100㎡이상시만 해당
> (보기③) 정신병원과 의료재활시설을 제외한 요양병원으로 사용되는 바닥면적의 합계가 300㎡ 이상 600㎡ 미만인 시설 → 600㎡미만시만 해당
> (보기④) 정신의료기관 또는 의료재활시설로 사용되는 바닥면적의 합계가 600㎡ 미만인 시설 → 300㎡이상 600㎡ 미만시 해당

종류	설치대상(↑ : 이상, ↓ : 미만, ㉑ : 바닥면적, ㉒ : 연면적, ㉓ : 수용인원)	
간이 스프링 클러설비	근린생활시설	① ㉑ 1천[㎡]↑ ⇒ 전층 설치 ② 입원실이 있는 의원, 치과 의원 및 한의원 ⇒ 시설 설치 ③ 조산, 산후 ㉓ 600[㎡]↓ ⇒ 시설 설치
	교육연구시설 내 합숙소	㉒ 100[㎡]↑ ⇒ 전층 설치
	의료	① 병원, 종합병원, 치과병원 한방병원 및 요양병원(의료재활시설 제외) : ㉑ 600[㎡]↓ ② 정신의료기관 또는 의료재활시설 : ㉑ 300[㎡]↑ ~ ㉑ 600↓ ③ 정신의료기관 또는 의료재활시설 : ㉑ 300[㎡]↓ + 창살 ⇒ 시설 설치
	노유자	① 노유자 생활시설 ② 노유자 시설(노유자 생활 제외) : ㉑ 300[㎡]↑ ~ ㉑ 600↓ ③ 노유자 시설(노유자 생활 제외): ㉑ 300[㎡]↓ + 창살 ⇒ 시설 설치
	숙박	㉑ 300[㎡]↑ ~ ㉑ 600↓ ⇒ 시설 설치
	복합건축물	㉒ 1000[㎡]↑ ⇒ 전층 설치

21 소방시설법상 단독경보형 감지기를 설치하여야 하는 특정소방대상물의 기준으로 틀린 것은?

① 연면적 600m² 미만의 기숙사
② 연면적 400m² 미만의 유치원
③ 숙박시설이 있는 수련시설(자동화재 탐지설비 대상이 아니다.)
④ 교육연구시설 또는 수련시설 내에 있는 합숙소 또는 기숙사로서 연면적 2000m² 미만인 것

> **정답** ①
> **해설** (보기①) 교육연구시설 또는 수련시설내의 합숙소나 기숙사만 해당한다.
>
> | 경보설비 | 종류 | 설치대상(↑: 이상, ↓: 미만, ㉻: 바닥면적, ㉾: 연면적, ㉿: 수용인원) |
> |---|---|---|
> | 경보설비 | 단독경보형 감지기 | ① ㉾ 400[m²]↓ 유치원
② ㉾ 2천[m²]↓ 교육연구시설 또는 수련시설 내의 합숙소 또는 기숙사)
③ 수련시설(자·탐 설치대상이 아닌 것 중 숙박시설이 있는 것만 해당) |

22 소방시설법상 비상경보설비를 설치하여야 할 특정소방대상물의 기준 중 옳은 것은? (단, 지하구, 모래·석재 등 불연재료 창고 및 위험물 저장·처리 시설 중 가스시설은 제외한다.)

① 지하층 또는 무창층의 바닥면적이 50㎡ 이상인 것
② 연면적 400㎡ 이상인 것
③ 지하가 중 터널로서 길이가 300m 이상인 것
④ 30명 이상의 근로자가 작업하는 옥내 작업장

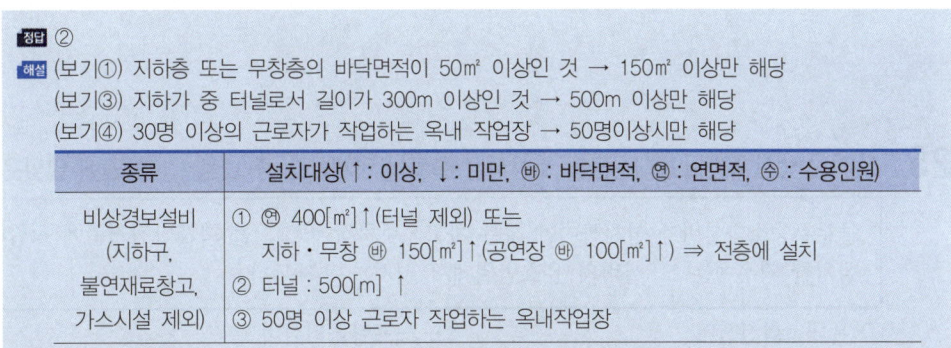

23 소방시설법상 대통령령 또는 화재안전기준이 변경되어 그 기준이 강화되는 경우 기존 특정 소방대상물의 소방시설 중 강화된 기준을 설치장소와 관계없이 항상 적용하여야 하는 것은? (단, 건축물의 신축·개축·재축·이전 및 대수선중인 특정소방대상물을 포함한다.)

① 제연설비
② 비상경보설비
③ 옥내소화전설비
④ 화재조기진압용 스프링클러설비

> **정답** ②
>
> **해설** 비상경보설비만 해당한다.
> - 강화된 기준 적용하는 경우(소방법은 소급적용을 한다.)
>   ① 소화기구, 비상경보, 자동화재탐지, 자동화재속보, 피난구조 : 강화된 기준 적용
>   ② 전력 통신용 지하구 및 공동구 : 소화기, 자동소화, 자동화재탐지, 통합감시, 유도등, 연소방지
>   ③ 노유자 : 간이스프링클러, 자동화재탐지, 단독경보형감지
>   ④ 의료 : 스프링클러, 간이스프링클러, 자동화재탐지, 자동화재속보

24 소방시설법상 스프링클러설비를 설치하여야 할 특정소방대상물에 다음 중 어떤 소방시설을 화재안전기준에 적합하게 설치하면 면제 받을 수 있는가?

① 옥내소화전설비 ② 물분무등소화설비
③ 간이스프링클러설비 ④ 연결살수설비

> **정답** ②
>
> **해설** • 유사한 소방시설의 면제(면제설비 → 대체설비)
>   ① S/P → 물분무등
>   ② 물분무등 → S/P[차고 주차장 국한]
>   ③ 간이S/P, 연소방지 → S/P, 물분무 또는 미분무
>   ④ 비상경보 또는 단독경보 → 자동화재탐지 또는 화재알림
>   ⑤ 비상방송 → 자동화재탐지 또는 비상경보

25 소방시설법상 특정소방대상물의 소방시설 설치의 면제기준 중 다음 ( ) 안에 알맞은 것은?

> 물분무등소화설비를 설치하여야 하는 차고·주차장에 ( )를 화재안전기준에 적합하게 설치한 경우에는 그 설비의 유효범위에서 설치가 면제된다.

① 옥내소화전설비 ② 스프링클러설비
③ 간이스프링클러설비 ④ 할로겐 화합물 및 불활성기체 소화설비

> **정답** ②
>
> **해설** • 물분무등소화설비를 설치하여야 하는 차고·주차장에 (스프링클러설비)를 화재안전기준에 적합하게 설치한 경우에는 그 설비의 유효범위에서 설치가 면제된다.

26 특정소방대상물의 소방시설 설치의 면제기준 중 다음 (   ) 안에 알맞은 것은?

> 비상경보설비 또는 단독경보형 감지기를 설치하여야 하는 특정소방대상물에 (   )를 화재안전기준에 적합하게 설치한 경우에는 그 설비의 유효범위에서 설치가 면제된다.

① 자동화재탐지설비 ② 스프링클러설비
③ 비상조명등   ④ 무선통신보조설비

정답 ①
해설 • 비상경보설비 또는 단독경보형 감지기를 설치하여야 하는 특정소방대상물에 (자동화재탐지설비)를 화재안전기준에 적합하게 설치한 경우에는 그 설비의 유효범위에서 설치가 면제된다.

27 소방시설법상 특정소방대상물의 소방시설 설치의 면제기준에 따라 연결살수설비를 설치면제 받을 수 있는 경우는?

① 송수구를 부설한 간이스프링클러설비를 설치하였을 때
② 송수구를 부설한 옥내소화전설비를 설치하였을 때
③ 송수구를 부설한 옥외소화전설비를 설치하였을 때
④ 송수구를 부설한 연결송수관설비를 설치하였을 때

정답 ①
해설 송수구를 부설한 스프링클러, 간이스프링클러, 물분무소화설비, 미분무 소화설비를 설치했을 때 연결살수설비를 면제할 수 있다.

28 소방시설법상 자체 소방대가 설치된 위험물 제조소등에 부속된 사무실에 설치하지 아니할 수 있는 소방시설이 <u>아닌</u> 것은?

① 옥내소화전설비   ② 소화용수설비
③ 연결살수설비   ④ 자동화재탐지설비

정답 ④
해설

구분	특정소방대상물	소방시설
자체 소방대가 설치된 특정소방대상물	자체소방대가 설치된 위험물 제조소등에 부속된 사무실	옥내소화전설비 소화용수설비 연결살수설비 연결송수관설비

29 소방시설법에 따른 화재안전기준을 달리 적용하여야 하는 특수한 용도 또는 구조를 가진 특정소방대상물 중 중·저준위 방사성 폐기물에 설치하지 아니할 수 있는 소방시설은?

① 소화용수설비
② 옥외소화전설비
③ 물분무등소화설비
④ 연결송수관설비 및 연결살수설비

정답 ④

해설

구 분	특정소방대상물	소방시설
화재안전기준을 달리 적용하여야 하는 특수한 용도 또는 구조를 가진 특정소방대상물	원자력발전소 중·저준위 방사성 폐기물	연결송수관설비 연결살수설비

30 소방시설기준 적용의 특례 중 특정소방대상물의 관계인이 소방시설을 갖추어야 함에도 불구하고 관련 소방시설을 설치하지 아니할 수 있는 소방시설의 범위로 옳은 것은? (단, 화재 위험도가 낮은 특정소방대상물로서 석재, 불연성금속, 불연성 건축재료 등의 가공공장·기계조립공장·주물공장 또는 불연성 물품을 저장하는 창고이다.)

① 옥외소화전 및 연결살수설비
② 연결송수관설비 및 연결살수설비
③ 자동화재탐지설비, 상수도소화용수설비 및 연결살수설비
④ 스프링클러설비, 상수도소화용수설비 및 연결살수설비

정답 ①

해설

구 분	특정소방대상물	소방시설
화재 위험도가 낮은 특정소방대상물	• 석재, 불연성금속, 불연성 건축재료 등의 가공공장·기계조립공장·주물공장 또는 불연성 물품을 저장하는 창고	• 옥외소화전 및 연결살수설비

31 특정소방대상물이 증축 되는 경우 기존 부분에 대해서 증축 당시의 소방시설의 설치에 관한 대통령령 또는 화재안전기준을 적용하지 않는 경우가 아닌 것은?

① 증축으로 인하여 천장·바닥·벽 등에 고정되어 있는 가연성 물질의 양이 줄어드는 경우
② 자동차 생산공장 등 화재 위험이 낮은 특정소방대상물 내부에 연면적 33㎡ 이하의 직원휴게실을 증축하는 경우
③ 기존 부분과 증축 부분이 「건축법 시행령」제46조제1항제2호에 따른 방화문 또는 자동방화셔터로 구획되어 있는 경우
④ 자동차 생산공장 등 화재 위험이 낮은 특정소방대상물에 캐노피(기둥으로 받치거나 매달아 놓은 덮개를 말하며, 3면 이상에 벽이 없는 구조의 것을 말한다)를 설치하는 경우

정답 ①

해설 • 증축시 특례
특정소방대상물이 증축되는 경우 기존 부분을 포함한 전체에 대하여 증축 당시의 화재안전기준을 적용한다. 다만, 다음 각 호의 어느 하나에 해당하는 경우에는 기존 부분에 대해서는 증축 당시의 소방시설의 설치에 관한 대통령령 또는 화재안전기준을 적용하지 않는다.
① 기존 부분과 증축 부분이 내화구조로 된 바닥과 벽으로 구획된 경우
② 기존 부분과 증축 부분이 60분+ 방화문 또는 자동방화셔터로 구획되어 있는 경우
③ 자동차 생산공장 등 화재 위험이 낮은 특정소방대상물 내부에 연면적 33제곱미터 이하의 직원 휴게실을 증축하는 경우
④ 자동차 생산공장 등 화재 위험이 낮은 특정소방대상물에 캐노피(기둥으로 받치거나 매달아 놓은 덮개를 말하며, 3면 이상에 벽이 없는 구조의 것을 말한다)를 설치하는 경우

32 소방시설법상 수용인원 산정 방법 중 다음과 같은 시설의 수용인원은 몇 명인가?

숙박시설이 있는 특정소방대상물로서 종사자수는 5명, 숙박시설은 모두 2인용 침대이며 침대수량은 50개 이다.

① 55
② 75
③ 85
④ 105

정답 ④
해설 종사자수 5명 + 침대수에 따른 수용인원 100명(2인용 ×50개 = 100명) = 105명

33 소방시설법상 수용인원 산정 방법 중 침대가 없는 숙박시설로서 해당 특정소방대상물의 종사자의 수는 5명, 복도, 계단 및 화장실의 바닥면적을 제외한 바닥 면적이 158㎡인 경우의 수용인원은 약 몇 명인가?

① 37
② 45
③ 58
④ 84

정답 ③
해설 • 침대가 없는 숙박시설 : 종사자수 5명, 158/3 = 52.66명 = 53명 이므로 수용인원은 58명이다.

34 다음 조건을 참고하여 숙박시설이 있는 특정소방대상물의 수용인원 산정 수로 옳은 것은?

침대가 있는 숙박시설로서 1인용 침대의 수는 20개이고, 2인용 침대의 수는 10개이며, 종업원의 수는 3명이다.

① 33명
② 40명
③ 43명
④ 46명

> **정답** ③
> **해설** 침대의 수 20개 + 2인용 침대의 수 10개 × 2 = 40개 이다.
> 그러므로 수용인원은 40명 + 3명 = 43명

35 소방시설법상, 종사자 수가 5명이고, 숙박시설이 모두 2인용 침대이며 침대수량은 50개인 청소년 시설에서 수용인원은 몇 명인가?
① 55
② 75
③ 85
④ 105

> **정답** ④
> **해설** • 수용인원의 산정방법
> (1) 침대가 있는 숙박시설 : 종사자 수 + 침대 수(2인용 침대는 2개로 산정)
> (2) 침대가 없는 숙박시설 : 종사자 수 + $\dfrac{\text{숙박바닥면적}}{3[m^2]}$
> (계산과정) 50×2명(2인용) + 5명(종사자수)= 105명

36 소방시설법상 특정소방대상물의 수용 인원의 산정방법 기준 중 틀린 것은?
① 침대가 있는 숙박시설의 경우는 해당 특정소방대상물의 종사자 수에 침대 수(2인용 침대는 2인으로 산정)를 합한 수
② 침대가 없는 숙박시설의 경우는 해당 특정소방대상물의 종사자 수에 숙박시설 바닥면적의 합계를 3㎡로 나누어 얻은 수를 합한 수
③ 강의실 용도로 쓰이는 특정소방대상물의 경우는 해당 용도로 사용하는 바닥면적의 합계를 1.9㎡로 나누어 얻은 수
④ 문화 및 집회시설의 경우는 해당 용도로 사용하는 바닥면적의 합계를 2.6㎡로 나누어 얻은 수

> **정답** ④
> **해설** • 수용인원의 산정
> (1) 강의실·교무실·상담실·실습실·휴게실 용도 : $\dfrac{\text{바닥면적의 합계}}{1.9[m^2]}$
> (2) 강당, 문화 및 집회시설, 운동시설, 종교시설 : $\dfrac{\text{바닥면적의 합계}}{4.6[m^2]}$ (관람석이 있는 경우 고정식 의자를 설치한 부분은 그 부분의 의자 수로 하고, 긴 의자의 경우에는 의자의 정면너비를 0.45m로 나누어 얻은 수로 한다)

37 소방시설법상 특정소방대상물의 수용인원 산정 방법으로 옳은 것은?
① 침대가 없는 숙박시설은 해당 특정소방대상물의 종사자의 수에 숙박시설의 바닥면적의 합계를 4.6㎡로 나누어 얻은 수를 합한 수로 한다.
② 강의실로 쓰이는 특정소방대상물은 해당 용도로 사용하는 바닥면적의 합계를 4.6㎡로 나누어 얻은 수로 한다.
③ 관람석이 없을 경우 강당, 문화 및 집회시설, 운동시설, 종교시설은 해당 용도로 사용하는 바닥면적의 합계를 4.6㎡로 나누어 얻은 수로 한다.
④ 백화점은 해당 용도로 사용하는 바닥면적의 합계를 4.6㎡로 나누어 얻은 수로 한다.

> **정답** ③
> **해설** (보기①) 침대가 없는 숙박시설은 해당 특정소방대상물의 종사자의 수에 숙박시설의 바닥면적의 합계를 4.6㎡로 나누어 얻은 수를 합한 수로 한다.→3㎡로 나누어 얻은 수를 합한 수로 한다.
> (보기②) 강의실로 쓰이는 특정소방대상물은 해당 용도로 사용하는 바닥면적의 합계를 4.6㎡로 나누어 얻은 수로 한다.→1.9㎡로 나누어 얻은 수로 한다.
> (보기④) 백화점은 해당 용도로 사용하는 바닥면적의 합계를 4.6㎡로 나누어 얻은 수로 한다.→3㎡로 나누어 얻은 수로 한다.

38 소방시설법상 임시소방시설 중 간이소화 장치를 설치하여야 하는 공사의 작업현장의 규모의 기준 중 다음 (   ) 안에 알맞은 것은?

> ○ 연면적 (㉠)㎡ 이상
> ○ 지하층, 무창층 또는 (㉡)층 이상의 층의 경우 해당층의 바닥면적이 (㉢)㎡ 이상인 경우만 해당

① ㉠ 1000, ㉡ 6, ㉢ 150
② ㉠ 1000, ㉡ 6, ㉢ 600
③ ㉠ 3000, ㉡ 4, ㉢ 150
④ ㉠ 3000, ㉡ 4, ㉢ 600

> **정답** ④
> **해설** ● 임시소방시설
> • 간이소화장치 : 연면적 3천㎡ 이상, 지하층, 무창층 또는 4층 이상의 층 (바닥면적이 600㎡ 이상인 경우만 해당)

39 건축물의 공사 현장에 설치하여야 하는 임시소방시설과 기능 및 성능이 유사하여 임시소방시설을 설치한 것으로 보는 소방시설로 연결이 틀린 것은? (단, 임시소방시설- 임시소방시설을 설치한 것으로 보는 소방시설 순이다.)
① 간이소화장치 - 옥내소화전
② 간이피난유도선 - 유도표지
③ 비상경보장치 - 비상방송설비
④ 비상경보장치 - 자동화재탐지설비

> **정답** ②
> **해설** • 유사한 소방시설로 임시소방시설로 봐주는 경우
>   (1) 간이소화장치를 설치한 것으로 보는 소방시설 : 옥내소화전 또는 소화기
>   (2) 비상경보장치를 설치한 것으로 보는 소방시설 : 비상방송설비 또는 자동화재탐지설비
>   (3) 간이피난유도선을 설치한 것으로 보는 소방시설 : 피난유도선, 피난구유도등, 통로유도등 또는 비상조명등

40 소방시설법상 분말형태의 소화약제를 사용하는 소화기의 내용연수로 옳은 것은? (단, 소방용품의 성능을 확인받아 그 사용기한을 연장하는 경우는 제외한다.)

① 3년 ② 5년
③ 7년 ④ 10년

> **정답** ④
> **해설** 분말형태의 소화약제 사용하는 소화기는 10년 이다.

41 소방시설법상 중앙소방기술심의위원회의 심의사항이 아닌 것은?

① 화재안전기준에 관한 사항
② 소방시설의 설계 및 공사감리의 방법에 관한 사항
③ 소방시설에 하자가 있는지의 판단에 관한 사항
④ 소방시설공사의 하자를 판단하는 기준에 관한 사항

> **정답** ③
> **해설** • 소방기술심의위원회 및 지방소방기술심의위원회
>
> | 구분 | 중앙위원회 | 지방위원회 |
> |---|---|---|
> | 설치 | • 소방청 | • 시·도 |
> | 심의 사항 | ① 화재안전기준에 관한 사항
② 소방시설의 구조 및 원리 등에서 공법이 특수한 설계 및 시공에 관한 사항
③ 소방시설의 설계 및 공사감리의 방법에 관한 사항
④ 소방시설공사의 하자를 판단하는 기준에 관한 사항
⑤ 연면적 10만제곱미터 이상의 특정소방대상물에 설치된 소방시설의 설계·시공·감리의 하자 유무에 관한 사항
⑥ 새로운 소방시설과 소방용품 등의 도입 여부에 관한 사항
⑦ 소방청장이 심의에 부치는 사항 | ① 소방시설에 하자가 있는지의 판단에 관한 사항
② 연면적 10만제곱미터 미만의 특정소방대상물에 설치된 소방시설의 설계·시공·감리의 하자 유무에 관한 사항
③ 소방본부장 또는 소방서장이 화재안전기준 또는 위험물 제조소등의 시설기준의 적용에 관하여 기술검토를 요청하는 사항
④ 시·도지사가 심의에 부치는 사항 |

42 소방시설법상 방염성능기준 이상의 실내장식물 등을 설치해야 하는 특정소방대상물이 아닌 것은?

① 숙박이 가능한 수련시설
② 층수가 11층 이상인 아파트
③ 건축물 옥내에 있는 종교시설
④ 방송통신시설 중 방송국 및 촬영소

> **정답** ②
> **해설** 11층 이상인 아파트는 방염을 해야하는 특정소방대상물에 해당하지 않는다.
> - 방염성능 기준 이상의 실내장식물 설치 대상
>   ① 근린생활시설 중 의원, 조산원, 산후조리원, 체력단련장, 공연장 및 종교집회장
>   ② 건축물의 옥내에 있는 시설로서 다음 각 목의 시설
>   가. 문화 및 집회시설
>   나. 종교시설
>   다. 운동시설(수영장 제외)
>   ③ 의료 시설
>   ④ 교육연구시설 중 합숙소
>   ⑤ 노유자 시설
>   ⑥ 숙박이 가능한 수련시설
>   ⑦ 숙박 시설
>   ⑧ 방송통신시설 중 방송국 및 촬영소
>   ⑨ 다중이용업소
>   ⑩ 제①호부터 제⑨호까지의 시설에 해당하지 않는 것으로서 층수가 11층 이상인 것(아파트 제외)

43 소방시설법상 제조 또는 가공 공정에서 방염처리를 한 물품 중 방염대상물품이 아닌 것은?

① 카펫
② 전시용 합판
③ 창문에 설치하는 커튼류
④ 두께가 2㎜ 미만인 종이벽지

> **정답** ④
> **해설** 두께 2mm 미만인 종이벽지는 제외한다.

44 소방대상물의 방염 등과 관련하여 방염성능기준은 무엇으로 정하는가?

① 대통령령
② 행정안전부령
③ 소방청훈령
④ 소방청예규

> **정답** ①
> **해설** 방염성능기준은 대통령령으로 정한다.

45 특정소방대상물에서 사용하는 방염대상물품의 방염성능검사 방법과 검사 결과에 따른 합격표시 등에 필요한 사항은 무엇으로 정하는가?
① 대통령령
② 행정안전부령
③ 소방청장령
④ 시·도의 조례

> **정답** ②
> **해설** 방염대상물품의 방염성능검사 방법과 검사결과에 따른 합격표시 등에 필요한 사항은 행정안전부령으로 정한다.

46 소방시설법상 시·도지사가 실시하는 방염성능검사 대상으로 옳은 것은?
① 설치 현장에서 방염처리를 하는 합판·목재
② 제조 또는 가공 공정에서 방염처리를 한 카펫
③ 제조 또는 가공 공정에서 방염처리를 한 창문에 설치하는 블라인드
④ 설치 현장에서 방염처리를 하는 암막·무대막

> **정답** ①
> **해설** ● 방염성능검사
> (1) 방염대상물품은 소방청장(설치 현장에서 방염처리 하는 합판·목재류 경우에는 시·도지사)이 실시하는 방염성능검사를 받은 것이어야 한다.
> (2) 방염처리업의 등록을 한 자는 방염성능검사를 할 때에 거짓 시료를 제출하여서는 아니 된다.

CHAPTER 03 소방시설 등의 자체점검

01 제22조 소방시설 등의 자체점검

자체점검자	관리업자, 소방안전관리자로 선임된 소방시설관리사 또는 소방기술사
자체점검의 면제 또는 연기 [대통령령]	• 관계인이 소방본부장 또는 소방서장에게 면제 또는 연기신청 (3일전에 연기신청하면 본·서는 3일이내 답변) [연기사유] ① 재난 발생한 경우 ② 경매 등 사유로 소유권 변동 ③ 질병, 사고, 장기출장 등 ④ 사업에 부도 또는 도산 등 중대한 위기가 발생
자체점검의 구분 [행정안전부령]	① 작동점검 : 인위적으로 조작하여 정상 작동하는지 점검 ② 최초종합점검 : 신설후 60일 이내 실시 ③ 종합점검 : 작동점검 포함 법 및 기준에 적합 여부 확인
점검대상 및 점검자의 자격 [행정안전부령]	① 작동점검 　㉠ 점검대상 : 간이 S/P 또는 자탐 설치(3급 소방), 그 외 특정소방대상물 　㉡ 점검자 : 관계인, 관리사, 소방안전관리자 선임 관리사 또는 기술사, 특급점검자 [3급은 관계인과 특급점검자 점검 가능] 　㉢ 작동점검의 제외 : 소방안전관리자 선임 안된 특정소방대상물, 제조소 등, 특급소방안전관리대상물 ② 종합점검 　㉠ 점검대상 　　1. 스프링클러 설치 　　2. 물분무등[호스릴 제외]+ ㉘5천[㎡]↑ (제조소등 제외) 　　3. 다중 + ㉘ 2천[㎡]↑ 　　4. 제연 설치 터널 　　5. 공공기관 중 ㉘ 1천[㎡]↑+ 옥내 또는 자·탐 설치 (소방대 근무 제외) 　㉡ 점검자 : 관리사, 소방안전관리자 선임 관리사 또는 기술사 [자체점검 공통 장비 : 방수압력측정계, 절연저항계, 전류전압측정계]
점검횟수 [행정안전부령]	① 최초점검 : 소방시설이 새로 설치되는 경우 건축물을 사용할 수 있게 된 날부터 60일 이내 점검 ② 작동점검 : 연1회 이상 실시 　(종합 대상 종합 받은 달부터 6개월 되는 달 실시) ③ 종합점검 : 건축물 사용승인일 속하는 달에 연1회 이상 실시 　(특급대상 : 반기에 1회 이상) ④ 종합점검의 면제 : 소방청장이 우수하다고 인정 3년 범위 면제 [비고] • 외관점검 : 공공기관의 장이 월1회 이상 실시

구분	내용

점검인력 1단위 점검 한도 면적 [행정안전부령]	① 종합점검
	   : 연 $8,000m^2$ + $2000m^2$(보조)
	② 작동점검
	   : 연 $10,000m^2$ + $2500m^2$(보조)
	③ 아파트 종합 및 작동 점검
	   : 250세대 + 60세대(보조)

점검인력 1단위	① 관리업자 점검시
	   : 관리사 또는 특급점검자 1명 + 보조인력 2명[2명 이내 보조 추가 가능]
	   → 같은건물일 때 4명까지 추가 가능
	② 소방안전관리자 선임 관리사 및 기술사 점검시
	   : 관리사 또는 기술사 중 1명 + 보조인력 2명[2명 이내 보조 추가 가능]
	③ 관계인 또는 소방안전관리자 점검시
	   : 관계인 또는 소방안전관리자 1명 + 보조인력 2명
	④ 관리업자 점검시 점검인력 배치기준

구분	주된 기술인력	보조 기술인력
가. 50층 이상 또는 성능위주설계	관리사 5년 이상 1명 이상	고급점검자 이상 1명 이상 및 중급점검자 이상 1명 이상
나. 특급 소방안전 (가.는 제외)	관리사 3년 이상 1명 이상	고급점검자 이상 1명 이상 및 초급점검자 이상 1명 이상
다. 1급 또는 2급 소방안전	관리사 1명 이상	중급점검자 이상 1명 이상 및 초급점검자 이상 1명 이상
라. 3급 소방안전	관리사 1명 이상	초급점검자 이상의 기술인력 2명 이상

비고) 라목에는 주된 기술인력으로 특급점검자를 배치할 수 있다.

구분	내용

자체 점검 결과 조치 [행정안전부령]	① 관리업자 : 10일 이내 자체점검 실시결과 보고서 관계인에게 제출
	② 관계인 : 15일 이내 소방본부장 또는 소방본부장에게 보고
	[자체점검실시결과보고서+점검인력배치확인서/소방시설등 결과 이행계획서]
	③ 이행계획의 완료 기간
	   ㉠ 소방시설등 기계·기구 수리 또는 정비 : 보고일 10일 이내
	   ㉡ 소방시설등 전부 또는 일부 철거 하고 새로 교체 : 보고일 20일 이내
	④ 관계인은 이행 완료한 날부터 10일 이내 보고서 작성하여 소방본부장 또는 소방서장에게 보고

02 제23조 소방시설등의 자체점검 결과의 조치 등

자체점검결과 조치	관계인
이행계획의 보고	관리업자등은 자체점검 결과 중대위반사항을 발견한 경우 즉시 관계인에게 알려야 한다. (관계인은 지체없이 수리 등 필요한 조치) [이행계획 서류 첨부 본·서 보고, 이행계획 완료 결과 본·서 보고]
중대위반사항 [대통령령]	① 소화펌프(가압송수장치를 포함한다. 이하 같다), 동력·감시 제어반 또는 소방시설용 전원(비상전원을 포함한다)의 고장으로 소방시설이 작동되지 않는 경우 ② 화재 수신기의 고장으로 화재경보음이 자동으로 울리지 않거나 화재 수신기와 연동된 소방시설의 작동이 불가능한 경우 ③ 소화배관 등이 폐쇄·차단되어 소화수(消火水) 또는 소화약제가 자동 방출되지 않는 경우 ④ 방화문 또는 자동방화셔터가 훼손되거나 철거되어 본래의 기능을 못하는 경우
이행계획 완료의 연기 [대통령령]	① 재난 발생한 경우 ② 경매 등 사유료 소유권 변동 ③ 질병, 사고, 장기출장 등 ④ 사업에 부도 또는 도산 등 중대한 위기가 발생 (3일전에 연기신청하면 본·서는 3일이내 답변)

03 제24조 점검기록표 게시 등

점검기록표의 게시	자체점검 결과 보고를 마친 관계인은 관리업자등, 점검일시, 점검자 등 자체점검과 관련된 사항을 점검기록표에 기록하여 특정소방대상물의 출입자가 쉽게 볼 수 있는 장소에 게시
자체 점검 결과 공개 [대통령령]	본서는 30일 이상 전산시스템 또는 인터넷 통해 공개 (관계인은 10일 이내 이의 신청 가능하며 심사를 결정하여 결과를 10일이내에 알려야 한다.)
자체 점검 결과 게시 [행정안전부령]	소방본부장 또는 소방서장에게 자체점검 결과 보고를 마친 관계인은 보고한 날부터 10일 이내에 별표 5의 소방시설등 자체점검기록표를 작성하여 특정소방대상물의 출입자가 쉽게 볼 수 있는 장소에 30일 이상 게시

CHAPTER 03 소방시설등의 자체점검

01 소방시설법상 소방시설등의 종합점검 대상기준에 맞게 (   )에 들어갈 내용으로 옳은 것은?

> 물분무등 소화설비[호스릴 방식의 물분무등소화설비만을 설치한 경우는 제외]가 설치된 연면적 (   ) ㎡ 이상인 특정소방대상물(위험물 제조소등은 제외)

① 2000 ② 3000
③ 4000 ④ 5000

정답 ④

해설

	작동기능점검	종합정밀점검
정의	소방시설등을 인위적으로 조작하여 정상적으로 작동하는지를 점검	작동기능점검 + 소방시설등의 화재안전기준 및 관련 법령에 적합여부
자체 점검자	① 관계인 ② 소방안전관리자 ③ 소방시설관리업자	① 소방시설관리업자 ② 소방안전관리자로 선임된 소방시설관리사 및 소방기술사
대상	모든 특정 소방대상물 (제외 : 소화기구만 설치, 위험물제조소 등, 특급소방안전관리 대상물)	① 스프링클러설비 ② 물분무등 소화설비[호스릴 제외] + 연 5,000 [㎡] 이상 (위험물제조소등 제외) ③ 다중이용업 연 2,000 [㎡] 이상 ④ 제연설비가 설치된 터널 ⑤ 공공기관 중 연 1,000[㎡] 이상 + 옥내소화전 또는 자동화재탐지설비 설치(소방대 근무하는 것 제외)

02 소방시설법상 소방시설 등의 자체점검 중 종합점검을 받아야 하는 특정소방대상물 대상 기준으로 틀린 것은?

① 제연설비가 설치된 터널
② 스프링클러설비가 설치된 특정소방대상물
③ 공공기관 중 연면적이 1000㎡ 이상인 것으로서 옥내소화전설비 또는 자동화재탐지설비가 설치된 것 (단, 소방대가 근무하는 공공기관은 제외한다.)
④ 호스릴 방식의 물분무등소화설비만이 설치된 연면적 5000㎡ 이상인 특정소방대상물 (단, 위험물 제조소등은 제외한다.)

정답 ④

해설 (보기④) 호스릴방식은 제외한다.

03 소방시설법상 소방시설 등에 대한 자체점검 중 종합점검 대상인 것은?
① 제연설비가 설치되지 않은 터널
② 스프링클러설비가 설치된 아파트
③ 물분무등소화설비가 설치된 연면적이 5,000m²인 위험물 제조소
④ 호스릴 방식의 물분무등소화설비만을 설치한 연면적 3,000m²인 특정소방대상물

> **정답** ②
> **해설** (보기①) 제연설비가 설치되지 않은 터널→제연설비가 설치된 터널이 해당한다.
> (보기③) 물분무등소화설비가 설치된 연면적이 5,000m²인 위험물 제조소→제조소는 제외한다.
> (보기④) 호스릴 방식의 물분무등소화설비만을 설치한 연면적 3,000m²인 특정소방대상물→호스릴방식은 제외한다.

04 스프링클러설비가 설치된 소방시설 등의 자체점검에서 종합점검을 받아야 하는 아파트의 기준으로 옳은 것은?
① 연면적이나 층수 상관없이 모두다 해당
② 연면적이 3000㎡ 이상이고 층수가 16층 이상인 것만 해당
③ 연면적이 5000㎡ 이상이고 층수가 11층 이상인 것만 해당
④ 연면적이 5000㎡ 이상이고 층수가 16층 이상인 것만 해당

> **정답** ①
> **해설** 스프링클러가 설치되있는 특정소방대상물은 종합점검 대상이다.

CHAPTER 04 소방시설관리사 및 소방시설관리업

01 제25조 소방시설관리사 ~ 28조 자격의 취소·정지

시험의 시행	소방청장
관리사의 의무	① 관리사는 발급 또는 재발급받은 소방시설관리사증을 다른 사람에게 빌려주거나 빌려서는 아니 되며, 이를 알선하여서도 아니 된다. ② 관리사는 동시에 둘 이상의 업체에 취업하여서는 아니 된다. ③ 기술자격자 및 관리업의 기술인력으로 등록된 관리사는 이 법과 이 법에 따른 명령에 따라 성실하게 자체점검 업무를 수행하여야 한다.
시험 시행방법 [대통령령]	① 1차시험과 2차시험으로 구분하여 시행 ② 1차 시험은 선택형을 원칙으로 하고, 2차 시험은 논문형을 원칙으로 하며 기입형도 포함함
시행 및 공고 [대통령령]	① 시험시행 : 1년마다 1회 ② 시험공고 : 시행일 90일 전 소방청 홈페이지 등에 공고
결격사유	① 피성년후견인 ② 소방기본법, 화재예방법, 소방시설공사업법, 위험물 안전관리법에 따른 금고 이상의 실형을 선고받고 종료 또는 면제된 후 2년이 지나지 아니한 사람 ③ 소방기본법, 화재예방법, 소방시설공사업법, 위험물 안전관리법에 따른 금고 이상의 형의 집행유예기간 중에 있는 사람 ④ 자격이 취소 (피성년후견인으로 취소된 경우는 제외)된 날부터 2년이 지나지 아니한 사람
자격취소에 해당하는 경우	[즉시 취소] ① 거짓이나 그 밖의 부정한 방법으로 시험에 합격한 경우 ② 소방시설관리사증을 다른 자에게 빌려준 경우 ③ 동시에 둘 이상의 업체에 취업한 경우 ④ 소방시설관리사의 결격사유에 해당하게 된 경우 [3차 이상시 취소] ① 대행 인력 배치 기준 등 준수 사항 지키지 아니한 경우[경고/6개월/취소] ② 점검을 하지 아니하거나 거짓으로 한 경우 [점검× : 1개월/6개월/취소][거짓 : 경고(시정)/6개월/취소] ③ 성실하게 자체점검 업무를 수행하지 아니한 경우[경고/6개월/취소]

02 제29조 소방시설관리업의 등록 등 ~ 36조 과징금처분

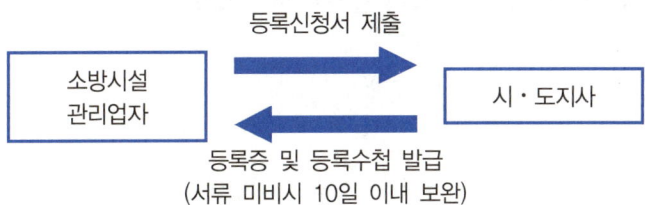

- 재교부신청(분실 및 훼손) : 3일 이내 재교부
- 변경신고는 30일 이내 신청 : 변경사항 변경후 5일 이내 재교부

관리업의 등록	시·도지사
업무	① 소방안전관리업무의 대행 ② 소방시설 등의 점검 ③ 소방시설 등의 유지, 관리
업종별 등록 기준 [대통령령]	① 전문소방관리업(모든 특정소방대상물 영업) • 주 : 관리사 + 실무5년 1명 이상, 관리사 + 실무 3년 1명 이상 • 보조 : 고급, 중급, 초급 점검자 각각 2명 이상 ② 일반소방관리업(1급, 2급, 3급 영업) • 주 : 관리사 + 실무 1년 1명 이상 • 보조 : 중급, 초급 점검자 각각 1명 이상
등록증 및 등록수첩 재발급 [행정안전부령]	• 지체없이 등록증 및 등록수첩 반납사유 ① 등록이 취소된 때 ② 소방시설관리업을 폐업한 때 ③ 재발급 받은때(재발급을 받았는대 다시 등록증 등록수첩을 찾은 경우)
등록의 결격사유	소방시설관리사 결격사유와 동일(임원이 결격사유에 해당할 때)
등록사항의 변경신고	• 30일 이내 변경사항 신고 : 시·도지사 • 변경 신고 사항(필요서류)[행정안전부령] ① 명칭·상호 또는 영업소 소재지(등록증, 등록수첩) ② 대표자(등록증, 등록수첩) ③ 기술인력(등록수첩, 변경 기술인력 기술자격증, 소방기술인력대장)
관리업자의 지위승계	• 30일 이내 지위승계 신고 : 시·도지사 ① 관리업자가 사망한 경우 그 상속인 ② 관리업자가 그 영업을 양도한 경우 양수인 ③ 관리업자가 합병한 경우 합병 후 존속하는 법인이나 합병으로 설립되는 법인 ④ 경매, 환가, 압류재산의 매각으로 인해 관리업의 시설 및 장비 전부 인수한 자는 종전의 관리업자 지위 승계

관리업의 운영	• 운영시 지켜야할 사항 : 점검업무 성실, 대여금지 • 관계인에게 지체없이 알려야 하는 사항 ① 관리업자 지위승계 ② 관리업 등록취소 또는 영업정지 ③ 휴업 또는 폐업
점검능력 평가 및 공시	• 소방청장 실시 * 점검능력평가액=실적평가액 + 기술력평가액 + 경력평가액 ± 신인도평가액
등록취소와 영업정지	[즉시 취소] ① 거짓이나 그 밖의 부정한 방법으로 등록을 한 경우 ② 결격사유에 해당하는 경우 ③ 다른 자에게 등록증이나 등록수첩을 빌려준 경우 [3차 이상시 취소] ① 점검하지 않거나 거짓으로 한 경우 [점검× : 1개월/3개월/취소][거짓 : 경고(시정)/3개월/취소] ② 등록기준 미달[경고(시정)/3개월/취소] ③ 점검능력 평가 받지 않고 자체점검한 경우[1개월/3개월/취소]
과징금의 처분	시·도지사는 영업정지를 명하는 경우로서 그 영업정지가 이용자에게 불편을 주거나 그 밖에 공익을 해칠 우려가 있을 때에는 영업정지처분을 갈음하여 3천만원 이하의 과징금을 부과

CHAPTER 04 소방시설관리사 및 소방시설관리업

01 소방시설법상 소방시설관리업을 등록할 수 있는 자는?
① 피성년후견인
② 소방시설관리업의 등록이 취소된 날부터 2년이 경과된 자
③ 금고 이상의 형의 집행유예를 선고받고 그 유예기간 중에 있는 자
④ 금고 이상의 실형을 선고받고 그 집행이 면제된 날부터 2년이 지나지 아니한 자

> **정답** ②
> **해설** 취소되고 2년이 경과되면 관리업 등록이 가능하다.
> ● 관리업 등록의 결격사유
> 1. 피성년후견인
> 2. 이 법, 「소방기본법」, 「화재의 예방 및 안전관리에 관한 법률」, 「소방시설공사업법」 또는 「위험물안전관리법」을 위반하여 금고 이상의 실형을 선고받고 그 집행이 끝나거나(집행이 끝난 것으로 보는 경우를 포함한다) 집행이 면제된 날부터 2년이 지나지 아니한 사람
> 3. 이 법, 「소방기본법」, 「화재의 예방 및 안전관리에 관한 법률」, 「소방시설공사업법」 또는 「위험물안전관리법」을 위반하여 금고 이상의 형의 집행유예를 선고받고 그 유예기간 중에 있는 사람
> 4. 제35조제1항에 따라 관리업의 등록이 취소(제1호에 해당하여 등록이 취소된 경우는 제외한다)된 날부터 2년이 지나지 아니한 자
> 5. 임원 중에 제1호부터 제4호까지의 어느 하나에 해당하는 사람이 있는 법인

02 소방시설관리업자가 기술인력을 변경하는 경우, 시·도지사에게 제출하여야 하는 서류로 틀린 것은?
① 소방시설관리업 등록수첩
② 변경된 기술인력의 기술자격증(자격수첩)
③ 기술인력 연명부
④ 사업자등록증 사본

> **정답** ④
> **해설** ● 등록사항의 변경신고 등
> (1) 소방시설관리업자는 등록사항의 변경이 있는 때에는 변경일부터 30일 이내에 소방시설관리업등록사항변경신고서에 그 변경사항별로 다음 각 호의 구분에 의한 서류(전자문서를 포함)를 첨부하여 시·도지사에게 제출
> ① 명칭·상호 또는 영업소소재지를 변경하는 경우 : 소방시설관리업등록증 및 등록수첩
> ② 대표자를 변경하는 경우 : 소방시설관리업등록증 및 등록수첩
> ③ 기술인력을 변경하는 경우
>   ㉠ 소방시설관리업등록수첩
>   ㉡ 변경된 기술인력의 기술자격증(자격수첩)
>   ㉢ 기술인력연명부

03 소방시설법상 시·도지사는 관리업자에게 영업정지를 명하는 경우로서 그 영업정지가 국민에게 심한 불편을 주거나 그 밖에 공익을 해칠 우려가 있을 때에는 영업정지처분을 갈음하여 얼마 이하의 과징금을 부과할 수 있는가?

① 1000만원 ② 2000만원
③ 3000만원 ④ 5000만원

> **정답** ③
> **해설** 시·도지사는 영업정지를 명하는 경우로서 그 영업정지가 국민에게 심한 불편을 주거나 그 밖에 공익을 해칠 우려가 있을 때에는 영업정지처분을 갈음하여 3천만원 이하의 과징금을 부과할 수 있다.

CHAPTER 05 소방용품의 품질관리

01 제37조 소방용품의 형식승인 등 ~ 제39조 형식승인의 취소 등

형식승인 및 변경승인권자 (제품검사)	• 소방청장 [대통령령으로 정하는 소방용품을 제조하거나 수입하려는 자는 소방청장의 형식승인을 받아야 한다. 다만, 연구개발 목적으로 제조하거나 수입하는 소방용품은 그러하지 아니하다.] • 소방용품의 형상·구조·재질·성분·성능 등(이하 "형상등"이라 한다)의 형식승인 및 제품검사의 기술기준 등에 필요한 사항은 소방청장이 정하여 고시함
소방용품의 판매 및 판매목적 진열의 금지	① 형식승인을 받지 아니한 것 ② 형상등을 임의로 변경한 것 ③ 제품검사를 받지 아니하거나 합격표시를 하지 아니한 것 [소방용품의 수거 폐기 교체 : 소방청장, 소방본부장, 소방서장]
형식승인의 취소	① 거짓이나 그 밖의 부정한 방법으로 형식승인을 받은 경우 ② 거짓이나 그 밖의 부정한 방법으로 제품검사를 받은 경우 ③ 변경승인을 받지 아니하거나 거짓이나 그 밖의 부정한 방법으로 변경승인을 받은 경우

02 제40조 소방용품의 성능인증 등 ~ 제42조 성능인증의 취소 등

성능인증 및 변경인증권자 (제품검사)	• 소방청장[제조자 또는 수입자 등의 요청이 있는 경우 실시] • 성능인증 및 제2항에 따른 제품검사의 기술기준 등에 필요한 사항은 소방청장이 정하여 고시
성능인증의 취소	① 거짓이나 그 밖의 부정한 방법으로 성능인증을 받은 경우 ② 거짓이나 그 밖의 부정한 방법으로 제품검사를 받은 경우 ③ 변경인증을 받지 아니하거나 거짓이나 그 밖의 부정한 방법으로 변경인증을 받은 경우

03 제43조 우수품질 제품에 대한 인증

소방청장은 형식승인의 대상이 되는 소방용품 중 품질이 우수하다고 인정하는 소방용품에 대하여 인증(이하 "우수품질인증"이라 한다)을 할 수 있다. (5년의 범위내에서 인증)

04 제44조 우수품질인증 소방용품에 대한 지원 등

우수품질인증 소방용품을 우선 구매·사용하도록 노력하여야 한다.
① 중앙행정기관　　　② 지방자치단체　　　③ 공공기관

CHAPTER 05 소방용품의 품질관리

01 다음 중 품질이 우수하다고 인정되는 소방용품에 대하여 우수품질인증을 할 수 있는 자는?
① 산업통상자원부장관
② 시·도지사
③ 소방청장
④ 소방본부장 또는 소방서장

> **정답** ③
> **해설** 우수품질의 인증은 소방청장이고 유효기간은 5년 이내이다.

CHAPTER 06 보칙

01 제49조 청문

청문 실시권자	소방청장 또는 시·도지사
청문의 실시 사유	① 관리사 자격의 취소 및 정지 ② 관리업의 등록취소 및 영업정지 ③ 소방용품의 형식승인 취소 및 제품검사 중지 ④ 성능인증의 취소 ⑤ 우수품질인증의 취소 ⑥ 전문기관의 지정취소 및 업무정지

02 제50조 권한의 위임, 위탁 등

| 소방청장 → 한국소방산업기술원 | ① 방염성능검사 중 대통령령으로 정하는 검사
② 소방용품의 형식승인
③ 형식승인의 변경승인
④ 형식승인의 취소
⑤ 성능인증 및 제39조의3에 따른 성능인증의 취소
⑥ 성능인증의 변경인증
⑦ 우수품질인증 및 그 취소
(소방청장은 제품검사 업무를 기술원 또는 전문기관에 위탁) |

03 제54조 조치명령등의 기간연장

조치명령 또는 이행명령의 기간 연장	관계인 → 소방청장, 소방본부장 또는 소방서장
조치명령등의 종류	① 소방시설에 대한 조치명령 ② 피난시설, 방화구획 또는 방화시설에 대한 조치명령 ③ 방염대상물품의 제거 또는 방염성능검사 조치명령 ④ 소방시설에 대한 이행계획 조치명령 ⑤ 형식승인을 받지 아니한 소방용품의 수거·폐기 또는 교체 등의 조치명령 ⑥ 중대한 결함이 있는 소방용품의 회수·교환·폐기 조치명령
조치명령등의 기간연장 사유 [대통령령]	① 재난이 발생 ② 경매 등의 사유로 소유권이 변동 중이거나 변동 ③ 관계인의 질병, 사고, 장기출장 ④ 소방대상물의 관계인이 여러 명으로 구성되어 조치명령 또는 이행명령의 이행에 대한 의견을 조정하기 어려운 경우

II 소방법규

쉽고 빠르게 합격하는 소방설비(산업)기사 필기시험 대비

PART 03 화재예방법

CHAPTER 01 총칙
CHAPTER 02 화재의 예방 및 안전관리 기본계획 등의 수립·시행
CHAPTER 03 화재안전조사
CHAPTER 04 화재의 예방조치 등
CHAPTER 05 소방대상물의 소방안전관리
CHAPTER 06 특별관리시설물의 소방안전관리
CHAPTER 07 보칙

CHAPTER 01 총칙

01 제1조 목적

(1) 화재의 예방과 안전관리에 필요한 사항을 규정

(2) 화재로부터 국민의 생명 신체 및 재산을 보호

(3) 공공의 안전과 복리 증진에 이바지

02 제2조 정의

(1) 예방 : 화재의 위험으로부터 사람의 생명·신체 및 재산을 보호하기 위하여 화재발생을 사전에 제거하거나 방지하기 위한 모든 활동

(2) 안전관리 : 화재로 인한 피해를 최소화하기 위한 예방, 대비, 대응 등의 활동

(3) 화재안전조사 : 소방관서장이 소방대상물, 관계지역 또는 관계인에 대하여 소방시설등이 소방 관계 법령에 적합하게 설치·관리되고 있는지, 소방대상물에 화재의 발생 위험이 있는지 등을 확인하기 위하여 실시하는 현장조사·문서열람·보고요구 등을 하는 활동

(4) 화재예방강화지구 : 시·도지사가 화재발생 우려가 크거나 화재가 발생할 경우 피해가 클 것으로 예상되는 지역에 대하여 화재의 예방 및 안전관리를 강화하기 위해 지정·관리하는 지역

(5) 화재예방안전진단 : 화재가 발생할 경우 사회·경제적으로 피해 규모가 클 것으로 예상되는 소방대상물에 대하여 화재위험요인을 조사하고 그 위험성을 평가하여 개선대책을 수립하는 것

CHAPTER 02 화재의 예방 및 안전관리 기본계획 등의 수립·시행

01 제4조 화재의 예방 및 안전관리 기본계획 등의 수립·시행

[기본계획]
- 소방청장 5년마다 수립 및 시행(중앙행정기관장과 협의 및 수립)
- 전년도 8월 31일 까지 협의
- 전년도 9월 30일 까지 수립

[시행계획]
- 소방청장 매년 수립 및 시행
- 전년도 10월 31일 까지 수립 및 통보
- 기본계획과 시행계획을 중앙행정기관의 장과 시·도지사에게 통보

[세부시행계획]
- 중앙행정기관의 장과 시·도지사는 세부시행계획 수립 및 시행하고 결과를 소방청장에게 통보
- 전년도 12월 31일 까지 제출

기본계획	① 수립 및 시행: 소방청장(5년 마다)
	② 기본계획의 수립 : 소방청장이 관계중앙행정기관의 장과 협의하여 수립
	③ 기본계획 포함사항
	  1. 화재예방정책의 기본목표 및 추진방향
	  2. 화재의 예방과 안전관리를 위한 법령·제도의 마련 등 기반 조성
	  3. 화재의 예방과 안전관리를 위한 대국민 교육·홍보
	  4. 화재의 예방과 안전관리 관련 기술의 개발·보급
	  5. 화재의 예방과 안전관리 관련 전문인력의 육성·지원 및 관리
	  6. 화재의 예방과 안전관리 관련 산업의 국제경쟁력 향상
	  7. 그 밖에 대통령령으로 정하는 화재의 예방과 안전관리에 필요한 사항
	④ 전년도 8월 31일까지 협의 (소방청장↔관계 중앙행정기관의 장)
	⑤ 전년도 9월 30일까지 수립

시행계획	① 수립 및 시행: 소방청장(매년) ② 기본계획과 시행계획 관계 중앙행정기관의 장과 시·도지사에게 통보 ③ 수립 및 통보 시기: 전년도 10월 31일까지 수립 후 10월 31일까지 통보
세부시행계획	① 통보받은 관계 중앙행정기관의 장과 시·도지사는 소관 사무의 특성을 반영한 세부시행계획을 수립·시행하고 그 결과를 소방청장에게 통보 ② 통보시기 : 세부시행계획을 수립하여 전년도 12월 31일까지 소방청장에게 통보

02 제5조 실태조사

조사목적	소방청장이 기본계획 및 시행계획의 수립 및 시행이 필요한 기초자료 확보를 위해 실시(중앙행정기관의 장의 요청이 있을 때는 합동으로 실태조사)
조사항목	① 소방대상물의 용도별·규모별 현황 ② 소방대상물의 화재의 예방 및 안전관리 현황 ③ 소방대상물의 소방시설등 설치·관리 현황 ④ 그 밖에 기본계획 및 시행계획의 수립·시행을 위하여 필요한 사항 • 소방청장은 화재의 예방 및 안전관리에 관한 통계를 매년 작성·관리 • 실태조사 실시하는 경우 7일전까지 미리 알림

03 제6조 통계의 작성 및 관리

작성 및 관리자	소방청장은 화재의 예방 및 안전관리에 관한 통계를 매년 작성·관리 (소방청장은 통계자료를 작성·관리하기 위하여 관계 중앙행정기관의 장, 지방자치단체의 장, 공공기관의 장 또는 관계인 등에게 필요한 자료와 정보의 제공을 요청)
통계 작성 관리 항목 [대통령령]	① 소방대상물의 현황 및 안전관리 ② 소방시설등의 설치 및 관리 ③ 다중이용업 현황 및 안전관리에 관한 사항 ④ 제조소등 현황 ⑤ 화재발생 이력 및 화재안전조사 등 화재예방 활동에 관한 사항 ⑥ 실태조사 결과 ⑦ 화재예방강화지구 현황 및 안전관리 관한 사항 ⑧ 어린이, 노인, 장애인 등 화재의 예방 및 안전관리 취약한 자에 대한 지역별·성별·연령별 지원 현황 등

CHAPTER 03 화재안전조사

01 제7조 화재안전조사

조사권자	소방관서장 (개인의 주거 용도 : 승낙이 있거나 화재발생 우려 뚜렷하여 긴급할 필요가 있을때로 한정)
화재안전조사 사유	① 자체점검이 불성실하거나 불완전하다고 인정되는 경우 ② 화재예방강화지구 등 법령에서 화재안전조사를 하도록 규정되어 있는 경우 ③ 화재예방안전진단이 불성실하거나 불완전하다고 인정되는 경우 ④ 국가적 행사 등 주요 행사가 개최되는 장소 및 그 주변의 관계 지역에 대하여 소방안전관리 실태를 조사할 필요가 있는 경우 ⑤ 화재가 자주 발생하였거나 발생할 우려가 뚜렷한 곳에 대한 조사가 필요한 경우 ⑥ 재난예측정보, 기상예보 등을 분석한 결과 소방대상물에 화재의 발생 위험이 크다고 판단되는 경우 ⑦ 제①호 부터 ⑥호 까지에서 규정한 경우 외에 화재, 그 밖의 긴급한 상황이 발생할 경우 인명 또는 재산 피해의 우려가 현저하다고 판단되는 경우
화재안전조사 항목 [대통령령]	① 화재의 예방조치 등에 관한 사항 ② 소방안전관리 업무 수행에 관한 사항 ③ 피난계획의 수립 및 시행에 관한 사항 ④ 소방훈련 및 교육에 관한 사항 ⑤ 소방자동차 전용구역 등에 관한 사항 ⑥ 시공, 감리 및 감리원 배치 관한 사항1 ⑥ 소방시설의 설치 및 관리에 관한 사항 ⑦ 건설현장의 임시소방시설의 설치 및 관리에 관한 사항 ⑧ 피난시설, 방화구획 및 방화시설의 관리에 관한 사항 ⑨ 방염에 관한 사항 ⑩ 소방시설등의 자체점검에 관한 사항

02 제8조 화재안전조사의 방법·절차 등

화재안전조사 내용의 공개	사전에 관계인에게 조사대상, 조사기간 및 조사사유 등을 우편, 전화, 전자메일 또는 문자전송 등을 통하여 통지하고 이를 인터넷 홈페이지나 전산시스템 등을 통하여 공개[다만, 화재발생 우려 뚜렷하거나 긴급하게 조사할 필요할 경우 사전 통지하면 조사목적 달성할 수 없다고 인정되는 경우 공개 안함]
화재안전조사의 방법·절차 등 [대통령령]	① 종합조사 : 조사항목 전체 조사 ② 부분조사 : 항목 중 일부를 확인 하는 조사 ③ 조사대상, 조사기간 및 조사사유 사전공개(인터넷 홈페이지, 전산시스템) : 7일 이상 ④ 화재안전조사를 위하여 소속 공무원으로 하여금 관계인에게 보고 또는 자료의 제출을 요구 하거나 소방대상물의 위치·구조·설비 또는 관리 상황에 대한 조사·질문 ⑤ 화재안전조사를 효율적으로 실시하기 위해 타 기관의 장과 합동으로 조사반 편성 및 조사 가능 ⑥ 화재안전조사는 관계인의 승낙 없이 소방대상물의 공개시간 또는 근무시간 이외에는 할 수 없음
화재안전조사의 연기 [대통령령]	• 연기는 화재안전조사 시작 3일전 소방관서장에게 연기 신청 　(소방관서장 결과 3일이내 승인여부 결정) ① 재난이 발생 ② 질병, 사고, 장기출장의 경우 ③ 권한 있는 기관에 자체점검기록부, 교육·훈련일지 등 화재안전조사에 필요한 장부·서류 등이 압수되거나 영치(領置)되어 있는 경우 ④ 소방대상물의 증축·용도변경 또는 대수선 등의 공사로 화재안전조사를 실시하기 어려운 경우 [연기 승인한 경우라도 연기사유가 없어졌거나 긴급히 조사 사유 발생시 관계인에게 통보하고 화재안전조사 실시]

03 제9조 화재안전조사단 편성·운영

편성 운영권자	• 소방관서장 : 화재안전조사를 효율적으로 수행하기 위해 편성 및 운영 ① 중앙화재안전조사단 : 소방청 ② 지방화재안전조사단 : 소방본부 및 소방서 [소방관서장은 필요한 경우 공무원 또는 직원 파견 요청 가능]
화재안전조사단 편성·운영 [대통령령]	① 구성 : 단장 포함 50명 이내의 단원으로 성별을 고려 구성 ② 단장 : 단원 중에서 소방관서장이 임명 또는 위촉 ③ 단원 : 소방관서장이 임명 또는 위촉 　[소방공무원, 소방업무 관련 단체 또는 연구기관 임직원, 지식이나 경험 풍부한 사람 소방관서장 인정]

04 제10조 화재안전조사위원회 구성·운영

편성 운영권자	• 소방관서장 화재안전조사의 대상을 객관적이고 공정하게 선정하기 위하여 필요한 경우 화재안전조사위원회를 구성하여 화재안전조사의 대상을 선정
화재안전조사 위원회 구성·운영 [대통령령]	① 구성 : 위원장 1명을 포함한 7명 이내의 위원으로 성별을 고려 구성 ② 위원장 : 소방관서장 ③ 위원 : 소방관서장이 임명 또는 위촉 　　[과장급 이상 소방공무원, 기술사, 관리사, 석사이상, 5년 이상 종사] ④ 위촉위원의 임기는 2년으로 하고, 한 차례만 연임

05 제11조 화재안전조사 전문가 참여 ~ 16조 화재조사 결과 공개

화재안전조사 전문가 참여	소방관서장은 필요한 경우에는 소방기술사, 소방시설관리사, 그 밖에 화재안전 분야에 전문지식을 갖춘 사람을 화재안전조사에 참여하게 할 수 있음(외부 전문가에게 필요한 경비 지급할 수 있음)
증표의 제시 및 비밀유지 의무 등	① 공무원 및 전문가는 자격 표시 증표 관계인에게 보여야 함 ② 화재 안전조사 업무시 관계인 정당한 영업방해 금지 ③ 조사 업무 수행하면서 취득한 자료나 비밀 제공 또는 누설 금지
화재안전조사 결과 통보	소방관서장은 화재안전조사를 마친 때에는 그 조사 결과를 관계인에게 서면으로 통지
화재안전조사 결과에 따른 조치명령	① 소방관서장은 화재안전조사 결과에 따른 소방대상물의 위치·구조·설비 또는 관리의 상황이 화재예방을 위하여 보완될 필요가 있거나 화재가 발생하면 인명 또는 재산의 피해가 클 것으로 예상되는 때에는 관계인에게 그 소방대상물의 개수(改修)·이전·제거, 사용의 금지 또는 제한, 사용폐쇄, 공사의 정지 또는 중지, 그 밖에 필요한 조치를 명함 ② 소방관서장은 화재안전조사 결과 소방대상물이 법령을 위반하여 건축 또는 설비되었거나 소방시설등, 피난시설·방화구획, 방화시설 등이 법령에 적합하게 설치 또는 관리되고 있지 아니한 경우에는 관계인에게 조치를 명하거나 관계 행정기관의 장에게 필요한 조치를 하여 줄 것을 요청
손실보상	• 소방청장 또는 시·도지사 ① 손실을 보상하는 경우 시가로 보상 ② 제①항에 따른 손실 보상에 관하여는 소방청장, 시·도지사와 손실을 입은 자가 협의
화재안전조사 결과 공개	소방관서장은 화재안전조사를 실시한 경우 다음 각 호의 전부 또는 일부를 인터넷 홈페이지나 전산시스템 등을 통하여 공개 ① 소방대상물의 위치, 연면적, 용도 등 현황 ② 소방시설등의 설치 및 관리 현황 ③ 피난시설, 방화구획 및 방화시설의 설치 및 관리 현황

CHAPTER 03 화재안전조사

01 화재예방법상 소방관서장은 관할구역에 있는 소방대상물에 대하여 화재안전조사를 실시할 수 있다. 화재안전조사 대상과 거리가 먼 것은? (단, 개인 주거에 대하여는 관계인의 승낙을 득한 경우이다.)

① 화재예방강화지구 등 법령에서 화재안전조사를 하도록 규정되어 있는 경우
② 자체점검이 불성실하거나 불완전하다고 인정되는 경우
③ 화재가 발생할 우려는 없으나 소방대상물의 정기점검이 필요한 경우
④ 국가적 행사 등 주요 행사가 개최되는 장소 및 그 주변의 관계 지역에 대하여 소방안전관리 실태를 조사할 필요가 있는 경우

정답 ③

해설 (보기③) 화재가 발생할 우려는 없으나 소방대상물의 정기점검이 필요한 경우
→ 발생우려가 없는 것은 해당하지 않는다.

- 화재안전조사 사유
  ① 자체점검이 불성실하거나 불완전하다고 인정되는 경우
  ② 화재예방강화지구 등 법령에서 화재안전조사를 하도록 규정되어 있는 경우
  ③ 화재예방안전진단이 불성실하거나 불완전하다고 인정되는 경우
  ④ 국가적 행사 등 주요 행사가 개최되는 장소 및 그 주변의 관계 지역에 대하여 소방안전관리 실태를 조사할 필요가 있는 경우
  ⑤ 화재가 자주 발생하였거나 발생할 우려가 뚜렷한 곳에 대한 조사가 필요한 경우
  ⑥ 재난예측정보, 기상예보 등을 분석한 결과 소방대상물에 화재의 발생 위험이 크다고 판단되는 경우
  ⑦ 제①호 부터 ⑥호 까지에서 규정한 경우 외에 화재, 그 밖의 긴급한 상황이 발생할 경우 인명 또는 재산 피해의 우려가 현저하다고 판단되는 경우

02 화재안전조사를 받기 곤란하여 화재안전조사의 연기를 신청하려는 자는 화재안전조사시작 최대 며칠 전까지 연기신청서 및 증명서류를 제출해야 하는가?

① 3 　　② 5
③ 7 　　④ 10

정답 ①

해설 • 연기는 화재안전조사 시작 3일전 소방관서장에게 연기 신청
(소방관서장 결과 3일이내 승인여부 결정)
① 재난이 발생
② 질병, 사고, 장기출장의 경우
③ 권한 있는 기관에 자체점검기록부, 교육·훈련일지 등 화재안전조사에 필요한 장부·서류 등이 압수되거나 영치(領置)되어 있는 경우
④ 소방대상물의 증축·용도변경 또는 대수선 등의 공사로 화재안전조사를 실시하기 어려운 경우
[연기 승인한 경우라도 연기사유가 없어졌거나 긴급히 조사 사유 발생시 관계인에게 통보하고 화재안전조사 실시]

03 화제예방법상 화재안전조사 결과 소방대상물의 위치 상황이 화재 예방을 위하여 보완될 필요가 있을 것으로 예상되는 때에 소방대상물의 개수·이전·제거, 그 밖의 필요한 조치를 관계인에게 명령할 수 있는 사람은?

① 소방관서장　　　　　　② 경찰청장
③ 시·도지사　　　　　　④ 해당구청장

> **정답** ①
> **해설** 화재안전조사 결과에 따라 조치명령을 내릴수 있는 자는 소방관서장이다.

04 화재안전조사 결과에 따른 조치명령으로 손실을 입어 손실을 보상하는 경우 그 손실을 입은 자는 누구와 손실보상을 협의하여야 하는가?

① 소방서장　　　　　　② 시·도지사
③ 소방본부장　　　　　④ 행정안전부장관

> **정답** ②
> **해설** 조치명령에 따른 손실보상은 시·도지사가 한다.

05 소방관서장이 화재안전조사 조치명령서를 해당 소방대상물의 관계인에게 발급하는 경우가 <u>아닌</u> 것은?

① 소방대상물의 신축　　　② 소방대상물의 개수
③ 소방대상물의 이전　　　④ 소방대상물의 제거

> **정답** ①
> **해설** 소방관서장은 화재안전조사 결과에 따른 소방대상물의 위치·구조·설비 또는 관리의 상황이 화재예방을 위하여 보완될 필요가 있거나 화재가 발생하면 인명 또는 재산의 피해가 클 것으로 예상되는 때에는 행정안전부령으로 정하는 바에 따라 관계인에게 그 소방대상물의 개수(改修)·이전·제거, 사용의 금지 또는 제한, 사용폐쇄, 공사의 정지 또는 중지, 그 밖에 필요한 조치를 명할 수 있다.

06 화재예방법상 소방대상물의 개수·이전·제거, 사용의 금지 또는 제한, 사용폐쇄, 공사의 정지 또는 중지, 그 밖의 필요한 조치로 인하여 손실을 받은 자가 손실보상청구서에 첨부하여야 하는 서류로 <u>틀린</u> 것은?

① 손실보상 합의서
② 손실을 증명할 수 있는 사진
③ 손실을 증명할 수 있는 증빙자료
④ 소방대상물의 관계인임을 증명할 수 있는 서류(건축물대장은 제외)

> **정답** ①
>
> **해설** • 시행규칙 제6조(손실보상 청구자가 제출해야 하는 서류 등)
> ① 법 제14조에 따른 명령으로 인하여 손실을 입은 자가 손실보상을 청구하려는 경우에는 별지 제6호서식의 손실보상 청구서(전자문서를 포함한다)에 다음 각 호의 서류(전자문서를 포함한다)를 첨부하여 소방청장, 특별시장·광역시장·특별자치시장·도지사 또는 특별자치도지사(이하 "시·도지사"라 한다)에게 제출해야 한다. 이 경우 담당 공무원은 「전자정부법」 제36조제1항에 따른 행정정보의 공동이용을 통하여 건축물대장(소방대상물의 관계인임을 증명할 수 있는 서류가 건축물대장인 경우만 해당한다)을 확인해야 한다.
> 1. 소방대상물의 관계인임을 증명할 수 있는 서류(건축물대장은 제외한다)
> 2. 손실을 증명할 수 있는 사진 그 밖의 증빙자료

07 화재예방법상 화재안전조사위원회의 위원에 해당하지 아니하는 사람은?

① 소방기술사
② 소방시설관리사
③ 소방 관련 분야의 석사학위 이상을 취득한 사람
④ 소방 관련 법인 또는 단체에서 소방 관련 업무에 3년 이상 종사한 사람

> **정답** ④
>
> **해설** • 화재안전조사위원회의 구성
> ① 구성 : 위원장 1명을 포함한 7명 이내의 위원으로 성별을 고려 구성
> ② 위원장 : 소방관서장
> ③ 위원 : 소방관서장이 임명 또는 위촉 [과장급 이상 소방공무원, 기술사,관리사, 석사이상, 5년 이상 종사]
> ④ 위촉위원의 임기는 2년으로 하고, 한 차례만 연임

CHAPTER 04 화재의 예방조치 등

01 제17조 화재의 예방조치 등

예방조치 (행위 제한)	• 누구든지 화재예방강화지구 및 이에 준하는 장소에서는 아래 행위를 하여서는 아니됨(행정안전부령으로 정하는 안전조치 한 경우 제외) ① 모닥불, 흡연 등 화기의 취급 ② 풍등 등 소형 열기구날리기 ③ 용접·용단 등 불꽃을 발생시키는 행위 ④ 대통령령으로 정하는 화재발생 위험이 있는 행위(위험물 방치 행위) [화재예방 강화지구에 준하는 장소:대통령령] ① 제조소등, 가스 저장소 ② 액화석유가스 저장소·판매소, 수소연료 공급 및 사용 시설 ③ 화약류 저장 장소 ● 행정안전부령으로 정하는 안전조치를 한 경우는 행위를 할수 있음 ① 흡연실 등 법령에 따라 지정된 장소에서 화기 등을 취급하는 경우 ② 소화기 등 소방시설을 비치 또는 설치한 장소에서 화기 등을 취급하는 경우 ③ 화재감시자 등 안전요원이 배치된 장소에서 화기 등을 취급하는 경우
소방관서장 명령	화재 발생 위험이 크거나 소화 활동에 지장을 줄 수 있다고 인정되는 행위나 물건에 대하여 행위 당사자나 그 물건의 관계인 에게 다음을 명령 ① 예방조치에 나오는 행위의 금지 또는 제한 ② 목재, 플라스틱 등 가연성 큰 물건의 제거, 이격, 적재 금지 등 ③ 소방차량의 통행이나 소화활동에 지장 줄 수 있는 물건 이동 [②③에 해당하는 물건의 관계인을 알수 없을 때에는 물건을 옮기거나 보관하는 등의 조치]
옮긴 물건의 보관기관 및 보관기관 경과후 처리 [대통령령]	① 옮긴 물건의 공고 : 14일 동안 소방관서 인터넷 홈페이지 게시판에 그 사실 공고 ② 옮긴물건 등에 대한 보관기간 : 공고하는 기간의 종료일 다음 날부터 7일 ③ 보관기간이 종료되는 때에는 보관하고 있는 옮긴 물건을 매각(보관하고 있는 옮긴물건등이 부패·파손 또는 이와 유사한 사유로 정해진 용도로 계속 사용할 수 없는 경우에는 폐기) ④ 보관하던 옮긴 물건을 매각한 경우에는 지체 없이 세입조치 ⑤ 소방관서장 매각되거나 폐기된 옮긴 물건의 소유자가 보상을 요구하는 경우에는 보상금액에 대하여 소유자와 협의를 거쳐 이를 보상

※ [시행령 별표1]
보일러 등의 위치·구조 및 관리와 화재예방을 위하여 불사용에 있어서 지켜야 하는 사항

| 보일러 | 1. 가연성 벽 바닥 또는 천장과 접촉하는 증기기관 또는 연통은 규조토 등 난연성 또는 불연성 단열재로 덮어씌움
2. 액체 연료 사용
　① 연료탱크 보일러본체로부터 수평거리 1m 이상
　② 연료차단 개폐밸브 연료탱크로부터 0.5m 이내
　③ 연료탱크 및 연료공급 배관에는 여과장치 설치
　④ 사용 허용된 연료 외의 것을 설치하지 아니할 것
　⑤ 연료탱크에는 불연재료로 된 받침대 설치하여 넘어지지 아니하도록 할 것
3. 기체 연료 사용
　① 환기구 설치
　② 연료 공급관은 금속관으로 할 것
　③ 연료차단 개폐밸브 연료용기로부터 0.5m 이내
　④ 가스누설경보기 설치
4. 화목 등 고체연료 사용
　① 고체연료는 보일러와 2미터 이상 간격 또는 불연재료로 된 별도 구획된 공간에 보관
　② 연통은 천장으로부터 0.6m 떨어지고, 배출구는 건물 밖으로 0.6m 이상 나오도록 설치
　③ 연통의 배출구는 보일러 본체보다 2m 이상 높게 연장 설치
　④ 연통 관통 벽면, 지붕 등은 불연재료 처리
　⑤ 연통 재질 불연재료 사용하고 연결부에 청소구 설치
5. 보일러와 벽·천장 사이 거리 0.6m 이상으로 할 것
6. 보일러 실내 설치시 콘크리트 바닥 또는 금속외의 불연재료로 된 바닥위에 설치
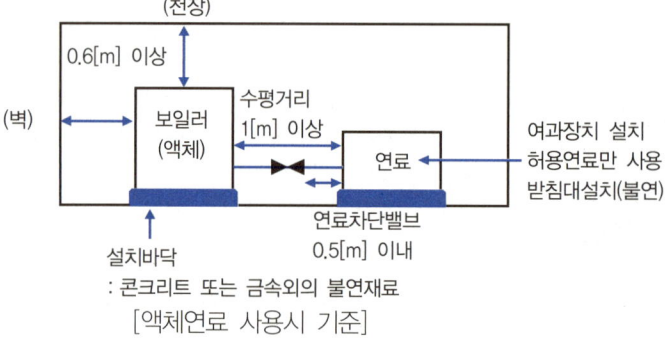[액체연료 사용시 기준] |

난로	1. 연통은 천장으로부터 0.6m 이상 떨어지고, 배출구는 건물 밖으로 0.6m 이상 나오게 설치 2. 가연성 벽 바닥 또는 천장과 접촉하는 연통 부분은 규조토 등 난연성 또는 불연성 단열재로 덮어씌움 3. 이동식 난로는 다중이용업소, 학원, 독서실, 영화상영관, 공연장, 상점가 등에는 설치하면 안됨(다만, 난로가 쓰러지지 않도록 받침대 두어 고정시키거나, 쓰러지는 경우 즉시 소화되고 연료 누출 차단장치 설치된 경우 제외)
건조설비	1. 건조설비와 벽·천장 사이의 거리는 0.5m 이상 으로 할 것 2. 건조물품이 열원과 직접 접촉하지 않게 할 것 3. 실내에 설치하는 경우에 벽·천장 또는 바닥은 불연재료 할 것 ★ 실내설치시 : 벽, 천장, 바닥은 불연 (천장) 0.5[m] 이상 (벽) 건조설비
용접·용단	1. 용접 또는 용단 작업장 주변 반경 5m 이내에 소화기를 갖추어 둘 것 2. 용접 또는 용단 작업장 주변 반경 10m 이내에는 가연물을 쌓아두거나 놓아두지 말 것.(다만, 가연물의 제거가 곤란하여 방화포 등으로 방호조치를 한 경우는 제외) 5[m] 이내 작업장 10[m] 이내 작업장
노·화덕 설비	1. 실내 설치시 흙바닥 또는 금속외의 불연재료로 된 바닥에 설치 2. 노 또는 화덕 설치 장소 벽·천장은 불연재료로 함 3. 노 또는 화덕 주위에 녹는물질 확산 방지를 위해 높이 0.1m 이상의 턱을 설치 4. 시간당 열량 30만 킬로칼로리 이상인 노를 설치하는 경우 ① 주요구조부 불연재료 이상 ② 창문과 출입구 : 60분+방화문 또는 60분 방화문 설치 ③ 노 주위 1m 이상 공간 확보

음식조리 위한 설비	1. 주방설비에 부속된 배출덕트(공기배출통로)는 0.5mm 이상의 아연도금강판 또는 이와 동등 이상의 내식성 불연재료로 설치할 것 2. 주방시설에는 동물 또는 식물의 기름을 제거할 수 있는 필터 등을 설치할 것 3. 열을 발생하는 조리기구는 반자 또는 선반으로부터 0.6m 이상 떨어지게 할 것 4. 열을 발생하는 조리기구로부터 0.15m 이내의 거리에 있는 가연성 주요구조부는 단열성이 있는 불연재료로 덮어 씌울 것 • 두께 0.5[mm] 이상 아연도금강판 • 내식성 불연재료 • 필터 설치 • 반자 선반으로부터 0.6[m] 이상 • 0.15[m] 이내 가연성 주요 구조부 불연재료

※ [시행령 별표2] 특수가연물

품명		수량
면화류		200킬로그램 이상
나무껍질 및 대팻밥		400킬로그램 이상
넝마 및 종이부스러기		1,000킬로그램 이상
사류(絲類)		1,000킬로그램 이상
볏짚류		1,000킬로그램 이상
가연성고체류		3,000킬로그램 이상
석탄·목탄류		10,000킬로그램 이상
가연성액체류		2세제곱미터 이상
목재가공품 및 나무부스러기		10세제곱미터 이상
고무류 플라스틱류	발포시킨 것	20세제곱미터 이상
	그 밖의 것	3,000킬로그램 이상

※ [시행령 별표3] 특수가연물의 저장 및 취급기준

특수가연물의 저장 및 취급기준	① 특수가연물 표지 설치 : 품명,최대저장수량,체적당 질량,책임자 성명·직책, 연락처, 화기취급의 금지표시 등
	② 저장기준(석탄·목탄류 발전용 저장 제외)
	  1. 품명별로 구분
	  2. 일반적인 경우
	    쌓는 높이 10[m] 이하, 바닥 50[m²] 이하(석탄·목탄 200[m²])
	  3. 살수설비 또는 대형 수동식 소화기 설치하는 경우
	    쌓는 높이 15[m] 이하, 바닥 200[m²] 이하(석탄·목탄 300[m²])
	  4. 실외 저장 : 쌓는 부분과 대지경계선 또는 도로, 건축물과 6[m] 이상 이격
	    (쌓는 높이보다 0.9[m] 이상 높은 내화구조 벽체 설치시 제외)
	  5. 실내 저장 : 건물의 주요구조부는 내화구조이면서 불연재료로 설치하며 다른 종류 특수가연물과 동일 공간 보관 불가능(내화구조의 벽으로 분리시 그러하지 아니함)
	  6. 쌓는 부분 바닥면적 사이 거리
	    • 실내 : 1.2[m] 또는 쌓는 높이의 1/2중 큰값 이상 이격
	    • 실외 : 3[m] 또는 쌓는 높이 중 큰값 이상 이격

특수가연물의 표지	<table><tr><td colspan="2">특수가연물</td></tr><tr><td colspan="2">화기엄금</td></tr><tr><td>품명</td><td>합성수지류</td></tr><tr><td>최대수량(배수)</td><td>000톤(00배)</td></tr><tr><td>단위체적당 질량</td><td>000kg/m³</td></tr><tr><td>관리책임자</td><td>홍길동 팀장</td></tr><tr><td>연락처</td><td>02-000-0000</td></tr></table> ① 한변의 길이가 0.3미터 이상, 다른 한변의 길이가 0.6미터 이상인 직사각형 ② 표지에는 "화기엄금", 저장 또는 취급하는 특수가연물의 품명, 최대수량(배수), 단위체적당 질량, 관리책임자 성명 및 직책, 관리책임자의 연락처를 기재할 것 ③ 표지의 바탕은 흰색으로, 문자는 검은색으로 할 것(단, "화기엄금" 표시부분은 제외) ④ 화기엄금 표시부분의 바탕은 붉은색으로, 문자는 백색으로 할 것

02 제18조 화재예방강화지구의 지정 등

지정권자	시·도지사 (추가 요청 : 소방청장)
화재예방 강화지구	① 시장지역 ② 공장·창고가 밀집한 지역 ③ 목조건물이 밀집한 지역 ④ 노후 불량 건축물이 밀집한 지역 ⑤ 위험물의 저장 및 처리 시설이 밀집한 지역 ⑥ 석유화학제품을 생산하는 공장이 있는 지역 ⑦ 산업단지 ⑧ 소방시설·소방용수시설 또는 소방출동로가 없는 지역 ⑨ 물류단지 ⑩ 소방관서장이 화재예방강화지구로 지정할 필요가 있다고 인정하는 지역 (시·도지사가 화재예방강화지구로 지정할 필요가 있는 지역을 화재예방강화지구로 지정하지 아니하는 경우 소방청장은 해당 시·도지사에게 해당 지역의 화재예방강화지구 지정을 요청)
화재안전조사	① 화재안전조사의 실시자 : 소방관서장 ② 소방시설등의 설치 명령 및 조치 명령 : 소방관서장 ③ 조사시기 : 연 1회 이상
훈련 및 교육	① 훈련 및 교육 실시자 : 소방관서장 ② 훈련 및 교육 실시 시기 : 연 1회 이상(10일전 통보)

화재 예방 지구
관리 대장 작성
	① 작성자 : 시·도지사(매년 작성 및 관리)
	• 관리 대장 포함 항목(행정안전부령)
	  1. 화재예방강화지구의 지정 현황
	  2. 화재안전조사의 결과
	  3. 소방설비등의 설치 명령 현황
	  4. 소방훈련 및 교육의 실시 현황
	  5. 그 밖에 화재예방 강화를 위하여 필요한 사항

03 제19조 화재의 예방 등에 대한 지원

소방청장은 소방설비등의 설치를 명하는 경우 해당 관계인에게 소방설비등의 설치에 필요한 지원을 할 수 있다

04 제20조 화재 위험경보

소방관서장은 기상현상 및 기상영향에 대한 예보·특보에 따라 화재의 발생 위험이 높다고 분석·판단되는 경우에는 화재에 관한 위험경보를 발령하고 그에 따른 필요한 조치를 할 수 있다.

05 제21조 화재안전영향평가

소방청장은 화재발생 원인 및 연소과정을 조사·분석하는 등의 과정에서 법령이나 정책의 개선이 필요하다고 인정되는 경우 그 법령이나 정책에 대한 화재 위험성의 유발요인 및 완화 방안에 대한 평가(이하 "화재안전영향평가"라 한다)를 실시한다.

06 제22조 화재안전영향평가심의회

구성 및 운영자	소방청장
구성	위원장 1명 포함 12명 이내의 위원으로 구성
위원장	• 위원장은 위원 중에서 호선하고, 위원은 다음 각 호의 사람으로 한다. ① 화재안전과 관련되는 법령이나 정책을 담당하는 관계 기관의 소속 직원으로서 대통령령으로 정하는 사람 ② 소방기술사 등 대통령령으로 정하는 화재안전과 관련된 분야의 학식과 경험이 풍부한 전문가로서 소방청장이 위촉한 사람

07 제23조 화재안전취약자에 대한 지원

① 소방관서장은 어린이, 노인, 장애인 등 화재의 예방 및 안전관리에 취약한 자(이하 "화재안전취약자"라 한다)의 안전한 생활환경을 조성하기 위하여 소방용품의 제공 및 소방시설의 개선 등 필요한 사항을 지원하기 위하여 노력하여야 한다.
② 제1항에 따른 화재안전취약자에 대한 지원의 대상·범위·방법 및 절차 등에 필요한 사항은 대통령령으로 정한다.
③ 소방관서장은 관계 행정기관의 장에게 제1항에 따른 지원이 원활히 수행되는 데 필요한 협력을 요청할 수 있다. 이 경우 요청받은 관계 행정기관의 장은 특별한 사정이 없으면 요청에 따라야 한다.

CHAPTER 04 화재의 예방조치 등

01 화재예방법상 위험물 또는 물건의 보관기간은 소방본부 또는 소방서의 인터넷 게시판에 공고하는 기간의 종료일 다음 날부터 몇 일로 하는가?

① 3 ② 4
③ 5 ④ 7

정답 ④
해설 ● 화재의 예방조치
① 옮긴물건의 공고 : 14일 동안 소방관서 인터넷 홈페이지 게시판에 그 사실 공고
② 옮긴물건 등에 대한 보관기간 : 공고하는 기간의 종료일 다음 날부터 7일
③ 보관기간이 종료되는 때에는 보관하고 있는 옮긴 물건을 매각(보관하고 있는 옮긴물건등이 부패 · 파손 또는 이와 유사한 사유로 정해진 용도로 계속 사용할 수 없는 경우에는 폐기)
④ 보관하던 옮긴 물건을 매각한 경우에는 지체 없이세입조치
⑤ 소방관서장 매각되거나 폐기된 옮긴 물건의 소유자가 보상을 요구하는 경우에는 보상금액에 대하여 소유자와 협의를 거쳐 이를 보상

02 화재예방법상 화재의 예방상 위험하다고 인정되는 행위를 하는 사람에게 행위의 금지 또는 제한 명령을 할 수 있는 사람은?

① 소방관서장 ② 시 · 도지사
③ 의용소방대원 ④ 소방대상물의 관리자

정답 ①
해설 소방관서장이 금지 또는 제한 명령을 한다.

03 화재예방법상 보일러, 난로, 건조설비, 가스 · 전기시설, 그 밖에 화재 발생 우려가 있는 설비 또는 기구 등의 위치 · 구조 및 관리와 화재 예방을 위하여 불을 사용할 때 지켜야 하는 사항은 무엇으로 정하는가?

① 총리령 ② 대통령령
③ 시 · 도 조례 ④ 행정안전부령

정답 ②
해설 불을 사용할 때 지켜야하는 사항은 대통령령으로 정한다.

04 화재예방법상 보일러 등의 위치·구조 및 관리와 화재예방을 위하여 불의 사용에 있어서 지켜야 하는 사항 중 보일러에 경유·등유 등 액체연료를 사용하는 경우에 연료탱크는 보일러 본체로부터 수평거리 최소 몇 m 이상의 간격을 두어 설치해야 하는가?
① 0.5
② 0.6
③ 1
④ 2

정답 ③
해설 보일러에 경유·등유 등 액체연료를 사용하는 경우에 연료탱크는 보일러 본체로부터 수평거리 최소 몇 1m 이상의 간격을 두어 설치 한다.

05 화재예방법상 불꽃을 사용하는 용접·용단 기구의 용접 또는 용단 작업장에서 지켜야 하는 사항 중 다음 (   ) 안에 알맞은 것은?

> ○ 용접 또는 용단 작업자로부터 반경 (㉠)m 이내에 소화기를 갖추어 둘 것
> ○ 용접 또는 용단 작업장 주변 반경 (㉡)m 이내에는 가연물을 쌓아두거나 놓아두지 말 것. 다만, 가연물의 제거가 곤란하여 방지포 등으로 방호조치를 한 경우는 제외한다.

① ㉠ 3, ㉡ 5
② ㉠ 5, ㉡ 3
③ ㉠ 5, ㉡ 10
④ ㉠ 10, ㉡ 5

정답 ③
해설

불꽃을 사용하는 용접·용단기구	1. 용접 또는 용단 작업자로부터 반경 5m 이내에 소화기를 갖추어 둘 것 2. 용접 또는 용단 작업장 주변 반경 10m 이내에는 가연물을 쌓아두거나 놓아두지 말 것. 다만, 가연물의 제거가 곤란하여 방지포 등으로 방호조치를 한 경우는 제외 한다.

06 화재예방법상 일반음식점에서 조리를 위하여 불을 사용하는 설비를 설치하는 경우 지켜야 하는 사항 중 다음 (   ) 안에 알맞은 것은?

> ○ 주방설비에 부속된 배출덕트(공기 배출통로)는 (㉠)mm 이상의 아연도금 강판 또는 이와 동등 이상의 내식성 불연재료로 설치 할 것
> ○ 열을 발생하는 조리기구로부터 (㉡)m 이내의 거리에 있는 가연성 주요구조부는 석면판 또는 단열성이 있는 불연재료로 덮어씌울 것

① ㉠ 0.5, ㉡ 0.15
② ㉠ 0.5, ㉡ 0.6
③ ㉠ 0.6, ㉡ 0.15
④ ㉠ 0.6, ㉡ 0.5

> **정답** ①
>
> **해설**
>
> | 음식
조리를 위하여
설치하는 설비 | 1. 주방설비에 부속된 배출덕트는 0.5 mm 이상의 아연도금강판 또는 이와 동등 이상의 내식성 불연재료로 설치할 것
2. 주방시설에는 동물 또는 식물의 기름을 제거할 수 있는 필터 등을 설치할 것
3. 열을 발생하는 조리기구는 반자 또는 선반으로부터 0.6 m 이상 떨어지게 할 것
4. 열을 발생하는 조리기구로부터 0.15 m 이내의 거리에 있는 가연성 주요구조부는 석면판 또는 단열성이 있는 불연재료로 덮어 씌울 것 |
> |---|---|

07 일반음식점에서 음식조리를 위해 불을 사용하는 설비를 설치하는 경우 지켜야 하는 사항으로 틀린 것은?

① 주방시설에는 동물 또는 식물의 기름을 제거할 수 있는 필터 등을 설치할 것
② 열을 발생하는 조리기구는 반자 또는 선반으로부터 0.6미터 이상 떨어지게 할 것
③ 주방설비에 부속된 배출덕트는 0.2밀리미터 이상의 아연도금강판으로 설치할 것
④ 열을 발생하는 조리기구로부터 0.15미터 이내의 거리에 있는 가연성 주요구조부는 석면판 또는 단열성이 있는 불연재료로 덮어 씌울 것

> **정답** ③
>
> **해설** (보기③) 주방설비에 부속된 배출덕트는 0.2밀리미터 이상의 아연도금강판으로 설치할 것
> → 0.5밀리미터 이상으로 설치할 것

08 특수가연물의 수량 기준으로 옳은 것은?

① 면화류 : 200kg 이상
② 가연성고체류 : 500kg 이상
③ 나무껍질 및 대팻밥 : 300kg 이상
④ 넝마 및 종이부스러기 : 400kg 이상

> **정답** ①
>
> **해설** (보기②) 가연성고체류 : 500kg 이상 → 3,000kg 이상
> (보기③) 나무껍질 및 대팻밥 → 400kg 이상
> (보기④) 넝마 및 종이부스러기 → 1,000kg 이상
>
> ● **특수가연물**
>
> | 품 명 | 수 량 |
> |---|---|
> | 면화류 | 200kg 이상 |
> | 나무껍질 및 대팻밥 | 400kg 이상 |
> | 넝마 및 종이부스러기 | 1,000kg 이상 |

사류(絲類)		1,000kg 이상
볏짚류		1,000kg 이상
가연성고체류		3,000kg 이상
석탄·목탄류		10,000kg 이상
가연성액체류		2m³ 이상
목재가공품 및 나무부스러기		10m³ 이상
고무류·플라스틱류	발포시킨 것	20m³ 이상
	그 밖의 것	3,000kg 이상

09 특수가연물의 기준 중 다음 ( ) 안에 알맞은 것은?

품명	수량
나무껍질 및 대팻밥	(ⓐ)kg 이상
면화류	(ⓑ)kg 이상

① ⓐ 200, ⓑ 400
② ⓐ 200, ⓑ 1000
③ ⓐ 400, ⓑ 200
④ ⓐ 400, ⓑ 1000

정답 ③
해설 ⓐ : 400 ⓑ : 200 이다.

10 특수가연물의 품명과 지정수량 기준의 연결이 틀린 것은?
① 사류 – 1000kg 이상
② 볏짚류 – 3000kg 이상
③ 석탄·목탄류 – 10000kg 이상
④ 합성수지류 중 발포시킨 것 – 20m³ 이상

정답 ②
해설 • 볏짚류는 1000kg 이상이어야 한다.

11 특수가연물에 해당하는 품명별 기준수량으로 틀린 것은?
① 사류 1000kg 이상
② 면화류 200kg 이상
③ 나무껍질 및 대팻밥 400kg 이상
④ 넝마 및 종이부스러기 500kg 이상

정답 ④
해설 넝마 및 종이부스러기는 1000kg 이상이어야 한다.

12 화재예방법상 특수가연물의 저장 및 취급기준이 <u>아닌</u> 것은? (단, 석탄/목탄류를 발전용으로 저장하는 경우는 제외)

① 품명별로 구분하여 쌓는다.
② 쌓는 높이는 20m 이하가 되도록 한다.
③ 쌓는 바닥면적은 50[m²] 이하가 되도록 한다.
④ 특수가연물을 저장 또는 취급하는 장소에는 품명·최대수량 및 화기취급의 금지 표지를 설치해야 한다.

> **정답** ②
> **해설** (보기②) 쌓는 높이는 20m 이하가 되도록 한다. → 10[m] 이하가 되게 한다.
> • 특수가연물의 저장 및 취급기준(품명 최대수량 및 화기 취급 금지 표지 설치)
>   저장기준(석탄·목탄류 발전용 저장 제외)
>   1. 품명별로 구분
>   2. 일반적인 경우 : 쌓는 높이 10[m] 이하, 바닥 50[m²] 이하(석탄·목탄 200[m²])
>   3. 살수설비 또는 대형 수동식 소화기 설치하는 경우 : 쌓는 높이 15[m] 이하, 바닥 200[m²] 이하 (석탄·목탄 300[m²])

13 특수가연물의 저장 및 취급기준 중 쌓는 부분의 바닥면적은 몇 m² 이하인가? (단, 살수설비를 설치하거나, 방사능력 범위에 해당 특수가연물이 포함되도록 대형수동식소화기를 설치하는 경우이다.)

① 200   ② 250
③ 300   ④ 350

> **정답** ①
> **해설** 살수설비를 설치하거나 대형 수동식 소화기가 설치되면 바닥면적을 200[m²] 이하로 한다.

14 특수가연물의 저장 및 취급 기준 중 다음 (   ) 안에 알맞은 것은?(단, 석탄·목탄류를 발전용으로 저장하는 경우는 제외한다.)

> 살수설비를 설치하거나, 방사능력 범위에 해당 특수가연물이 포함되도록 대형 수동식 소화기를 설치하는 경우에는 쌓는 높이를 (㉠)m 이하, 쌓는 부분의 바닥면적을 (㉡)m² 이하로 할 수 있다.

① ㉠ 10, ㉡ 30   ② ㉠ 10, ㉡ 50
③ ㉠ 15, ㉡ 100   ④ ㉠ 15, ㉡ 200

정답 ④
해설 • 특수가연물의 저장 및 취급
살수설비를 설치하거나, 방사능력 범위에 해당 특수가연물이 포함되도록 대형 수동식 소화기를 설치하는 경우에는 쌓는 높이를 15m 이하, 쌓는 부분의 바닥면적을 200㎡ 이하로 할 수 있다.

15 화재예방법상 화재예방강화지구의 지정권자는?
① 소방서장 ② 시·도지사
③ 소방본부장 ④ 행정자치부장관

정답 ②
해설 화재예방강화지구의 지정은 시·도지사이다.

16 화재예방법상 화재예방강화지구 지정대상이 <u>아닌</u> 것은? (단, 소방관서장이 화재예방강화지구로 지정할 필요가 있다고 인정하는 지역은 제외한다.)
① 시장지역 ② 농촌지역
③ 목조건물이 밀집한 지역 ④ 공장·창고가 밀집한 지역

정답 ②
해설 농촌지역은 해당하지 않는다.
• 화재예방강화지구
① 시장지역
② 공장·창고가 밀집한 지역
③ 목조건물이 밀집한 지역
④ 노후 불량 건축물이 밀집한 지역
⑤ 위험물의 저장 및 처리 시설이 밀집한 지역
⑥ 석유화학제품을 생산하는 공장이 있는 지역
⑦ 산업단지
⑧ 소방시설·소방용수시설 또는 소방출동로가 없는 지역
⑨ 물류단지
⑩ 소방관서장이 화재예방강화지구로 지정할 필요가 있다고 인정하는 지역

17 화재예방강화지구로 지정할 수 있는 대상이 <u>아닌</u> 것은?
① 시장지역 ② 소방출동로가 있는 지역
③ 공장·창고가 밀집한 지역 ④ 목조건물이 밀집한 지역

정답 ②
해설 소방시설·소방용수시설 또는 소방출동로가 없는 지역이 해당한다.

18 소방본부장 또는 소방서장은 화재예방강화지구안의 관계인에 대하여 소방상 필요한 훈련 및 교육은 연 몇 회 이상 실시할 수 있는가?
① 1
② 2
③ 3
④ 4

> **정답** ①
> **해설** 소방본부장 또는 소방서장은 화재예방강화지구안의 관계인에 대하여 소방상 필요한 훈련 및 교육은 연 1회 실시하며 10일 전에 통보한다.

19 화재예방법상 소방본부장 또는 소방서장은 소방상 필요한 훈련 및 교육을 실시하고자 하는 때에는 화재예방강화지구 안의 관계인에게 훈련 또는 교육 며칠 전까지 그 사실을 통보하여야 하는가?
① 5
② 7
③ 10
④ 14

> **정답** ③
> **해설** 화재예방강화지구 안의 관계인에게 훈련 또는 교육을 10일전 까지 통보한다.

20 시·도지사가 화재예방강화지구로 지정할 필요가 있는 지역을 화재예방강화지구로 지정하지 아니하는 경우 해당 시·도지사에게 해당 지역의 화재예방강화지구 지정을 요청할 수 있는 자는?
① 행정안전부장관
② 소방청장
③ 소방본부장
④ 소방서장

> **정답** ②
> **해설** 화재경계지구의 추가 지정 : 소방청장

CHAPTER 05 소방대상물의 소방안전관리

01 제24조 특정소방대상물의 소방안전관리

소방안전관리	소방안전관리 대상물의 관계인은 소방안전관리자 및 보조자 선임 [다른 안전관리자와 소방안전관리자는 겸업 금지:특급과 1급만 해당]
관계인과 소방안전 관리자 업무 [①②⑤⑦ 소방안전관리자 고유업무]	① 피난계획에 관한 사항과 대통령령으로 정하는 사항이 포함된 소방계획서의 작성 및 시행 ② 자위소방대 및 초기대응체계의 구성·운영·교육 ③ 피난시설, 방화구획 및 방화시설의 관리 ④ 소방시설이나 그 밖의 소방 관련 시설의 유지·관리 ⑤ 소방훈련 및 교육 ⑥ 화기 취급의 감독 ⑦ 소방안전관리에 관한 업무수행에 관한 기록·유지(③④⑥만 해당) ⑧ 화재발생시 초기대응
소방안전 관리대상물 구분 [대통령령]	① 특급 소방안전관리대상물(동·식물원, 철강 등 불연성 물품을 저장·취급하는 창고, 위험물 저장 및 처리 시설 중 위험물 제조소등, 지하구 제외) 		층수	지상으로부터의 높이	연면적
---	---	---	---
아파트	50층 이상 (지하제외)	200[m] 이상	–
그 외	30층 이상 (지하포함)	120[m] 이상	10만[㎡] 이상 (층수나 높이 해당 안될때) | [선임자격:아래 사람 중 특급 소방안전관리자 자격증 받은 사람] 소방기술사, 소방시설관리사,소방설비기사+5년 1급 실무 소방설비산업기사+7년 1급 실무, 소방공무원 20년, 특급 시험 합격 ② 선임인원 : 1명 이상 ① 1급 소방안전관리대상물(동·식물원, 철강 등 불연성 물품을 저장·취급하는 창고, 위험물 저장 및 처리 시설 중 위험물 제조소등, 지하구 제외) |	층수	지상으로부터의 높이	연면적
---	---	---	---
아파트	30층 이상 (지하제외)	120[m] 이상	–
그 외	11층 이상 (연면적 해당 안될 때)	–	1만 5천[㎡] 이상
	가연성 가스 : 1천톤 이상 저장·취급 시설			 [선임자격:아래 사람 중 1급 소방안전관리자 자격증 받은 사람] 소방설비기사, 소방설비산업기사, 소방공무원 7년, 1급 시험 합격 ② 선임인원 : 1명 이상

소방안전
관리대상물 구분
[대통령령]
	① 2급 소방안전관리 대상물
	• 옥내 + s/p, 물·등 [호스릴만 설치시 제외]
	• 가연성 가스 : 100톤 이상 저장·취급 시설, 지하구
	  공동주택(옥내 또는 s/p 설치 공동주택 한정)
	  보물 또는 국보로 지정된 목조건축물
	[선임자격:아래 사람 중 2급 소방안전관리자 자격증 받은 사람]
	위험물 자격증 가진 사람, 소방공무원 3년, 2급 시험 합격
	② 선임인원 : 1명 이상	

	[3급 소방안전관리 대상물] • 특급~2급 해당 없는 특정소방대상물로 간s 또는 자·탐 설치 하는 특정소방대상물 [선임자격 : 아래 사람 중 3급 소방안전관리자 자격증 받은 사람] 소방공무원 1년, 3급 시험 합격	

소방안전관리
보조자
[대통령령]
	선임대상	① 아파트 300세대 ↑
		② ㉯ 15,000㎡ ↑(아파트 및 연립주택 제외)
		③ 위에 해당하지 않는 기숙, 의료, 노유, 수련
		  숙박(숙박 사용되는 ㉮1,500㎡↓+관계인24시간 상시근무
		  숙박시설 제외)

	선임자격	① 특급, 1급, 2급, 3급 소방안전관리자 자격 ② 건축, 기계제작, 기계장비설비 등 국가기술 자격자 ③ 소방안전관리 강습교육 수료자 ④ 소방안전 관련 업무 2년 이상 근무자

	선임인원	① 아파트 : 1명(초과 300세대 1명 추가 선임)
		② ㉯ 15,000㎡↑ : 1명 (초과 ㉯ 15,000㎡ 1명 추가 선임)
		  * 소방차 운용시 3만㎡ 추가 선임가능
		③ 그 외의 경우 : 1명(소방서장이 야간이나 휴일에 이용하지
		  않는 것 확인하면 선임제외)

* 소방안전관리 업무수행 기록유지 [행정안전부령]
  소방안전관리업무 수행에 관한 기록을 월 1회 이상 작성·관리
* 자위소방대[행정안전부령]
  소방안전관리대상물의 소방안전관리자는 자위소방대를 다음 각 호의 기능을 효율적으로 수행할 수 있도록 편성·운영하되, 소방안전관리대상물의 규모·용도 등의 특성을 고려하여 응급구조 및 방호안전기능 등을 추가하여 수행할 수 있도록 편성(소방안전관리대상물의 소방안전관리자는 연 1회 이상 자위소방대를 소집하여 그 편성 상태를 점검하고, 소방교육을 실시->소방훈련과 병행하여 실시)
  1. 화재 발생 시 비상연락, 초기소화 및 피난유도
  2. 화재 발생 시 인명·재산피해 최소화를 위한 조치
* 자위소방대 구성 및 임무
  (대장과 부대장 각각 1명 두고 편성 조직 인원은 수용인원등 고려하여 구성함)
  1. 대장은 자위소방대를 총괄 지휘

2. 부대장은 대장을 보좌하고 대장이 부득이한 사유로 임무를 수행할 수 없는 때에는 그 임무를 대행
   3. 비상연락팀은 화재사실의 전파 및 신고 업무를 수행
  4. 초기소화팀은 화재 발생 시 초기화재 진압 활동을 수행
  5. 피난유도팀은 재실자 및 장애인, 노인, 임산부, 영유아 및 어린이 등 이동이 어려운 사람을 안전한 장소로 대피시키는 업무를 수행
  6. 응급구조팀은 인명을 구조하고, 부상자에 대한 응급조치를 수행
  7. 방호안전팀은 화재확산방지 및 위험시설의 비상정지 등 방호안전 업무를 수행

02 제25조 소방안전관리업무의 대행

안전관리업무의 대행	소방안전관리대상물 중 연면적 등이 일정규모 미만인 대통령령으로 정하는 소방안전관리대상물의 관계인은 관리업자로 하여금 소방안전관리업무 중 대통령령으로 정하는 업무를 대행하게 할 수 있음
소방안전관리 대행 대상 [대통령령]	① 지상층 층수가 11층 이상인 1급 소방안전관리대상물 (연면적 1만5천제곱미터 이상인 특정소방대상물과 아파트는 제외) ② 2급 소방안전관리대상물 ③ 3급 소방안전관리대상물
소방안전관리 대행 업무 [대통령령]	① 피난시설, 방화구획 및 방화시설의 관리 ② 소방시설이나 그 밖의 소방 관련 시설의 관리

03 제26조 소방안전관리자 선임신고 등

선임신고	① 안전관리자(보조자) 선임신고 : 14일 이내 소방본부장 또는 소방서장 (소방안전관리대상물의 출입자가 쉽게 알 수 있도록 소방안전관리자의 성명과 그 밖에 행정안전부령으로 정하는 사항을 게시) ② 안전관리자(보조자) 해임시 소방본부장이나 소방서장에게 사실을 알림 ③ 안전관리자(보조자) 선임 30일 이내[신축·증축, 해임 또는 퇴직 등]
정보의 게시 [행정안전부령]	① 소방안전관리대상물의 명칭 및 등급 ② 소방안전관리자의 성명 및 선임일자 ③ 소방안전관리대상물의 등급 ④ 소방안전관리자의 연락처 ⑤ 화재 수신반 또는 종합방재실(일반 건축물의 방재실 등을 포함한다)의 위치

04 제27조 관계인 등의 의무

소방안전관리 업무수행	관계인 (소방안전관리자가 소방안전관리업무를 성실하게 수행할 수 있도록 지도·감독)
소방안전관리자 조치 요구	인명과 재산을 보호하기 위하여 소방시설·피난시설·방화시설 및 방화구획 등이 법령에 위반된 것을 발견한 때에는 지체 없이 소방안전관리대상물의 관계인에게 소방대상물의 개수·이전·제거·수리 등 필요한 조치를 할 것을 요구 (시정하지 아니하는 경우 소방본부장, 소방서장에게 그 사실을 알림)

05 제28조 소방안전관리자 선임명령 등

① 소방본부장 또는 소방서장은 제24조 제1항에 따른 소방안전관리자 또는 소방안전관리보조자를 선임하지 아니한 소방안전관리대상물의 관계인에게 소방안전관리자 또는 소방안전관리보조자를 선임하도록 명할 수 있다.

② 소방본부장 또는 소방서장은 제24조 제5항에 따른 업무를 다하지 아니하는 특정소방대상물의 관계인 또는 소방안전관리자에게 그 업무의 이행을 명할 수 있다.

06 제29조 건설현장 소방안전관리

건설현장 소방안전관리자 선임신고	공사시공자가 화재발생 및 화재피해의 우려가 큰 특정소방대상물을 신축·증축·개축·재축·이전·용도변경 또는 대수선하는 경우 소방안전관리자 교육 받은 사람을 소방시설공사 착공 신고일부터 건축물 사용 승인일까지 소방안전관리자로 선임하고 소방본부장 또는 소방서장에게 신고(14일 이내 신고)
안전관리자 업무	① 건설현장의 소방계획서의 작성 ② 임시소방시설의 설치 및 관리에 대한 감독 ③ 공사진행 단계별 피난안전구역, 피난로 등의 확보와 관리 ④ 건설현장의 작업자에 대한 소방안전 교육 및 훈련 ⑤ 초기대응체계의 구성·운영 및 교육 ⑥ 화기취급의 감독, 화재위험작업의 허가 및 관리 ⑦ 그밖에 소방청장이 고시하는 업무
건설현장 소방안전관리 대상물 [대통령령]	신축·증축·개축·재축·이전·용도변경 또는 대수선을 하려는 부분 ① 옌 15,000㎡ ↑ ② 지하 2층 ↑ : 옌 5,000㎡ ↑ ③ 지상 11층 ↑ : 옌 5,000㎡ ↑ ③ 냉동 또는 냉장 창고 : 옌 5,000㎡ ↑

07 제32조 소방안전관리자 자격시험[응시자격 : 대통령령]

특급	① 1급 소방안전관리 실무 경력 5년(기사 취득 2년, 산업기사 취득 3년) ② 1급 자격 갖춘 후 특급 또는 1급 소방안전관리보조자 실무 경력 7년 ③ 소방공무원 10년 이상 근무 ④ 특급 소방안전관리보조자 실무 경력 10년
1급	① 소방안전관리학과 전공 졸업후 2년 이상 2급 3급 안전관리자 실무 ② 소방행정학 또는 소방안전공학 석사 이상 ③ 5년 이상 2급 소방안전관리대상물의 소방안전관리자로 실무
2급	① 소방안전관리학과 전공후 졸업자 ② 소방본부 또는 소방서에서 1년 이상 화재진압 또는 그 보조 업무 경력 ③ 의용소방대원으로 3년 이상 근무한 경력 ④ 자체소방대의 소방대원,경찰공무원으로 3년 이상 근무
3급	① 의용소방대원으로 2년 이상 근무 ② 자체소방대의 소방대원으로 1년 이상 근무 ③ 경찰공무원으로 2년 이상 근무한 경력

- 소방안전관리자 자격시험의 방법
  1. 특급 소방안전관리자 자격시험 : 연 2회 이상
  2. 1급·2급·3급 소방안전관리자 자격시험 : 월 1회 이상
  3. 시험 시행일 30일 전에 일간신문 또는 인터넷 홈페이지에 공고

08 제34조 소방안전관리자 등에 대한 교육

강습교육 대상	① 소방안전관리자의 자격을 인정받으려는 사람으로서 대통령령으로 정하는 사람 ② 소방안전관리자로 선임되고자 하는 사람 ③ 건설현장 소방안전관리자로 선임되고자 하는 사람
실무교육 대상	① 특정소방대상물에 선임된 소방안전관리자 및 소방안전관리보조자 ② 안전관리 대행으로 선임된 소방안전관리자

* 강습교육
 안전원장은 강습교육을 실시하고자 하는 때에는 강습교육 실시 20일 전까지 일시·장소 그 밖의 강습교육 실시에 필요한 사항을 안전원의 인터넷 홈페이지 및 게시판에 공고
* 실무교육
  1. 안전원장은 소방안전관리자 및 소방안전관리보조자에 대한 실무교육의 교육대상, 교육일정 등 실무교육에 필요한 계획을 수립하여 매년 소방청장의 승인을 받아 교육실시 30일 전까지 교육대상자에게 통보
  2. 소방안전관리자(보조자)는 그 선임된 날부터 6개월 이내에 실무교육 을 받아야 하며, 그 후에는 2년마다1회 이상 실무교육을 받음

09 제35조 관리의 권원이 분리된 특정소방대상물의 소방안전관리

권원 분리 특정소방대상물	① 복합건축물(지·제 11층↑ 또는 ㉪ 3만[m²]↑)
	② 지하가
	③ 판매시설 중 도매시장, 소매시장 및 전통시장
	④ 관리의 권원이 많아 효율적인 소방안전관리가 이루어지지 아니한다고 판단되는 경우 대통령령으로 정하는 바에 따라 관리의 권원을 조정하여 소방안전관리자를 선임 (다만, 둘 이상의 소유권, 관리권 또는 점유권이 동일인에게 귀속된 경우에는 하나의 관리 권원으로 보아 소방안전관리자를 선임)
	[대통령령] 선임 및 조정 기준
	① 법령 또는 계약 등에 따라 공동으로 관리하는 경우
	   : 하나의 관리권원으로 보고 소방안전관리자 1명 선임
	② 화재수신반 또는 소화펌프(가압송수장치 포함) 등이 별도로 설치되어 있는 경우 : 설치된 화재 수신기 또는 소화펌프가 화재를 감지·소화 또는 경보할 수 있는 부분을 각각 하나의 관리 권원으로 보아 각각 소방안전관리자 선임
	③ 하나의 화재 수신기 및 소화펌프가 설치된 경우
	   : 하나의 관리 권원으로 보아 소방안전관리자 1명 선임

총괄소방 안전관리자	관리의 권원별 관계인은 상호 협의하여 특정소방대상물의 전체에 걸쳐 소방안전관리상 필요한 업무를 총괄하는 소방안전관리자(이하 "총괄소방안전관리자"라 한다)를 선임된 소방안전관리자 중에서 선임하거나 별도로 선임

공동소방안전관리 협의회의 구성·운영 [대통령령]	① 공동소방안전관리협의회는 선임된 소방안전관리자 및 총괄소방안전관리자로 구성
	② 총괄소방안전관리자등은 다음 각혹의 업무를 협의회의 협의를 거쳐 공동으로 수행
	  1. 특정소방대상물 전체의 소방계획 수립 및 시행에 관한 사항
	  2. 특정소방대상물 전체의 소방훈련·교육의 실시에 관한 사항
	  3. 공용 부분의 소방시설 및 피난·방화시설의 유지·관리에 관한 사항
	  4. 그 밖에 공동으로 소방안전관리를 할 필요가 있는 사항

10 제36조 피난계획의 수립 및 시행

피난계획	① 소방안전관리대상물의 관계인은 그 장소에 근무하거나 거주 또는 출입하는 사람들이 화재가 발생한 경우에 안전하게 피난할 수 있도록 피난계획을 수립·시행 ② 피난계획에는 소방안전관리 대상물의 구조, 피난시설 등 고려 피난경로 포함 ③ 관계인은 피난시설의 위치, 피난경로 또는 대피요령 포함된 피난유도 안내 정보를 근무자 또는 거주자에게 정기적 제공

피난계획의 수립 및 시행 [행정안전부령]	① 피난계획 포함사항
	  1. 화재경보의 수단 및 방식
	  2. 층별, 구역별 피난대상 인원의 현황
	  3. 어린이, 노인, 장애인 등 화재의 예방 및 안전관리에 취약한 자의 현황
	  4. 거실에서 옥외(옥상 또는 피난안전구역 포함)로 이르는 피난경로
	  5. 화재안전취약자 및 화재안전취약자를 동반한 사람의 피난동선과 피난방법
	  6. 피난시설, 방화구획, 그 밖에 피난에 영향을 줄 수 있는 제반 사항
	② 관계인은 피난계획을 수립하고 정비하여야 함
	③ 피난계획 수립 시행에 필요한 세부사항은 소방청장이 정함

피난유도 안내정보 제공 [행정안전부령]	① 연 2회 피난안내 교육을 실시 ② 분기별 1회 이상 피난안내방송을 실시 ③ 피난안내도를 층마다 보기 쉬운 위치에 게시 ④ 엘리베이터, 출입구 등 시청이 용이한 지역에 피난안내영상을 제공 [세부사항은 소방청장이 정함]

11 제37조 소방안전관리대상물 근무자 등에 대한 소방훈련 등

소방훈련	① 소방안전관리대상물의 관계인은 그 장소에 근무하거나 거주하는 사람 등에게 소화·통보·피난 등의 훈련(소방 훈련)과 소방안전관리에 필요한 교육을 하여야 하고, 피난훈련은 그 소방대상물에 출입하는 사람을 안전한 장소로 대피시키고 유도하는 훈련을 포함 ② 특급 및 1급 소방안전관리 대상물은 소방훈련 및 교육을 한 날부터 30일 이내에 소방훈련 및 교육 결과 소방본부장 또는 소방서장에게 제출 ③ 소방본부장 또는 소방서장 : 소방안전관리 대상물의 관계인이 실시하는 소방훈련과 교육을 지도·감독 ④ 소방본부장 또는 소방서장 : 소방안전관리대상물 중 불특정 다수인이 이용하는 대통령령으로 정하는 특정소방대상물의 근무자등에게 불시에 소방훈련과 교육을 실시
불시 소방훈련 및 교육 [대통령령]	• 불특정 다수인 이용하는 시설의 훈련 및 교육 (관계인에게 10일전 서면 통지) ① 의료 ② 교육연구 ③ 노유자 ④ 불특정 다수 인명피해 예상되어 본부장 또는 서장이 소방훈련 및 교육이 필요하다고 인정하는 특정소방대상물
소방훈련과 교육 평가방법 및 절차 [행정안전부령]	① 관계인은 소방훈련과 교육 연1회 이상 실시(본부장 또는 서장이 필요 인정하여 2회의 범위에서 추가 실시 요청하는 경우 추가실시) ② 본부장 또는 서장은 특급 및 1급 관계인으로 하여금 소방기관과 합동으로 실시 ③ 관계인은 소방훈련 교육 실시 결과 기록부를 기록하고 2년간 보관

12 제38조 특정소방대상물의 관계인에 대한 소방안전교육

소방안전교육	본부장이나 서장은 37조에 적용받지 아니하는 관계인에 교육 실시
소방안전교육 대상자 등 [행정안전부령]	• 교육대상자 (관할 소방서장 교육이 필요 인정자) : 10일전까지 통보 1. 소화기 및 비상경보설비가 설치된 공장·창고 등 소규모 특정소방대상물의 관계인 2. 그 밖에 관할 소방본부장 또는 소방서장이 화재에 대한 취약성이 높다고 인정하는 특정소방대상물

CHAPTER 05 소방대상물의 소방안전관리

01 화재예방법상 1급 소방안전관리 대상물에 해당하는 건축물은?
① 지하구
② 층수가 15층인 공공업무시설
③ 연면적 15000㎡ 이상인 동물원
④ 층수가 20층이고, 지상으로부터 높이가 100미터인 아파트

정답 ②
해설 • 1급 소방안전관리대상물(동·식물원, 철강 등 불연성 물품을 저장·취급하는 창고, 위험물 저장 및 처리 시설 중 위험물 제조소등, 지하구를 제외)

	층수	지상으로부터의 높이	연면적
아파트	30층 이상 (지하층 제외)	120[m] 이상	–
그 외	11층 이상 (연면적 해당 안될 때)	–	15,000 [㎡] 이상
가연성 가스 : 1,000 톤 이상 저장·취급 시설			

02 1급 소방안전관리대상물이 아닌 것은?
① 15층인 특정소방대상물(아파트는 제외)
② 가연성가스를 2000톤 저장·취급하는 시설
③ 21층인 아파트로서 300세대인 것
④ 연면적 20000㎡ 인 문화집회 및 운동시설

정답 ③
해설 21층 이상인 아파트는 30층 이상이 되지 않아서 2급 소방안전관리 대상물이다.

03 화재예방법상 1급 소방안전관리대상물에 대한 기준이 아닌 것은? (단, 동·식물원, 철강 등 불연성 물품을 저장·취급하는 창고, 위험물 저장 및 처리 시설 중 위험물 제조소등, 지하구를 제외한 것이다.)
① 연면적 15000㎡ 이상인 특정소방대상물 (아파트는 제외)
② 150세대 이상으로서 승강기가 설치된 공동주택
③ 가연성가스를 1000톤 이상 저장·취급하는 시설
④ 30층 이상(지하층은 제외)이거나 지상으로부터 높이가 120m 이상인 아파트

정답 ②
해설 보기 ②은 2급 소방안전관리 대상물이다.

04 화재예방법상 특정소방대상물의 관계인이 수행하여야 하는 소방안전관리 업무가 아닌 것은?
① 소방훈련의 지도·감독
② 화기(火氣) 취급의 감독
③ 피난시설, 방화구획 및 방화시설의 유지·관리
④ 소방시설이나 그 밖의 소방 관련 시설의 유지·관리

> 정답 ①
> 해설 • 관계인과 소방안전관리자의 업무(①②⑤ ⑦ : 소방안전관리자의 고유 업무)
> ① 피난계획에 관한 사항과 대통령령으로 정하는 사항이 포함된 소방계획서의 작성 및 시행
> ② 자위소방대 및 초기대응체계의 구성·운영·교육
> ③ 피난시설, 방화구획 및 방화시설의 관리
> ④ 소방시설이나 그 밖의 소방 관련 시설의 유지·관리
> ⑤ 소방훈련 및 교육
> ⑥ 화기 취급의 감독
> ⑦ 소방안전관리에 관한 업무수행에 관한 기록·유지(③④⑥만 해당)

05 화재예방법상 소방안전관리대상물의 소방안전관리자 업무가 아닌 것은?
① 소방기술과 안전관리에 관한 교육 및 조사·연구
② 피난시설, 방화구획 및 방화시설의 유지·관리
③ 자위소방대 및 초기대응체계의 구성·운영·교육
④ 피난계획에 관한 사항과 대통령령으로 정하는 사항이 포함된 소방계획서의 작성 및 시행

> 정답 ①
> 해설 소방기술과 안전관리에 관한 교육 및 조사·연구는 소방안전원의 업무이다.

06 화재예방법상 소방안전관리대상물의 소방안전관리자의 업무가 아닌 것은?
① 소방시설 공사
② 소방훈련 및 교육
③ 소방계획서의 작성 및 시행
④ 자위소방대의 구성·운영·교육

> 정답 ①
> 해설 소방시설공사는 소방공사업자의 업무이다.

07 화재예방법상 소방안전관리대상물의 소방계획서에 포함되어야 하는 사항이 <u>아닌</u> 것은?

① 소방시설·피난시설 및 방화시설의 점검·정비계획
② 위험물안전관리법에 따라 예방규정을 정하는 제조소등의 위험물 저장·취급에 관한 사항
③ 소방안전관리대상물의 근무자 및 거주자의 자위소방대 조직과 대원의 임무(화재안전취약자의 피난 보조 임무를 포함한다)에 관한 사항
④ 방화구획, 제연구획, 건축물의 내부 마감재료 및 방염대상물품의 사용 현황과 그 밖의 방화구조 및 설비의 유지·관리계획

> **정답** ②
> **해설** 예방규정을 정하는 제조소등의 위험물 저장·취급에 관한 사항은 소방계획서에 포함되지 않는다.
> (참고) 소방계획서 포함내용
> 1. 소방안전관리대상물의 위치·구조·연면적·용도 및 수용인원 등 일반 현황
> 2. 소방안전관리대상물에 설치한 소방시설, 방화시설, 전기시설, 가스시설 및 위험물시설의 현황
> 3. 화재 예방을 위한 자체점검계획 및 대응대책
> 4. 소방시설·피난시설 및 방화시설의 점검·정비계획
> 5. 피난층 및 피난시설의 위치와 피난경로의 설정, 화재안전취약자의 피난계획 등을 포함한 피난계획
> 6. 방화구획, 제연구획, 건축물의 내부 마감재료 및 방염대상물품의 사용 현황과 그 밖의 방화구조 및 설비의 유지·관리계획
> 7. 관리의 권원이 분리된 특정소방대상물의 소방안전관리에 관한 사항
> 8. 소방훈련·교육에 관한 계획
> 9. 소방안전관리대상물의 근무자 및 거주자의 자위소방대 조직과 대원의 임무(화재안전취약자의 피난 보조 임무를 포함한다)에 관한 사항
> 10. 화기 취급 작업에 대한 사전 안전조치 및 감독 등 공사 중 소방안전관리에 관한 사항
> 11. 소화에 관한 사항과 연소 방지에 관한 사항
> 12. 위험물의 저장취급에 관한 사항(예방규정을 정하는 제조소등은 제외한다)
> 13. 소방안전관리에 대한 업무수행에 관한 기록 및 유지에 관한 사항
> 14. 화재발생 시 화재경보, 초기소화 및 피난유도 등 초기대응에 관한 사항
> 15. 그 밖에 소방본부장 또는 소방서장이 소방안전관리대상물의 위치·구조·설비 또는 관리 상황 등을 고려하여 소방안전관리에 필요하여 요청하는 사항

08 화재예방법상 1급 소방안전관리대상물의 소방안전관리자 시험을 응시할 수 있는 사람의 자격기준으로 ( )안에 들어갈 알맞은 내용은?

> 산업안전기사 또는 산업안전산업기사의 자격을 취득한 후 ( ) 2급 소방안전관리 대상물 또는 3급 소방안전관리대상물의 소방안전관리자로 근무한 실무경력이 있는 사람

① 1년 이상
② 2년 이상
③ 3년 이상
④ 5년 이상

정답 ②

해설 산업안전기사 또는 산업안전산업기사의 자격을 취득한 후 2년 이상 2급 소방안전관리대상물 또는 3급 소방안전관리대상물의 소방안전관리자로 근무한 실무경력이 있는 사람이 응시할 수 있다.
[시행령 별표 6은 참고 부탁드립니다.]

09 화재예방법상 특정소방대상물의 관계인은 소방안전관리자를 기준일로부터 30일 이내에 선임하여야 한다. 다음 중 기준일로 <u>틀린</u> 것은?

① 소방안전관리자를 해임한 경우 : 소방안전관리자를 해임한 날
② 특정소방대상물을 양수하여 관계인의 권리를 취득한 경우 : 해당 권리를 취득한 날
③ 신축으로 해당 특정소방대상물의 소방안전관리자를 신규로 선임하여야 하는 경우 : 해당 특정소방대상물의 완공일
④ 증축으로 인하여 특정소방대상물이 소방안전관리대상물로 된 경우 : 증축공사의 개시일

정답 ④

해설 • 규칙 14조(소방안전관리자의 선임신고 등)
① 소방안전관리대상물의 관계인은 법 제24조 및 제35조에 따라 소방안전관리자를 다음 각 호의 구분에 따라 해당 호에서 정하는 날부터 30일 이내에 선임해야 한다.
1. 신축·증축·개축·재축·대수선 또는 용도변경으로 해당 특정소방대상물의 소방안전관리자를 신규로 선임해야 하는 경우 : 해당 특정소방대상물의 사용승인일(건축물의 경우에는 「건축법」 제22조에 따라 건축물을 사용할 수 있게 된 날을 말한다. 이하 이 조 및 제16조에서 같다)
2. 증축 또는 용도변경으로 인하여 특정소방대상물이 영 제25조제1항에 따른 소방안전관리대상물로 된 경우 또는 특정소방대상물의 소방안전관리 등급이 변경된 경우 : 증축공사의 사용승인일 또는 용도변경 사실을 건축물관리대장에 기재한 날
3. 특정소방대상물을 양수하거나 「민사집행법」에 따른 경매, 「채무자 회생 및 파산에 관한 법률」에 따른 환가(換價), 「국세징수법」·「관세법」 또는 「지방세기본법」에 따른 압류재산의 매각이나 그 밖에 이에 준하는 절차에 따라 관계인의 권리를 취득한 경우 : 해당 권리를 취득한 날 또는 관할 소방서장으로부터 소방안전관리자 선임 안내를 받은 날. 다만, 새로 권리를 취득한 관계인이 종전의 특정소방대상물의 관계인이 선임신고한 소방안전관리자를 해임하지 않는 경우는 제외한다.
4. 법 제35조에 따른 특정소방대상물의 경우 : 관리의 권원이 분리되거나 소방본부장 또는 소방서장이 관리의 권원을 조정한 날
5. 소방안전관리자의 해임, 퇴직 등으로 해당 소방안전관리자의 업무가 종료된 경우 : 소방안전관리자가 해임된 날, 퇴직한 날 등 근무를 종료한 날
6. 법 제24조제3항에 따라 소방안전관리업무를 대행하는 자를 감독할 수 있는 사람을 소방안전관리자로 선임한 경우로서 그 업무대행 계약이 해지 또는 종료된 경우 : 소방안전관리업무 대행이 끝난 날
7. 법 제31조제1항에 따라 소방안전관리자 자격이 정지 또는 취소된 경우 : 소방안전관리자 자격이 정지 또는 취소된 날

10 특정소방대상물의 관계인이 소방안전관리자를 해임한 경우 재선임을 해야 하는 기준은? (단, 해임한 날부터를 기준일로 한다.)

① 10일 이내   ② 20일 이내
③ 30일 이내   ④ 40일 이내

> **정답** ③
> **해설** 소방안전관리(보조)자 재선임 기간은 해고한 날로부터 30일 이내에 재선임한다.

11 소방안전관리자 및 소방안전관리보조자에 대한 실무교육의 교육대상, 교육일정 등 실무교육에 필요한 계획을 수립하여 매년 누구의 승인을 얻어 교육을 실시하는가?

① 한국소방안전원장   ② 소방본부장
③ 소방청장   ④ 시·도지사

> **정답** ③
> **해설** 소방안전관리자 및 소방안전관리 보조자에 대한 교육은 소방청장의 승인을 얻어 교육을 실시한다.

12 화재예방법상 관리의 권원이 분리된 특정소방대상물이 <u>아닌</u> 것은?

① 판매시설 중 도매시장 및 소매시장
② 지하가
③ 지하층을 제외한 층수가 7층 이상인 고층 건축물
④ 복합건축물로서 연면적이 3만m² 이상인 것

> **정답** ③
> **해설** • 관리의 권원이 분리된 특정소방대상물
> ① 복합건축물(지·제 11층↑ 또는 ㉰ 3만[m²]↑)
> ② 지하가
> ③ 판매시설 중 도매시장, 소매시장 및 전통시장

13 화재예방법상 관리의 권원이 분리되어 있는 특정소방대상물의 기준 중 복합건축물의 층수는 지하층을 제외한 층수 몇층이상인가?

① 6층   ② 11층
③ 20층   ④ 30층

> **정답** ②
> **해설** 11층 이상이 해당한다.

CHAPTER 06 특별관리시설물의 소방안전관리

01 제40조 소방안전 특별관리시설물의 안전관리

특별관리자	소방청장(사회·경제적으로 피해가 큰 시설 : 소방안전특별관리시설물)
소방안전 특별관리 시설물	1. 공항 시설 2. 철도시설 3. 도시철도시설 4. 항만시설 5. 지정문화재인 시설 6. 산업기술단지 7. 산업단지 8. 초고층 건축물 및 지하연계 복합건축물 9. 영화상영관 중 수용인원 1천명 이상인 영화상영관 10. 전력용 및 통신용 지하구 11. 석유비축시설 12. 천연가스 인수기지 및 공급망 13. 점포가 500개 이상인 전통시장 14. 발전사업자가 가동 중인 발전소 15. 물류창고로서 연면적 10만제곱미터 이상인 것 16. 가스공급시설

① 소방청장은 소방안전 특별관리기본계획을 5년마다 수립하여 시·도에 통보
② 시·도지사는 특별관리기본계획을 시행하기 위하여 매년 소방안전 특별관리시행계획을 수립·시행하고, 그 시행 결과를 계획 시행 다음 연도 1월 31일까지 소방청장에게 통보

02 제41조 화재예방안전진단

화재예방 안전진단	① 진단 기관 : 한국소방안전원 또는 화재예방 안전진단기관 ② 결과의 제출 : 소방본부장 또는 소방서장, 관계인 ③ 보수·보강 등의 조치 : 소방본부장 또는 소방서장
화재예방 안전진단의 범위	① 화재위험요인의 조사에 관한 사항 ② 소방계획 및 피난계획 수립에 관한 사항 ③ 소방시설등의 유지·관리에 관한 사항 ④ 비상대응조직 및 교육훈련에 관한 사항 ⑤ 화재 위험성 평가에 관한 사항 ⑥ 그 밖에 화재예방진단을 위하여 대통령령으로 정하는 사항

화재예방 안전진단 대상 [대통령령]	① 공항시설 중 여객터미널이 있는 공항시설 : ⑲1천↑ ② 철도시설 중 역 시설 : ⑲5천↑ ③ 도시철도시설 중 역사 및 역 시설 : ⑲5천↑ ④ 항만시설 중 여객이용시설 및 지원시설 : ⑲5천↑ ⑤ 전력용 및 통신용 지하구 중 공동구 ⑥ 발전소 : ⑲5천↑ ⑦ 천연가스의 인수기지 및 공급망 중 가스시설 ⑧ 가스공급시설 중 가연성 가스 탱크의 저장용량의 합계가 100톤 이상이거나 저장 용량이 30톤 이상인 가연성 가스 탱크가 있는 가스공급시설
화재예방 안전진단 실시방법 [대통령령]	• 각 호의 어느 하나에 해당하는 등급에 따라 화재예방안전진단 ① 안전등급 우수 : 안전등급 통보 받은 날부터 6년이 경과한 날이 속하는 해 ② 안전등급 양호·보통 : 안전등급 통보 받은 날부터 5년이 경과한 날이 속하는 해 ③ 안전등급 미흡·불량 : 안전등급 통보 받은 날부터 4년이 경과한 날이 속하는 해 • 화재예방안전진단기관은 화재예방안전진단 결과를 화재예방안전진단실시 후 30일 이내에 소방본부장 또는 소방서장에게 진단결과를 서면(전자문서를 포함한다)으로 제출

안전등급	화재안전예방진단 대상물의 상태
1. A(우수)	화재예방안전진단 실시 결과 문제점이 발견되지 않은 상태
2. B(양호)	화재예방안전진단 실시 결과 문제점이 일부 발견되었으나 대상물의 화재안전에는 이상이 없으며 대상물 일부에 대해 보수·보강 등의 조치명령이 필요한 상태
3. C(보통)	화재예방안전진단 실시 결과 문제점이 다수 발견되었으나 대상물의 전반적인 화재안전에는 이상이 없으며 대상물에 대한 다수의 조치명령이 필요한 상태
4. D(미흡)	화재예방안전진단 실시 결과 광범위한 문제점이 발견되어 대상물의 화재안전을 위해 조치 명령의 즉각적인 이행이 필요하고 대상물의 사용 제한을 권고할 필요가 있는 상태
5. E(불량)	화재예방안전진단 실시 결과 중대한 문제점이 발견되어 대상물의 화재안전을 위해 조치명 령의 즉각적인 이행이 필요하고 대상물의 사용 중단을 권고할 필요가 있는 상

CHAPTER 06 특별관리시설물의 소방안전관리

01 화재예방법상 특별관리시설물의 안전관리 대상 전통시장의 기준 중 다음 ( ) 안에 알맞은 것은?

○ 전통시장으로서 대통령령으로 정하는 전통시장 : 점포가 (　　)개 이상인 전통시장

① 100　　　　　　　　　② 300
③ 500　　　　　　　　　④ 600

정답 ③
해설 ● 특별관리 시설물
1. 특별관리시설물 지정자 : 소방청장
2. 특별관리시설물 대상 : 공항 시설, 철도시설, 도시철도시설, 항만시설, 지정문화재인 시설, 산업기술단지, 산업단지, 초고층 건축물 및 지하연계 복합건축물, 영화상영관 중 수용인원 1천명 이상인 영화상영관, 전력용 및 통신용 지하구, 석유비축시설, 천연가스 인수기지 및 공급망, 점포가 500개 이상인 전통시장, 발전사업자가 가동 중인 발전소, 물류창고로서 연면적 10만제곱미터 이상인 것, 가스공급시설

02 화재예방법상 특별관리시설물의 대상 기준 중 틀린 것은?
① 수련시설
② 항만시설
③ 전력용 및 통신용 지하구
④ 지정문화재인 시설(시설이 아닌 지정문화재를 보호하거나 소장하고 있는 시설을 포함)

정답 ①
해설 수련시설은 포함되지 않는다.

CHAPTER 07 보칙

01 제43조 화재의 예방과 안전문화 진흥을 위한 시책의 추진

① 소방관서장은 국민의 화재 예방과 안전에 관한 의식을 높이고 화재의 예방과 안전문화를 진흥시키기 위한 다음 각 호의 활동을 적극 추진하여야 한다.
  1. 화재의 예방 및 안전관리에 관한 의식을 높이기 위한 활동 및 홍보
  2. 소방대상물 특성별 화재의 예방과 안전관리에 필요한 행동요령의 개발·보급
  3. 화재의 예방과 안전문화 우수사례의 발굴 및 확산
  4. 화재 관련 통계 현황의 관리·활용 및 공개
  5. 화재의 예방과 안전관리 취약계층에 대한 화재의 예방 및 안전관리 강화
  6. 그 밖에 화재의 예방과 안전문화를 진흥하기 위한 활동
② 소방관서장은 화재의 예방과 안전문화 활동에 국민 또는 주민이 참여할 수 있는 제도를 마련하여 시행할 수 있다.
③ 소방청장은 국민이 화재의 예방과 안전문화를 실천하고 체험할 수 있는 체험시설을 설치·운영할 수 있다.
④ 국가와 지방자치단체는 지방자치단체 또는 그 밖의 기관·단체에서 추진하는 화재의 예방과 안전문화활동을 위하여 필요한 예산을 지원할 수 있다.

02 제44조 우수 소방대상물 관계인에 대한 포상 등

① 소방청장은 소방대상물의 자율적인 안전관리를 유도하기 위하여 안전관리 상태가 우수한 소방대상물을 선정하여 우수 소방대상물 표지를 발급하고, 소방대상물의 관계인을 포상할 수 있다.
② 제1항에 따른 우수 소방대상물의 선정 방법, 평가 대상물의 범위 및 평가 절차 등에 필요한 사항은 행정안전부령으로 정한다.

03 제45조 조치명령 등의 기간연장

① 다음 각 호에 따른 조치명령·선임명령 또는 이행명령(이하 "조치명령등"이라 한다)을 받은 관계인 등은 천재지변이나 그 밖에 대통령령으로 정하는 사유로 조치명령등을 그 기간 내에 이행할 수 없는 경우에는 조치명령등을 명령한 소방관서장에게 대통령령으로 정하는 바에 따라 조치명령등의 이행시기를 연장하여 줄 것을 신청할 수 있다.
  1. 제14조에 따른 소방대상물의 개수·이전·제거, 사용의 금지 또는 제한, 사용폐쇄, 공사의 정지 또는 중지, 그 밖의 필요한 조치명령
  2. 제28조제1항에 따른 소방안전관리자 또는 소방안전관리보조자 선임명령
  3. 제28조제2항에 따른 소방안전관리업무 이행명령

② 제1항에 따라 연장신청을 받은 소방관서장은 연장신청 승인 여부를 결정하고 그 결과를 조치명령등의 이행 기간 내에 관계인 등에게 알려 주어야 한다.

04 제46조 청문

소방청장 또는 시·도지사는 다음 각 호의 어느 하나에 해당하는 처분을 하려면 청문을 하여야 한다.
1. 제31조제1항에 따른 소방안전관리자의 자격 취소
2. 제42조제2항에 따른 진단기관의 지정 취소

PART 04 소방시설공사업법

CHAPTER 01 총칙
CHAPTER 02 소방시설업
CHAPTER 03 소방시설공사등
CHAPTER 04 소방기술자
CHAPTER 05 소방시설업자협회
CHAPTER 06 보칙

CHAPTER 01 총칙

01 제1조 목적

(1) 소방시설업을 건전하게 발전
(2) 소방기술의 진흥
(3) 화재로부터 공공의 안전확보
(4) 국민경제에 이바지함을 목적

02 제2조 정의

(1) 소방시설업
  ① 소방시설설계업 : 소방시설공사에 기본이 되는 공사계획, 설계도면, 설계 설명서, 기술계산서 및 이와 관련된 서류(이하 "설계도서"라 한다)를 작성(이하 "설계"라 한다)하는 영업
  ② 소방시설공사업 : 설계도서에 따라 소방시설을 신설, 증설, 개설, 이전 및 정비(이하 "시공"이라 한다)하는 영업
  ③ 소방공사감리업 : 소방시설공사에 관한 발주자의 권한을 대행하여 소방시설공사가 설계도서와 관계 법령에 따라 적법하게 시공되는지를 확인하고, 품질·시공 관리에 대한 기술지도를 하는(이하 "감리"라 한다) 영업
  ④ 방염처리업 : 섬유류, 합성수지류, 합판목재류
(2) 소방시설업자 : 소방시설업을 경영하기 위하여 소방시설업을 등록한 자
(3) 감리원 : 소방공사감리업자에 소속된 소방기술자로서 해당 소방시설공사를 감리하는 사람
(4) 소방기술자 : 소방기술경력 등을 인정받은 사람과 다음 각목의 사람
  ① 소방시설관리사
  ② 소방기술사, 소방설비기사, 소방설비산업기사, 위험물기능장, 위험물산업기사, 위험물기능사
(5) 발주자 : 소방시설의 설계, 시공, 감리 및 방염(이하 "소방시설공사등"이라 한다)을 소방시설업자에게 도급하는 자(다만, 수급인으로서 도급받은 공사를 하도급하는 자 제외)

CHAPTER 01 총칙

01 소방시설공사업법령상 정의된 업종 중 소방시설업의 종류에 해당되지 <u>않는</u> 것은?
① 소방시설설계업 ② 소방시설공사업
③ 소방시설정비업 ④ 소방공사감리업

정답 ③
해설 ● 소방시설업
① "소방시설업"이란 다음 각 목의 영업을 말한다.
  ㉠ 소방시설설계업 : 소방시설공사에 기본이 되는 공사계획, 설계도면, 설계 설명서, 기술계산서 및 이와 관련된 서류(이하 "설계도서"라 한다)를 작성(이하 "설계"라 한다)하는 영업
  ㉡ 소방시설공사업 : 설계도서에 따라 소방시설을 신설, 증설, 개설, 이전 및 정비(이하 "시공"이라 한다)하는 영업
  ㉢ 소방공사감리업 : 소방시설공사에 관한 발주자의 권한을 대행하여 소방시설공사가 설계도서와 관계 법령에 따라 적법하게 시공되는지를 확인하고, 품질·시공 관리에 대한 기술지도를 하는 (이하 "감리"라 한다) 영업
  ㉣ 방염처리업 : 섬유류, 합성수지류, 합판목재류

02 소방시설공사업법령에 따른 소방시설업의 등록권자는?
① 국무총리   ② 소방서장
③ 시·도지사   ④ 한국소방안전원장

정답 ③
해설 소방시설업자는 소방시설업을 시·도지사에게 등록한다.

CHAPTER 02 소방시설업

01 제4조 소방시설업의 등록 ~ 제10조 과징금처분

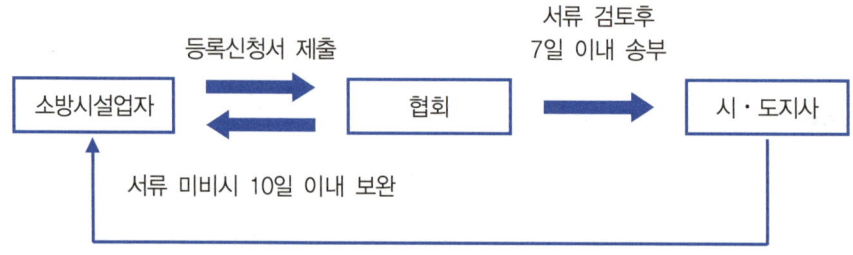

- 재교부신청(분실 및 훼손) : 3일 이내 재교부
- 변경신고는 30일 이내 신청 : 변경사항 변경후 5일 이내 재교부

등록	소방시설공사 등을 하려는 자는 업종별로 자본금, 기술인력 등 대통령령으로 정하는 요건을 갖추어 시·도지사에게 소방시설업을 등록			
소방시설 설계업 [대통령령]	업종별 \ 항목		기술인력	영업범위
	전문 설계업		가. 주인력 : 소방기술사 1명 이상 나. 보조인력 : 1명 이상	· 모든 특정소방대상물에 설치되는 소방시설의 설계
	일반 설계업	기계 분야	가. 주인력 : 소방기술사 또는 기계분야 소방설비기사 1명 이상 나. 보조인력 : 1명 이상	가. 아파트 기계 소방시설(제연 제외) 설계 나. ㉑ 3만㎡(공장:1만㎡)↓ 기계 소방시설(제연 제외) 설계 다. 위험물제조소등 기계 소방시설 설계
		전기 분야	가. 주인력 : 소방기술사 또는 전기분야 소방설비기사 1명 이상 나. 보조인력 : 1명 이상	가. 아파트 전기 소방시설 설계 나. ㉑3만㎡(공장:1만㎡)↓ 전기 소방시설 설계 다. 위험물제조소등 전기 소방시설 설계

업종별		항목	기술인력	자본금 (자산평가액)	영업범위
소방시설 공사업 [대통령령]	전문 공사업		가. 주인력 : 소방기술사 또는 기계분야와 전기분야의 소방설비기사 각 1명 이상(쌍기사 가능) 나. 보조인력 : 2명 이상	가. 법인 : 1억↑ 나. 개인 : 1억↑	특정소방대상물에 설치되는 기계분야 및 전기분야 소방시설의 공사·개설·이전 및 정비
	일반 공사업	기계 분야	가. 주인력 : 소방기술사 또는 기계분야 소방설비기사 1명 이상 나. 보조인력 : 1명 이상	가. 법인 : 1억↑ 나. 개인 : 1억↑	가. 옌 1만㎡↓ 　　기계분야 소방시설공사·개설·이전 및 정비 나. 위험물제조소등 기계분야 소방시설공사·개설·이전 및 정비
		전기 분야	가. 주인력 : 소방기술사 또는 전기분야 소방설비기사 1명 이상 나. 보조인력 : 1명 이상	가. 법인 : 1억↑ 나. 개인 : 1억↑	가. 옌 1만㎡↓ 　　전기분야 소방시설공사·개설·이전 및 정비 나. 위험물제조소등 전기분야 소방시설공사·개설·이전 및 정비

- 소방시설공사업의 등록을 하려는 자는 별표 1의 기준을 갖추어 소방청장이 지정하는 금융회사 또는 소방산업공제조합이 별표 1에 따른 자본금 기준금액의 100분의 20 이상에 해당하는 금액의 담보를 제공받거나 현금의 예치 또는 출자를 받은 사실을 증명하여 발행하는확인서를 시·도지사에게 제출

업종별		항목	기술인력	영업범위
소방공사 감리업 [대통령령]	전문 감리업		가. 소방기술사 1명 이상 나. 기계 및 전기 특급 감리원 각 1명 　(기계+전기 특급 감리원 1명이상) 다. 기계 및 전기 고급 감리원 각 1명 라. 기계 및 전기 중급 감리원 각 1명 마. 기계 및 전기 초급 감리원 각 1명	• 모든 특정소방대상물 소방시설공사 감리
	일반 감리	기계 분야	가. 기계분야 특급 감리원 1명 이상 나. 기계분야 고급 감리원 또는 중급 감리원 이상의 감리원 1명 이상 다. 기계분야 초급 감리원 이상의 감리원 1명 이상	가. 아파트 기계 소방시설(제연 제외) 설계 나. 옌3만㎡(공장:1만㎡)↓ 기계 소방시설(제연 제외) 설계 다. 위험물제조소등 기계 소방시설 설계
	일반 감리	전기 분야	가. 전기분야 특급 감리원 1명 이상 나. 전기분야 고급 감리원 또는 중급 감리원 이상의 감리원 1명 이상 다. 전기분야 초급 감리원 이상의 감리원 1명 이상	가. 아파트 전기 소방시설 설계 나. 옌3만㎡(공장:1만㎡)↓ 전기 소방시설 설계 다. 위험물제조소등 전기 소방시설 설계

기계분야 및 전기분야	가. 기계분야	
	1) 소화기구, 자동소화장치, 옥내소화전설비, 스프링클러설비등, 물분무등소화설비, 옥외소화전설비, 피난기구, 인명구조기구, 상수도소화용수설비, 소화수조·저수조, 그 밖의 소화용수설비, 제연설비, 연결송수관설비, 연결살수설비 및 연소방지설비	
	2) 기계분야 소방시설에 부설되는 전기시설. 다만, 비상전원, 동력회로, 제어회로, 기계분야 소방시설을 작동하기 위하여 설치하는 화재감지기에 의한 화재감지장치 및 전기신호에 의한 소방시설의 작동장치는 제외한다.	
	나. 전기분야	
	1) 단독경보형감지기, 비상경보설비, 비상방송설비, 누전경보기, 자동화재탐지설비, 시각경보기, 자동화재속보설비, 가스누설경보기, 통합감시시설, 유도등, 비상조명등, 휴대용비상조명등, 비상콘센트설비 및 무선통신보조설비	
	2) 기계분야 소방시설에 부설되는 전기시설 중 가목2) 단서의 전기시설	
방염업	섬유류 방염업, 합성수지류 방염업, 합판·목재류 방염업	
등록 결격 사유	① 피성년후견인 ② 소방관계법령에 따른 금고 이상의 실형을 선고받고 그 집행이 끝나거나(집행이 끝난 것으로 보는 경우를 포함) 면제된 날부터 2년이 지나지 아니한 사람 ③ 소방관계법령에 따른 금고 이상의 형의 집행유예를 선고받고 그 유예기간 중에 있는 사람 ④ 등록하려는 소방시설업 등록이 취소(피성년후견인의 사유로 등록이 취소된 경우 제외)된 날부터 2년이 지나지 아니한 자 (법인의 대표자가 ①~④ 해당하는 법인, 임원이 ②~④ 해당하는 법인)	
변경 신고	• 30일 이내 시·도지사에게 신고 ① 상호(명칭) 또는 영업소 소재 ② 대표자 ③ 기술인력 • 5일 이내 변경하여 재발급	
휴업 폐업 등의 신고	• 휴업·폐업 또는 재개업하는 때 30일 이내 시·도지사에게 신고	
지위 승계	• 30일 이내 시·도지사에게 신고 ① 소방시설업자가 사망한 경우 그 상속인 ② 소방시설업자가 그 영업을 양도한 경우 그 양수인 ③ 법인인 소방시설업자가 다른 법인과 합병한 경우 합병 후 존속하는 법인이나 합병으로 설립되는 법인 ④ 경매, 환가, 압류재산의 매각으로 인한 인수	
소방시설업의 운영	① 등록증이나 등록수첩 대여금지 ② 영업정지처분이나 등록취소 처분을 받은 소방시설업자는 그 날부터 소방시설공사 등을 하여서는 아니 됨 ③ 소방시설업자가 관계인에게 지체없이 알려야 하는 사항 : 지위승계, 등록취소, 영업정지처분, 휴업 또는 폐업	

등록 취소	① 거짓, 부정 등록 ② 영업정지 기간 중 소방시설공사 등 ③ 등록 결격사유
과징금	① 영업정지가 그 이용자에게 불편을 주거나 그 밖에 공익을 해칠 우려가 있을 때에는 영업정지처분을 갈음하여 2억원 이하의 과징금을 부과 ② 과징금 부과권자 : 시·도지사

CHAPTER 02 소방시설업

01 소방시설공사업법령상 전문 소방시설공사업의 등록기준 및 영업범위의 기준에 대한 설명으로 틀린 것은?

① 법인인 경우 자본금은 최소 1억원 이상이다.
② 개인인 경우 자산평가액은 최소 1억원 이상이다.
③ 주된 기술인력 최소 1명 이상, 보조기술인력 최소 3명 이상을 둔다.
④ 영업범위는 특정소방대상물에 설치되는 기계분야 및 전기분야 소방시설의 공사·개설·이전 및 정비이다.

정답 ③
해설 주된 기술인력은 최소 1명 이상, 보조 기술인력은 최소 2명 이상을 둔다.

업종별\항목	기술인력	자본금 (자산평가액)	영업범위
전문 공사업	가. 주인력 : 소방기술사 또는 기계분야와 전기분야의 소방설비기사 각 1명(기계 및 전기분야의 자격 함께 취득한 사람 1명) 이상 나. 보조인력 : 2명 이상	가. 법인 : 1억원 이상 나. 개인 : 자산평가액 1억원 이상	특정소방대상물에 설치되는 기계분야 및 전기분야 소방시설의 공사·개설·이전 및 정비

02. 소방시설공사업법령상 일반 소방시설설계업(기계분야)의 영업범위에 대한 기준 중 ( )에 알맞은 내용은? (단, 공장의 경우는 제외한다.)

연면적 ( )m² 미만의 특정소방대상물(제연설비가 설치되는 특정소방대상물은 제외한다)에 설치되는 기계분야 소방시설의 설계

① 10,000 ② 20,000
③ 30,000 ④ 50,000

정답 ③
해설 연면적 (30,000)m² 미만의 특정소방대상물(제연설비가 설치되는 특정소방대상물은 제외한다)에 설치되는 기계분야 소방시설의 설계는 일반설계업에서 가능하다.

03 소방시설공사업법령에 따른 소방시설업 등록이 가능한 사람은?

① 피성년후견인
② 위험물안전관리법에 따른 금고 이상의 형의 집행 유예를 선고받고 그 유예기간 중에 있는 사람
③ 등록하려는 소방시설업 등록이 취소된 날부터 3년이 지난 사람
④ 소방기본법에 따른 금고 이상의 실형을 선고받고 그 집행이 면제된 날부터 1년이 지난 사람

> **정답** ③
> **해설** ● 소방시설업의 등록 결격사유
> ① 피성년후견인
> ② 소방관계법령에 따른 금고 이상의 실형을 선고받고 그 집행이 끝나거나(집행이 끝난 것으로 보는 경우를 포함) 면제된 날부터 2년이 지나지 아니한 사람
> ③ 소방관계법령에 따른 금고 이상의 형의 집행유예를 선고받고 그 유예기간 중에 있는 사람
> ④ 등록하려는 소방시설업 등록이 취소(피성년후견인의 사유로 등록이 취소된 경우 제외)된 날부터 2년이 지나지 아니한 자

04 소방시설공사업법령상 소방시설업 등록의 결격사유에 해당되지 <u>않는</u> 법인은?

① 법인의 대표자가 피성년후견인인 경우
② 법인의 임원이 피성년후견인인 경우
③ 법인의 대표자가 소방시설공사업법에 따라 소방시설업 등록이 취소된 지 2년이 지나지 아니한 자인 경우
④ 법인의 임원이 소방시설공사업법에 따라 소방시설업 등록이 취소된 지 2년이 지나지 아니한 자인 경우

> **정답** ②
> **해설** 문제 3번 해설 참고해주세요.
> (법인의 대표자가 ①~④ 해당하는 법인, 임원이 ②~④ 해당하는 법인)

05 소방시설업의 반드시 등록 취소에 해당하는 경우는?

① 거짓이나 그 밖의 부정한 방법으로 등록한 경우
② 다른 자에게 등록증 또는 등록수첩을 빌려준 경우
③ 소속 소방기술자를 공사현장에 배치하지 아니하거나 거짓으로 한 경우
④ 등록을 한 후 정당한 사유 없이 1년이 지날 때까지 영업을 시작하지 아니하거나 계속하여 1년 이상 휴업한 경우

> **정답** ①
> **해설** ● 소방시설업의 등록취소
>   1. 거짓 그 밖의 부정한 방법으로 등록한 경우
>   2. 등록의 결격사유에 해당하게 된 경우
>   3. 영업정지 기간 중 소방시설공사등을 한 경우

06 소방시설공사업법령상 소방시설업에 대한 행정처분기준에서 1차 행정처분 사항으로 등록취소에 해당하는 것은?

① 거짓이나 그 밖의 부정한 방법으로 등록한 경우
② 소방시설업자의 지위를 승계한 사실을 소방시설공사 등을 맡긴 특정소방대상물의 관계인에게 통지를 하지 아니한 경우
③ 화재안전기준 등에 적합하게 설계·시공을 하지 아니하거나, 법에 따라 적합하게 감리를 하지 아니한 경우
④ 등록을 한 후 정당한 사유 없이 1년이 지날 때까지 영업을 시작하지 아니하거나 계속하여 1년 이상 휴업한 때

> **정답** ①
> **해설** ● 소방시설업의 등록취소
>   1. 거짓 그 밖의 부정한 방법으로 등록한 경우
>   2. 등록의 결격사유에 해당하게 된 경우
>   3. 영업정지 기간 중 소방시설공사등을 한 경우

07 시·도지사가 소방시설업의 영업정지처분에 갈음하여 부과할 수 있는 최대 과징금의 범위로 옳은 것은?

① 1억원 이하
② 2억원 이하
③ 3억원 이하
④ 4억원 이하

> **정답** ②
> **해설** 소방시설업의 영업정지 처분에 갈음하여 부과할 수 있는 과징금은 2억원이다.

08 소방시설공사업법령상 소방시설업자가 소방시설공사 등을 맡긴 특정소방대상물의 관계인에게 지체 없이 그 사실을 알려야 하는 경우가 <u>아닌</u> 것은?

① 소방시설업자의 지위를 승계한 경우
② 소방시설업의 등록취소처분 또는 영업정지처분을 받은 경우
③ 휴업하거나 폐업한 경우
④ 소방시설업의 주소지가 변경된 경우

정답 ④
해설 주소지 변경은 해당하지 않는다.

09 소방시설공사업법령상 소방시설업의 감독을 위하여 필요할 때에 소방시설업자나 관계인에게 필요한 보고나 자료 제출을 명할 수 있는 사람이 <u>아닌</u> 것은?
① 시·도지사
② 119안전센터장
③ 소방서장
④ 소방본부장

정답 ②
해설 119 안전센터장은 해당하지 않는다.

CHAPTER 03 소방시설공사등

01 제11조 설계

설계	소방시설설계업을 등록한 자는 이 법이나 이 법에 따른 명령과 화재안전기준에 맞게 소방시설을 설계하여야 한다. 다만, 중앙소방기술심의위원회의 심의를 거쳐 소방시설의 구조와 원리 등에서 특수한 설계로 인정된 경우는 화재안전기준을 따르지 아니할 수 있다.
성능위주설계자 자격 [대통령령]	① 전문 소방시설설계업을 등록한 자 ② 전문 소방시설설계업 등록기준에 따른 기술인력을 갖춘 자로서 소방청장이 정하여 고시하는 연구기관 또는 단체
성능위주설계 기술인력 [대통령령]	소방 기술사 2명 이상

02 제12조 시공

시공	① 소방시설공사업을 등록한 자(이하 "공사업자"라 한다)는 이 법이나 이 법에 따른 명령과 화재안전기준에 맞게 시공 ② 공사업자는 소방시설공사의 책임시공 및 기술관리를 위하여 대통령령으로 정하는 바에 따라 소속 소방기술자를 공사 현장에 배치	
소방기술자 배치기준 [대통령령]	소방기술자의 배치기준	소방시설공사 현장의 기준
	특급기술자 (기계 + 전기)	① 옌 20만㎡↑ ② 지·포 층수 40층↑
	고급기술자 이상 (기계 + 전기)	① 옌 3만㎡↑ 20만㎡↓(아파트 제외) ② 지·포 층수 16층↑ 40층↓
	중급기술자 이상 (기계 + 전기)	① 물·등 (호스릴 제외) 또는 제연 설치 ② 옌 5천㎡↑ 3만㎡↓(아·제) ③ 옌 1만㎡↑ 20만㎡↓ 아파트
	초급기술자 이상 (기계 + 전기)	① 옌 1천㎡↑ 5천㎡↓(아·제) ② 옌 1천㎡↑ 1만㎡↓ 아파트 ③ 지하구
	자격수첩 발급자	옌 1천㎡↓

소방기술자 배치기간 [대통령령]	① 배치기간 : 소방시설공사의 착공일부터 소방시설 완공검사증명서 발급일까지 배치
	② 현장 배치 제외 (발주자가 서면으로 승낙하는 경우)
	  1. 민원 또는 계절적 요인 등으로 해당 공정의 공사가 일정 기간 중단된 경우
	  2. 예산의 부족 등 발주자(하도급의 경우에는 수급인을 포함한다. 이하 이 목에서 같다)의 책임 있는 사유 또는 천재지변 등 불가항력으로 공사가 일정기간 중단된 경우
	  3. 발주자가 공사의 중단을 요청하는 경우	

03 제13조 착공신고

착공신고	공사업자는 대통령령으로 정하는 소방시설공사를 하려면 행정안전부령으로 정하는 바에 따라 그 공사의 내용, 시공 장소, 그 밖에 필요한 사항을 소방본부장이나 소방서장에게 신고 (2일 이내에 신고수리 여부를 신고인에게 통지)
착공 변경신고	• 30일 이내에 소방본부장이나 소방서장에게 신고 (2일 이내에 신고수리 여부를 신고인에게 통지) ① 시공자 ② 설치되는 소방시설의 종류 ③ 책임시공 및 기술관리 소방기술자
착공신고대상 [대통령령] (위험물 제조소등은 착공신고 제외)	(1) 특정소방대상물에 다음의 설비를 신설하는 공사 <table><tr><td>기계</td><td>옥내(호·포), 옥외, S/P등(캐·포), 물·등, 연·송, 연·살, 제연 용수 또는 연·방 [타 공사설비업자 공사시 제외]</td></tr><tr><td>전기</td><td>자·탐, 비·경, 비·방, 비·콘, 무·통 [타 공사설비업자 공사시 제외]</td></tr></table>(2) 특정소방대상물에 설비 또는 구역 등을 증설하는 공사 [신설에서 조S, 용수, 비·경, 비·방, 무·통만 제외] • 옥내, 옥외 • S/P, 간이S/P, 물·등 : 방호구역 • 자·탐 : 경계구역 • 제연 : 제연구역 • 연·살 : 살수구역 • 연·송 : 송수구역 • 비·콘 : 전용회로 • 연·방 : 살수구역 [타 공사설비업자 공사시 제외] (3) 전부 또는 일부 개설, 이전 또는 정비 공사(긴급교체, 보수시 제외) : 수신반, 소화펌프, 동력(감시)제어반

04 제14조 완공검사

(부분)완공검사	① 완공검사 : 소방시설공사를 완공하면 소방본부장 또는 소방서장의 완공검사를 받아야 한다.(공사감리 결과서로 완공검사 갈음 가능) ② 부분완공검사 : 소방대상물 일부분의 소방시설공사를 마친 경우로서 전체 시설이 준공되기 전에 부분적으로 사용할 필요가 있는 경우에는 그 일부분에 완공검사(이하 "부분완공검사"라 한다)를 신청 ③ 검사 완료후 완공검사 증명서나 부분완공검사증명서 발급
현장확인대상 [대통령령]	① 문화·집회, 종교, 판매, 노유자, 수련, 운동, 숙박, 창고, 지하상가 및 다중 ② 다음 설비가 설치 : S/P 등, 물·등(호·제) ③ ㉔ 1만㎡↑ or 11층 ↑ 특정소방대상물(아·제) ④ 가연성가스를 제조·저장 또는 취급하는 시설 중 지상에 노출된 가연성가스 탱크의 저장용량 합계가 1천톤 이상인 시설

05 제15조 공사의 하자보수 등

하자보수의 신청	공사업자는 소방시설공사 결과 자동화재탐지설비 등 대통령령으로 정하는 소방시설에 하자가 있을 때에는 대통령령으로 정하는 기간 동안 그 하자를 보수
하자보수계획	공사업자는 관계인에게 서면으로 3일 이내 하자 보수하거나 하자보수계획을 서면으로 알림
관계인이 본부장 서장에게 사실 알리는 경우	① 하자보수를 이행하지 아니한 경우 ② 하자보수계획을 서면으로 알리지 아니한 경우 ③ 하자보수계획이 불합리하다고 인정되는 경우 [지방소방 기술심의위원회 심의사항]
하자보수 대상과 보증기간 [대통령령]	① 피·구, 유도등, 유도표지, 비·경, 비·조, 비·방 및 무·통 : 2년 ② 자동소화, 옥내, S/P, 간S, 물·등, 옥외, 자·탐, 용수, 소·활(무·통 제외) : 3년

06 제16조 감리

감리업자의 업무	① 소방시설등의 설치계획표의 적법성 검토 ② 소방시설등 설계도서의 적합성(적법성과 기술상의 합리성을 말한다. 이하 같다) 검토 ③ 소방시설등 설계 변경 사항의 적합성 검토 ④ 소방용품의 위치·규격 및 사용 자재의 적합성 검토 ⑤ 공사업자가 한 소방시설등의 시공이 설계도서와 화재안전기준에 맞는지에 대한 지도·감독 ⑥ 완공된 소방시설등의 성능시험 ⑦ 공사업자가 작성한 시공 상세 도면의 적합성 검토 ⑧ 피난시설 및 방화시설의 적법성 검토 ⑨ 실내장식물의 불연화(不燃化)와 방염 물품의 적법성 검토
소방공사 감리의 종류, 방법 및 대상 [대통령령]	<table><tr><th>종류</th><th>대상</th></tr><tr><td>상주공사감리</td><td>① 연면적 3만㎡↑ (아파트 제외) ② 지하 포함 층수 16층↑ + 500세대↑ 아파트</td></tr><tr><td>일반공사감리</td><td>• 상주 공사감리에 해당하지 않는 소방시설의 공사</td></tr></table> **방법** • 상주공사감리 ① 소방시설용 배관을 설치하거나 매립하는 때부터 완공검사증명서를 발급받을 때까지 소방공사감리현장에 감리원을 배치 ② 부득이한 사유로 1일 이상 현장 이탈시 감리일지 등에 기록하여 발주청이나 발주자에게 확인 • 일반공사감리 ① 주1회 이상 공사 현장에 배치되어 업무 수행하고 감리일지에 기록 ② 감리원이 부득이한 사유로 14일 이내 범위에서 업무수행할 수 없는 경우 업무 대행자 지정하여 업무수행 ③ 업무 대행자는 주 2회 이상 공사현장에 배치되어 업무수행하며, 업무수행 내용을 감리원에게 통보하고 감리일지에 기록

07 제17조 공사감리자의 지정 등 ~ 18조 감리원의 배치 등

공사감리자의 지정	관계인이 감리업자를 공사감리자로 지정
공사감리자 지정 및 변경신고	① 공사감리자 지정신고 　: 착공신고일까지 소방본부장, 소방서장 서류 제출 ② 공사감리자 변경신고 : 30일 이내 서류 첨부(소방본부장, 소방서장 제출) ③ 지정신고 또는 변경신고 처리 및 통보 기간 : 2일 이내
공사감리자의 지정 대상	① 옥내 : 신설·개설 또는 증설 ② S/P 등(캐비닛 제외) : 신설·개설 또는 방호·방수 구역 증설 ③ 물분무등(호스릴 제외) : 신설·개설 또는 방호·방수 구역 증설 ④ 옥외 : 신설·개설 또는 증설 ⑤ 자·탐 : 신설 또는 개설 ⑤-2. 비·방 : 신설 또는 개설 ⑥ 통·감 : 신설 또는 개설 ⑦ 소화용수 : 신설 또는 개설 ⑧ 소화활동 　가. 제연 : 신설·개설 또는 제연구역 증설 　나. 연·송 : 신설 또는 개설 　다. 연·살 : 신설·개설 또는 송수구역 증설 　라. 비·콘 : 신설·개설 또는 전용회로 증설 　마. 무·통 : 신설 또는 개설 　바. 연·방 : 신설·개설 또는 살수구역 증설
감리원의 배치	감리업자는 소방시설공사의 감리를 위하여 소속 감리원을 대통령령으로 정하는 바에 따라 소방시설 공사 현장에 배치 통보(변경시도 마찬가지)

감리원 배치 기준[대통령령]	감리원의 배치기준		소방시설공사 현장의 기준
	책임감리원	보조감리원	
	소방기술사	초급감리원 (기계+전기)	① 연 20만㎡↑ ② 지·포 층수 40층↑
	특급 감리 (기계+전기)	초급감리원 (기계+전기)	① 연 3만㎡↑ 20만㎡↓(아·제) ② 지·포 층수 16층↑ 40층↓
	고급 감리 (기계+전기)	초급감리원 (기계+전기)	① 물·등 (호·제) 또는 제연 설치 ② 연 3만㎡↑ ~ 20만㎡↓ 아파트
	중급감리(기계+전기)		연 5천㎡↑ ~ 3만㎡↓
	초급감리(기계+전기)		연 5천㎡↓, 지하구

감리원의 세부배치기준 [행정안전부령]	① 상주 공사감리 대상 소방시설용 배관(전선관을 포함한다. 이하 같다)을 설치하거나 매립하는 때부터 소방시설 완공검사증명서를 발급받을 때까지 소방공사감리현장에 감리원을 배치할 것 ② 일반 공사 감리 대상(주 1회 이상 배치) 1명의 감리원이 담당하는 소방공사감리현장은 5개 이하 (자동화재탐지설비 또는 옥내소화전설비 중 어느 하나만 설치하는 2개의 소방공사감리현장이 최단 차량주행거리로 30킬로미터 이내에 있는 경우에는 1개의 소방공사감리현장으로 본다)로서 감리현장 연면적의 총 합계가 10만㎡ 이하일 것. 다만, 일반 공사감리 대상인 아파트의 경우에는 연면적의 합계에 관계없이 1명의 감리원이 5개 이내의 공사현장을 감리

08 제19조 위반사항에 대한 조치

위반사항 조치	① 감리업자는 감리를 할 때 소방시설공사가 설계도서나 화재안전기준에 맞지 아니할 때에는 관계인에게 알리고, 공사업자에게 그 공시의 시정 또는 보완 등을 요구 ② 공사업자가 제①항에 따른 요구를 받았을 때에는 그 요구에 따름 ③ 감리업자는 공사업자가 제①항에 따른 요구를 이행하지 아니하고 그 공사를 계속할 때에는 소방본부장이나 소방서장에게 그 사실을 보고 ④ 소방공사감리업자는 공사업자에게 해당 공사의 시정 또는 보완을 요구하였으나 이행하지 아니하고 그 공사를 계속할 때에는 시정 또는 보완을 이행하지 아니하고 공사를 계속하는 날부터 3일 이내에 소방시설공사 위반사항보고서를 소방본부장 또는 소방서장에게 제출

09 제20조 공사감리 결과의 통보 등

감리 결과의 통보	감리업자는 소방공사의 감리를 마쳤을 때에는 그 감리 결과를 그 특정소방대상물의 관계인, 소방시설공사의 도급인, 그 특정소방대상물의 공사를 감리한 건축사에게 서면으로 알리고, 소방본부장이나 소방서장에게 공사감리 결과보고서를 제출
공사감리 결과보고서 포함 서류 [행정안전부령]	공사가 완료된 날부터 7일 이내에 특정소방대상물의 관계인, 소방시설공사의 도급인 및 특정소방대상물의 공사를 감리한 건축사에게 알리고, 소방본부장 또는 소방서장에게 보고 (첨부서류) 1. 소방청장이 정하여 고시하는 소방시설 성능시험조사표 1부 2. 착공신고 후 변경된 소방시설설계도면(변경사항 있는 경우만 첨부 설계업자 설계 도면 해당) 1부 3. 소방공사 감리일지(본부장 또는 서장 보고 경우만 첨부) 1부 4. 특정소방대상물의 사용승인 신청서 등 사용승인 신청을 증빙할 수 있는 서류 1부

10 제21조 공사의 도급

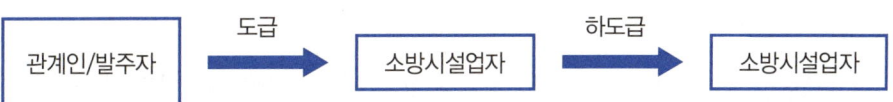

도급	① 특정소방대상물의 관계인 또는 발주자는 소방시설공사등을 도급할 때에는 해당 소방시설업자에게 도급 ② 소방시설공사는 다른 업종의 공사와 분리하여 도급
소방시설공사 분리 도급 예외 [대통령령]	① 재난의 발생으로 긴급하게 착공해야 하는 공사인 경우 ② 국방 및 국가안보 등과 관련하여 기밀을 유지해야 하는 공사인 경우 ③ 착공신고대상에 해당하지 않는 공사인 경우 ④ ㉠1천㎡↓ 특정소방대상물에 비상경보설비를 설치하는 공사 ⑤ 문화재수리 및 재개발·재건축 등의 공사로서 공사의 성질상 분리하여 도급하는 것이 곤란하다고 소방청장이 인정하는 경우

11 제22조 하도급의 제한

하도급의 제한	도급을 받은 자는 소방시설의 설계, 시공, 감리를 제3자에게 하도급할 수 없음(시공의 경우에는 대통령령으로 정하는 바에 따라 도급받은 소방시설공사의 일부를 다른 공사업자에게 하도급 가능)
하도급 가능한 경우 [대통령령]	"대통령령으로 정하는 경우"란 소방시설공사업과 다음 각 호의 어느 하나에 해당하는 사업을 함께 하는 소방시설공사업자가 소방시설공사와 해당 사업의 공사를 함께 도급받은 경우를 말함 ① 주택건설사업　　　② 건설업 ③ 전기공사업　　　　④ 정보통신공사업
하도급계약 심사위원회 [대통령령]	① 하도급계약심사위원회(이하 "위원회"라 한다)는 위원장 1명과 부위원장 1명을 포함하여 10명 이내의 위원으로 구성 ② 위원장은 발주기관의 장이 되고, 부위원장과 위원은 다음 각 호의 어느 하나에 해당하는 사람 중에서 위원장이 임명하거나 성별을 고려하여 위촉 　1. 해당 발주기관의 과장급 이상 공무원 　2. 소방 분야 연구기관의 연구위원급 이상인 사람 　3. 소방 분야의 박사학위를 취득하고 그 분야에서 3년 이상 연구 또는 실무경험이 있는 사람 　4. 대학(소방 분야 한정)의 조교수 이상인 사람 　5. 소방기술사 자격을 취득한 사람 ③ 위원의 임기는 3년으로 하며, 한 차례만 연임

12 제23조 도급계약의 해지

도급계약의 해지	① 소방시설업이 등록취소 되거나 영업정지 된 경우 ② 소방시설업을 휴업하거나 폐업한 경우 ③ 정당한 사유 없이 30일 이상 소방시설공사를 계속하지 아니하는 경우 ④ 하도급 계약 변경요구에 따르지 아니하는 경우

13 제24조 공사업자의 감리 제한

공사업자의 감리 제한	① 공사업자와 감리업자가 같은 자인 경우 ② 기업집단의 관계인 경우 ③ 법인과 그 법인의 임직원의 관계인 경우 ④ 공사업자와 관리업자가 친족관계인 경우

14 제26조 시공능력 평가 및 공시

시공능력 평가 및 공시	소방청장은 관계인 또는 발주자가 적절한 공사업자를 선정할 수 있도록 하기 위하여 공사업자의 신청이 있으면 그 공사업자의 소방시설공사 실적, 자본금 등에 따라 시공능력을 평가하여 공시
시공능력 평가액 산정 방법 [행정안전부령]	시공능력평가액 = 실적평가액 + 자본금평가액 + 기술력평가액 + 경력평가액 ± 신인도평가액

CHAPTER 03 소방시설공사등

01 소방시설공사업법령에 따른 소방시설공사 중 특정소방대상물에 설치된 소방시설등을 구성 하는 것의 전부 또는 일부를 개설, 이전 또는 정비하는 공사의 착공신고 대상이 <u>아닌</u> 것은?

① 수신반
② 소화펌프
③ 동력(감시)제어반
④ 제연설비의 제연구역

> **정답** ④
> **해설** 특정소방대상물에 설치된 소방시설등을 구성하는 다음 각 목의 어느 하나에 해당하는 것의 전부 또는 일부를 개설, 이전 또는 정비하는 공사. 다만, 고장 또는 파손 등으로 인하여 작동시킬 수 없는 소방시설을 긴급히 교체하거나 보수하여야 하는 경우에는 신고하지 않을 수 있다.
> ① 수신반   ② 소화펌프   ③ 동력(감시)제어반

02 소방시설공사업법령상 특정소방대상물에 설치된 소방시설등을 구성하는 것의 전부 또는 일부를 개설, 이전 또는 정비하는 공사의 경우 소방시설공사의 착공신고 대상이 <u>아닌</u> 것은? (단, 고장 또는 파손 등으로 인하여 작동시킬 수 없는 소방시설을 긴급히 교체하거나 보수하여야 하는 경우는 제외한다.)

① 수신반
② 소화펌프
③ 동력(감시)제어반
④ 압력챔버

> **정답** ④
> **해설** 특정소방대상물에 설치된 소방시설등을 구성하는 다음 각 목의 어느 하나에 해당하는 것의 전부 또는 일부를 개설, 이전 또는 정비하는 공사. 다만, 고장 또는 파손 등으로 인하여 작동시킬 수 없는 소방시설을 긴급히 교체하거나 보수하여야 하는 경우에는 신고하지 않을 수 있다.
> ① 수신반   ② 소화펌프   ③ 동력(감시)제어반

03 소방시설공사업법령에 따른 완공검사를 위한 현장확인 대상 특정소방대상물의 범위기준으로 <u>틀린</u> 것은?

① 연면적 1만제곱미터 이상이거나 11층이상인 특정소방대상물(아파트는 제외)
② 가연성가스를 제조·저장 또는 취급하는 시설 중 지상에 노출된 가연성가스탱크의 저장용량 합계가 1천톤 이상인 시설
③ 호스릴 방식의 소화설비가 설치되는 특정소방대상물
④ 문화 및 집회시설, 종교시설, 판매시설, 노유자시설, 수련시설, 운동시설, 숙박시설, 창고시설, 지하상가

> **정답** ③
>
> **해설** • 완공검사를 위한 현장확인 대상 특정소방대상물의 범위 → 소방본부장, 소방서장
> ① 문화 및 집회시설, 종교시설, 판매시설, 노유자(老幼者)시설, 수련시설, 운동시설, 숙박시설, 창고시설, 지하상가 및 「다중이용업소의 안전관리에 관한 특별법」에 따른 다중이용업소
> ② 다음 각 목의 어느 하나에 해당하는 설비가 설치되는 특정소방대상물
> ㉠ 스프링클러설비등
> ㉡ 물분무등소화설비(호스릴 방식의 소화설비는 제외한다)
> ③ 연면적 1만제곱미터 이상이거나 11층 이상인 특정소방대상물(아파트는 제외한다)
> ④ 가연성가스를 제조·저장 또는 취급하는 시설 중 지상에 노출된 가연성가스탱크의 저장용량 합계가 1천톤 이상인 시설

04 소방시설공사업법령상 감리업자는 소방시설공사가 설계도서 또는 화재안전기준에 적합하지 아니한 때에는 가장 먼저 누구에게 알려야 하는가?

① 감리업체 대표자 ② 시공자
③ 관계인 ④ 소방서장

> **정답** ③
>
> **해설** 관계인에게 알리고 시공자에게 시정 및 보완을 요구한다.

05 소방시설공사업법령상 소방공사감리업을 등록한 자가 수행하여야 할 업무가 <u>아닌</u> 것은?

① 완공된 소방시설 등의 성능시험
② 소방시설 등 설계 변경 사항의 적합성 검토
③ 소방시설 등의 설치계획표의 적법성 검토
④ 소방용품 형식승인 및 제품검사의 기술기준에 대한 적합성 검토

> **정답** ④
>
> **해설** 소방용품에 관한 업무는 한국소방산업기술원에서 수행한다.

06 소방시설공사업법령상 공사감리자 지정대상 특정소방대상물의 범위가 <u>아닌</u> 것은?

① 물분무등소화설비(호스릴 방식의 소화설비는 제외)를 신설·개설하거나 방호·방수 구역을 증설할 때
② 재연설비를 신설·개설하거나 제연구역을 증설할 때
③ 연소방지설비를 신설·개설하거나 살수구역을 증설할 때
④ 캐비닛형 간이스프링클러설비를 신설·개설 하거나 방호·방수 구역을 증설할 때

> **정답** ④
> **해설** ● 공사감리자 지정대상 특정소방대상물
> 1. 옥내소화전설비를 신설·개설 또는 증설할 때
> 2. 스프링클러설비등(캐비닛형 간이스프링클러설비는 제외한다)을 신설·개설하거나 방호·방수 구역을 증설할 때
> 3. 물분무등소화설비(호스릴 방식의 소화설비는 제외한다)를 신설·개설하거나 방호·방수 구역을 증설할 때
> 4. 옥외소화전설비를 신설·개설 또는 증설할 때
> 5. 자동화재탐지설비를 신설 또는 개설할 때
> 5의2. 비상방송설비를 신설 또는 개설할 때
> 6. 통합감시시설을 신설 또는 개설할 때
> 7. 소화용수설비를 신설 또는 개설할 때
> 8. 다음 각 목에 따른 소화활동설비에 대하여 각 목에 따른 시공을 할 때
>   가. 제연설비를 신설·개설하거나 제연구역을 증설할 때
>   나. 연결송수관설비를 신설 또는 개설할 때
>   다. 연결살수설비를 신설·개설하거나 송수구역을 증설할 때
>   라. 비상콘센트설비를 신설·개설하거나 전용회로를 증설할 때
>   마. 무선통신보조설비를 신설 또는 개설할 때
>   바. 연소방지설비를 신설·개설하거나 살수구역을 증설할 때

07 소방시설공사업법령상 소방공사감리를 실시함에 있어 용도와 구조에서 특별히 안전성과 보안성이 요구되는 소방대상물로서 소방시설물에 대한 감리를 감리업자가 아닌 자가 감리할 수 있는 장소는?

① 정보기관의 청사
② 교도소 등 교정관련시설
③ 국방 관계시설 설치장소
④ 원자력안전법상 관계시설이 설치되는 장소

> **정답** ④
> **해설** 감리업자가 아닌 자가 감리할 수 있는 보안성 등이 요구되는 소방대상물의 시공 장소란 「원자력안전법」제2조제10호에 따른 관계시설이 설치되는 장소를 말한다.

08 다음 중 상주 공사감리를 하여야 할 대상의 기준으로 옳은 것은?

① 지하층을 포함한 층수가 16층 이상으로서 300세대 이상인 아파트에 대한 소방시설의 공사
② 지하층을 포함한 층수가 16층 이상으로서 500세대 이상인 아파트에 대한 소방시설의 공사
③ 지하층을 포함하지 않은 층수가 16층 이상으로서 300세대 이상인 아파트에 대한 소방시설의 공사
④ 지하층을 포함하지 않은 층수가 16층 이상으로서 500세대 이상인 아파트에 대한 소방시설의 공사

[정답] ②

[해설]

종류	대 상
상주 공사 감리	① 연면적 3만제곱미터 이상의 특정소방대상물(아파트는 제외한다)에 대한 소방시설의 공사 ② 지하층을 포함한 층수가 16층 이상으로서 500세대 이상인 아파트에 대한 소방시설의 공사
일반 공사 감리	• 상주 공사감리에 해당하지 않는 소방시설의 공사

09 자동화재탐지설비의 일반 공사감리기간으로 포함시켜 산정할 수 있는 항목은?
① 고정금속구를 설치하는 기간
② 전선관의 매립을 하는 공사기간
③ 공기유입구의 설치기간
④ 소화약제 저장용기 설치기간

[정답] ②

[해설] 소방시설용 배관(전선관 포함) 설치하거나 매립할 때부터 완공검사증명서를 발급받을 때까지 소방공사 감리현장에 감리원을 배치할 것

10 지하층을 포함한 층수가 16층 이상 40층 미만인 특정소방대상물의 소방시설 공사현장에 배치하여야 할 소방공사 책임감리원의 배치기준으로 옳은 것은?
① 행정안전부령으로 정하는 특급감리원 중 소방기술사
② 행정안전부령으로 정하는 특급감리원 이상의 소방공사 감리원(기계분야 및 전기분야)
③ 행정안전부령으로 정하는 고급감리원 이상의 소방공사 감리원(기계분야 및 전기분야)
④ 행정안전부령으로 정하는 중급감리원 이상의 소방공사 감리원(기계분야 및 전기분야)

[정답] ②

[해설] • 감리원의 배치기준

감리원의 배치기준		소방시설공사 현장의 기준
책임감리원	보조감리원	
특급감리원 중 소방기술사	초급감리원 이상의 소방공사 감리원(기계분야 및 전기분야)	가. 연면적 20만제곱미터 이상인 특정소방대상물의 공사 현장 나. 지하층을 포함한 층수가 40층 이상 공사 현장
특급감리원 이상의 소방공사 감리원(기계분야 및 전기분야)	초급감리원 이상의 소방공사 감리원(기계분야 및 전기분야)	가. 연면적 3만제곱미터 이상 20만제곱미터 미만인 특정소방대상물(아파트 제외)의 공사 현장 나. 지하층을 포함한 층수가 16층 이상 40층 미만인 공사 현장

고급감리원 이상의 소방공사 감리원 (기계분야 및 전기분야)	초급감리원 이상의 소방공사 감리원(기계분야 및 전기분야)	가. 물분무등소화설비(호스릴 방식의 소화설비는 제외한다) 또는 제연설비가 설치되는 특정소방대상물의 공사 현장 나. 연면적 3만제곱미터 이상 20만제곱미터 미만인 아파트의 공사 현장
중급감리원 이상의 소방공사 감리원 (기계분야 및 전기분야)		연면적 5천제곱미터 이상 3만제곱미터미만인 특정소방대상물의 공사 현장
초급감리원 이상의 소방공사 감리원 (기계분야 및 전기분야)		가. 연면적 5천제곱미터 미만인 특정소방대상물의 공사 현장 나. 지하구의 공사 현장

11 행정안전부령으로 정하는 고급감리원 이상의 소방공사감리원의 소방시설공사 배치 현장기준으로 옳은 것은?

① 연면적 5,000㎡ 이상 30,000㎡ 미만인 특정소방대상물의 공사 현장
② 연면적 30,000㎡ 이상 200,000㎡ 미만인 아파트의 공사 현장
③ 연면적 30,000㎡ 이상 200,000㎡ 미만인 특정소방대상물(아파트는 제외)의 공사 현장
④ 연면적 200,000㎡ 이상인 특정소방대상물의 공사 현장

정답 ②
해설 ● 감리원의 배치기준

감리원의 배치기준		소방시설공사 현장의 기준
책임감리원	보조감리원	
특급감리원 중 소방기술사	초급감리원 이상의 소방공사 감리원(기계분야 및 전기분야)	가. 연면적 20만제곱미터 이상인 특정소방대상물의 공사 현장 나. 지하층을 포함한 층수가 40층 이상 공사 현장
특급감리원 이상의 소방공사 감리원(기계분야 및 전기분야)	초급감리원 이상의 소방공사 감리원(기계분야 및 전기분야)	가. 연면적 3만제곱미터 이상 20만제곱미터 미만인 특정소방대상물(아파트 제외)의 공사 현장 나. 지하층을 포함한 층수가 16층 이상 40층 미만인 공사 현장
고급감리원 이상의 소방공사 감리원 (기계분야 및 전기분야)	초급감리원 이상의 소방공사 감리원(기계분야 및 전기분야)	가. 물분무등소화설비(호스릴 방식의 소화설비는 제외한다) 또는 제연설비가 설치되는 특정소방대상물의 공사 현장 나. 연면적 3만제곱미터 이상 20만제곱미터 미만인 아파트의 공사 현장
중급감리원 이상의 소방공사 감리원 (기계분야 및 전기분야)		연면적 5천제곱미터 이상 3만제곱미터미만인 특정소방대상물의 공사 현장
초급감리원 이상의 소방공사 감리원 (기계분야 및 전기분야)		가. 연면적 5천제곱미터 미만인 특정소방대상물의 공사 현장 나. 지하구의 공사 현장

12 소방시설공사업법령상 하자보수를 하여야하는 소방시설 중 하자보수 보증기간이 3년이 <u>아닌</u> 것은?
① 자동소화장치
② 비상방송설비
③ 스프링클러설비
④ 상수도소화용수설비

> **정답** ②
> **해설** ● 하자보수 대상과 보증기간
> ① 피난기구, 유도등, 유도표지, 비상경보설비, 비상조명등, 비상방송설비 및 무선통신보조설비 : 2년
> ② 자동소화장치, 옥내소화전설비, 스프링클러설비, 간이스프링클러설비, 물분무등소화설비, 옥외소화전설비, 자동화재탐지설비, 상수도소화용수설비 및 소화활동설비(무선통신보조설비는 제외한다) : 3년

13 소방시설공사업법령상 소방시설공사의하자보수 보증기간이 3년이 <u>아닌</u> 것은?
① 자동소화장치
② 무선통신보조설비
③ 자동화재탐지설비
④ 간이스프링클러설비

> **정답** ②
> **해설** ● 하자보수 대상과 보증기간
> ① 피난기구, 유도등, 유도표지, 비상경보설비, 비상조명등, 비상방송설비 및 무선통신보조설비 : 2년
> ② 자동소화장치, 옥내소화전설비, 스프링클러설비, 간이스프링클러설비, 물분무등소화설비, 옥외소화전설비, 자동화재탐지설비, 상수도소화용수설비 및 소화활동설비(무선통신보조설비는 제외한다) : 3년

14 소방시설공사업법령상 하자를 보수하여야 하는 소방시설과 소방시설별 하자보수 보증기간으로 옳은 것은?
① 유도등 : 1년
② 자동소화장치 : 3년
③ 자동화재탐지설비 : 2년
④ 상수도소화용수설비 : 2년

> **정답** ④
> **해설** ● 하자보수 대상과 보증기간
> (1) 피난기구, 유도등, 유도표지, 비상경보설비, 비상조명등, 비상방송설비 및 무선통신보조설비 : 2년
> (2) 자동소화장치, 옥내소화전설비, 스프링클러설비, 간이스프링클러설비, 물분무등소화설비, 옥외소화전설비, 자동화재탐지설비, 상수도소화용수설비 및 소화활동설비(무선통신보조설비는 제외한다) : 3년

15 소방시설공사업법상 특정소방대상물의 관계인 또는 발주자가 해당 도급계약의 수급인을 도급계약 해지할 수 있는 경우의 기준 중 틀린 것은?

① 하도급계약의 적정성 심사 결과 하수급인 또는 하도급계약 내용의 변경 요구에 정당한 사유 없이 따르지 아니하는 경우
② 정당한 사유 없이 15일 이상 소방시설공사를 계속하지 아니하는 경우
③ 소방시설업이 등록 취소되거나 영업 정지된 경우
④ 소방시설업을 휴업하거나 폐업한 경우

> **정답** ②
> **해설** ● 도급계약의 해지
> 특정소방대상물의 관계인 또는 발주자는 해당 도급계약의 수급인이 다음 각 호의 어느 하나에 해당하는 경우에는 도급계약을 해지할 수 있다.
> (1) 소방시설업이 등록취소 되거나 영업정지 된 경우
> (2) 소방시설업을 휴업하거나 폐업한 경우
> (3) 정당한 사유 없이 30일 이상 소방시설공사를 계속하지 아니하는 경우

CHAPTER 04 소방기술자

01 제27조 소방기술자의 의무

의무	① 자격수첩과 소방기술자 경력수첩 대여금지 ② 둘 이상의 업체에 취업 금지(업무에 영향 미치지 않고 근무시간 외에 다른 업종 종사하는 경우 제외)

02 제28조 소방기술 경력 등의 인정

인정 및 발급	① 소방청장은 소방기술과 관련된 자격·학력 및 경력을 가진 사람을 소방기술자로 인정 ② 소방청장은 자격·학력 및 경력을 인정받은 사람에게 소방기술 인정 자격수첩과 경력수첩을 발급 ③ 소방기술과 관련된 자격·학력 및 경력의 인정 범위와 제2항에 따른 자격수첩 및 경력수첩의 발급 절차 등에 관하여 필요한 사항은 행정안전부령으로 정함 (거짓 또는 부정한 방법으로 발급받거나 대여하면 자격을 취소함)

소방기술자 기술자격에 따른 기술등급 [행정안전부령]	등급	기계분야	전기분야
	특급	• 소방기술사 • 관리사 + 5년↑	
		기사 기계 + 8년↑ 산업기사 기계 + 11년↑	기사 전기 + 8년↑ 산업기사 전기 + 11년↑
	고급	• 관리사	
		기사 기계 + 5년↑ 산업기사 기계 + 8년↑	기사 전기 + 5년↑ 산업기사 전기 + 8년↑
	중급	기사 기계	기사 전기
		산업기사 기계 + 3년↑	산업기사 전기 + 3년↑
	초급	산업기사 기계	산업기사 전기

	등급	학력·경력자(관련학과)	경력자(관련학과 ×)
소방기술자 학력·경력 등에 따른 기술등급 [행정안전부령]	특급	• 박사 + 3년↑ • 석사 + 7년↑ • 학사 + 11년↑ • 전문학사 + 15년↑	
	고급	• 박사 + 1년↑ • 석사 + 4년↑ • 학사 + 7년↑ • 전문학사 + 10년↑ • 고등학교 소방학과 + 13년↑ • 고등학교 그 외 +15년↑	• 학사 + 12년↑ • 전문학사 + 15년↑ • 고졸 + 18년↑ • 경력 22년↑
	중급	• 박사 • 석사 + 2년↑ • 학사 + 5년↑ • 전문학사 + 8년↑ • 고등학교 소방학과 + 10년↑ • 고등학교 그 외 + 12년↑	• 학사 + 9년↑ • 전문학사 + 12년↑ • 고졸 + 15년↑ • 경력 18년↑
	초급	• 석사 or 학사 • 전문학사 + 2년↑ • 고등학교 소방 학과 + 3년↑ • 고등학교 그 외 + 5년↑	• 학사 + 3년↑ • 전문학사 + 5년↑ • 고졸 + 7년↑ • 경력 9년↑

	구분	기계분야	전기분야
소방공사감리원 기술등급 자격 [행정안전부령]	특급	• 소방기술사	
		• 기사 기계 + 8년↑ • 산업기사 기계 + 12년↑	• 기사 전기 + 8년↑ • 산업기사 전기 + 12년↑
	고급	• 기사 기계 + 5년↑ • 산업기사 기계 + 8년↑	• 기사 전기 + 5년↑ • 산업기사 전기 + 8년↑
	중급	• 기사 기계 + 3년↑ • 산업기사 기계 + 6년↑ • 기계 초급 감리 + 5년↑	• 기사 전기 + 3년↑ • 산업기사 전기 + 6년↑ • 전기 초급 감리 + 5년↑
	초급	관련 학과 학사 + 1년↑, 전문학사 + 3년↑ 고등학교 소방학과 + 4년↑, 소방공무원 + 3년↑, 경력 5년↑	
		기사 기계 + 1년↑ 산업기사 기계 + 2년↑	기사 전기 + 1년↑ 산업기사 전기 + 2년↑

구분		기술자격	
점검자 기술등급 (보조인력기준) [행정안전부령]	특급	• 관리사, 기술사 • 기사 + 8년↑ • 산업기사 + 10년↑ 관리업체 점검업무	
	고급	• 기사 + 5년↑ • 산업기사 + 8년↑ • 건축, 공조냉동기계, 일반기계, 위험물기능장 + 15년↑	
	중급	• 기사 • 산업기사 + 3년↑ • 건축, 공조냉동기계, 일반기계, 위험물기능장 등 + 10년↑	
	초급	• 산업기사 • 가스기능장, 전기기능장, 위험물 기능장 • 건축, 전기, 전기공사, 산업안전 등 자격증 취득자	
	등급	학력·경력자(관련학과)	경력자(관련학과x)
	고급	• 학사 + 9년↑ • 전문학사 + 12년↑	• 학사 + 12년↑ • 전문학사 + 15년↑ • 22년 소방관련 업무
	중급	• 학사 + 6년↑ • 전문학사 + 9년↑ • 고등학교 졸업 + 12년↑	• 학사 + 9년↑ • 전문학사 + 12년↑ • 고등학교 졸업 + 15년↑ • 18년 소방관련 업무
	초급	고등학교 소방학과 졸업자	• 4년 대학 + 1년↑ • 전문 또는 그이상 + 3년↑ • 5년↑ 소방관련 업무 • 3년↑ 소방공무원

03 제28조 소방기술자 양성 및 교육

인정 및 발급	① 소방청장은 소방기술자를 육성하고 소방기술자의 전문기술능력 향상을 위하여 소방기술자와 소방기술과 관련된 자격·학력 및 경력을 인정받으려는 사람의 양성·인정 교육훈련을 실시 ② 소방청장은 전문적이고 체계적인 소방기술자 양성·인정 교육훈련을 위하여 소방기술자 양성·인정 교육훈련기관을 지정
소방기술자 양성·인정 교육훈련의 실시 등 (행정안전부령)	• 훈련기관 지정요건 ① 전국 4개 이상의 시·도에 이론교육과 실습교육이 가능한 교육·훈련장을 갖출 것 ② 소방기술자 양성·인정 교육훈련을 실시할 수 있는 전담인력을 6명 이상 갖출 것 ③ 교육과목별 교재 및 강사 매뉴얼을 갖출 것 ④ 교육훈련의 신청·수료, 성과측정, 경력관리 등에 필요한 교육훈련 관리시스템을 구축·운영할 것

04 제29조 소방기술자의 실무교육

소방시설관리업 기술인력	소방시설관리업의 기술인력으로 등록된 소방기술자는 행정안전부령으로 정하는 바에 따라 실무교육
등록 제외	소방기술자가 정하여진 교육을 받지 아니하면 그 교육을 이수할 때까지 그 소방기술자는 소방시설업 또는 소방시설관리업의 기술 인력으로 등록된 사람으로 보지 아니함
소방기술자의 실무교육 [행정안전부령]	실무교육을 2년마다 1회 이상(교육 10일전까지 통보)

CHAPTER 04 소방기술자

01 다음 중 고급기술자에 해당하는 학력·경력 기준으로 옳은 것은?
① 박사학위를 취득한 자
② 석사학위를 취득한 후 4년 이상 소방 관련 업무를 수행한 사람
③ 학사학위를 취득한 후 6년 이상 소방 관련 업무를 수행한 사람
④ 고등학교 소방학과를 졸업 후 10년 이상 소방 관련 업무를 수행한 사람

> **정답** ②
> **해설** (보기①) 박사학위를 취득한 자 → 1년 이상 소방관련 업무수행이 필요하다.
> (보기③) 학사학위를 취득한 후 6년 이상 소방 관련 업무를 수행한 사람 → 7년 이상 필요하다.
> (보기④) 고등학교 소방학과를 졸업 후 10년 이상 소방 관련 업무를 수행한 사람 → 13년 이상 필요하다.
>
> ● 중급기술자 및 고급기술자
>
> | | 고급 기술자 | 중급 기술자 |
> |---|---|---|
> | 박사 | 1년 | – |
> | 석사 | 4년 | 2년 |
> | 학사 | 7년 | 5년 |
> | 전문학사 | 10년 | 8년 |
> | 고등학교 소방학과 | 13년 | 10년 |

CHAPTER 05 소방시설업자협회

01 제30조의2 소방시설업자협회의 설립 ~ 30조의3 협회의 업무

소방시설업자협회	소방시설업 자는 소방시설업자의 권익보호와 소방기술의 개발 등 소방시설업의 건전한 발전을 위하여 소방시설업자협회(이하 "협회"라 한다)를 법인으로 설립
인가자	소방청장
협회 업무	① 소방시설업의 기술발전과 소방기술의 진흥을 위한 조사·연구·분석 및 평가 ② 소방산업의 발전 및 소방기술의 향상을 위한 지원 ③ 소방시설업의 기술발전과 관련된 국제교류·활동 및 행사의 유치 ④ 이 법에 따른 위탁 업무의 수행

CHAPTER 06 보칙

01 제31조 감독

시·도지사, 소방본부장 또는 소방서장은 소방시설업의 감독을 위하여 필요할 때에는 소방시설업자나 관계인에게 필요한 보고나 자료 제출을 명할 수 있고, 관계 공무원으로 하여금 소방시설업체나 특정 소방대상물에 출입하여 관계 서류와 시설 등을 검사하거나 소방시설업자 및 관계인에게 질문하게 할 수 있다.

02 제32조 청문

청문	① 소방시설업 등록취소 ② 소방시설업 영업정지 ③ 소방 기술 인정 자격취소 처분

03 제33조 권한의 위임·위탁 등

소방청장	• 실무교육기관 또는 한국소방안전원 위탁 업무 : 실무교육
소방청장 또는 시·도지사	• 협회에 위탁 업무 ① 소방시설업 등록신청의 접수 및 신청내용의 확인 ② 소방시설업 등록사항 변경신고의 접수 및 신고내용의 확인 ③ 소방시설업 휴업·폐업 등 신고의 접수 및 신고내용의 확인 ④ 소방시설업자의 지위승계 신고의 접수 및 신고내용의 확인 ⑤ 방염처리능력 평가 및 공시 ⑥ 시공능력 평가 및 공시 ⑦ 소방시설업 종합정보시스템의 구축·운영
소방청장	• 협회, 소방기술과 관련된 법인 또는 단체 위탁 업무 ① 소방기술과 관련된 자격·학력 및 경력의 인정 업무 ② 소방기술자 양성·인정 교육훈련 업무

PART 05 위험물 안전관리법

CHAPTER 01 총칙
CHAPTER 02 위험물시설의 설치 및 변경
CHAPTER 03 위험물시설의 안전관리
CHAPTER 04 위험물의 운반 등
CHAPTER 05 감독 및 조치명령
CHAPTER 06 보칙
CHAPTER 07 위험물안전관리법 벌칙

CHAPTER 01 총칙

01 제1조 목적

이 법은 위험물의 저장·취급 및 운반과 이에 따른 안전관리에 관한 사항을 규정함으로써 위험물로 인한 위해를 방지하여 공공의 안전을 확보함을 목적으로 한다.

02 제2조 정의

(1) 위험물 : 인화성 또는 발화성 등의 성질을 가지는 것으로서 대통령령이 정하는 물품
(2) 지정수량 : 위험물의 종류별로 위험성을 고려하여 대통령령이 정하는 수량으로서 제조소등의 설치허가 등에 있어서 최저의 기준이 되는 수량
(3) 제조소 : 위험물을 제조할 목적으로 지정수량 이상의 위험물을 취급하기 위하여 대통령령이 정하는 장소로서 허가를 받은 장소
(4) 저장소 : 지정수량 이상의 위험물을 저장하기 위한 대통령령이 정하는 장소로서 허가를 받은 장소
(5) 취급소 : 지정수량 이상의 위험물을 제조 외의 목적으로 취급하기 위한 대통령령이 정하는 장소로서 허가를 받은 장소
(6) 제조소등 : 제조소·저장소 및 취급소

[시행령 별표1] 위험물 및 지정수량(시행령 제2조 및 3조 관련)

	품 명	지정수량	등급
제1류 위험물 (산화성 고체)	아염소산염류, 염소산염류, 과염소산염류 무기과산화물	50 kg	I
	브로민산염류, 질산염류, 아이오딘산염류	300 kg	II
	과망가니즈산염류, 다이크로뮴산염류	1,000 kg	III
	* 그밖에 행안부령으로 정하는 것 차아염소산염류, 아질산염류, 과아이오딘산, 과아이오딘산염류 등		
	품 명	지정수량	등급
제2류 위험물 (가연성 고체)	황화인, 적린, 유황	100 kg	II
	철분, 마그네슘분, 금속분	500 kg	III
	인화성고체	1,000 kg	III

제3류 위험물 (자연발화성 및 금수성 물질)	품 명	지정수량	등급
	칼륨, 나트륨, 알킬알루미늄, 알킬리튬	10 kg	Ⅰ
	황린	20 kg	
	알칼리 금속(리튬, 루비듐 등) 알칼리 토금속(베릴륨, 마그네슘 등) 유기금속화합물	50 kg	Ⅱ
	금속의 수소화물, 금속의 인화물 칼슘 또는 알루미늄의 탄화물	300 kg	Ⅲ

제4류 위험물 (인화성 액체)	품 명		지정수량	위험등급
	특수인화물 (이황화탄소, 디에틸에테르)		50 L	Ⅰ
	제1석유류 (아세톤, 휘발유)	비수용성	200 L	Ⅱ
		수용성	400 L	
	알코올류(메틸, 에틸, 프로필, 변성알코올)		400 L	
	제2석유류 (등유, 경유)	비수용성	1,000 L	Ⅲ
		수용성	2,000 L	
	제3석유류 (중유, 클레오소트유)	비수용성	2,000 L	
		수용성	4,000 L	
	제4석유류 (기어유, 실린더유)		6,000 L	
	동식물유류		10,000 L	

※ 특수인화물 : 1기압에서 발화점이 100℃ 이하인 것,
　인화점이 영하20℃ 이하이고 비점이 섭씨 40℃ 이하인 것
※ 제1석유류 : 1기압에서 인화점이 21℃ 미만인 것
※ 제2석유류 : 1기압에서 인화점이 21℃ 이상 70℃ 미만인 것
※ 제3석유류 : 1기압에서 인화점이 70℃ 이상 200℃ 미만인 것
※ 제4석유류 : 1기압에서 인화점이 200℃ 이상 250℃ 미만인 것
※ 고인화점 위험물 : 인화점이 100℃ 이상인 제 4류 위험물

제5류 위험물 (자기반응성 물질)	품 명	지정수량	위험등급
	유기과산화물, 질산에스터류	10 kg	Ⅰ
	하이드록실아민, 하이드록실아민염류 나이트로소화합물, 아조화합물, 나이트트로화합물, 다이아조화합물 하이드라진유도체	100 kg	Ⅱ

제6류 위험물 (산화성 액체)	품 명	지정수량	위험등급
	과염소산, 과산화수소, 질산	300 kg	Ⅰ

• 비고
① "산화성고체"라 함은 고체로서 산화력의 잠재적인 위험성 또는 충격에 대한 민감성을 판단하기 위하여 소방청장이 정하여 고시하는 시험에서 고시로 정하는 성질과 상태를 나타내는 것
② "가연성고체"라 함은 고체로서 화염에 의한 발화의 위험성 또는 인화의 위험성을 판단하기 위하여 고시로 정하는 시험에서 고시로 정하는 성질과 상태를 나타내는 것

③ 황은 순도가 60중량퍼센트 이상인 것
④ "철분"이라 함은 철의 분말로서 53마이크로미터의 표준체를 통과하는 것이 50중량퍼센트 미만인 것은 제외
⑤ "금속분"이라 함은 알칼리금속·알칼리토류금속·철 및 마그네슘외의 금속의 분말을 말하고, 구리분·니켈분 및 150마이크로미터의 체를 통과하는 것이 50중량퍼센트 미만인 것은 제외
⑥ 마그네슘 및 마그네슘을 함유한 것에 있어서는 다음 각목의 1에 해당하는 것은 제외
   가. 2밀리미터의 체를 통과하지 아니하는 덩어리 상태의 것
   나. 지름 2밀리미터 이상의 막대 모양의 것
⑦ "인화성고체"라 함은 고형알코올 그 밖에 1기압에서 인화점이 섭씨 40도 미만인 고체
⑧ "자연발화성물질 및 금수성물질"이라 함은 고체 또는 액체로서 공기 중에서 발화의 위험성이 있거나 물과 접촉하여 발화하거나 가연성가스를 발생하는 위험성이 있는 것
⑨ "인화성액체"라 함은 액체(제3석유류, 제4석유류 및 동식물유류의 경우 1기압과 섭씨 20도에서 액체인 것만 해당한다)로서 인화의 위험성이 있는 것을 말한다
⑩ "자기반응성물질"이라 함은 고체 또는 액체로서 폭발의 위험성 또는 가열분해의 격렬함을 판단하기 위하여 고시로 정하는 시험 에서 고시로 정하는 성질과 상태를 나타내는 것
⑪ 과산화수소는 그 농도가 36중량퍼센트 이상인 것
⑫ 질산은 그 비중이 1.49 이상인 것

[시행령 별표2] 지정수량 이상의 위험물을 저장하기 위한 장소와 그에 따른 저장소의 구분

지정수량 이상의 위험물을 저장하기 위한 장소	저장소의 구분
옥내(지붕과 기둥 또는 벽 둘러싸인 장소)에 저장하는 장소(옥내탱크저장소 장소 제외)	옥내저장소
옥외에 있는 탱크(지하, 간이, 암반 제외)에 위험물 저장	옥외탱크저장소
옥내에 있는 탱크(지하, 간이, 암반 제외)에 위험물 저장	옥내탱크저장소
지하에 매설한 탱크에 위험물 저장	지하탱크저장소
간이탱크에 위험물 저장	간이탱크저장소
차량에 고정된 탱크에 위험물 저장	이동탱크저장소
• 옥외에 다음 각 목의 위험물을 저장(옥외탱크저장소 제외) ① 2류 위험물 중 유황 또는 인화성 고체(인화점 0도 이상) ② 4류 위험물 중 1석유류(인화점 0도 이상)·알코올류· 2석유류·3석유류·4석유류 및 동 식·물유류 ③ 6류 위험물 ④ 2류 위험물 및 4류 위험물 중 시·도 조례에서 정하는 위험물 ⑤ 국제해사기구 협약에 의하여 설치된 국제해사기구가 체택한 국제해상위험물규칙(IMDG Code)에 적합한 용기에 수납된 위험물	옥외저장소
암반내의 공간을 이용한 탱크에 액체 위험물 저장하는 장소	암반탱크저장소

[시행령 별표3] 위험물을 제조 외의 목적으로 취급하기 위한 장소와 그에 따른 취급소의 구분

위험물을 제조외의 목적으로 취급하기 위한 장소	저장소의 구분
고정된 주유설비(항공기에 주유하는 경우에는 차량에 설치된 주유설비를 포함)에 의하여 자동차·항공기 또는 선박 등의 연료탱크에 직접 주유하기 위하여 위험물(가짜석유제품에 해당 물품 제외)을 취급하는 장소(위험물을 용기에 옮겨 담거나 차량에 고정된 5천리터 이하의 탱크에 주입하기 위하여 고정된 급유설비 병설 장소 포함)	주유취급소
점포에서 위험물을 용기에 담아 판매하기 위하여 지정수량의 40배 이하의 위험물을 취급하는 장소	판매취급소
배관 및 이에 부속된 설비에 의하여 위험물을 이송하는 장소. • 다만, 다음 각목의 장소는 제외 ① 송유관에 의해 위험물을 이송하는 경우 ② 제조소등에 관계된 시설(배관 제외) 및 그 부지가 같은 사업소 안에 있고 당해 사업소 안에서만 위험물을 이송하는 경우 ③ 사업소와 사업소의 사이에 도로(폭 2미터 이상의 일반교통에 이용되는 도로로서 자동차의 통행이 가능한 것)만 있고 사업소와 사업소 사이의 이송배관이 그 도로를 횡단하는 경우 ④ 사업소와 사업소 사이의 이송배관이 제3자(업소와 관련이 있거나 유사한 사업을 하는 자에 한함)의 토지만을 통과하는 경우로서 당해 배관의 길이가 100미터 이하인 경우 ⑤ 해상구조물에 설치된 배관(이송되는 위험물이 별표1의 제4류 위험물 중 제1석유 류인 경우에는 배관의 안지름이 30센티미터 미만인 것에 한한다)으로서 해당 해상구조물에 설치된 배관이 길이가 30미터 이하인 경우 ⑥ 사업소와 사업소 사이의 이송배관이 ③목 내지 ⑤목의 규정에 의한 경우 중 2 이상 에 해당하는 경우 ⑦ 자가발전시설에 사용되는 위험물을 이송하는 경우	이송취급소
위의 취급소에 해당하지 않는 장소	일반취급소

03 제3조 적용제외

이 법은 항공기·선박·철도 및 궤도에 의한 위험물의 저장·취급 및 운반에 있어서는 이를 적용하지 아니한다.

04 제3조의2 국가의 책무

국가는 위험물에 의한 사고를 예방하기 위하여 다음 각 호의 사항을 포함하는 시책을 수립·시행하여야 한다.
1. 위험물의 유통실태 분석
2. 위험물에 의한 사고 유형의 분석

3. 사고 예방을 위한 안전기술 개발
4. 전문인력 양성
5. 그 밖에 사고 예방을 위하여 필요한 사항

05 제4조 지정수량 미만인 위험물의 저장·취급

지정수량 미만인 위험물의 저장 또는 취급에 관한 기술상의 기준은 특별시·광역시·특별자치시·도 및 특별자치도(이하 "시·도"라 한다)의 조례로 정한다.

06 제5조 위험물의 저장 및 취급의 제한

지정수량 이상의 위험물	위험물 제조소등에서 저장 및 취급 (제조소등이 아닌 장소에서는 저장 및 취급 금지)
지정수량 이상의 위험물 임시 저장 취급	① 시·도의 조례가 정하는 바에 따라 관할소방서장의 승인을 받아 지정수량 이상의 위험물을 90일 이내의 기간 동안 임시로 저장 또는 취급하는 경우 ② 군부대가 지정수량 이상의 위험물을 군사목적으로 임시로 저장 또는 취급하는 경우 ③ 둘 이상의 위험물을 같은 장소에서 저장 또는 취급하는 경우에 있어서 당해 장소에서 저장 또는 취급하는 각 위험물의 수량을 그 위험물의 지정수량으로 각각 나누어 얻은 수의 합계가 1 이상인 경우 당해 위험물은 지정수량 이상의 위험물로 본다.

CHAPTER 01 총칙

01 산화성고체인 제1류 위험물에 해당되는 것은?
① 질산염류
② 특수인화물
③ 과염소산
④ 유기과산화물

> **정답** ①
> **해설** (보기②) 특수인화물(4류) (보기③) 과염소산(6류) (보기④) 유기과산화물(5류)
> • 제1류 위험물(산화성 고체)
>
> | 품 명 | 지정수량 | 등급 |
> |---|---|---|
> | 아염소산염류, 염소산염류, 과염소산염류 무기과산화물 | 50 kg | I |
> | 브로민산염류, 질산염류, 아이오딘산염류 | 300 kg | II |
> | 과망가니즈산염류, 다이크로뮴산염류 | 1,000 kg | III |

02 위험물안전관리법령상 위험물의 유별 저장·취급의 공통기준 중 다음 ( ) 안에 알맞은 것은?

> ( ) 위험물은 산화제와의 접촉·혼합이나 불티·불꽃·고온체와의 접근 또는 과열을 피하는 한편, 철분·금속분·마그네슘 및 이를 함유한 것에 있어서는 물이나 산과의 접촉을 피하고 인화성 고체에 있어서는 함부로 증기를 발생시키지 아니하여야 한다.

① 제1류
② 제2류
③ 제3류
④ 제4류

> **정답** ②
> **해설** 2류 위험물(가연성 고체)에 대한 설명이다.

03 위험물안전관리법령상 위험물 및 지정수량에 대한 기준 중 다음 ( ) 안에 알맞은 것은?

> 금속분이라 함은 알칼리금속, 알칼리토류금속·철 및 마그네슘외의 금속의 분말을 말하고, 구리분·니켈분 및 (㉠)마이크로미터의 체를 통과하는 것이 (㉡)중량퍼센트 미만인 것은 제외한다.

① ㉠ 150, ㉡ 50
② ㉠ 53, ㉡ 50
③ ㉠ 50, ㉡ 150
④ ㉠ 50, ㉡ 53

정답 ①
해설 금속분이라 함은 알칼리금속, 알칼리토류금속·철 및 마그네슘외의 금속의 분말을 말하고, 구리분·니켈분 및 (㉠:150)마이크로미터의 체를 통과하는 것이 (㉡:50)중량퍼센트 미만인 것은 제외한다.

04 제3류 위험물 중 금수성 물품에 적응성이 있는 소화약제는?
① 물
② 강화액
③ 팽창질석
④ 인산염류분말

정답 ③
해설 3류 위험물은 팽창질석, 팽창진주암, 마른모래로 소화가 가능하다.(참고 : 황린은 주수 가능)

05 위험물안전관리법령에서 정하는 제3류 위험물에 해당하는 것은?
① 나트륨
② 염소산염류
③ 무기과산화물
④ 유기과산화물

정답 ①
해설 (보기①) 나트륨 : 3류   (보기②) 염소산염류 : 1류
(보기③) 무기과산화물 : 1류   (보기④) 유기과산화물 : 5류

06 위험물안전관리법령상 제4류 위험물 중 경유의 지정수량은 몇 리터인가?
① 500
② 1000
③ 1500
④ 2000

정답 ②
해설 • 제4류 위험물(인화성 액체)

품 명		지정수량
특수인화물 (이황화탄소, 디에틸에테르)		50 L
제1석유류 (아세톤, 휘발유)	비수용성	200 L
	수용성	400 L
알코올류		400 L
제2석유류 (등유, 경유)	비수용성	1,000 L
	수용성	2,000 L
제3석유류 (중유, 클레오소트유)	비수용성	2,000 L
	수용성	4,000 L
제4석유류 (기어유, 실린더유)		6,000 L
동식물유류		10,000 L

07 위험물안전관리법령상 위험물 중 제1석유류에 속하는 것은?
① 경유 ② 등유
③ 중유 ④ 아세톤

> **정답** ④
> **해설** (보기①) 경유 : 2석유류 (보기②) 등유 : 2석유류
> (보기③) 중유 : 3석유류 (보기④) 아세톤 : 1석유류

08 위험물안전관리법령상 제4류 위험물별 지정수량 기준의 연결이 틀린 것은?
① 특수인화물 – 50리터 ② 알코올류 – 400리터
③ 동식물유류 – 1000리터 ④ 제4석유류 – 6000리터

> **정답** ③
> **해설** 동식물유의 지정수량은 10,000L 이다.

09 위험물안전관리법령상 위험물별 성질로서 틀린 것은?
① 제1류 : 산화성 고체 ② 제2류 : 가연성 고체
③ 제4류 : 인화성 액체 ④ 제6류 : 인화성 고체

> **정답** ④
> **해설** 6류 위험물은 산화성 액체에 해당한다.

10 제6류 위험물에 속하지 않는 것은?
① 질산 ② 과산화수소
③ 과염소산 ④ 과염소산염류

> **정답** ④
> **해설** 과염소산 염류는 1류 위험물에 해당한다.
> • 제6류 위험물(산화성 액체)
>
> | 품 명 | 지정수량 |
> | --- | --- |
> | 과염소산, 과산화수소, 질산 | 300 kg |

11 위험물안전관리법령상 제조소등이 아닌 장소에서 지정수량 이상의 위험물을 취급할 수 있는 경우에 대한 기준으로 맞는 것은? (단, 시·도의 조례가 정하는 바에 따른다.)
① 관할 소방서장의 승인을 받아 지정수량 이상의 위험물을 60일 이내의 기간 동안 임시로 저장 또는 취급하는 경우
② 관할 소방대장의 승인을 받아 지정수량 이상의 위험물을 60일 이내의 기간 동안 임시로 저장 또는 취급하는 경우
③ 관할 소방서장의 승인을 받아 지정수량 이상의 위험물을 90일 이내의 기간 동안 임시로 저장 또는 취급하는 경우
④ 관할 소방대장의 승인을 받아 지정수량 이상의 위험물을 90일 이내의 기간 동안 임시로 저장 또는 취급하는 경우

정답 ③
해설 관할 소방서장의 승인을 받아 지정수량 이상의 위험물을 90일 이내의 기간 동안 임시로 저장 또는 취급하는 경우 제조소등이 아닌 장소에서 지정수량 이상의 위험물을 취급할 수 있다.

12 위험물안전관리법령상 위험물취급소의 구분에 해당하지 않는 것은?
① 이송취급소　　　　　② 관리취급소
③ 판매취급소　　　　　④ 일반취급소

정답 ②
해설 위험물취급소에는 이송취급소, 판매취급소, 일반취급소, 주유취급소가 있다.

13 위험물안전관리법령상 제조소등이 아닌 장소에서 지정수량 이상의 위험물을 취급할 수 있는 기준 중 다음 (　)안에 알맞은 것은?

> 시·도의 조례가 정하는 바에 따라 관할 소방서장의 승인을 받아 지정수량 이상의 위험물을 (　)일 이내의 기간 동안 임시로 저장 또는 취급하는 경우

① 15　　　　　　　　　② 30
③ 60　　　　　　　　　④ 90

정답 ④
해설 시·도의 조례가 정하는 바에 따라 관할 소방서장의 승인을 받아 지정수량 이상의 위험물을 (90)일 이내의 기간 동안 임시로 저장 또는 취급하는 경우 제조소등이 아닌 장소에서 지정수량 이상의 위험물을 취급할 수 있다.

14 위험물안전관리법령상 제조소등이 아닌 장소에서 지정수량 이상의 위험물 취급에 대한 설명으로 틀린 것은?

① 임시로 저장 또는 취급하는 장소에서의 저장 또는 취급의 기준은 시·도의 조례로 정한다.
② 필요한 승인을 받아 지정수량 이상의 위험물을 120일 이내의 기간 동안 임시로 저장 또는 취급하는 경우 제조소 등이 아닌 장소에서 지정수량 이상의 위험물을 취급할 수 있다.
③ 제조소등이 아닌 장소에서 지정수량 이상의 위험물을 취급할 경우 관할소방서장의 승인을 받아야 한다.
④ 군부대가 지정수량 이상의 위험물을 군사목적으로 임시로 저장 또는 취급하는 경우 제조소 등이 아닌 장소에서 지정수량 이상의 위험물을 취급할 수 있다.

> **정답** ②
> **해설** (보기②) 필요한 승인을 받아 지정수량 이상의 위험물을 120일 이내의 기간 동안 임시로 저장 또는 취급하는 경우 제조소 등이 아닌 장소에서 지정수량 이상의 위험물을 취급할 수 있다.
> → 90일 이내의 기간동안 취급 가능하다.

15 위험물안전관리법상 지정수량 미만인 위험물의 저장 또는 취급에 관한 기술상의 기준은 무엇으로 정하는가?

① 대통령령　　　　　　　② 총리령
③ 시·도의 조례　　　　　④ 행정안전부령

> **정답** ③
> **해설** • 지정수량 미만인 위험물의 저장 및 취급
> 지정수량 미만인 위험물의 저장 또는 취급에 관한 기술상의 기준은 특별시·광역시·특별자치시·도 및 특별자치도(이하 "시·도"라 한다)의 조례로 정한다.

16 경유의 저장량이 2000리터, 중유의 저장량이 4000리터, 등유의 저장량이 2000리터인 저장소에 있어서 지정수량의 배수는?

① 동일　　　　　　　　　② 6배
③ 3배　　　　　　　　　④ 2배

> **정답** ②
> **해설** $\frac{2000}{1000(경유)} + \frac{4000}{2000(중유)} + \frac{2000}{1000(등유)} = 6배$

02 위험물시설의 설치 및 변경

01 제6조 위험물시설의 설치 및 변경 등

제조소등 설치 및 허가	시·도지사
제조소등 위치·구조 또는 설비의 변경 허가	시·도지사
변경허가 없이 품명·수량·지정수량 배수 변경하고자 하는 자	행정안전부령으로 정하는 바에 따라 1일 전까지 시도지사에게 신고
허가 및 신고의 제외	① 주택의 난방시설(공동주택 중앙난방시설 제외)을 위한 저장소 또는 취급소 ② 농예용·축산용 또는 수산용으로 필요한 난방시설 또는 건조시설을 위한 지정수량 20배 이하의 저장소

02 제7조 군용위험물시설의 설치 및 변경에 대한 특례

군사목적 또는 군부대시설을 위한 제조소등을 설치하거나 그 위치·구조 또는 설비를 변경하고자 하는 군부대의 장은 대통령령이 정하는 바에 따라 미리 제조소등의 소재지를 관할하는 시·도지사와 협의(협의한 경우에는 허가를 받은 것으로 봄)

03 제8조 탱크안전성능검사

탱크안전 성능검사	위험물을 저장 또는 취급하는 탱크로서 대통령령이 정하는 위험물탱크가 있는 제조소등의 설치 또는 그 위치·구조 또는 설비의 변경에 관하여 허가를 받은 자가 위험물탱크의 설치 또는 그 위치·구조 또는 설비의 변경공사를 하는 때에는 완공검사를 받기 전에 기술기준에 적합한지의 여부를 확인 하기 위하여 시·도지사가 실시하는 탱크안전성능검사를 받아야 한다. (탱크안전성능시험자 또는 기술원으로부터 탱크안전 성능시험을 받은 경우에는 대통령령이 정하는 바에 따라 당해 탱크안전성능검사의 전부 또는 일부를 면제)

구분		대상	검사시기
대상 [대통령령]	기초지반 검사	옥외탱크저장소 액체 위험 물탱크 중 용량 100만 리터 이상 탱크	위험물탱크 기초 및 지반에 관한 공사개시전
	충수 수압 검사	액체 위험물을 저장 또는 취 급 [제외 : 제조,취급 설치 탱크지정수량 미만인 것]	① 탱크에 배관이나 그밖의 부속설비를 부속 하기 전에 실시 ② 면제 가능 시험 (탱크시험자나 기술원으로 부터 받은 서류를 시・도지사에게 제출)
	용접부 검사	옥외탱크저장소 액체 위험 물탱크 중 용량 100만 리터 이상 탱크	탱크본체에 관한 공사 개시전
	암반 탱크 검사	암반내의 공간 이용한 탱크	암반탱크의 본체에 관한 공사의 개시전

04 제9조 완공검사

완공검사		허가를 받은 자가 제조소등의 설치를 마쳤거나 그 위치・구조 또는 설비의 변경을 마친 때에는 당해 제조소등마다 시・도지사가 행하는 완공검사를 받아 규정에 따른 기술기준에 적합하다고 인정받은 후가 아니면 이를 사용하면 안됨
완공검사 신청시기 [행정안전부령]	지하탱크가 있는 제조소등	• 지하탱크를 매설하기 전
	이동탱크저장소	• 이동저장탱크를 완공하고 상치장소를 확보한 후
	이송취급소	• 이송배관 공사의 전체 또는 일부를 완료한 후(다만, 지하・하천 등에 매설하는 이송배관의 공사의 경우에 는 이송배관을 매설하기 전)
	전체 공사가 완료된 후에는 완공검사를 실시하기 곤란한 경우	• 위험물설비 또는 배관의 설치가 완료되어 기밀시험 또는 내압시험을 실시하는 시기 • 배관을 지하에 설치하는 경우에는 시・도지사, 소방 서장 또는 기술원이 지정하는 부분을 매몰하기 직전 • 기술원이 지정하는 부분의 비파괴시험을 실시하는 시기
	위에 해당하지 않는 경우	제조소등의 공사를 완료한 후

05 제10조 제조소등 설치자의 지위승계

제조소등의 설치자가 사망하거나 그 제조소등을 양도・인도한 때 또는 법인인 제조소등의 설치자의 합병이 있는 때에는 그 상속인, 제조소등을 양수・인수한 자 또는 합병후 존속하는 법인이나 합병에 의하여 설립되는 법인은 그 설치자의 지위를 승계(30일 이내에 시・도지사에게 신고)

06 제11조 제조소등의 폐지

제조소등의 관계인은 당해 제조소등의 용도를 폐지(기능 완전히 상실시키는 것)한 때에는 행정안전부령이 정하는 바에 따라 제조소등의 용도를 폐지한 날부터 14일 이내에 시·도지사에게 신고

07 제11조 2 제조소등의 사용 중지 등

사용 중지시 안전조치	관계인은 제조소등의 사용을 중지(경영상 형편, 대규모 공사 등의 사유로 3개월 이상 위험물을 저장하지 아니하거나 취급하지 아니하는 것)하려는 경우에는 위험물의 제거 및 제조소등에의 출입통제 등 행정안전부령으로 정하는 안전조치(위험물 안전관리자 근무시 제외)
제조소등의 사용 중지 또는 재개 신고	시·도지사에게 14일 전까지 신고
안전조치확인 및 이행 명령	시·도지사
안전조치의 종류 [행정안전부령]	1. 탱크·배관 등 위험물을 저장 또는 취급하는 설비에서 위험물 및 가연성 증기 등의 제거 2. 관계인이 아닌 사람에 대한 해당 제조소등에의 출입금지 조치 3. 해당 제조소등의 사용중지 사실의 게시 4. 그 밖에 위험물의 사고 예방에 필요한 조치

08 제13조 과징금처분

시·도지사는 제조소등에 대한 사용의 정지가 그 이용자에게 심한 불편을 주거나 그 밖에 공익을 해칠 우려가 있는 때에는 사용정지처분에 갈음하여 2억원 이하의 과징금을 부과할 수 있다.

CHAPTER 02 위험물시설의 설치 및 변경

01 제조소등의 위치·구조 또는 설비의 변경 없이 당해 제조소등에서 저장하거나 취급하는 위험물의 품명·수량 또는 지정수량의 배수를 변경하고자 할 때는 누구에게 신고해야 하는가?
① 국무총리
② 시·도지사
③ 관할소방서장
④ 행정안전부장관

> **정답** ②
> **해설** 1. 제조소등 설치 허가자 : 시·도지사
> 2. 제조소등 위치·구조 또는 설비 변경 허가 : 시·도지사
> 3. 위치·구조 또는 설비 변경없이 품명 수량 지정수량 배수 변경하고자 하는 자
> : 행정안전부령으로 정하는 바에 따라 1일 전까지 시도지사에게 신고

02 위험물안전관리법상 시·도지사의 허가를 받지 아니하고 당해 제조소등을 설치할 수 있는 기준 중 다음 (   ) 안에 알맞은 것은?

| 농예용·축산용 또는 수산용으로 필요한 난방시설 또는 건조시설을 위한 지정수량 (   )배 이하의 저장소 |

① 20
② 30
③ 40
④ 50

> **정답** ①
> **해설** ● 허가를 받지 아니하고 당해 제조소등을 설치하거나 그 위치·구조 또는 설비를 변경할 수 있으며, 신고를 하지 아니하고 위험물의 품명·수량 또는 지정수량의 배수를 변경할 수 있는 경우
> ① 주택의 난방시설(공동주택의 중앙난방시설을 제외한다)을 위한 저장소 또는 취급소
> ② 농예용·축산용 또는 수산용으로 필요한 난방시설 또는 건조시설을 위한 지정수량 20배 이하의 저장소

03 위험물안전관리법령상 허가를 받지 아니하고 당해 제조소등을 설치하거나 그 위치 · 구조 또는 설비를 변경할 수 있으며, 신고를 하지 아니하고 위험물의 품명 · 수량 또는 지정수량의 배수를 변경할 수 있는 기준으로 옳은 것은?

① 축산용으로 필요한 건조시설을 위한 지정수량 40배 이하의 저장소
② 수산용으로 필요한 건조시설을 위한 지정수량 30배 이하의 저장소
③ 농예용으로 필요한 난방시설을 위한 지정수량 40배 이하의 저장소
④ 주택의 난방시설(공동주택의 중앙난방시설 제외)을 위한 저장소

> **정답** ④
> **해설** 농예용 · 축산용 또는 수산용으로 필요한 난방시설 또는 건조시설을 위한 지정수량 20배 이하의 저장소만 해당한다.

04 위험물안전관리법령상 위험물시설의 설치 및 변경 등에 관한 기준 중 다음 (   ) 안에 들어갈 내용으로 옳은 것은?

> 제조소등의 위치 · 구조 또는 설비의 변경 없이 당해 제조소등에서 저장하거나 취급하는 위험물의 품명 · 수량 또는 지정수량의 배수를 변경하고자 하는 자는 변경하고자 하는 날의 (㉠)일 전까지 (㉡)이 정하는 바에 따라 (㉢)에게 신고하여야 한다.

① ㉠ : 1, ㉡ : 대통령령, ㉢ : 소방본부장
② ㉠ : 1, ㉡ : 행정안전부령, ㉢ : 시 · 도지사
③ ㉠ : 14, ㉡ : 대통령령, ㉢ : 소방서장
④ ㉠ : 14, ㉡ : 행정안전부령, ㉢ : 시 · 도지사

> **정답** ②
> **해설** 제조소등의 위치 · 구조 또는 설비의 변경 없이 당해 제조소등에서 저장하거나 취급하는 위험물의 품명 · 수량 또는 지정수량의 배수를 변경하고자 하는 자는 변경하고자 하는 날의 (㉠1)일 전까지 (㉡행정안전부령)이 정하는 바에 따라 (㉢시 · 도지사)에게 신고하여야 한다.

05 위험물안전관리법령상 제조소등의 완공검사 신청시기 기준으로 틀린 것은?

① 지하탱크가 있는 제조소등의 경우에는 당해 지하탱크를 매설하기 전
② 이동탱크저장소의 경우에는 이동저장탱크를 완공하고 상치장소를 확보한 후
③ 이송취급소의 경우에는 이송배관 공사의 전체 또는 일부 완료한 후
④ 배관을 지하에 설치하는 경우에는 소방서장이 지정하는 부분을 매몰하고 난 직후

정답 ④

해설 (보기 ④) 배관을 지하에 설치하는 경우에는 소방서장이 지정하는 부분을 매몰하고 난 직후
→ 배관을 지하에 설치하는 경우에는 시·도지사, 소방서장 또는 기술원이 지정하는 부분을 매몰하기 직전

- 완공검사의 신청시기

지하탱크가 있는 제조소등의 경우	• 지하탱크를 매설하기 전
이동탱크저장소의 경우	• 이동저장탱크를 완공하고 상치장소를 확보한 후
이송취급소의 경우	• 이송배관 공사의 전체 또는 일부를 완료한 후 (다만, 지하·하천 등에 매설하는 이송배관의 공사의 경우에는 이송배관을 매설하기 전)
전체 공사가 완료된 후에는 완공검사를 실시하기 곤란한 경우	• 위험물설비 또는 배관의 설치가 완료되어 기밀시험 또는 내압시험을 실시하는 시기 • 배관을 지하에 설치하는 경우에는 시·도지사, 소방서장 또는 기술원이 지정하는 부분을 매몰하기 직전 • 기술원이 지정하는 부분의 비파괴시험을 실시하는 시기

CHAPTER 03 위험물시설의 안전관리

01 제14조 위험물시설의 유지·관리

관계인	제조소등의 위치·구조 및 설비가 기술기준에 적합하도록 유지·관리
시·도지사 소방본부장 또는 소방서장	유지·관리의 상황이 부적합하다고 인정하는 때에는 그 기술기준에 적합하도록 제조소등의 위치·구조 및 설비의 수리·개조 또는 이전을 명함

02 제15조 위험물안전관리자

위험물안전관리자 선임	제조소등[허가를 받지 아니하는 제조소등과 이동탱크저장소 제외]의 관계인은 위험물의 안전관리에 관한 직무를 수행하게 하기 위하여 제조소등마다 위험물취급자격자를 위험물안전관리자로 선임
재선임	해임하거나 퇴직한 날부터 30일 이내
선임 신고	14일 이내 소방본부장 또는 소방서장에게 신고 [관계인이 안전관리자를 해임하거나 안전관리자가 퇴직한 경우 그 관계인 또는 안전관리자는 소방본부장이나 소방서장에게 그 사실을 알려 해임되거나 퇴직한 사실을 확인]
안전관리자 대리자 지정	업무대행 기간 30일 이하(사유:여행, 질병, 장기출장 등)
위험물 취급자 자격 [대통령령]	<table><tr><th>위험물취급자격자의 구분</th><th>취급할 수 있는 위험물</th></tr><tr><td>위험물기능장, 위험물산업기사 위험물기능사의 자격 취득자</td><td>• 모든 위험물</td></tr><tr><td>안전관리자교육이수자</td><td>• 제4류 위험물</td></tr><tr><td>소방공무원으로 근무한 경력이 3년 이상인 자</td><td>• 제4류 위험물</td></tr></table>
다수의 제조소 등을 1인의 안전관리자 중복선임하는 경우 [대통령령]	① 보일러·버너 또는 이와 비슷한 것으로서 위험물을 소비하는 장치로 이루어진 7개 이하의 일반취급소와 그 일반취급소에 공급하기 위한 위험물을 저장하는 저장소[일반취급소 및 저장소가 모두 동일구내에 있는 경우에 한한다.]를 동일인이 설치한 경우 ② 위험물을 차량에 고정된 탱크 또는 운반용기에 옮겨 담기 위한 5개 이하의 일반취급소[일반취급소간의 거리(보행거리)가 300미터 이내인 경우에 한한다]와 그 일반취급소에 공급하기 위한 위험물을 저장하는 저장소를 동일인이 설치한 경우 ③ 동일구내에 있거나 상호 100미터 이내의 거리에 있는 저장소로서 저장소의 규모, 저장하는 위험물의 종류 등을 고려하여 행정안전부령이 정하는 저장소를 동일인이 설치한 경우 (행정안전부령이 정하는 저장소)

다수의 제조소 등을 1인의 안전관리자 중복선임하는 경우 [대통령령]	1. 10개 이하의 옥내저장소, 옥외저장소, 암반탱크저장소
	2. 30개 이하의 옥외탱크저장소
	3. 옥내탱크저장소
	4. 지하탱크저장소
	5. 간이탱크저장소
	④ 다음 각목 기준 모두 적합 5개 이하의 제조소등을 동일인이 설치한 경우
	   1. 각 제조소등이 동일구내에 위치하거나 상호 100미터 이내의 거리에 있을 것
	   2. 각 제조소등에서 저장 또는 취급하는 위험물의 최대수량이 지정수량의 3천배 미만일 것. 다만, 저장소의 경우에 제외
	⑤ 선박주유취급소의 고정주유설비에 공급하기 위한 위험물을 저장하는 저장소와 당해 선박주유취급소

03 제16조 탱크시험자의 등록 등

탱크시험자	시·도지사 또는 제조소등의 관계인은 안전관리업무를 전문적이고 효율적으로 수행하기 위하여 탱크 안전성능시험자(이하 "탱크시험자"라 한다)로 하여금 이 법에 의한 검사 또는 점검의 일부를 실시
등록	탱크시험자가 되고자 하는 자는 대통령령이 정하는 기술능력·시설 및 장비를 갖추어 시·도지사에게 등록(15일 이내 등록증 교부)
등록사항 변경신고	중요 사항 변경시 30일 이내 신고 (중요 변경 사항 : 소재지, 기술능력, 대표자, 상호/명칭)
결격사유	① 피성년후견인 ② 이 법, 「소방기본법」,「화재의 예방 및 안전관리에 관한 법률」, 「소방시설 설치 및 관리에 관한법률」 또는 「소방시설공사업법」에 따른 금고 이상의 실형의 선고를 받고 그 집행이 종료(집행이 종료된 것으로 보는 경우를 포함한다)되거나 집행이 면제된 날부터 2년이 지나지 아니한 자 ③ 이 법, 「소방기본법」,「화재의 예방 및 안전관리에 관한 법률」, 「소방시설 설치 및 관리에 관한법률」 또는 「소방시설공사업법」에 따른 금고 이상의 형의 집행유예 선고를 받고 그 유예기간 중에 있는 자 ④ 탱크시험자의 등록이 취소(제1호에 해당하여 자격이 취소된 경우는 제외한다)된 날부터 2년이 지나지 아니한 자
탱크시험자 등록 취소	① 허위 그 밖의 부정한 방법으로 등록을 한 경우 ② 결격사유에 해당하게 된 경우 ③ 등록증을 다른 자에게 빌려준 경우

04 제17조 예방규정

예방규정	제조소등의 관계인은 당해 제조소등의 화재예방과 화재 등 재해발생시의 비상조치를 위하여 예방규정을 정하여 당해 제조소등의 사용을 시작하기 전에 시·도지사에게 제출(예방규정의 변경시에도 동일)

예방규정
제조소등
	① 지정수량의 10배 이상의 위험물을 취급하는 제조소
	② 지정수량의 100배 이상의 위험물을 저장하는 옥외저장소
	③ 지정수량의 150배 이상의 위험물을 저장하는 옥내저장소
	④ 지정수량의 200배 이상의 위험물을 저장하는 옥외탱크저장소
	⑤ 암반탱크저장소
	⑥ 이송취급소
	⑦ 지정수량의 10배 이상의 위험물을 취급하는 일반취급소. 다만, 제4류 위험물(특수인화물을 제외한다)만을 지정수량의 50배 이하로 취급하는 일반취급소(제1석유류·알코올류의 취급량이 지정수량의 10배 이하인 경우에 한한다)로서 다음 각목의 어느 하나에 해당하는 것을 제외한다.
	  가. 보일러·버너 또는 이와 비슷한 것으로서 위험물을 소비하는 장치로 이루어진 일반취급소
	  나. 위험물을 용기에 옮겨 담거나 차량에 고정된 탱크에 주입하는 일반취급소

05 제18조 정기점검 및 정기검사

정기점검 및 정기검사	① 제조소등의 관계인은 그 제조소등에 대하여 기술기준에 적합한지의 여부를 정기적으로 점검하고 점검결과를 기록하여 보존 ② 정기점검을 한 제조소등의 관계인은 점검을 한 날부터 30일 이내에 점검결과를 시·도지사에게 제출 ③ 정기점검의 대상이 되는 제조소등의 관계인 가운데 50만 리터 이상의 옥외탱크 저장소의 관계인은 소방본부장 또는 소방서장으로부터 제조소등이 기술기준에 적합하게 유지되고 있는지의 여부에 대하여 정기적으로 검사를 받아야 함
정기점검 대상 및 내용 [대통령령]	• 제조소등 관계인은 제조소등에 대하여 연 1회 이상 정기점검 실시 • 정기점검의 실시 : 관계인은 제조소등 안전관리자나 위험물 운송자에게 실시하게 함 • 정기점검 대상 ① "예방규정 대상" ② 지하탱크저장소 ③ 이동탱크저장소 ④ 위험물을 취급하는 탱크로서 지하에 매설된 탱크가 있는 제조소·주유취급소 또는 일반취급소 • 특정·준특정옥외탱크저장소의 구조안전점검(옥외 탱크 저장소 중 액체위험물 수량 50만리터 이상)

정기점검 대상 및 내용 [대통령령]	① 특정·준특정옥외탱크저장소의 설치허가에 따른 완공검사확인증을 발급받은 날부터 12년 ② 최근의 정밀정기검사를 받은 날부터 11년 ② 특정·준특정옥외저장탱크에 안전조치를 한 후 구조안전점검시기 연장신청을 하여 해당 안전조치가 적정한 것으로 인정받은 경우에는 최근의 정밀정기검사를 받은 날부터 13년

정기검사 대상 및 내용 [대통령령]	• 정기검사 대상 : 액체위험물을 저장 또는 취급하는 50만리터 이상의 옥외탱크저장소
	• 정기검사 시기
	① 정밀정기검사 : 다음 각 목의 어느 하나에 해당하는 기간 내에 1회
	  가. 특정·준특정옥외탱크저장소의 설치허가에 따른 완공검사확인증을 발급받은 날 부터 12년
	  나. 최근의 정밀정기검사를 받은 날부터 11년
	② 중간정기검사 : 다음 각 목의 어느 하나에 해당하는 기간 내에 1회
	  가. 특정·준특정옥외탱크저장소의 설치허가에 따른 완공검사확인증을 발급받은 날 부터 4년
	  나. 최근의 정밀정기검사 또는 중간정기검사를 받은 날부터 4년

06 제19조 자체소방대

설치자	대통령령으로 정하는 제조소등의 관계인
설치대상 [대통령령]	① 제4류 위험물을 취급하는 제조소 또는 일반취급소에서 지정수량의 3천배 이상을 저장하는 제조소 등 ② 제4류 위험물을 저장하는 옥외탱크저장소로서 지정수량의 50만배 이상 저장하는 곳

	사업소의 구분(지정수량)	화학소방자동차	자체소방대원의 수
자체소방대에 두는 화학소방자동차 및 인원 [대통령령]	1. 3천배 이상 12만배 미만 [제조소 또는 일반취급소]	1대	5인
	2. 12만배 이상 24만배 미만 [제조소 또는 일반취급소]	2대	10인
	3. 24만배 이상 48만배 미만 [제조소 또는 일반취급소]	3대	15인
	4. 48만배 이상 [제조소 또는 일반취급소]	4대	20인
	5. 옥외탱크 저장소 최대수량 50만배 이상	2대	10인

자체소방대 설치제외 일반취급소 [행정안전부령]	① 보일러, 버너 그 밖에 이와 유사한 장치로 위험물을 소비하는 일반취급소 ② 이동저장탱크 그 밖에 이와 유사한 것에 위험물을 주입하는 일반취급소 ③ 용기에 위험물을 옮겨 담는 일반취급소 ④ 유압장치, 윤활유순환장치 그 밖에 이와 유사한 장치로 위험물을 취급하는 일반취급소 ⑤ 「광산안전법」의 적용을 받는 일반취급소
화학소방차에 갖추어야 하는 소화능력 및 설비 기준 [행정안전부령]	<table><tr><th>화학소방자동차 구분</th><th>소화능력 및 설비기준</th></tr><tr><td>포수용액 방사차</td><td>• 방사능력 : 2000[L/min]이상 • 약액탱크 및 혼합장치 비치 • 소화약제 비치량 : 10만[L] 이상</td></tr><tr><td>분말 방사차</td><td>• 방사능력 : 35[kg/s]이상 • 분말탱크 및 가압용가스설비 비치 • 소화약제 비치량 : 1,400[kg] 이상</td></tr><tr><td>할로겐화합물 방사차</td><td>• 방사능력 : 40[kg/s]이상 • 할로겐탱크 및 가압용가스설비 비치 • 소화약제 비치량 : 1,000[kg] 이상</td></tr><tr><td>이산화탄소 방사차</td><td>• 방사능력 : 40[kg/s]이상 • 이산화탄소 저장용기 비치 • 소화약제 비치량 : 3,000[kg] 이상</td></tr><tr><td>제독차</td><td>가성소오다 및 규조토 각각 50[kg] 이상 비치</td></tr></table>

CHAPTER 03 위험물시설의 안전관리

01 위험물안전관리법령상 제조소등의 관계인은 위험물의 안전관리에 관한 직무를 수행하게 하기 위하여 제조소등마다 위험물의 취급에 관한 자격이 있는 자를 위험물안전관리자로 선임하여야 한다. 이 경우 제조소등의 관계인이 지켜야 할 기준으로 틀린 것은?

① 제조소등의 관계인은 안전관리자를 해임하거나 안전관리자가 퇴직한 때에는 해임하거나 퇴직한 날부터 15일 이내에 다시 안전관리자를 선임하여야한다.
② 제조소등의 관계인이 안전관리자를 선임한 경우에는 선임한 날부터 14일 이내에 소방본부장 또는 소방서장에게 신고하여야 한다.
③ 제조소등의 관계인은 안전관리자가 여행·질병 그 밖의 사유로 인하여 일시적으로 직무를 수행할 수 없는 경우에는 국가기술자격법에 따른 위험물의 취급에 관한 자격취득자 또는 위험물안전에 관한 기본지식과 경험이 있는 자를 대리자로 지정하여 그 직무를 대행하게 하여야 한다. 이 경우 대행하는 기간은 30일을 초과할 수 없다.
④ 안전관리자는 위험물을 취급하는 작업을 하는 때에는 작업자에게 안전관리에 관한 필요한 지시를 하는 등 위험물의 취급에 관한 안전관리와 감독을 하여야 하고, 제조소등의 관계인은 안전관리자의 위험물 안전관리에 관한 의견을 존중하고 그 권고에 따라야 한다.

정답 ①
해설 (보기①) 제조소등의 관계인은 안전관리자를 해임하거나 안전관리자가 퇴직한 때에는 해임하거나 퇴직한 날부터 15일 이내에 다시 안전관리자를 선임하여야한다. → 30일 이내에 다시 선임한다.

02 위험물안전관리자로 선임할 수 있는 위험물 취급자격자가 취급할 수 있는 위험물 기준으로 틀린 것은?

① 위험물기능장 자격 취득자 : 모든 위험물
② 안전관리자 교육이수자 : 위험물 중 제4류 위험물
③ 소방공무원으로 근무한 경력이 3년 이상인 자 : 위험물 중 제4류 위험물
④ 위험물산업기사 자격 취득자 : 위험물 중 제 4류 위험물

정답 ④
해설 (보기④) 위험물산업기사 자격 취득자 : 위험물 중 제 4류 위험물
→ 자격증이 있으면 모든 위험물 취급이 가능하다.
- 위험물취급자의 자격

위험물취급자격자의 구분	취급할 수 있는 위험물
1. 위험물기능장, 위험물산업기사, 위험물기능사	별표 1의 모든 위험물
2. 안전관리자 교육 이수자 (소방청장이 실시하는 안전관리자 교육을 이수한 자를 말한다. 이하 별표 6에서 같다)	별표 1의 위험물 중 제4류 위험물
3. 소방공무원 근무경력 3년 이상	별표 1의 위험물 중 제4류 위험물

03 위험물안전관리법령에 따라 위험물안전관리자를 해임하거나 퇴직한 때에는 해임하거나 퇴직한 날부터 며칠 이내에 다시 안전관리자를 선임하여야 하는가?

① 30일 ② 35일
③ 40일 ④ 55일

> **정답** ①
> **해설** ● 위험물 안전관리자
> 1. 안전관리자 선임자 : 관계인
> 2. 안전관리자의 재선임 : 30일 이내
> 3. 안전관리자 선임 신고 : 14일 이내 소방본부장 또는 소방서장
> 4. 안전관리자 대리자 지정 : 업무대행 기간 30일 이하

04 위험물안전관리법령상 관계인이 예방규정을 정하여야 하는 위험물을 취급하는 제조소의 지정수량 기준으로 옳은 것은?

① 지정수량의 10배 이상 ② 지정수량의 100배 이상
③ 지정수량의 150배 이상 ④ 지정수량의 200배 이상

> **정답** ①
> **해설** ● 예방규정
> ① 지정수량의 10배 이상의 위험물을 취급하는 제조소
> ② 지정수량의 100배 이상의 위험물을 저장하는 옥외저장소
> ③ 지정수량의 150배 이상의 위험물을 저장하는 옥내저장소
> ④ 지정수량의 200배 이상의 위험물을 저장하는 옥외탱크저장소
> ⑤ 암반탱크저장소
> ⑥ 이송취급소
> ⑦ 지정수량의 10배 이상의 위험물을 취급하는 일반취급소

05 위험물안전관리법령상 관계인이 예방규정을 정하여야 하는 위험물 제조소등에 해당하지 <u>않는</u> 것은?

① 지정수량 10배의 특수인화물을 취급하는 일반취급소
② 지정수량 20배의 휘발유를 고정된 탱크에 주입하는 일반 취급소
③ 지정수량 40배의 제3석유류를 용기에 옮겨 담는 일반취급소
④ 지정수량 15배의 알코올을 버너에 소비하는 장치로 이루어진 일반취급소

> **정답** ③
> **해설** ● 제4류 위험물(특수인화물을 제외한다)만을 지정수량의 50배 이하로 취급하는 일반취급소(제1석유류 · 알코올류의 취급량이 지정수량의 10배 이하인 경우에 한한다)로서 다음 각목의 어느 하나에 해당하는 것을 제외한다.

가. 보일러·버너 또는 이와 비슷한 것으로서 위험물을 소비하는 장치로 이루어진 일반취급소
나. 위험물을 용기에 옮겨 담거나 차량에 고정된 탱크에 주입하는 일반취급소

06 위험물안전관리법령상 정기점검의 대상인 제조소등의 기준으로 틀린 것은?
① 지하탱크저장소
② 이동탱크저장소
③ 지정수량의 10배 이상의 위험물을 취급하는 제조소
④ 지정수량의 20배 이상의 위험물을 저장하는 옥외탱크저장소

정답 ④
해설 • 정기 점검
   1. 정기점검 : 제조소등의 관계인은 그 제조소등에 대하여 기술기준에 적합한지의 여부를 정기적으로 점검하고 점검결과를 기록하여 보존(연 1회이상 점검. 3년간 기록 보관)
   2. 정기점검의 대상인 제조소등
      ① 지정수량의 10배 이상의 위험물을 취급하는 제조소
      ② 지정수량의 100배 이상의 위험물을 저장하는 옥외저장소
      ③ 지정수량의 150배 이상의 위험물을 저장하는 옥내저장소
      ④ 지정수량의 200배 이상의 위험물을 저장하는 옥외탱크저장소
      ⑤ 암반탱크저장소
      ⑥ 이송취급소
      ⑦ 지정수량의 10배 이상의 위험물을 취급하는 일반취급소.
      ⑧ 지하탱크저장소
      ⑨ 이동탱크저장소

07 위험물안전관리법령에 따른 정기점검의 대상인 제조소등의 기준 중 틀린 것은?
① 암반탱크저장소
② 지하탱크저장소
③ 이동탱크저장소
④ 지정수량의 150배 이상의 위험물을 저장하는 옥외탱크저장소

정답 ④
해설 (보기④) 지정수량의 150배 이상의 위험물을 저장하는 옥외탱크저장소
     → 지정수량 150배 이상일 때 옥내저장소가 해당한다.

08 위험물안전관리법령상 정기검사를 받아야 하는 특정·준특정옥외탱크저장소의 관계인은 특정·준특정옥외탱크저장소의 설치허가에 따른 완공검사확인증을 발급받은 날부터 몇 년 이내에 정밀 정기검사를 받아야 하는가?

① 9
② 10
③ 11
④ 12

> **정답** ④
> **해설** ● 정기검사의 시기
> ① 정밀정기검사 : 다음 각 목의 어느 하나에 해당하는 기간 내에 1회
>   ㉠ 특정·준특정옥외탱크저장소의 설치허가에 따른 완공검사확인증을 발급받은 날부터 12년
>   ㉡ 최근의 정밀정기검사를 받은 날부터 11년
> ② 중간정기검사 : 다음 각 목의 어느 하나에 해당하는 기간 내에 1회
>   ㉠ 특정·준특정옥외탱크저장소의 설치허가에 따른 완공검사확인증을 발급받은 날부터 4년
>   ㉡ 최근의 정밀정기검사 또는 중간정기검사를 받은 날부터 4년

09 다음 위험물안전관리법령의 자체소방대 기준에 대한 설명으로 틀린 것은?

> 다량의 위험물을 저장·취급하는 제조소등으로서 **대통령령이 정하는 제조소등**이 있는 동일한 사업소에서 **대통령령이 정하는 수량 이상**의 위험물을 저장 또는 취급하는 경우 당해 사업소의 관계인은 대통령령이 정하는 바에 따라 당해 사업소에 자체소방대를 설치하여야 한다.

① "대통령령이 정하는 제조소등"은 제4류 위험물을 취급하는 제조소를 포함한다.
② "대통령령이 정하는 제조소등"은 제4류 위험물을 취급하는 일반취급소를 포함한다.
③ "대통령령이 정하는 수량 이상의 위험물"은 제4류 위험물의 최대수량의 합이 지정수량의 3천배 이상인 것을 포함한다.
④ "대통령령이 정하는 제조소등"은 보일러로 위험물을 소비하는 일반취급소를 포함한다.

> **정답** ④
> **해설** (보기④)에서 보일러로 위험물을 소비하는 일반취급소는 제외한다.
> ● 자체소방대
>   1. 설치대상
>   ① 제4류 위험물 지정수량 3천배 이상 저장 취급하는 제조소 및 일반취급소
>   ② 제4류 위험물 옥외탱크저장소로서 지정수량 50만배 이상 저장하는 저장소

10 위험물안전관리법령상 제조소 또는 일반 취급소에서 취급하는 제4류 위험물의 최대수량의 합이 지정수량의 48만배 이상인사업소의 자체소방대에 두는 화학소방자동차 및 인원기준으로 다음 ( ) 안에 알맞은 것은?

화학소방자동차	자체소방대원의 수
(ⓐ)	(ⓑ)

① ⓐ 1대, ⓑ 5인 ② ⓐ 2대, ⓑ 10인
③ ⓐ 3대, ⓑ 15인 ④ ⓐ 4대, ⓑ 20인

정답 ④
해설 ● 자체소방대에 두는 화학소방자동차 및 인원

사업소의 구분	화학소방자동차	자체소방대원의 수
1. 제조소 또는 일반취급소에서 취급하는 제4류 위험물의 최대 수량의 합이 지정수량의 3천배 이상 12만배 미만인 사업소	1대	5인
2. 제조소 또는 일반취급소에서 취급하는 제4류 위험물의 최대 수량의 합이 지정수량의 12만배 이상 24만배 미만인 사업소	2대	10인
3. 제조소 또는 일반취급소에서 취급하는 제4류 위험물의 최대 수량의 합이 지정수량의 24만배 이상 48만배 미만인 사업소	3대	15인
4. 제조소 또는 일반취급소에서 취급하는 제4류 위험물의 최대 수량의 합이 지정수량의 48만배 이상인 사업소	4대	20인
5. 옥외탱크저장소에 저장하는 제4류 위험물의 최대수량이 지정수량의 50만배 이상인 사업소	2대	10인

11 위험물안전관리법령상 제조소 또는 일반 취급소에서 취급하는 제4류 위험물의 최대 수량의 합이 지정수량의 24만배 이상 48만배 미만인 사업소의 관계인이 두어야 하는 화학소방자동차와 자체 소방대원의 수의 기준으로 옳은 것은? (단, 화재 그 밖의 재난발생시 다른 사업소 등과 상호응원에 관한 협정을 체결하고 있는 사업소는 제외한다.)
① 화학소방자동차 – 2대, 자체소방대원의 수 – 10인
② 화학소방자동차 – 3대, 자체소방대원의 수 – 10인
③ 화학소방자동차 – 3대, 자체소방대원의 수 – 15인
④ 화학소방자동차 – 4대, 자체소방대원의 수 – 20인

정답 ③
해설 지정수량 24만배 이상 48만배 미만시 화학소방자동차는 3대 자체소방대원의 수는 15인 이다.

CHAPTER 04 위험물의 운반 등

01 제20조 위험물의 운반

위험물의 운반	중요기준과 세부기준을 따름
위험물 운반자	• 위험물 운반자 : 운반용기에 수납된 위험물을 지정수량 이상으로 차량에 적재하여 운반하는 차량의 운전자 • 위험물운반자 자격조건 　① 위험물 분야의 자격을 취득할 것 　② 교육을 수료할 것 • 시·도지사는 운반용기를 제작하거나 수입한 자 등의 신청에 따라 제1항의 규정에 따른 운반용기를 검사할 수 있다.

위험물 운반용기 표시사항 [행정안전부령]	위험물의 구분	운반용기 표시사항
	1류 위험물	① 알칼리 금속의 과산화물 또는 함유 　: 화기·충격주의, 물기엄금 및 가연물접촉주의 ② 그 밖 : 화기·충격주의 및 가연물접촉주의
	2류 위험물	① 철분·금속분·마그네슘 또는 함유 　: 화기주의, 물기엄금 ② 인화성고체 : 화기엄금 ③ 그 밖 : 화기주의
	3류 위험물	① 자연발화성 물질 : 화기엄금, 공기접촉엄금 ② 금수성물질 : 물기엄금
	4류 위험물	"화기엄금"
	5류 위험물	"화기엄금" 및 "충격주의"
	6류 위험물	"가연물접촉주의"

02 제21조 위험물의 운송

위험물운송자	• 위험물 운송자 : 운송책임자 및 이동탱크저장운전자 • 운송책임자의 자격 조건 　① 국가기술자격 취득하고 1년 이상 경력자 　② 안전교육을 수료하고 2년 이상 경력자
운송책임자 감독 및 지원 위험물	① 알킬알루미늄 ② 알킬리튬

CHAPTER 04 위험물의 운반 등

01 제4류 위험물을 저장·취급하는 제조소에 "화기엄금"이란 주의사항을 표시하는 게시판을 설치할 경우 게시판의 색상은?

① 청색바탕에 백색문자
② 적색바탕에 백색문자
③ 백색바탕에 적색문자
④ 백색바탕에 흑색문자

> **정답** ②
> **해설** 게시판의 색은 "물기엄금"을 표시하는 것에 있어서는 청색바탕에 백색문자로, "화기주의" 또는 "화기엄금"을 표시하는 것에 있어서는 적색바탕에 백색문자로 할 것

CHAPTER 05 감독 및 조치명령

01 제22조 출입·검사 등
① 소방청장(중앙119구조본부장 및 그 소속 기관의 장을 포함), 시·도지사, 소방본부장 또는 소방서장 관계인에게 필요한 보고 또는 자료제출 명할수 있음
② 개인의 주거는 관계인의 승낙을 얻은 경우 또는 화재 발생 우려가 커서 긴급할 필요가 있는 경우만 출입

02 제22조의2 위험물 누출 등의 사고 조사
① 소방청장, 소방본부장 또는 소방서장은 위험물의 누출·화재·폭발 등의 사고가 발생한 경우 사고의 원인 및 피해 등을 조사하여야 한다.
② 사고조사위원회의 구성 등[대통령령]
사고조사위원회(이하 이 조에서 "위원회"라 한다)는 위원장 1명을 포함하여 7명 이내의 위원으로 구성하며 민간위원의 임기는 2년으로 하며, 한 차례만 연임

03 제23조 탱크시험자에 대한 명령
시·도지사, 소방본부장 또는 소방서장은 탱크시험자에 대하여 당해 업무를 적정하게 실시하게 하기 위하여 필요하다고 인정하는 때에는 감독상 필요한 명령을 할 수 있다.

04 제24조 무허가장소의 위험물에 대한 조치명령
시·도지사, 소방본부장 또는 소방서장은 위험물에 의한 재해를 방지하기 위하여 제6조제1항의 규정에 따른 허가를 받지 아니하고 지정수량 이상의 위험물을 저장 또는 취급하는 자(제6조제3항의 규정에 따라 허가를 받지 아니하는 자를 제외한다)에 대하여 그 위험물 및 시설의 제거 등 필요한 조치를 명할 수 있다.

05 제25조 제조소등에 대한 긴급 사용정지명령 등
시·도지사, 소방본부장 또는 소방서장은 공공의 안전을 유지하거나 재해의 발생을 방지하기 위하여 긴급한 필요가 있다고 인정하는 때에는 제조소등의 관계인에 대하여 당해 제조소등의 사용을 일시정지하거나 그 사용을 제한할 것을 명할 수 있다.

06 제26조 저장·취급기준 준수명령 등

① 시·도지사, 소방본부장 또는 소방서장은 제조소등에서의 위험물의 저장 또는 취급이 제5조제3항의 규정에 위반된다고 인정하는 때에는 당해 제조소등의 관계인에 대하여 동항의 기준에 따라 위험물을 저장 또는 취급하도록 명할 수 있다.

② 시·도지사, 소방본부장 또는 소방서장은 관할하는 구역에 있는 이동탱크저장소에서의 위험물의 저장 또는 취급이 제5조제3항의 규정에 위반된다고 인정하는 때에는 당해 이동탱크저장소의 관계인에 대하여 동항의 기준에 따라 위험물을 저장 또는 취급하도록 명할 수 있다.

③ 시·도지사, 소방본부장 또는 소방서장은 제2항의 규정에 따라 이동탱크저장소의 관계인에 대하여 명령을 한 경우에는 행정안전부령이 정하는 바에 따라 제6조제1항의 규정에 따라 당해 이동탱크저장소의 허가를 한 시·도지사, 소방본부장 또는 소방서장에게 신속히 그 취지를 통지하여야 한다.

07 제27조 응급조치·통보 및 조치명령

① 제조소등의 관계인은 당해 제조소등에서 위험물의 유출 그 밖의 사고가 발생한 때에는 즉시 그리고 지속적으로 위험물의 유출 및 확산의 방지, 유출된 위험물의 제거 그 밖에 재해의 발생방지를 위한 응급조치를 강구하여야 한다.

② 제1항의 사태를 발견한 자는 즉시 그 사실을 소방서, 경찰서 또는 그 밖의 관계기관에 통보하여야 한다.

③ 소방본부장 또는 소방서장은 제조소등의 관계인이 제1항의 응급조치를 강구하지 아니하였다고 인정하는 때에는 제1항의 응급조치를 강구하도록 명할 수 있다.

④ 소방본부장 또는 소방서장은 그 관할하는 구역에 있는 이동탱크저장소의 관계인에 대하여 제3항의 규정의 예에 따라 제1항의 응급조치를 강구하도록 명할 수 있다.

CHAPTER 06 보칙

01 제28조 안전교육

(1) 실시자 : 소방청장

(2) 대상 : 안전관리자·탱크시험자·위험물운송자 등(위험물 안전관리 업무 수행자)

(3) 시·도지사, 소방본부장 또는 소방서장은 교육대상자가 교육을 받지 아니한 때에는 그 교육대상자가 교육을 받을 때까지 이 법의 규정에 따라 그 자격으로 행하는 행위를 제한

02 제29조 청문

(1) 청문 실시자 : 시·도지사, 소방본부장 또는 소방서장

(2) 청문 대상 : 제조소등 설치허가의 취소, 탱크시험자의 등록취소

CHAPTER 06 보칙

01 위험물안전관리법상 청문을 실시하여 처분해야 하는 것은?
① 제조소등 설치허가의 취소
② 제조소등 영업정지 처분
③ 탱크시험자의 영업정지 처분
④ 과징금 부과 처분

> **정답** ①
> **해설** ● 청문
> 시·도지사, 소방본부장 또는 소방서장은 다음 각 호의 어느 하나에 해당하는 처분을 하고자 하는 경우에는 청문을 실시하여야 한다.
> 1. 제조소등 설치허가의 취소
> 2. 탱크시험자의 등록취소

02 위험물안전관리법령상 위험물의 안전관리와 관련된 업무를 수행하는 자로서 소방청장이 실시하는 안전교육대상자가 <u>아닌</u> 것은?
① 안전관리자로 선임된 자
② 탱크시험자의 기술인력으로 종사하는 자
③ 위험물운송자로 종사하는 자
④ 제조소등의 관계인

> **정답** ④
> **해설** ● 위험물 안전교육 대상자
> 1. 안전관리자로 선임된 자
> 2. 위험물운송자로 종사하는 자
> 3. 탱크시험자의 기술인력으로 종사하는 자

CHAPTER 07 위험물안전관리법 시행규칙 별표

01 [별표 4] 제조소 위치·구조 및 설비의 기준

제조소에 두는 안전거리 : 6류 제외 [제조소 등 공통기준]	① 사용전압이 7,000V 초과 35,000V 이하 : 3m 이상
	② 사용전압이 35,000V를 초과 : 5m 이상
	③ 주거용 : 10m 이상
	④ 고압가스, 액화석유가스 또는 도시가스를 저장 또는 취급하는 시설 : 20m 이상(고압가스제조, 고압가스저장, 액화산소소비 등)
	⑤ 학교·병원·극장(그 밖에 다수인을 수용하는 시설) : 30m 이상
	  1. 공연장, 영화상영관 : 3백명 이상의 인원 수용
	  2. 아동복지시설, 노인복지시설, 장애인복지시설, 한부모가족복지시설, 어린이집, 성매매피해자등을 위한 지원시설, 정신보건시설 그 밖에 이와 유사한 시설로서 20명 이상의 인원을 수용
	⑥ 문화재 : 50m 이상
	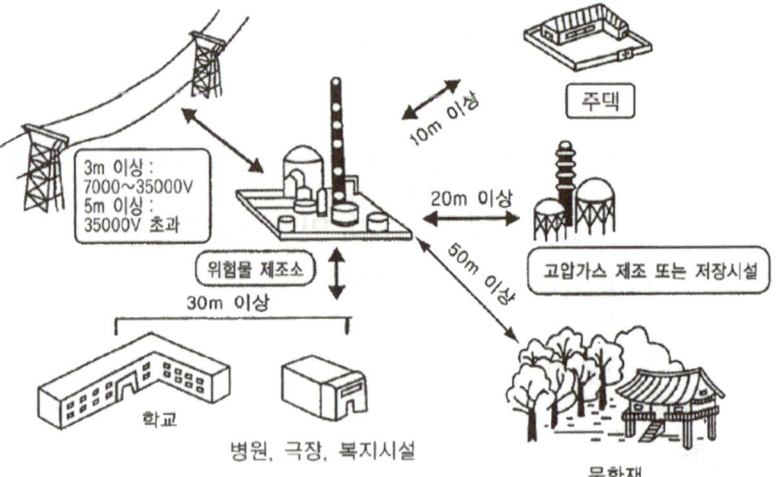

보유공지	<table><tr><th>취급하는 위험물의 최대수량</th><th>공지의 너비</th></tr><tr><td>지정수량의 10배 이하</td><td>3m 이상</td></tr><tr><td>지정수량의 10배 초과</td><td>5m 이상</td></tr></table>• 작업공정 연속되있는 경우 방화상 유효 격벽 설치기준 ① 방화벽은 내화구조(6류위험물은 불연재료) ② 방화벽에 설치하는 출입구 및 창 등 개구부는 최소로 하고, 출입구 및 창에는 자동폐쇄식 60분+, 60분 방화문 설치 ③ 방화벽 양단 및 상단이 외벽 또는 지붕으로부터 50[cm] 이상 돌출

표지 및 게시판 (제조소 등 공통)	"위험물 제조소"라는 표시를 한 표지	
	크기	• 한변의 길이가 0.3m 이상 • 다른 한 변 길이가 0.6m 이상인 직사각형
	색깔	바탕 : 백색, 문자 : 흑색
	방화에 관하여 필요한 사항 게시	
	크기	• 한변의 길이가 0.3m 이상 • 다른 한 변의 길이가 0.6m 이상인 직사각형
	기재사항	위험물의 유별·품명 및 저장최대수량 또는 취급최대 수량 지정수량 매수 및 안전관리자 성명 또는 직명
	색깔	• 바탕 : 백색, 문자 : 흑색
	주의사항 게시판	① 제1류 위험물 중 알칼리금속의 과산화물과 이를 함유한 것 또는 제3류 위험물 중 금수성물질 : "물기엄금" ② 제2류 위험물(인화성고체 제외) : "화기주의" ③ 제2류 위험물 중 인화성고체, 제3류 위험물 중 자연발화성물질, 제4류 위험물 또는 제5류 위험물 : "화기엄금"
	게시판 색깔	① 물기엄금 : 청색바탕에 백색문자 ② 화기주의 또는 화기엄금 : 적색바탕에 백색문자로 할 것
건축물 구조	① 지하층이 없도록 하여야 한다. 다만, 위험물을 취급하지 아니하는 지하층으로서 위험물의 취급장소에서 새어나온 위험물 또는 가연성의 증기가 흘러 들어갈 우려가 없는 구조로 된 경우에는 그러하지 아니하다. ② 벽·기둥·바닥·보·서까래 및 계단을 불연재료로 하고, 연소의 우려가 있는 외벽은 출입구 외의 개구부가 없는 내화구조의 벽으로 하여야 한다. ③ 지붕은 폭발력이 위로 방출될 정도의 가벼운 불연재료로 덮어야 한다. ④ 출입구와 비상구에는 60분+, 60분 방화문 또는 30분방화문을 설치하되, 연소의 우려가 있는 외벽에 설치하는 출입구에는 수시로 열 수 있는 자동폐쇄식의 60분+, 60분 방화문을 설치하여야 한다. ⑤ 위험물을 취급하는 건축물의 창 및 출입구에 유리를 이용하는 경우에는 망입유리로 하여야 한다. ⑥ 액체의 위험물을 취급하는 건축물의 바닥은 위험물이 스며들지 못하는 재료를 사용하고, 적당한 경사를 두어 그 최저부에 집유설비를 하여야 한다.	

구분		내용
채광·조명 및 환기설비	채광설비	① 불연재료　② 연소 우려 없는 장소 설치 ③ 채광면적 최소
	조명설비	① 방폭등(가연성 가스 체류 우려 있는 장소만 한정) ② 전선은 내화·내열전선 ③ 점멸스위치 출입구 바깥 부분 설치(스파크 우려 없는 경우제외)
	환기설비	① 자연배기방식 ② 급기구 바닥면적 150㎡마다 1개 이상 설치. 　급기구 크기 800㎠ 이상(바닥면적 150㎡ 미만시 아래표) <table><tr><th>바닥면적</th><th>급기구의 면적</th></tr><tr><td>60㎡ 미만</td><td>150㎠ 이상</td></tr><tr><td>60㎡ 이상 90㎡ 미만</td><td>300㎠ 이상</td></tr><tr><td>90㎡ 이상 120㎡ 미만</td><td>450㎠ 이상</td></tr><tr><td>120㎡ 이상 150㎡ 미만</td><td>600㎠ 이상</td></tr></table>③ 급기구 낮은곳 설치(인화방지망 설치) ④ 환기구는 지붕위 또는 지상 2m이상 높이에 회전식 고정벤 티레이터 또는 루푸팬 방식 설치
	\※ 배출설비가 설치되어 유효하게 환기가 되는 건축물에는 환기설비를 하지 아니 할 수 있고, 조명설비가 설치되어 유효하게 조도가 확보되는 건축물에는 채광설비를 하지 아니할 수 있다.	
배출설비		• 가연성의 증기 또는 미분이 체류할 우려가 있는 건축물에는 그 증기 또는 미분을 옥외의 높은 곳으로 배출하는 배출설비 설치 ① 국소방식 설치 ② 배풍기·배출닥트· 후드 등을 이용하여 강제적으로 배출 ③ 배출능력은 1시간당 배출장소 용적의 20배로 함 　(전역방식의 경우 바닥면적 1[㎡]당 18[㎥] 이상) ④ 배풍기는 강제배기방식 　(옥내닥트 내압이 대기압 이상이 되지 아니하는 위치 설치) ⑤ 배출설비의 급기구 및 배출구 설치기준 <table><tr><td>급기구</td><td>높은곳 설치(인화방지망 설치)</td></tr><tr><td>배출구</td><td>2m 이상 연소우려 없는 장소 설치 배출닥트 관통 벽부분 가까이에 자동폐쇄되는 방화댐퍼 설치</td></tr></table>
옥외설비 바닥		① 바닥의 둘레 높이 0.15m 이상의 턱을 설치 ② 바닥은 콘크리트 등 위험물이 스며들지 아니하는 재료로 하고, 턱이 있는 쪽이 낮게 경사지게 설치 ③ 바닥의 최저부에 집유설비 설치(유분리장치 설치)
정전기 제거설비 (제조소등 공통)		① 접지에 의한 방법 ② 공기 중의 상대습도를 70% 이상으로 하는 방법 ③ 공기를 이온화하는 방법

피뢰설비 (제조소등 공통)	지정수량의 10배 이상의 위험물을 취급하는 제조소(제6류 위험물을 취급하는 위험물제조소를 제외한다)에는 피뢰침을 설치
위험물 취급탱크 (이황화탄소 제외) 방유제 기준	하나의 취급탱크 주위에 설치하는 방유제의 용량은 당해 탱크용량의 50% 이상으로 하고, 2 이상의 취급탱크 주위에 하나의 방유제를 설치하는 경우 그 방유제의 용량은 당해 탱크 중 용량이 최대인 것의 50%에 나머지 탱크용량 합계의 10%를 가산한 양 이상이 되게 할 것
고인화점 위험물의 제조소 특례	인화점이 100℃ 이상인 제4류 위험물(이하 "고인화점위험물"이라 한다)

CHAPTER 07 위험물안전관리법 시행규칙 별표

01 위험물안전관리법령상 제조소의 기준에 따라 건축물의 외벽 또는 이에 상당하는 공작물의 외측으로부터 제조소의 외벽 또는 이에 상당하는 공작물의 외측까지의 안전거리 기준으로 틀린 것은? (단, 제6류 위험물을 취급하는 제조소를 제외하고, 건축물에 불연재료로 된 방화상 유효한 담 또는 벽을 설치하지 않은 경우이다.)

① 의료법에 의한 종합병원에 있어서는 30m 이상
② 도시가스사업법에 의한 가스공급시설에 있어서는 20m 이상
③ 사용전압 35000V를 초과하는 특고압가공전선에 있어서는 5m 이상
④ 문화재보호법에 의한 유형문화재에 기념물 중 지정문화재에 있어서는 30m 이상

> **정답** ④
> **해설** (보기④) 문화재보호법에 의한 유형문화재에 기념물 중 지정문화재에 있어서는 30m 이상
> → 50m 이상으로 한다.
> - **안전거리(6류 위험물 취급 제조소 제외)**
>   ① 사용전압이 7,000V 초과 35,000V 이하 : 3m 이상
>   ② 사용전압이 35,000V를 초과 : 5m 이상
>   ③ 주거용 : 10m 이상
>   ④ 고압가스, 액화석유가스 또는 도시가스를 저장 또는 취급하는 시설 : 20m 이상
>   ⑤ 학교·병원·극장(그 밖에 다수인을 수용하는 시설) : 30m 이상
>   ㉠ 학교, 병원급 의료기관, 공연장, 영화상영관 및 그 밖에 이와 유사한 시설로서 3백명 이상의 인원을 수용
>   ㉡ 아동복지시설, 노인복지시설, 장애인복지시설, 한부모가족복지시설, 어린이집, 성매매피해자등을 위한 지원시설, 정신보건시설 그 밖에 이와 유사한 시설로서 20명 이상의 인원을 수용
>   ⑥ 문화재 : 50m 이상

02 문화재보호법의 규정에 의한 유형문화재와 지정문화재에 있어서는 제조소 등과의 수평거리를 몇 m 이상 유지하여야 하는가?

① 20   ② 30
③ 50   ④ 70

> **정답** ③
> **해설** 문화재는 50m 이상 거리를 유지한다.

03 위험물안전관리법령상 위험물을 취급함에 있어서 정전기가 발생할 우려가 있는 설비에 설치할 수 있는 정전기 제거설비 방법이 <u>아닌</u> 것은?
① 접지에 의한 방법
② 공기를 이온화하는 방법
③ 자동적으로 압력의 상승을 정지시키는 방법
④ 공기 중의 상대습도를 70% 이상으로 하는 방법

> **정답** ③
> **해설** ● 정전기 제거설비
> ① 정전기를 유효하게 제거할 수 있는 설비를 설치하여야 한다.
>   ㉠ 접지에 의한 방법
>   ㉡ 공기 중의 상대습도를 70% 이상으로 하는 방법
>   ㉢ 공기를 이온화하는 방법

04 위험물안전관리법령상 제조소에서 취급하는 위험물의 최대수량이 지정수량의 10배 이하인 경우 공지의 너비 기준은?
① 2m 이하   ② 2m 이상
③ 3m 이하   ④ 3m 이상

> **정답** ④
> **해설** ● 제조소의 보유공지
>
> | 취급하는 위험물의 최대수량 | 공지의 너비 |
> |---|---|
> | 지정수량의 10배 이하 | 3m 이상 |
> | 지정수량의 10배 초과 | 5m 이상 |

05 지정수량의 최소 몇 배 이상의 위험물을 취급하는 제조소에는 피뢰침을 설치해야 하는가? (단, 제6류 위험물을 취급하는 위험물제조소는 제외하고, 제조소 주위의 상황에 따라 안전상 지장이 없는 경우도 제외한다.)
① 5배   ② 10배
③ 50배   ④ 100배

> **정답** ②
> **해설** ● 피뢰설비
> 지정수량의 10배 이상의 위험물을 취급하는 제조소(제6류 위험물을 취급하는 제조소를 제외한다)에는 피뢰침을 설치하여야 한다. 다만, 제조소의 주위의 상황에 따라 안전상 지장이 없는 경우에는 피뢰침을 설치하지 아니할 수 있다.

06 위험물안전관리법령에 따른 위험물제조소의 옥외에 있는 위험물취급탱크 용량이 100m³ 및 180m³ 인 2개의 취급탱크 주위에 하나의 방유제를 설치하는 경우 방유제의 최소 용량은 몇 m³ 이어야 하는가?

① 100
② 140
③ 180
④ 280

> **정답** ①
> **해설** ● 제조소의 방유제
> 하나의 취급탱크 주위에 설치하는 방유제의 용량은 당해 탱크용량의 50% 이상으로 하고, 2 이상의 취급탱크 주위에 하나의 방유제를 설치하는 경우 그 방유제의 용량은 당해 탱크 중 용량이 최대인 것의 50%에 나머지 탱크용량 합계의 10%를 가산한 양 이상이 되게 할 것.
> (계산과정) (180 × 0.5) + (100 × 0.1) = 100[m³]

07 제조소등의 위치·구조 및 설비의 기준 중 위험물을 취급하는 건축물의 환기설비 설치 기준으로 다음 ( ) 안에 알맞은 것은?

> 급기구는 당해 급기구가 설치된 실의 바닥면적 (㉠)m^2마다 1개 이상으로 하되, 급기구의 크기는 (㉡)cm^2 이상으로 할 것

① ㉠ 100, ㉡ 800
② ㉠ 150, ㉡ 800
③ ㉠ 100, ㉡ 1000
④ ㉠ 150, ㉡ 1000

> **정답** ②
> **해설** ● 환기설비 설치기준
> ① 환기는 자연배기방식으로 할 것
> ② 급기구는 당해 급기구가 설치된 실의 바닥면적 150m²마다 1개 이상으로 하되, 급기구의 크기는 800cm² 이상으로 할 것. 다만 바닥면적이 150m² 미만인 경우에는 다음의 크기로 하여야 한다.
>
> | 바닥면적 | 급기구의 면적 |
> | --- | --- |
> | 60m² 미만 | 150cm² 이상 |
> | 60m² 이상 90m² 미만 | 300cm² 이상 |
> | 90m² 이상 120m² 미만 | 450cm² 이상 |
> | 120m² 이상 150m² 미만 | 600cm² 이상 |
>
> ③ 급기구는 낮은 곳에 설치하고 가는 눈의 구리망 등으로 인화방지망을 설치할 것
> ④ 환기구는 지붕위 또는 지상 2m 이상의 높이에 회전식 고정벤티레이터 또는 루푸팬방식으로 설치할 것

CHAPTER 07 위험물안전관리법 시행규칙 별표

02 [별표 5] 옥내저장소 위치 · 구조 및 설비 기준

안전거리	[제조소와 동일하게 안전거리 기준 적용]
	* 안전거리 제외 기준
	① 제4석유류 또는 동식물유류의 위험물을 저장 또는 취급하는 옥내저장소로서 그 최대수량이 지정수량의 20배 미만인 것
	② 제6류 위험물을 저장 또는 취급하는 옥내저장소
	③ 지정수량의 20배(하나의 저장창고의 바닥면적이 150㎡ 이하인 경우에는 50배) 이하의 위험물을 저장 또는 취급하는 옥내저장소로서 다음의 기준에 적합한 것
	   (1) 벽 · 기둥 · 바닥 · 보 및 지붕 : 내화구조
	   (2) 저장창고 출입구 : 수시로 열 수 있는 자동폐쇄방식의 60분+,
	      60분 방화문 설치
	   (3) 창을 설치하지 아니할 것

표지 및 게시판	제조소 기준과 동일
저장창고	① 전용의 독립된 건축물로 설치 ② 저장창고는 지면에서 처마까지의 높이(이하 "처마높이"라 한다)가 6m 미만인 단층건물로 하고 그 바닥을 지반면보다 높게 설치 ③ 저장창고의 바닥면적 | 위험물품명 | 바닥면적 | |---|---| | (1) 제1류 위험물 중 지정수량이 50kg인 위험물 (2) 제3류 위험물 중 지정수량이 10kg인 위험물 및 황린 (3) 제4류 위험물 중 특수인화물, 제1석유류 및 알코올류 (4) 제5류 위험물 중 지정수량이 10kg인 위험물 (5) 제6류 위험물 | 1,000㎡ | | 그 외 | 2,000㎡ | | 위의 위험물을 구획실에 각각 저장했을때 | 1,500㎡ | ④ 지붕 폭발력 위로 방출될 정도의 가벼운 불연재료, 천장을 만들지 아니함 ⑤ 저장창고의 출입구에는 60분+, 60분 방화문 또는 30분 방화문을 설치, 연소의 우려가 있는 외벽에 있는 출입구에는 수시로 열 수 있는 자동폐쇄식의 60분+, 60분 방화문 설치 ⑥ 저장창고의 창 또는 출입구 유리는 망입유리 설치 ⑦ 저장창고의 바닥은 위험물이 스며들지 아니하는 구조로 하고, 적당하게 경사지게 하여 그 최저부에 집유설비 설치 ⑧ 지정수량의 10배 이상의 저장창고(제6류 위험물의 저장창고를 제외한다)에는 피뢰침을 설치

03 [별표 6] 옥외탱크저장소의 위치·구조 및 설비 기준

안전거리	[제조소와 동일]	
보유공지	저장 또는 취급하는 위험물의 최대수량	공지의 너비
	• 지정수량의 500배 이하	3m 이상
	• 지정수량의 500배 초과 1,000배 이하	5m 이상
	• 지정수량의 1,000배 초과 2,000배 이하	9m 이상
	• 지정수량의 2,000배 초과 3,000배 이하	12m 이상
	• 지정수량의 3,000배 초과 4,000배 이하	15m 이상
	• 지정수량의 4,000배 초과	• 당해 탱크의 수평단면의 최대지름(횡형인 경우에는 긴 변)과 높이 중 큰 것과 같은 거리 이상. 다만, 30m 초과의 경우에는 30m 이상으로 할 수 있고, 15m 미만의 경우에는 15m 이상으로 하여야 한다.
	① 제6류 위험물 외의 위험물을 저장 또는 취급하는 옥외저장탱크(지정수량의 4,000배를 초과 제외)를 동일한 방유제안에 2개 이상 인접하여 설치하는 경우 그 인접하는 방향의 보유공지는 규정에 의한 보유공지의 3분의 1 이상의 너비로 할 수 있다. 이 경우 보유공지의 너비는 3m 이상이 되어야 한다. ② 제6류 위험물을 저장 또는 취급하는 옥외저장탱크 : 보유공지의 3분의 1 이상의 너비(보유공지 너비 : 1.5m 이상) ③ 제6류 위험물을 옥외저장탱크를 동일구내에 2개 이상 인접하여 설치하는 경우 인접하는 방향 보유공지 : ② 에 의해 산출된 너비의 3분의 1 이상의 너비 (보유공지 너비 : 1.5m 이상)	
표지 및 게시판	제조소 기준과 동일	
특정/준특정 옥외 저장탱크	① 특정옥외저장탱크 : 옥외탱크저장소 중 그 저장 또는 취급하는 액체위험물의 최대수량이 100만ℓ 이상의 것 ② 준특정옥외저장탱크 : 옥외탱크저장소중 그 저장 또는 취급하는 액체위험물의 최대수량이 50만ℓ 이상 100만ℓ 미만의 것	
옥외 저장탱크의 외부구조 및 설비	① 특정옥외저장탱크 및 준특정옥외저장탱크 외에는 두께 3.2㎜ 이상의 강철판 또는 소방청장이 정하여 고시하는 규격에 적합한 재료, 압력탱크(최대상용압력 대기압 초과 탱크)외의 탱크는 충수시험, 압력탱크는 최대상용압력의 1.5배 압력으로 10분간 실시하는 수합시험에서 새거나 변형 없어야 한다. ② 옥외저장탱크는 위험물의 폭발 등에 의하여 탱크내의 압력이 비정상적으로 상승하는 경우에 내부의 가스 또는 증기를 상부로 방출할 수 있는 구조로 하여야 한다. ③ 옥외저장탱크의 외면에는 녹을 방지하기 위한 도장을 하여야 한다. 다만, 탱크의 재질이 부식의 우려가 없는 스테인레스 강판 등인 경우에는 그러하지 아니하다. ④ 옥외저장탱크 밑판을 지반면에 접하게 설치하는 경우 밑판 외면에 부식을 방지하기 위한 조치를 강구	

(1) 아스팔트샌드 등의 방식재료를 댈 것
(2) 탱크 밑판에 전기방식의 조치 강구
(3) 규정에 의한 것과 동등 시상의 부식방지조치 강구
⑤ 4류 위험물 옥외저장탱크 통기관 설치기준(압력탱크외의 탱크)

밸브 없는 통기관	(1) 직경은 30㎜ 이상일 것 (2) 선단은 수평면보다 45도 이상 구부려 빗물 등의 침투를 막는 구조 (3) 인화점이 38℃ 미만인 위험물만을 저장 또는 취급하는 탱크에 설치하는 통기관에는 화염방지장치를 설치하고, 그 외의 탱크에 설치하는 통기관에는 40메쉬(mesh) 이상의 구리망 또는 동등 이상의 성능을 가진 인화방지장치를 설치할 것. (4) 가연성의 증기를 회수하기 위한 밸브를 통기관에 설치하는 경우에 있어서는 당해 통기관의 밸브는 저장탱크에 위험물을 주입하는 경우를 제외하고는 항상 개방되어 있는 구조로 하는 한편, 폐쇄하였을 경우에 있어서는 10㎪ 이하의 압력에서 개방되는 구조로 할 것. 이 경우 개방된 부분의 유효단면적은 777.15㎟ 이상이어야 한다.
대기밸브 부착 통기관	5㎪ 이하의 압력차이로 작동할 수 있을 것

⑥ 액체위험물 옥외저장탱크 주입구 설치기준
(1) 화재예방상 지장 없는 장소 설치
(2) 주입호스 또는 주입관과 결합할 수 있고, 결합하였을 때 위험물이 새지 아니할 것
(3) 주입구에는 밸브 또는 뚜껑을 설치할 것
(4) 휘발유, 벤젠 그 밖에 정전기에 의한 재해가 발생할 우려가 있는 액체위험물의 옥외저장탱크의 주입구 부근에는 정전기를 유효하게 제거하기 위한 접지전극을 설치할 것
(5) 방유턱을 설치하거나 집유설비 등의 장치를 설치할 것
⑦ 옥외저장탱크 펌프설비 설치기준

보유공지	3[m] 이상 (다만, 방화상 유효한 격벽 설치경우와 6류 위험물 또는 지정수량 10배 이하 위험물일 때는 보유공지 제외)
펌프 설비와 옥외저장탱크 사이 거리	보유공지 너비 3분의 1이상
그 외 설치 기준	① 펌프설비는 견고한 기초 위에 고정할 것 ② 펌프 및 이에 부속하는 전동기를 위한 건축물 그 밖의 공작물(이하 "펌프실"이라 한다)의 벽·기둥·바닥 및 보는 불연재료로 할 것 ③ 지붕 폭발력이 위로 방출될 정도의 가벼운 불연재료로 할 것

옥외 저장탱크의 외부구조 및 설비	그 외 설치 기준	④ 펌프실의 창 및 출입구에는 60분+, 60분방화문 또는 30분방화문을 설치할 것 ⑤ 펌프실의 창 및 출입구에 유리를 이용하는 경우에는 망입유리로 할 것 ⑥ 펌프실의 바닥의 주위에는 높이 0.2m 이상의 턱을 만들고 바닥은 콘크리트 등 위험물이 스며들지 아니하는 재료로 적당히 경사지게 하여 그 최저부에는 집유설비를 설치할 것 ⑦ 펌프실에는 위험물을 취급하는데 필요한 채광, 조명 및 환기의 설비를 설치할 것 ⑧ 가연성 증기가 체류할 우려가 있는 펌프실에는 그 증기를 옥외의 높은 곳으로 배출하는 설비를 설치할 것
	⑧ 옥외저장탱크의 배수관은 탱크의 옆판에 설치하여야 한다. 다만, 탱크와 배수관과의 결합부분이 지진 등에 의하여 손상을 받을 우려가 없는 방법으로 배수관을 설치하는 경우에는 탱크의 밑판에 설치할 수 있다. ⑨ 지정수량의 10배 이상인 옥외탱크저장소(제6류 위험물의 옥외탱크저장소를 제외)에는 피뢰침을 설치 ⑩ 액체위험물 옥외저장탱크 주위에는 유출 방지하기위한 방유제 설치 ⑪ 제3류 위험물 중 금수성물질(고체에 한한다)의 옥외저장탱크에는 방수성의 불연재료로 만든 피복설비를 설치 ⑫ 이황화탄소의 옥외저장탱크는 벽 및 바닥의 두께가 0.2m 이상이고 누수가 되지 아니하는 철근콘크리트의 수조에 넣어 보관하여야 한다. 이 경우 보유공지·통기관 및 자동계량장치는 생략	
방유제	• 인화성액체위험물(이황화탄소를 제외한다)의 옥외탱크저장소의 탱크 주위에는 다음 각목의 기준에 의하여 방유제를 설치 ① 방유제의 용량은 방유제안에 설치된 탱크가 하나인 때에는 그 탱크 용량의 110% 이상, 2기 이상인 때에는 그 탱크 중 용량이 최대인 것의 용량의 110% 이상으로 할 것. ② 방유제는 높이 0.5m 이상 3m 이하, 두께 0.2m 이상, 지하매설깊이 1m 이상으로 할 것. (방유제와 옥외저장탱크 사이의 지반면 아래에 불침윤성 구조물을 설치하는 경우에는 지하매설깊이를 해당 불침윤성 구조물까지로 함) ③ 방유제내의 면적은 8만㎡ 이하로 할 것 ④ 방유제 내의 설치하는 옥외저장탱크의 수는 10(방유제내에 설치하는 모든 옥외저장탱크의 용량이20만ℓ 이하이고, 당해 옥외저장탱크에 저장 또는 취급하는 위험물의 인화점이 70℃ 이상200℃ 미만인 경우에는 20) 이하로 할 것 ⑤ 방유제 외면의 2분의 1 이상은 자동차 등이 통행할 수 있는 3m 이상의 노면폭을 확보한 구내 도로(옥외저장탱크가 있는 부지 내의 도로를 말한다. 이하 같다)에 직접 접하도록 할 것. ⑥ 방유제는 철근콘크리트로 하고, 방유제와 옥외저장탱크 사이의 지표면은 불연성과 불침윤성이 있는 구조(철근콘크리트 등)로 할 것. ⑦ 용량이 1,000만ℓ 이상인 옥외저장탱크의 주위에 설치하는 방유제에는 당해 탱크마다 간막이 둑을 설치할 것	

방유제	1) 간막이 둑의 높이는 0.3m(방유제내에 설치되는 옥외저장탱크의 용량의 합계가 2억ℓ를 넘는 방유제에 있어서는 1m)이상으로 하되, 방유제의 높이보다 0.2m 이상 낮게 할 것 2) 간막이 둑은 흙 또는 철근콘크리트로 할 것 3) 간막이 둑의 용량은 간막이 둑안에 설치된 탱크의 용량의 10% 이상일 것 ⑧ 방유제 또는 간막이 둑에는 해당 방유제를 관통하는 배관을 설치하지 아니할 것. ⑨ 방유제에는 그 내부에 고인 물을 외부로 배출하기 위한 배수구를 설치하고 이를 개폐하는 밸브 등을 방유제의 외부에 설치할 것 ⑩ 높이가 1m를 넘는 방유제 및 간막이 둑의 안팎에는 방유제내에 출입하기 위한 계단 또는 경사로를 약 50m마다 설치할 것

CHAPTER 07 위험물안전관리법 시행규칙 별표

01 위험물안전관리법령상 인화성액체위험물(이황화탄소를 제외)의 옥외탱크저장소의 탱크 주위에 설치하여야 하는 방유제의 기준 중 틀린 것은?

① 방유제의 용량은 방유제안에 설치된 탱크가 하나인 때에는 그 탱크 용량의 110% 이상으로 할 것
② 방유제의 용량은 방유제안에 설치된 탱크가 2기 이상인 때에는 그 탱크 중 용량이 최대인 것의 용량의 110% 이상으로 할 것
③ 방유제는 높이 1m 이상 2m 이하, 두께 0.2m 이상, 지하매설깊이 0.5m 이상으로 할 것
④ 방유제내의 면적은 80000m² 이하로 할 것

> **정답** ③
> **해설** 방유제는 높이 0.5m 이상 3m 이하, 두께 0.2m 이상, 지하매설깊이 1m 이상으로 할 것. 다만, 방유제와 옥외저장탱크 사이의 지반면 아래에 불침윤성(不浸潤性) 구조물을 설치하는 경우에는 지하매설깊이를 해당 불침윤성 구조물까지로 할 수 있다.

02 위험물안전관리법령에 따른 인화성액체 위험물(이황화탄소를 제외)의 옥외탱크 저장소의 탱크 주위에 설치하는 방유제의 설치기준 중 옳은 것은?

① 방유제의 높이는 0.5m 이상 2.0m 이하로 할 것
② 방유제내의 면적은 100000m² 이하로 할 것
③ 방유제의 용량은 방유제안에 설치된 탱크가 2기 이상인 때에는 그 탱크 중 용량이 최대인 것의 용량의 120% 이상으로 할 것
④ 높이가 1m를 넘는 방유제 및 간막이 둑의 안팎에는 방유제내에 출입하기 위한 계단 또는 경사로를 약 50m마다 설치할 것

> **정답** ④
> **해설** • 방유제
> • 보기①번 : 방유제의 높이는 0.5m이상 3m 이하로 할 것
> • 보기②번 : 방유제의 면적은 8만m² 이하로 할 것
> • 보기③번 : 방유제의 용량은 방유제안에 설치된 탱크가 2기 이상인 때에는 그 탱크 중 용량이 최대인 것의 용량의 110% 이상으로 할 것

03 위험물안전관리법령상 인화성액체위험물(이황화탄소를 제외)의 옥외탱크저장소의 탱크 주위에 설치하여야 하는 방유제의 설치 기준 중 틀린 것은?

① 방유제 내의 면적은 60000㎡ 이하로 하여야 한다.
② 방유제는 높이 0.5m 이상 3m 이하, 두께 0.2 이상, 지하매설깊이 1m 이상으로 할 것. 다만, 방유제와 옥외저장탱크 사이의 지반면 아래에 불침윤성 구조물을 설치하는 경우에는 지하매설깊이를 해당 불침윤성 구조물까지로 할 수 있다.
③ 방유제의 용량은 방유제 안에 설치된 탱크가 하나인 때에는 그 탱크 용량의 110% 이상, 2기 이상인 때에는 그 탱크 중 용량이 최대인 것의 용량의 110% 이상으로 하여야 한다.
④ 방유제는 철근콘크리트로 하고, 방유제와 옥외저장탱크 사이의 지표면은 불연성과 불침윤성이 있는 구조(철근콘크리트 등)로 할 것. 다만, 누출된 위험물을 수용할 수 있는 전용유조 및 펌프 등의 설비를 갖춘 경우에는 방유제와 옥외저장탱크 사이의 지표면을 흙으로 할 수 있다.

정답 ①
해설 • 방유제 : 방유제내의 면적은 8만㎡ 이하로 한다.

CHAPTER 07 위험물안전관리법 시행규칙 별표

04 [별표 8] 지하탱크저장소의 위치·구조 및 설비 기준

1. 위험물을 저장 또는 취급하는 지하탱크는 지면하에 설치된 탱크전용실에 설치하여야 한다.
2. 탱크전용실에 설치 하는 경우(4류 위험물만 해당)
   ① 당해 탱크를 지하철·지하가 또는 지하터널로부터 수평거리 10m 이내의 장소 또는 지하건축물내의 장소에 설치하지 아니할 것
   ② 당해 탱크를 그 수평투영의 세로 및 가로보다 각각 0.6m 이상 크고 두께가 0.3m 이상인 철근콘크리트조의 뚜껑으로 덮을 것
   ③ 뚜껑에 걸리는 중량이 직접 당해 탱크에 걸리지 아니하는 구조일 것
   ④ 당해 탱크를 견고한 기초 위에 고정할 것
   ⑤ 당해 탱크를 지하의 가장 가까운 벽·피트·가스관 등의 시설물 및 대지경계선으로부터 0.6m 이상 떨어진 곳에 매설할 것
3. 탱크전용실은 지하의 가장 가까운 벽·피트·가스관 등의 시설물 및 대지경계선으로부터 0.1m 이상 떨어진 곳에 설치하고, 지하저장탱크와 탱크전용실의 안쪽과의 사이는 0.1m 이상의 간격을 유지하도록 하며, 당해 탱크의 주위에 마른 모래 또는 습기 등에 의하여 응고되지 아니하는 입자지름 5mm 이하의 마른 자갈분을 채워야 한다.
4. 지하저장탱크의 윗부분은 지면으로부터 0.6m 이상 아래에 있어야 한다.
5. 지하저장탱크를 2 이상 인접해 설치하는 경우에는 그 상호간에 1m(당해 2 이상의 지하저장탱크의 용량의 합계가 지정수량의 100배 이하인 때에는 0.5m) 이상의 간격을 유지하여야 한다. 다만, 그 사이에 탱크전용실의 벽이나 두께 20cm 이상의 콘크리트 구조물이 있는 경우에는 그러하지 아니하다.
6. 지하탱크저장소에는 보기 쉬운 곳에 "위험물 지하탱크저장소"라는 표시를 한 표지와 방화에 관하여 필요한 사항을 게시한 게시판을 설치하여야 한다.

05 [별표 9] 간이탱크저장소의 위치·구조 및 설비의 기준

1. 위험물을 저장 또는 취급하는 간이탱크는 옥외에 설치하여야 한다.
2. 하나의 간이탱크저장소에 설치하는 간이저장탱크는 그 수를 3 이하로 하고, 동일한 품질의 위험물의 간이저장탱크를 2 이상 설치하지 아니하여야 한다.
3. 간이저장탱크는 움직이거나 넘어지지 아니하도록 지면 또는 가설대에 고정시키되, 옥외에 설치하는 경우에는 그 탱크의 주위에 너비 1m 이상의 공지를 두고, 전용실안에 설치하는 경우에는 탱크와 전용실의 벽과의 사이에 0.5m 이상의 간격을 유지하여야 한다.
5. 간이저장탱크의 용량은 600ℓ 이하이어야 한다.

6. 간이저장탱크에는 다음 각 목의 구분에 따른 기준에 적합한 밸브 없는 통기관 또는 대기밸브부착 통기관을 설치하여야 한다.
   ① 밸브 없는 통기관
      ㉠ 통기관의 지름은 25mm 이상으로 할 것
      ㉡ 통기관은 옥외에 설치하되, 그 선단의 높이는 지상 1.5m 이상으로 할 것
      ㉢ 통기관의 선단은 수평면에 대하여 아래로 45° 이상 구부려 빗물 등이 침투하지 아니하도록 할 것
      ㉣ 가는 눈의 구리망 등으로 인화방지장치를 할 것

06 [별표 13] 주유취급소의 위치·구조 및 설비의 기준

1. 주유공지 및 급유공지
   ① 주유취급소의 고정주유설비(펌프기기 및 호스기기로 되어 위험물을 자동차등에 직접 주유하기 위한 설비로서 현수식의 것을 포함한다. 이하 같다)의 주위에는 주유를 받으려는 자동차 등이 출입할 수 있도록 너비 15m 이상, 길이 6m 이상의 콘크리트 등으로 포장한 공지(이하 "주유공지"라 한다)를 보유하여야 하고, 고정급유설비(펌프기기 및 호스기기로 되어 위험물을 용기에 옮겨 담거나 이동저장탱크에 주입하기 위한 설비로서 현수식의 것을 포함한다. 이하 같다)를 설치하는 경우에는 고정급유설비의 호스기기의 주위에 필요한 공지(이하 "급유공지"라 한다)를 보유하여야 한다.
   ② 제1호의 규정에 의한 공지의 바닥은 주위 지면보다 높게 하고, 그 표면을 적당하게 경사지게 하여 새어나온 기름 그 밖의 액체가 공지의 외부로 유출되지 아니하도록 배수구·집유설비 및 유분리장치를 하여야 한다.

2. 표지 및 게시판
   주유취급소에는 보기 쉬운 곳에 "위험물 주유취급소"라는 표시를 한 표지, 방화에 관하여 필요한 사항을 게시한 게시판 및 황색바탕에 흑색문자로 "주유 중 엔진정지"라는 표시를 한 게시판을 설치하여야 한다.

3. 탱크
   ① 주유취급소에는 다음 각목의 탱크 외에는 위험물을 저장 또는 취급하는 탱크를 설치할 수 없다.
      ㉠ 자동차 등에 주유하기 위한 고정주유설비에 직접 접속하는 전용탱크로서 50,000ℓ 이하의 것
      ㉡ 고정급유설비에 직접 접속하는 전용탱크로서 50,000ℓ 이하의 것
      ㉢ 보일러 등에 직접 접속하는 전용탱크로서 10,000ℓ 이하의 것
      ㉣ 자동차 등을 점검·정비하는 작업장 등(주유취급소안에 설치된 것에 한한다)에서 사용하는 폐유·윤활유 등의 위험물을 저장하는 탱크로서 용량(2 이상 설치하는 경우에는 각 용량의 합계를 말한다)이 2,000ℓ 이하인 탱크(이하 "폐유탱크등"이라 한다)
      ㉤ 고정주유설비 또는 고정급유설비에 직접 접속하는 3기 이하의 간이탱크

4. 고정주유설비
   ① 주유취급소에는 자동차 등의 연료탱크에 직접 주유하기 위한 고정주유설비를 설치하여야 한다.
   ② 고정주유설비 또는 고정급유설비의 주유관의 길이(선단의 개폐밸브를 포함한다)는 5m(현수식의 경우에는 지면위 0.5m의 수평면에 수직으로 내려 만나는 점을 중심으로 반경 3m) 이내로 하고 그 선단에는 축적된 정전기를 유효하게 제거할 수 있는 장치를 설치하여야 한다.
   ③ 고정주유설비 또는 고정급유설비는 다음 각목의 기준에 적합한 위치에 설치하여야 한다.
      ㉠ 고정주유설비의 중심선을 기점으로 하여 도로경계선까지 4m 이상, 부지경계선·담 및 건축물의 벽까지 2m(개구부가 없는 벽까지는 1m) 이상의 거리를 유지하고, 고정급유설비의 중심선을 기점으로 하여 도로경계선까지 4m 이상, 부지경계선 및 담까지 1m 이상, 건축물의 벽까지 2m(개구부가 없는 벽까지는 1m) 이상의 거리를 유지할 것
      ㉡ 고정주유설비와 고정급유설비의 사이에는 4m 이상의 거리를 유지할 것

5. 건축물 등의 제한 등
   ① 주유취급소에는 주유 또는 그에 부대하는 업무를 위하여 사용되는 다음 각목의 건축물 또는 시설 외에는 다른 건축물 그 밖의 공작물을 설치할 수 없다.
      ㉠ 주유 또는 등유·경유를 옮겨 담기 위한 작업장
      ㉡ 주유취급소의 업무를 행하기 위한 사무소
      ㉢ 자동차 등의 점검 및 간이정비를 위한 작업장
      ㉣ 자동차 등의 세정을 위한 작업장
      ㉤ 주유취급소에 출입하는 사람을 대상으로 한 점포·휴게음식점 또는 전시장
      ㉥ 주유취급소의 관계자가 거주하는 주거시설
      ㉦ 전기자동차용 충전설비(전기를 동력원으로 하는 자동차에 직접 전기를 공급하는 설비를 말한다. 이하 같다)
      ㉧ 그 밖의 소방청장이 정하여 고시하는 건축물 또는 시설
   ② 제1호 각목의 건축물 중 주유취급소의 직원 외의 자가 출입하는 나목·다목 및 마목의 용도에 제공하는 부분의 면적의 합은 1,000㎡를 초과할 수 없다.

6. 셀프 주유취급소의 특례
   셀프용고정주유설비의 기준은 다음의 각목과 같다.
   ① 주유호스의 선단부에 수동개폐장치를 부착한 주유노즐을 설치할 것 다만, 수동개폐장치를 개방한 상태로 고정시키는 장치가 부착된 경우에는 다음의 기준에 적합하여야 한다.
      ㉠ 주유작업을 개시함에 있어서 주유노즐의 수동개폐장치가 개방상태에 있는 때에는 당해 수동개폐장치를 일단 폐쇄시켜야만 다시 주유를 개시할 수 있는 구조로 할 것
      ㉡ 주유노즐이 자동차 등의 주유구로부터 이탈된 경우 주유를 자동적으로 정지시키는 구조일 것
   ② 주유노즐은 자동차 등의 연료탱크가 가득 찬 경우 자동적으로 정지시키는 구조일 것
   ③ 주유호스는 200kg중 이하의 하중에 의하여 파단(破斷) 또는 이탈되어야 하고, 파단 또는 이탈된 부분으로부터의 위험물 누출을 방지할 수 있는 구조일 것
   ④ 휘발유와 경유 상호간의 오인에 의한 주유를 방지할 수 있는 구조일 것

⑤ 1회의 연속주유량 및 주유시간의 상한을 미리 설정할 수 있는 구조일 것 이 경우 주유량의 상한은 휘발유는 100ℓ 이하, 경유는 200ℓ 이하로 하며, 주유시간의 상한은 4분 이하로 한다.

07 [별표 14] 판매취급소의 위치·구조 및 설비의 기준

1. 1종 판매취급소(지정수량 20배 이하)
   ① 제1종 판매취급소는 건축물의 1층에 설치할 것
   ② 제1종 판매취급소에는 보기 쉬운 곳에 "위험물 판매취급소(제1종)"라는 표시를 한 표지와 방화에 관하여 필요한 사항을 게시한 게시판을 설치하여야 한다.
   ③ 제1종 판매취급소의 용도로 사용되는 건축물의 부분은 내화구조 또는 불연재료로 하고, 판매취급소로 사용되는 부분과 다른 부분과의 격벽은 내화구조로 할 것
   ④ 제1종 판매취급소의 용도로 사용하는 건축물의 부분은 보를 불연재료로 하고, 천장을 설치하는 경우에는 천장을 불연재료로 할 것
   ⑤ 제1종 판매취급소의 용도로 사용하는 부분에 상층이 있는 경우에 있어서는 그 상층의 바닥을 내화구조로 하고, 상층이 없는 경우에 있어서는 지붕을 내화구조 또는 불연재료로 할 것
   ⑥ 제1종 판매취급소의 용도로 사용하는 부분의 창 및 출입구에는 60분+, 60분방화문 또는 30분 방화문을 설치할 것
   ⑦ 제1종 판매취급소의 용도로 사용하는 부분의 창 또는 출입구에 유리를 이용하는 경우에는 망입유리로 할 것
   ⑧ 제1종 판매취급소의 용도로 사용하는 건축물에 설치하는 전기설비는 전기사업법에 의한 전기설비기술기준에 의할 것

2. 2종 판매취급소(지정수량의 40배 이하)
   ① 제2종 판매취급소의 용도로 사용하는 부분은 벽·기둥·바닥 및 보를 내화구조로 하고, 천장이 있는 경우에는 이를 불연재료로 하며, 판매취급소로 사용되는 부분과 다른 부분과의 격벽은 내화구조로 할 것
   ② 제2종 판매취급소의 용도로 사용하는 부분에 상층이 있는 경우에 있어서는 상층의 바닥을 내화구조로 하는 동시에 상층으로의 연소를 방지하기 위한 조치를 강구하고, 상층이 없는 경우에는 지붕을 내화구조로 할 것
   ③ 제2종 판매취급소의 용도로 사용하는 부분 연소의 우려가 없는 부분에 한하여 창을 두되, 당해 창에는 60분+, 60분방화문 또는 30분 방화문을 설치할 것
   ④ 제2종 판매취급소의 용도로 사용하는 부분의 출입구에는 60분+, 60분방화문 또는 30분 방화문을 설치할 것. 다만, 당해 부분중 연소의 우려가 있는 벽 또는 창의 부분에 설치하는 출입구에는 수시로 열 수 있는 자동폐쇄식의 60분+, 60분방화문을 설치하여야 한다.

08 [별표 17] 소화설비, 경보설비 및 피난설비의 기준(아래 전체내용 추가)

1. 위험물 제조소등에 설치하는 소화설비
   (1) 제조소등에는 화재발생시 소화가 곤란한 정도에 따라 그 소화에 적응성이 있는 소화설비를 설치
   (2) 소화가 곤란한 정도에 따른 소화난이도는 소화난이도등급Ⅰ, 소화난이도등급Ⅱ 및 소화난이도등급Ⅲ으로 구분
   (3) 소화설비 설치기준

전기설비	제조소등에 전기설비 설치시 100㎡마다 소형수동식 소화기 1개 이상 설치

소요단위 및 능력단위	① 소요단위 : 건축물 공작물 규모 또는 위험물 양의 기준단위
	② 능력단위 : 소요단위에 대응하는 소화설비의 소화능력 기준단위
	③ 소요단위의 계산
	  1. 제조소 또는 취급소의 건축물
	    – 외벽이 내화구조 : 연면적 100㎡를 1소요단위
	    – 외벽이 내화구조가 아닌 것 : 연면적 50㎡를 1소요단위
	  2. 저장소 건축물
	    – 외벽이 내화구조 : 연면적 150㎡를 1소요단위
	    – 외벽이 내화구조가 아닌 것 : 연면적 75㎡를 1소요단위
	  3. 옥외 설치 공작물은 외벽 내화구조로 간주하고 최대수평투영면적을 연면적으로 간주하여 위 규정에 의하여 소요단위 산정
	  4. 위험물은 지정수량 10배를 1소요단위로 산정

옥내소화전	① 층마다 호스 접속구까지 수평거리 25m 이하 ② 수원 수량 : 설치개수(최대 5개)×7.8㎥ ③ 방수압력 : 350kPa 이상, 방수량 : 1분당 260ℓ 이상
옥외소화전	① 수평거리 40m 이하(설치개수 1개일 때는 2개로 함) ② 수원 수량 : 설치개수(최대 4개)×13.5㎥ ③ 방수압력 : 350kPa 이상, 방수량 : 1분당 450ℓ 이상
스프링클러	① 헤드 수평거리 1.7m 이하(살수밀도 충족시 2.6m) ② 개방형헤드 방사구역 150㎡ 이상 ③ 수원 수량 : 폐쇄형은 30개, 개방형은 설치개수×2.4㎥ ④ 방수압력 : 100kPa(살수밀도 충족시 50)이상 ⑤ 방수량 : 1분당 80ℓ(살수밀도 충족시 56) 이상
물분무	① 방사구역 150㎡ 이상 ② 수원 수량 : 표면적 1㎡당 1분당 20ℓ의 비율로 계산한 양으로 30분간 방사할 수 있는 양 이상 ④ 방수압력 : 350kPa
[그외] : 소형 수동식소화기 보행 20m, 대형 수동식소화기 보행 30m	

2. 위험물 제조소등에 설치하는 경보설비(이동탱크 저장소 제외)]
   (1) 지정수량의 10배 이상의 위험물을 저장 또는 취급하는 제조소등(이동탱크저장소를 제외한다)에는 화재발생시 이를 알릴 수 있는 경보설비를 설치
   (2) 경보설비는 자동화재탐지설비·자동화재속보설비·비상경보설비(비상벨장치 또는 경종을 포함한다)·확성장치(휴대용확성기를 포함한다) 및 비상방송설비로 구분

구분	규모, 저장 취급 위험물의 종류 및 최대수량 등	경보설비
1. 제조소 및 일반취급소	• 옌 500[㎡] ↑ • 옥내에서 지정수량 100배↑ (고인화점 위험물만을 100℃ 미만 취급시 제외) • 일반취급소로 사용되는 부분 외의 부분이 있는 건축물에 설치된 일반취급소	자동화재탐지설비
2. 옥내저장소	• 지정100배 ↑ 저장 취급(고인화점 위험물 제외) • 옌 150[㎡] ↑ (초과) • 처마높이 6m ↑ 단층건물 • 옥내저장소로 사용되는 부분 외의 부분이 있는 건축물에 설치된 옥내저장소	
3. 옥내탱크 저장소	• 단층 건물 외의 건축물에 설치된 옥내탱크저장소 : 소화난이도등급 Ⅰ	
4. 주유취급소	옥내주유취급소	
5. 옥외탱크 저장소	• 특수인화물, 제1석유류 및 알코올류 저장·취급 탱크 용량 : 1,000만리터 ↑	• 자동화재탐지설비 • 자동화재속보설비
6. 제1호 내지 제4호의 자동화재탐지설비 설치 대상에 해당하지 아니하는 제조소등	• 지정수량의 10배 ↑ 저장·취급	• 자동화재 탐지설비 • 비상경보설비 • 확성장치 또는 비상방송설비 중 1종

   (3) 자동화재탐지설비의 설치기준
   ① 경계구역은 건축물 그 밖의 공작물의 2 이상의 층에 걸치지 아니하도록 할 것. 다만, 하나의 경계구역의 면적이 500㎡ 이하이면서 당해 경계구역이 두 개의 층에 걸치는 경우이거나 계단·경사로·승강기의 승강로 그 밖에 이와 유사한장소에 연기감지기를 설치하는 경우에는 그러하지 아니하다.
   ② 하나의 경계구역의 면적은 600㎡ 이하로 하고 그 한 변의 길이는 50m(광전식분리형 감지기 설치100m) 이하로 할 것. 다만, 당해 건축물 그 밖의 공작물의 주요한 입구에서 그 내부의 전체를 볼 수 있는 경우에 있어서는 그 면적을 1,000㎡ 이하로 할 수 있다.
   ③ 자동화재탐지설비의 감지기는 지붕또는 벽의 옥내에 면한부분에 유효하게화재의 발생을 감지할 수 있도록 설치할 것
   ④ 자동화재탐지설비에는 비상전원을 설치할 것

3. 위험물 제조소등에 설치하는 피난설비
    (1) 주유취급소 중 건축물의 2층 이상의 부분을 점포·휴게음식점 또는 전시장의 용도로 사용하는 것에 있어서는 당해 건축물의 2층 이상으로부터 주유취급소의 부지 밖으로 통하는 출입구와 당해 출입구로 통하는 통로·계단 및 출입구에 유도등을 설치하여야 한다.
    (2) 옥내주유취급소에 있어서는 당해 사무소 등의 출입구 및 피난구와 당해 피난구로 통하는 통로·계단 및 출입구에 유도등을 설치하여야 한다.
    (3) 유도등에는 비상전원을 설치하여야 한다.

CHAPTER 07 위험물안전관리법 시행규칙 별표

01 위험물안전관리법령상 제조소등에 설치하여야 할 자동화재탐지설비의 설치기준 중 ( ) 안에 알맞은 내용은? (단, 광전식분리형 감지기 설치는 제외한다.)

> 하나의 경계구역의 면적은 (㉠)[㎡]이하로 하고 그 한 변의 길이는 (㉡)[m] 이하로 할 것. 다만, 당해 건축물 그 밖의 공작물의 주요한 출입구에서 그 내부의 전체를 볼 수 있는 경우에 있어서는 그 면적을 1000[㎡]이하로 할 수 있다.

① ㉠ 300, ㉡ 20
② ㉠ 400, ㉡ 30
③ ㉠ 500, ㉡ 40
④ ㉠ 600, ㉡ 50

정답 ④

해설 • 위험물안전관리법 시행규칙 별표 17
제조소등에 설치하는 자동화재 탐지설비의 하나의 경계구역의 면적은 600[㎡]이하로 하고 그 한 변의 길이는 50[m] 이하로 할 것. 다만, 당해 건축물 그 밖의 공작물의 주요한 출입구에서 그 내부의 전체를 볼 수 있는 경우에 있어서는 그 면적을 1000[㎡]이하로 할 수 있다.

02 위험물안전관리법령상 소화 난이도 등급 Ⅰ의 옥내탱크저장소에서 유황만을 저장·취급 할 경우 설치하여야 하는 소화설비로 옳은 것은?

① 물분무소화설비
② 스프링클러설비
③ 포소화설비
④ 옥내소화전설비

정답 ①

해설 • 위험물안전관리법 시행규칙 별표 17

제조소등의 구분		소화설비
옥내 탱크 저장소	황만을 저장취급하는 것	물분무소화설비
	인화점 70℃ 이상의 제4류 위험물만을 저장취급하는 것	물분무소화설비, 고정식 포소화설비, 이동식 이외의 불활성가스소화설비, 이동식 이외의 할로겐화합물소화설비 또는 이동식 이외의 분말소화설비
	그 밖의 것	고정식 포소화설비, 이동식 이외의 불활성가스소화설비, 이동식 이외의 할로겐화합물소화설비 또는 이동식 이외의 분말소화설비

03 위험물안전관리법령상 제조소등의 경보설비 설치기준에 대한 설명으로 <u>틀린</u> 것은?

① 제조소 및 일반취급소의 연면적이 500m² 이상인것에는 자동화재탐지설비를 설치한다.
② 자동신호장치를 갖춘 스프링클러설비 또는 물분무등소화설비를 설치한 제조소등에 있어서는 자동화재탐지설비를 설치한 것으로 본다.
③ 경보설비는 자동화재탐지설비·비상경보설비(비상벨장치 또는 경종 포함)·확성장치(휴대용확성기 포함) 및 비상방송설비로 구분한다.
④ 지정수량의 10배 이상의 위험물을 저장 또는 취급하는 제조소등(이동탱크저장소를 포함한다)에는 화재발생 시 이를 알릴 수 있는 경보설비를 설치하여야 한다.

> **정답** ④
> **해설** • 위험물안전관리법 시행규칙 별표 17 : 이동탱크저장소에는 경보설비를 설치하지 않는다.

04 소화난이도등급Ⅲ인 지하탱크저장소에 설치하여야 하는 소화설비의 설치기준으로 옳은 것은?

① 능력단위 수치가 3 이상의 소형 수동식소화기 등 1개 이상
② 능력단위 수치가 3 이상의 소형 수동식소화기 등 2개 이상
③ 능력단위 수치가 2 이상의 소형 수동식소화기 등 1개 이상
④ 능력단위 수치가 2 이상의 소형 수동식소화기 등 2개 이상

> **정답** ②
> **해설** • 위험물안전관리법 시행규칙 별표 17
> 소화난이도 Ⅲ인 지하탱크에는 능력단위 수치 3이상의 소형 수동식 소화기 등 2개 이상을 설치한다.

05 위험물안전관리 법령상 옥내주유취급소에 있어서 당해 사무소 등의 출입구 및 피난구와 당해 피난구로 통하는 통로·계단 및 출입구에 설치해야 하는 피난설비는?

① 유도등   ② 구조대
③ 피난사다리   ④ 완강기

> **정답** ①
> **해설** 유도등을 설치한다.

PART 06 소방법 벌칙정리

CHAPTER 01 총칙
CHAPTER 02 위험물시설의 설치 및 변경
CHAPTER 03 위험물시설의 안전관리
CHAPTER 04 위험물의 운반 등
CHAPTER 05 감독 및 조치명령
CHAPTER 06 보칙
CHAPTER 07 위험물안전관리법 별칙

CHAPTER 01 소방법 벌금 및 과태료 기준 정리

01 소방기본법

① 벌금

벌금	위반내용
5년↓ 징역 or 5천↓	① 위력(威力)을 사용하여 출동한 소방대의 화재진압・인명구조 또는 구급활동을 방해하는 행위 ② 소방대가 화재진압・인명구조 또는 구급활동을 위하여 현장에 출동하거나 현장에 출입하는 것을 고의로 방해하는 행위 ③ 출동한 소방대원에게 폭행 또는 협박을 행사하여 화재진압・인명구조 또는 구급활동을 방해하는 행위 ④ 출동한 소방대의 소방장비를 파손하거나 그 효용을 해하여 화재진압・인명구조 또는 구급활동을 방해하는 행위 ⑤ 소방자동차의 출동을 방해한 사람 ⑥ 사람을 구출하는 일 또는 불을 끄거나 불이 번지지 아니하도록 하는 일을 방해한 사람 ⑦ 정당한 사유 없이 소방용수시설 또는 비상소화장치를 사용하거나 소방용수시설 또는 비상소화장치의 효용을 해치거나 그 정당한 사용을 방해한 사람
3년↓ 징역 or 3천↓	강제처분 방해한자 또는 정당한 사유 없이 처분에 따르지 아니한자 [필요한 경우의 강제처분만 해당]
300만원↓	강제처분 방해한자 또는 정당한 사유 없이 처분에 따르지 아니한자 [긴급한 경우와 차량 이동 강제처분만 해당]
100만원↓	① 소방대의 생활안전활동을 방해한 자 ② 정당한 사유 없이 소방대가 현장에 도착할 때까지 사람을 구출하는 조치 또는 불을 끄거나 불이 번지지 아니하도록 하는 조치를 하지 아니한 사람 ③ 피난 명령을 위반한 사람 ④ 위험시설 긴급조치 명령을 위반한 사람

② 과태료

과태료	위반내용
500만원↓	① 화재 또는 구조・구급이 필요한 상황을 거짓으로 알린 사람 ② 정당한 사유 없이 화재, 재난・재해, 그 밖의 위급한 상황을 소방본부, 소방서 또는 관계 행정기관에 알리지 아니한 관계인
200만원↓	① 한국119청소년단 또는 이와 유사한 명칭을 사용한 자 ② 소방자동차의 출동에 지장을 준 자[우선통행 지장] ③ 소방활동구역 출입자 ④ 한국소방안전원 또는 이와 유사한 명칭을 사용한 자

100만원↓	전용구역에 차를 주차하거나 전용구역에의 진입을 가로막는 등의 방해행위를 한 자
20만원↓	화재오인할 만할 우려가 있는 작업을 신고 하지 아니하여 소방자동차를 출동하게 한 자

02 소방시설법

① 벌금

벌금	위반내용
10년↓ 징역 or 1억원↓	소방시설에 폐쇄·차단 등의 행위로 사망에 이르게 한자
7년↓ 징역 or 7천만원↓	소방시설에 폐쇄·차단 등의 행위로 상해를 입힌자
5년↓ 징역 or 5천만원↓	소방시설에 폐쇄·차단 등의 행위를 한 자
3년↓ 징역 or 3천만원↓	① 소방시설법상 조치명령 위반자 ② 관리업의 등록을 하지 아니하고 영업을 한 자 ③ 소방용품의 형식승인을 받지 아니하고 소방용품을 제조하거나 수입한 자 또는 거짓이나 그 밖의 부정한 방법으로 형식승인을 받은 자 ④ 제품검사를 받지 아니한 자 또는 거짓이나 그 밖의 부정한 방법으로 제품검사를 받은 자 ⑤ 형식승인을 받지 아니한 제품을 소방용품을 판매·진열하거나 소방시설공사에 사용한 자 ⑥ 거짓이나 그 밖의 부정한 방법으로 성능인증 또는 제품검사를 받은 자 ⑦ 제품검사를 받지 아니하거나 합격표시를 하지 아니한 소방용품을 판매·진열하거나 소방시설공사에 사용한 자
1년↓ 징역 or 1천만원↓	① 소방시설등에 대하여 스스로 점검을 하지 아니하거나 관리업자등으로 하여금 정기적으로 점검하게 하지 아니한 자 ② 소방시설관리사증을 다른 사람에게 빌려주거나 빌리거나 이를 알선한 자 ③ 동시에 둘 이상의 업체에 취업한 자 ④ 관리업의 등록증이나 등록수첩을 다른 자에게 빌려주거나 빌리거나 이를 알선한 자 ⑤ 영업정지처분을 받고 그 영업정지기간 중에 관리업의 업무를 한 자 ⑥ 제품검사에 합격하지 아니한 제품에 합격표시를 하거나 합격표시를 위조 또는 변조하여 사용한 자 ⑦ 형식승인이나 성능인증의 변경승인을 받지 아니한 자

1년↓ 징역 or 1천만원↓	⑨ 제품검사에 합격하지 아니한 소방용품에 성능인증을 받았다는 표시 또는 제품검사에 합격하였다는 표시를 하거나 성능인증을 받았다는 표시 또는 제품검사에 합격하였다는 표시를 위조 또는 변조하여 사용한 자 ⑩ 성능인증의 변경인증을 받지 아니한 자 ⑪ 우수품질인증을 받지 아니한 제품에 우수품질인증 표시를 하거나 우수품질인증 표시를 위조하거나 변조하여 사용한 자 ⑫ 관계인의 정당한 업무를 방해하거나 출입·검사 업무를 수행하면서 알게 된 비밀을 다른 사람에게 누설한 자
300만원↓	① 업무를 수행하면서 알게 된 비밀을 이 법에서 정한 목적 외의 용도로 사용하거나 다른 사람 또는 기관에 제공하거나 누설한 자 ② 방염성능검사에 합격하지 아니한 물품에 합격표시를 하거나 합격표시를 위조하거나 변조하여 사용한 자 ③ 거짓 시료를 제출한 자

② 과태료

과태료	위반내용
300만원↓	① 소방시설을 화재안전기준에 따라 설치·관리하지 아니한 자 ② 공사 현장에 임시소방시설을 설치·관리하지 아니한 자 ③ 피난시설, 방화구획 또는 방화시설의 폐쇄·훼손·변경 등의 행위를 한 자 ④ 방염대상물품을 방염성능기준 이상으로 설치하지 아니한 자 ⑤ 점검능력 평가를 받지 아니하고 점검을 한 관리업자 ⑥ 관계인에게 점검 결과를 제출하지 아니한 관리업자등 ⑦ 점검인력의 배치기준 등 자체점검 시 준수사항을 위반한 자 ⑧ 점검 결과를 보고하지 아니하거나 거짓으로 보고한 자 ⑨ 점검결과의 이행계획을 기간 내에 완료하지 아니한 자 또는 이행계획 완료 결과를 보고하지 아니하거나 거짓으로 보고한 자 ⑩ 점검기록표를 기록하지 아니하거나 특정소방대상물의 출입자가 쉽게 볼 수 있는 장소에 게시하지 아니한 관계인 ⑪ 지위승계, 행정처분 또는 휴업·폐업의 사실을 특정소방대상물의 관계인에게 알리지 아니하거나 거짓으로 알린 관리업자 ⑫ 소속 기술인력의 참여 없이 자체점검을 한 관리업자 ⑬ 점검실적을 증명하는 서류 등을 거짓으로 제출한 자

03 화재예방법

① 벌금

벌금	위반내용
3년↓ 징역 or 3천만원↓	① 화재예방법상 조치명령을 정당한 사유 없이 위반한자 ② 안전관리자 선임명령을 정당한 사유 없이 위반한자 ③ 화재안전진단에 따른 보수·보강 등의 조치명령을 정당한 사유 없이 위반한 자 ④ 거짓이나 그 밖의 부정한 방법으로 진단기관으로 지정을 받은 자
1년↓ 징역 or 1천만원↓	① 관계인의 정당한 업무를 방해하거나, 조사업무를 수행하면서 취득한 자료나 알게 된 비밀을 다른 사람 또는 기관에게 제공 또는 누설하거나 목적 외의 용도로 사용한 자 ② 자격증을 다른 사람에게 빌려 주거나 빌리거나 이를 알선한 자 ③ 진단기관으로부터 화재예방안전진단을 받지 아니한 자
300만원↓	① 화재안전조사를 정당한 사유 없이 거부·방해 또는 기피한 자 ② 소방안전관리자, 총괄소방안전관리자 또는 소방안전관리보조자를 선임하지 아니한 자 ③ 소방시설·피난시설·방화시설 및 방화구획 등이 법령에 위반된 것을 발견하였음에도 필요한 조치를 할 것을 요구하지 아니한 소방안전관리자 ④ 소방안전관리자에게 불이익한 처우를 한 관계인 ⑤ 업무를 수행하면서 알게 된 비밀을 이 법에서 정한 목적 외의 용도로 사용하거나 다른 사람 또는 기관에 제공하거나 누설한 자

② 과태료

과태료	위반내용
300만원↓	① 예방조치 행위를 제한한자 ② 소방안전관리자를 겸업한 자 ③ 소방안전관리업무를 하지 아니한 특정소방대상물의 관계인 또는 소방안전관리대상물의 소방안전관리자 ④ 소방안전관리업무의 지도·감독을 하지 아니한 자 ⑤ 건설현장 소방안전관리대상물의 소방안전관리자의 업무를 하지 아니한 소방안전관리자 ⑥ 피난유도 안내정보를 제공하지 아니한 자 ⑦ 소방훈련 및 교육을 하지 아니한 자 ⑧ 화재예방안전진단 결과를 제출하지 아니한 자
200만원↓	① 불을 사용할 때 지켜야 하는 사항 및 특수가연물의 저장 및 취급 기준을 위반한 자 ② 소방설비등의 설치 명령을 정당한 사유 없이 따르지 아니한 자 ③ 소방안전관리자 선임신고를 하지 아니하거나 소방안전관리자의 성명 등을 게시하지 아니한 자 ④ 건설현장 소방안전관리자 선임신고를 하지 아니한 자 ⑤ 소방훈련 및 교육 결과를 제출하지 아니한 자
100만원↓	실무교육을 받지 아니한 소방안전관리자 및 소방안전관리보조자

04 공사업법

① 벌금

벌금	위반내용
3년↓징역 or 3천만원↓	① 소방시설업 등록을 하지 아니하고 영업을 한 자 ② 부정한 청탁을 받고 재물 또는 재산상의 이익을 취득하거나 부정한 청탁을 하면서 재물 또는 재산상의 이익을 제공한 자(도급관련)
1년↓징역 or 1천만원↓	① 영업정지처분을 받고 그 영업정지 기간에 영업을 한 자 ② 설계나 시공을 법에 맞게 하지 않은자 ③ 감리업무를 제대로 하지 않거나 거짓으로 감리한자 ④ 공사감리자를 지정하지 아니한 자 ⑤ 공사감리 결과의 통보 또는 공사감리 결과보고서의 제출을 거짓으로 한 자 ⑥ 해당 소방시설업자가 아닌 자에게 소방시설공사등을 도급한 자 ⑦ 도급받은 소방시설의 설계, 시공, 감리를 하도급한 자(하도급할 수 있는 경우 제외) ⑧ 하도급받은 소방시설공사를 다시 하도급한 자
300만원↓	① 다른 자에게 자기의 성명이나 상호를 사용하여 소방시설공사등을 수급 또는 시공하게 하거나 소방시설업의 등록증이나 등록수첩을 빌려준 자 ② 소방시설공사 현장에 감리원을 배치하지 아니한 자 ③ 감리업자의 보완 요구에 따르지 아니한 자 ④ 공사감리 계약을 해지하거나 대가 지급을 거부하거나 지연시키거나 불이익을 준 자 ⑤ 소방시설공사를 다른 업종의 공사와 분리하여 도급하지 아니한 자 ⑥ 자격수첩 또는 경력수첩을 빌려 준 사람 ⑦ 동시에 둘 이상의 업체에 취업한 사람 ⑧ 관계인의 정당한 업무를 방해하거나 업무상 알게 된 비밀을 누설한 사람
100만원↓	정당한 사유 없이 관계 공무원의 출입 또는 검사·조사를 거부·방해 또는 기피한 자

② 과태료

과태료	위반내용
200만원↓	① 관계인에게 지위승계, 행정처분 또는 휴업·폐업의 사실을 거짓으로 알린 자 ② 관계 서류를 보관하지 아니한 자 ③ 소방기술자를 공사 현장에 배치하지 아니한 자 ④ 완공검사를 받지 아니한 자 ⑤ 3일 이내에 하자를 보수하지 아니하거나 하자보수계획을 관계인에게 거짓으로 알린 자 ⑥ 감리 관계 서류를 인수·인계하지 아니한 자 ⑦ 감리원 배치통보 및 변경통보를 하지 아니하거나 거짓으로 통보한 자 ⑧ 방염성능기준 미만으로 방염을 한 자 ⑨ 도급계약 체결 시 의무를 이행하지 아니한 자(하도급 계약의 경우에는 하도급 받은 소방시설업자는 제외한다)

벌금	위반내용
200만원↓	⑩ 하도급 등의 통지를 하지 아니한 자 ⑪ 공사대금의 지급보증, 담보의 제공 또는 보험료등의 지급을 정당한 사유 없이 이행하지 아니한 자 ⑫ 시공능력 평가에 관한 서류를 거짓으로 제출한 자

05 위험물법

① 벌금

벌금	위반내용
1년↑ 10년↓ 징역	제조소등에서 위험물을 유출·방출 또는 확산시켜 사람의 생명·신체 또는 재산에 대하여 위험을 발생시킨 자 [사람을 상해에 이르게 한 때에는 무기 또는 3년 이상의 징역 사망에 이르게 한 때에는 무기 또는 5년 이상의 징역]
7년↓(10년) 징역 또는 금고 7천만원↓	업무상 과실로 제조소등에서 위험물을 유출·방출 또는 확산시켜 사람의 생명·신체 또는 재산에 대하여 위험을 발생시킨 자는 7년 이하의 금고 또는 7천만원 이하의 벌금 [사상에 이르게 한 자는 10년 이하의 징역 또는 금고나 1억원 이하의 벌금]
5년↓ 징역 or 1억원↓	제조소등의 설치허가를 받지 아니하고 제조소등을 설치한 자
3년↓ 징역 or 3천만원↓	저장소 또는 제조소등이 아닌 장소에서 지정수량 이상의 위험물을 저장 또는 취급한 자
1년↓ 징역 or 1천만원↓	① 탱크시험자로 등록하지 아니하고 탱크시험자의 업무를 한 자 ② 정기검사를 받지 아니한 관계인 ③ 규정을 위반하여 정기점검을 하지 아니하거나 점검기록을 허위로 작성한 관계인 ④ 자체소방대를 두지 아니한 관계인 ⑤ 운반용기에 대한 검사를 받지 아니하고 운반용기를 사용하거나 유통시킨 자 ⑥ 제조소등에 대한 긴급 사용정지·제한명령을 위반한 자

벌금	위반내용
1천500만원↓	① 위험물의 저장 또는 취급에 관한 중요기준에 따르지 아니한 자 ② 변경허가를 받지 아니하고 제조소등을 변경한 자 ③ 제조소등의 완공검사를 받지 아니하고 위험물을 저장·취급한 자 ④ 안전조치 이행명령을 따르지 아니한 자 ⑤ 제조소등의 사용정지명령을 위반한 자 ⑥ 수리·개조 또는 이전의 명령에 따르지 아니한 자 ⑦ 안전관리자를 선임하지 아니한 관계인 ⑧ 대리자를 지정하지 아니한 관계인 ⑨ 업무정지명령을 위반한 자 ⑩ 탱크안전성능시험 또는 점검에 관한 업무를 허위로 하거나 그 결과를 증명하는 서류를 허위로 교부한 자

| 1천500만원↓ | ⑪ 예방규정을 제출하지 아니하거나 변경명령을 위반한 관계인
⑫ 탱크시험자에 대한 감독상 명령에 따르지 아니한 자
⑬ 무허가장소의 위험물에 대한 조치명령에 따르지 아니한 자
⑭ 저장·취급기준 준수명령 또는 응급조치명령을 위반한 자 |

벌금	위반내용
1천만원↓	① 위험물의 취급에 관한 안전관리와 감독을 하지 아니한 자 ② 안전관리자 또는 그 대리자가 참여하지 아니한 상태에서 위험물을 취급한 자 ③ 변경한 예방규정을 제출하지 아니한 관계인 ④ 위험물의 운반에 관한 중요기준에 따르지 아니한 자 ⑤ 관계인의 정당한 업무를 방해하거나 출입·검사 등을 수행하면서 알게 된 비밀을 누설한 자

② 과태료

과태료	위반내용
500만원↓	① 위험물의 저장 또는 취급에 관한 세부기준을 위반한 자 ② 품명 등의 변경신고를 기간 이내에 하지 아니하거나 허위로 한 자 ③ 지위승계신고를 기간 이내에 하지 아니하거나 허위로 한 자 ④ 제조소등의 폐지신고 또는 안전관리자의 선임신고를 기간 이내에 하지 아니하거나 허위로 한 자 ⑤ 사용 중지신고 또는 재개신고를 기간 이내에 하지 아니하거나 거짓으로 한 자 ⑥ 등록사항의 변경신고를 기간 이내에 하지 아니하거나 허위로 한 자 ⑦ 점검결과를 기록·보존하지 아니한 자 ⑦-2. 기간 이내에 점검결과를 제출하지 아니한 자 ⑧ 위험물의 운반에 관한 세부기준을 위반한 자 ⑨ 위험물의 운송에 관한 기준을 따르지 아니한 자 ⑩ 예방규정을 준수하지 아니한 자 ⑪ 제조소등에서 흡연을 한 자(시정명령 따르지 아니한 자)

CHAPTER 01 소방법 벌칙 정리

01 소방기본법령상 출동한 소방대원에게 폭행 또는 협박을 행사하여 화재진압 인명구조 또는 구급 활동을 방해한 사람에 대한 벌칙 기준은?

① 500만원 이하의 과태료
② 1년 이하의 징역 또는 1000만원 이하의 벌금
③ 3년 이하의 징역 또는 3000만원 이하의 벌금
④ 5년 이하의 징역 또는 5000만원 이하의 벌금

> **정답** ④
> **해설** 5년 이하의 징역 또는 5000만원 이하의 벌금에 처한다.

02 소방기본법상 관계인의 소방활동을 위반하여 정당한 사유 없이 소방대가 현장에 도착할 때까지 사람을 구출하는 조치 또는 불을 끄거나 불이 번지지 아니하도록 하는 조치를 하지 아니한 자에 대한 벌칙 기준으로 옳은 것은?

① 100만원 이하의 벌금
② 200만원 이하의 벌금
③ 300만원 이하의 벌금
④ 400만원 이하의 벌금

> **정답** ①
> **해설** 100만원 이하의 벌금에 해당한다.

03 시장지역에서 화재로 오인할 만한 우려가 있는 불을 피우거나 연막소독을 하려는 자가 소방본부장 또는 소방서장에게 신고를 하지 아니하여 소방자동차를 출동하게 한 자에 과태료 부과금액 기준으로 옳은 것은?

① 20만원 이하
② 50만원 이하
③ 100만원 이하
④ 200만원 이하

> **정답** ①
> **해설** 화재로 오인후 소방차 출동시 20만원 이하의 과태료에 해당한다.(소방본부장이나 소방서장이 부과한다.)

04 소방시설법상 형식승인을 받지 아니한 소방용품을 판매하거나 판매 목적으로 진열하거나 소방시설공사에 사용한 자에 대한 벌칙 기준은?

① 3년 이하의 징역 또는 3000만원 이하의 벌금
② 2년 이하의 징역 또는 1500만원 이하의 벌금
③ 1년 이하의 징역 또는 1000만원 이하의 벌금
④ 1년 이하의 징역 또는 500만원 이하의 벌금

정답 ①
해설 3년 이하의 징역 또는 3천만원 이하의 벌금에 해당한다.

05 소방시설법상 관리업자가 소방시설등의 점검을 마친 후 점검기록표에 기록하고 이를 해당 특정소방대상물에 부착하여야 하나 이를 위반하고 점검기록표를 거짓으로 작성하거나 해당 특정소방대상물에 부착하지 아니하였을 경우 벌칙 기준은?

① 100만원 이하의 과태료
② 200만원 이하의 과태료
③ 300만원 이하의 과태료
④ 500만원 이하의 과태료

정답 ③
해설 300만원 이하의 과태료에 해당한다.

06 소방시설법상 소방시설등에 대한 자체점검을 하지 아니하거나 관리업자 등으로 하여금 정기적으로 점검하게 하지 아니한 자에 대한 벌칙 기준으로 옳은 것은?

① 6개월 이하의 징역 또는 1000만원 이하의 벌금
② 1년 이하의 징역 또는 1000만원 이하의 벌금
③ 3년 이하의 징역 또는 1500만원 이하의 벌금
④ 3년 이하의 징역 또는 3000만원 이하의 벌금

정답 ②
해설 1년 이하의 징역 또는 1천만원 이하의 벌금에 해당하는 내용이다.

07 소방시설법상 정당한 사유 없이 피난시설, 방화구획 및 방화시설의 유지·관리에 필요한 조치 명령을 위반한 경우 이에 대한 벌칙 기준으로 옳은 것은?

① 200만원 이하의 벌금
② 300만원 이하의 벌금
③ 1년 이하의 징역 또는 1000만원 이하의 벌금
④ 3년 이하의 징역 또는 3000만원 이하의 벌금

> **정답** ④
> **해설** 소방시설법상 정당한 사유 없이 피난시설, 방화구획 및 방화시설의 유지·관리에 필요한 조치 명령을 위반한 경우 이에 대한 벌칙 기준은 3년이하의 징역 또는 3천만원 이하의 벌금에 해당한다.

08 소방시설법상 1년 이하의 징역 또는 1천만원 이하의 벌금 기준에 해당하는 경우는?

① 소방용품의 형식승인을 받지 아니하고 소방용품을 제조하거나 수입한 자
② 형식승인을 받은 소방용품에 대하여 제품검사를 받지 아니한 자
③ 거짓이나 그 밖의 부정한 방법으로 제품검사 전문기관으로 지정을 받은 자
④ 소방용품에 대하여 형상 등의 일부를 변경한 후 형식승인의 변경승인을 받지 아니한 자

> **정답** ④
> **해설** ①~③ : 3년 이하의 징역 3천만원 이하의 벌금

09 소방시설법상 소방용품의 형식승인을 받지 아니하고 소방용품을 제조하거나 수입한 자에 대한 벌칙 기준은?

① 100만원 이하의 벌금
② 300만원 이하의 벌금
③ 1년 이하의 징역 또는 1천만원 이하의 벌금
④ 3년 이하의 징역 또는 3천만원 이하의 벌금

> **정답** ④
> **해설** 소방용품의 형식승인을 받지 아니하고 소방용품을 제조하거나 수입한 자는 3년 이하의 징역 또는 3천만원 이하의 벌금에 처한다.

10 소방시설법법상 특정소방대상물의 피난시설, 방화 구획 또는 방화시설의 폐쇄·훼손·변경 등의 행위를 한 자에 대한 과태료 기준으로 옳은 것은?

① 200만원의 이하의 과태료
② 300만원의 이하의 과태료
③ 500만원의 이하의 과태료
④ 600만원의 이하의 과태료

> **정답** ②
> **해설** 300만원 이하의 과태료에 해당한다.

11 피난시설, 방화구획 또는 방화시설을 폐쇄·훼손·변경 등의 행위를 3차 이상 위반한 경우에 대한 과태료 부과기준으로 옳은 것은?

① 200만원　　② 300만원
③ 500만원　　④ 1000만원

> **정답** ②
> **해설** • 1차 : 100만원.
> • 2차 : 200만원.
> • 3차 : 300만원의 과태료에 해당한다.

12 소방시설법상 특정소방대상물의 관계인이 소방시설에 폐쇄(잠금을 포함)·차단 등의 행위를 하여서 사람을 상해에 이르게 한 때에 대한 벌칙기준으로 옳은 것은?

① 10년 이하의 징역 또는 1억원 이하의 벌금
② 7년 이하의 징역 또는 7000만원 이하의 벌금
③ 5년 이하의 징역 또는 5000만원 이하의 벌금
④ 3년 이하의 징역 또는 3000만원 이하의 벌금

> **정답** ②
> **해설** • 벌칙
> (1) 5년이하의 징역 또는 5천만원 이하의 벌금 : 소방시설에 폐쇄·차단 등의 행위를 한 자
> (2) 7년 이하의 징역 또는 7천만원 이하의 벌금 : 소방시설에 폐쇄·차단 등의 행위를 하여 사람을 상해에 이르게 한 때
> (3) 10년 이하의 징역 또는 1억원 이하의 벌금 : 소방시설에 폐쇄·차단 등의 행위를 하여 사망에 이르게 한 때

13 우수품질인증을 받지 아니한 제품에 우수품질 인증 표시를 하거나 우수품질인증 표시를 위조 또는 변조하여 사용한 자에 대한 벌칙기준은?

① 1년 이하의 징역 1000만원 이하의 벌금
② 200만원 이하의 벌금
③ 300만원 이하의 벌금
④ 500만원 이하의 벌금

> **정답** ①
> **해설** 우수품질인증을 받지 아니한 제품에 우수품질인증 표시를 하거나 우수품질인증 표시를 위조하거나 변조하여 사용한 자 1년 이하의 징역 또는 1천만원 이하의 벌금에 해당하는 사항이다.

14 화재예방법상 정당한 사유 없이 화재안전조사결과에 따른 조치명령을 위반한자에 대한 벌칙으로 옳은 것은?

① 100만원 이하의 벌금
② 300만원 이하의 벌금
③ 1년 이하의 징역 또는 1천만원 이하의 벌금
④ 3년 이하의 징역 또는 3천만원 이하의 벌금

> **정답** ④
> **해설** 화재안전조사 조치명령 위반자는 3년이하의 징역 또는 3천만원 이하의 벌금에 처한다.

15 화재예방법상 소방안전관리대상물의 소방안전관리자가 소방훈련 및 교육을 하지 않은 경우 1차 위반 시 과태료 금액 기준으로 옳은 것은?

① 200만원　　② 50만원
③ 100만원　　④ 300만원

> **정답** ③
> **해설** • 1차 : 100만원.
> • 2차 : 200만원.
> • 3차 : 300만원 이다.

16 다음 중 과태료 대상이 아닌 것은?
① 소방안전관리대상물의 소방안전관리자를 선임하지 아니한 자
② 소방안전관리 업무를 수행하지 아니한 자
③ 특정소방대상물의 근무자 및 거주자에 대한 소방훈련 및 교육을 하지 아니한 자
④ 특정소방대상물 소방시설 등의 점검결과를 보고하지 아니한 자

> **정답** ①
> **해설** 보기①번은 300만원 이하의 벌금이다. (②③④:200만원 이하의 과태료)

17 소방시설공사업법령상 소방시설업 등록을 하지 아니하고 영업을 한 자에 대한 벌칙은?
① 500만원 이하의 벌금
② 1년 이하의 징역 또는 1000만원 이하의 벌금
③ 3년 이하의 징역 또는 3000만원 이하의 벌금
④ 5년 이하의 징역

> **정답** ③
> **해설** 소방시설업 등록을 하지 아니하고 영업을 한 자는 3년 이하의 징역 또는 3천만원 이하의 벌금에 처한다

18 소방시설공사업법령상 소방시설공사업자가 소속 소방기술자를 소방시설공사 현장에 배치하지 않았을 경우의 과태료 기준은?
① 100만원 이하　　　　② 200만원 이하
③ 300만원 이하　　　　④ 400만원 이하

> **정답** ②
> **해설** 200만원 이하의 과태료에 해당한다.

19 소방시설공사업법상 도급을 받은 자가 제3자에게 소방시설공사의 시공을 하도급한 경우에 대한 벌칙 기준으로 옳은 것은? (단, 대통령령으로 정하는 경우는 제외한다.)

① 100만원 이하의 벌금
② 300만원 이하의 벌금
③ 1년 이하의 징역 또는 1000만원 이하의 벌금
④ 3년 이하의 징역 또는 1500만원 이하의 벌금

> **정답** ③
> **해설** ● 1년 이하의 징역 또는 1천만원 이하의 벌금
> 　　1. 영업정지처분을 받고 그 영업정지 기간에 영업을 한 자
> 　　2. 법을 위반하여 감리를 하거나 거짓으로 감리한 자
> 　　3. 공사감리자를 지정하지 아니한 자
> 　　4. 공사감리 결과의 통보 또는 공사감리 결과보고서의 제출을 거짓으로 한 자
> 　　5. 소방시설업자가 아닌 자에게 소방시설공사등을 도급한 자
> 　　6. 도급받은 소방시설의 설계, 시공, 감리를 하도급한 자
> 　　7. 하도급받은 소방시설공사를 다시 하도급한 자

20 다음 중 300만원 이하의 벌금에 해당되지 <u>않는</u> 것은?

① 등록수첩을 다른 자에게 빌려준 자
② 소방시설공사의 완공검사를 받지 아니한 자
③ 소방기술자가 동시에 둘 이상의 업체에 취업한 사람
④ 소방시설공사 현장에 감리원을 배치하지 아니한 자

> **정답** ②
> **해설** 보기 ②은 과태료 200만원에 해당한다.

21 위험물안전관리법상 업무상 과실로 제조소등에서 위험물을 유출·방출 또는 확산시켜 사람의 생명·신체 또는 재산에 대하여 위험을 발생시킨 자에 대한 벌칙 기준은?

① 5년 이하의 금고 또는 2000만원 이하의 벌금
② 5년 이하의 금고 또는 7000만원 이하의 벌금
③ 7년 이하의 금고 또는 2000만원 이하의 벌금
④ 7년 이하의 금고 또는 7000만원 이하의 벌금

> **정답** ④
> **해설** ● 위험물 안전관리법

> 제33조(벌칙)
> ① 제조소등에서 위험물을 유출·방출 또는 확산시켜 사람의 생명·신체 또는 재산에 대하여 위험을 발생시킨 자는 1년 이상 10년 이하의 징역에 처한다.
> ② 제1항의 규정에 따른 죄를 범하여 사람을 상해(傷害)에 이르게 한 때에는 무기 또는 3년 이상의 징역에 처하며, 사망에 이르게 한 때에는 무기 또는 5년 이상의 징역에 처한다.
> 제34조(벌칙)
> ① 업무상 과실로 제조소등에서 위험물을 유출·방출 또는 확산시켜 사람의 생명·신체 또는 재산에 대하여 위험을 발생시킨 자는 7년 이하의 금고 또는 7천만원 이하의 벌금에 처한다.
> ② 제1항의 죄를 범하여 사람을 사상(死傷)에 이르게 한 자는 10년 이하의 징역 또는 금고나 1억원 이하의 벌금에 처한다.

22 위험물안전관리법상 업무상 과실로 제조소등에서 위험물을 유출·방출 또는 확산시켜 사람의 생명·신체 또는 재산에 대하여 위험을 발생시킨 자에 대한 벌칙 기준으로 옳은 것은?

① 5년 이하의 금고 또는 2000만원 이하의 벌금
② 5년 이하의 금고 또는 7000만원 이하의 벌금
③ 7년 이하의 금고 또는 2000만원 이하의 벌금
④ 7년 이하의 금고 또는 7000만원 이하의 벌금

> **정답** ④
> **해설** • 벌칙
> (1) 업무상 과실로 제조소등에서 위험물을 유출·방출 또는 확산시켜 사람의 생명·신체 또는 재산에 대하여 위험을 발생시킨 자는 7년 이하의 금고 또는 7천만원 이하의 벌금에 처한다.
> (2) 제1항의 죄를 범하여 사람을 사상(死傷)에 이르게 한 자는 10년 이하의 징역 또는 금고나 1억원 이하의 벌금에 처한다.

23 위험물안전관리법상 업무상 과실로 제조소등에서 위험물을 유출·방출 또는 확산시켜 사람의 생명·신체 또는 재산에 대하여 위험을 발생시킨 자에 대한 벌칙 기준으로 옳은 것은?

① 10년 이하의 징역 또는 금고나 1억 원 이하의 벌금
② 7년 이하의 금고 또는 7천만 원 이하의 벌금
③ 5년 이하의 징역 또는 1억 원 이하의 벌금
④ 3년 이하의 징역 또는 3천만 원 이하의 벌금

> **정답** ②
> **해설** • 벌칙
> (1) 업무상 과실로 제조소등에서 위험물을 유출·방출 또는 확산시켜 사람의 생명·신체 또는 재산에 대하여 위험을 발생시킨 자는 7년 이하의 금고 또는 7천만원 이하의 벌금에 처한다.
> (2) 제1항의 죄를 범하여 사람을 사상(死傷)에 이르게 한 자는 10년 이하의 징역 또는 금고나 1억원 이하의 벌금에 처한다.

24 위험물안전관리법령상 다음의 규정을 위반하여 위험물의 운송에 관한 기준을 따르지 아니한 자에 대한 과태료 기준은?

> 위험물운송자는 이동탱크저장소에 의하여 위험물을 운송하는 때에는 행정안전부령으로 정하는 기준을 준수하는 등 당해 위험물의 안전확보를 위하여 세심한 주의를 기울여야 한다.

① 50만원 이하　　　② 200만원 이하
③ 500만원 이하　　　④ 300만원 이하

정답 ③
해설 보기에 해당하는 내용을 위반하면 500만원 이하의 과태료에 처한다.

25 위험물운송자 자격을 취득하지 아니한 자가 위험물 이동탱크저장소 운전 시의 벌칙으로 옳은 것은?

① 100만원 이하의 벌금　　　② 300만원 이하의 벌금
③ 500만원 이하의 벌금　　　④ 1000만원 이하의 벌금

정답 ④
해설 1000만원 이하의 벌금에 해당한다.

초판발행	2024년 10월 15일
편 저	이종오
발 행 인	이상옥
발 행 처	에듀콕스(educox)
출판등록번호	제25100-2018-000073호
주 소	서울시 관악구 신림로23길 16 일성트루엘 907호
팩 스	02)6499-2839
이 메 일	educox@hanmail.net

저자와의
협의하에
인지생략

이 책에 실린 내용에 대한 저작권은 에듀콕스(educox)에 있으므로 함부로 복사·복제할 수 없습니다.

정가 32,000원

ISBN 979-11-93666-16-6